TRAITÉ

DE

MINÉRALOGIE.

TOME II.

TRAITÉ

DE

MINÉRALOGIE,

PAR LE C^{EN}. HAÜY,

Membre de l'Institut National des Sciences et Arts, et Conservateur
des Collections minéralogiques de l'École des Mines.

PUBLIÉ PAR LE CONSEIL DES MINES.

En cinq volumes, dont un contient 86 planches.

TOME SECOND.

DE L'IMPRIMERIE DE DELANCE.

A PARIS,

CHEZ LOUIS, LIBRAIRE, RUE DE SAVOYE, N°. 12;

(X) 1801.

TRAITÉ

DE

MINÉRALOGIE.

*De la recherche des rapports entre les principales dimensions
des molécules intégrantes.*

172. Tous les calculs relatifs à la structure des cristaux
portent sur la considération des triangles mensurateurs, dont
deux côtés représentent toujours des dimensions prises dans les
molécules intégrantes, telles que des diagonales, des arêtes et des
hauteurs. Pour déterminer les effets des lois de décroissemens, il
falloit donc connoître les rapports entre les lignes dont il s'agit,
et il étoit de plus à désirer que leurs expressions eussent la
plus grande simplicité possible.

Plusieurs formes offroient ces rapports comme d'elles-mêmes,
par la régularité parfaite qu'on devoit naturellement leur supposer. Par exemple, il est infiniment probable que le noyau de la
soude muriatée ou celui du plomb sulfuré est rigoureusement
le cube ; car d'un côté, l'observation ne donne aucune différence sensible, entre la mesure des angles plans ou solides de

Tome II.   A

ce noyau, et celle de l'angle droit. D'une autre part, les divisions qu'admettent les cristaux de ces deux espèces étant également nettes et faciles dans tous les sens, on doit en conclure que les faces des molécules, dont les positions respectives se trouvent indiquées par ces coupes, sont égales et semblables entre elles, c'est-à-dire, que les molécules sont de véritables cubes. De même, on ne peut douter que la forme primitive du zinc sulfuré ne soit le dodécaèdre à plans rhombes égaux et semblables, ou, si l'on veut, celui dans lequel l'incidence de deux faces quelconques adjacentes est la même, c'est-à-dire, de 120^d ; d'où il résulte que les molécules sont des tétraèdres, qui ont pour faces des triangles pareillement égaux et semblables. De là ou conclud encore que le rapport entre les deux diagonales de chaque rhombe, est exactement celui de $\sqrt{2}$ à 1, ainsi que je l'ai prouvé plus haut ; et cette simplicité se communique ensuite à tous les calculs qui ont pour objet les modifications de la même forme.

173. Mais il y a des cas où l'égalité des faces de la molécule étant encore indiquée par des coupes également nettes et faciles dans tous les sens, les mesures des angles ne sont plus données d'après leur conformité avec des limites simples et familières, telles que l'angle droit, celui de 60^d, etc. C'est ce qui a lieu toutes les fois que la forme primitive est un rhomboïde, comme dans la chaux carbonatée, la chabasie, le fer sulfaté, etc. Cette forme étant susceptible de varier à l'infini, par les incidences de ses faces, il a fallu employer des moyens particuliers pour obtenir des données qui eussent le double avantage de conduire à des résultats sensiblement d'accord avec l'observation, et d'être assorties à la facilité des calculs.

174. Un de ces moyens n'est qu'une application un peu différente du principe qui avoit servi de guide dans la détermination des cristaux cubiques et autres, dont j'ai parlé plus haut. Ce principe, adopté par les diverses sciences qui s'occupent de l'étude de la nature, est, en général, que deux quantités

sont censées rigoureusement égales, lorsque l'observation ne donne entre elles aucune différence appréciable ; telles sont, par exemple, les durées des deux moyens mouvemens de rotation et de révolution de la lune, dont l'égalité regardée comme absolue par les géomètres et les astronomes, sert comme de point fixe dans les calculs relatifs à l'astronomie physique.

175. Le principe dont il s'agit s'applique d'une manière heureuse et satisfaisante aux cristaux de chaux carbonatée. Lorsqu'on divise le prisme hexaèdre régulier de cette substance, on observe que chacune des coupes faites sur les arêtes du contour de la base est inclinée de la même quantité, tant sur cette base que sur le pan adjacent du prisme. Si l'on suppose cette égalité rigoureuse, il sera facile d'en conclure que dans le rhomboïde calcaire, le triangle acn *(fig. 9) pl. IX*, formé par la demi-diagonale oblique ac, par la demi-perpendiculaire cn sur l'axe, et par le tiers an de cet axe, est en même temps rectangle et isocèle, d'où il suit que $cn = an$, ou $\sqrt{\frac{1}{3}g^2} = \frac{1}{3}\sqrt{9p^2 - 3g^2}$. Supprimant les radicaux, et faisant disparoître les dénominateurs, puis simplifiant, $g^2 = 3p^2 - g^2$. Donc $2g^2 = 3p^2$, et $g : p :: \sqrt{3} : \sqrt{2}$.

Nous étions déjà parvenus (54) au même résultat, en partant d'une autre égalité entre le grand angle de chaque face du cristal métastatique et celui du noyau, et il suit de ces deux résultats, que l'angle dont il s'agit est de 101^d $32'$ $13''$. La Hire, qui l'avoit mesuré mécaniquement, le jugeoit de 101^d $30'$. Or, il est plus que probable que la petite différence de $2'$ $13''$ entre les deux valeurs, est ce qui manque au résultat de la mesure mécanique, dont La Hire avoit sagement limité la précision à celle des demi-degrés, et non pas ce qu'auroit donné de trop le calcul fondé sur l'égalité dont nous avons parlé.

176. Je citerai un second exemple tiré de la tourmaline. On connoît des cristaux de cette espèce qui ont la forme repré-

sentée (*fig.* 102) *pl. XVII.* En mesurant l'incidence de *o* sur *l*, on trouve qu'elle est sensiblement égale à celle de l'arête *x* sur la face P'. Or, les arêtes latérales *y*, *y'* des faces *o* étant parallèles entre elles, et à la diagonale oblique de la face primitive P, il est visible, à la seule inspection du cristal, que ces faces résultent du décroissement 'E' (*fig.* 101); on voit de même que les pans *l* (*fig.* 102) sont dus au décroissement $\overset{2}{e}$ (*fig.* 101); et à l'égard des pans *s*, dont nous ne parlons ici que pour compléter la notion du cristal, la loi qui les produit a pour signe D'.

Soit *gads* (*fig.* 21) *pl. X*, la coupe du noyau des tourmalines, et *tg* une ligne située comme l'apothème du triangle *o* (*fig.* 102). Il suit de ce qui vient d'être dit, que l'incidence de *o* sur *l* est égale à celle de *tg* (*fig.* 21), sur une ligne menée par le point *g*, parallèlement à l'axe, ou, ce qui est la même chose, elle est le supplément de l'angle *gtn*, dans l'hypothèse où *tg* seroit la diagonale oblique d'un rhomboïde résultant de la loi 'E'. D'ailleurs, l'angle formé par *x* avec P' (*fig.* 102) est égal à l'angle *gad* (*fig.* 21), ou, ce qui revient au même, il est le supplément de l'angle *ags*. Donc *gtn = ags*. Donc *gn : tn ::* sin. *ags* : cos. *ags* ; et substituant les valeurs algébriques,

$$\sqrt{\tfrac{4}{3}\,g^2} : \frac{2n+3}{6n} \sqrt{9p^2 - 3g^2} :: \sqrt{3g^2p^2 - g^4} : g^2 - p^2$$

(*voyez* 59. 2°.) : ou parce que $n = \tfrac{1}{2}$, $\sqrt{\tfrac{4}{3}\,g^2} : \tfrac{4}{3}\sqrt{9p^2 - 3g^2}$

$$:: \sqrt{3g^2p^2 - g^4} : g^2 - p^2.$$

Faisant disparoître les dénominateurs, et divisant les deux premiers termes par 2, $\sqrt{g^2} :$

$$2\sqrt{3p^2 - g^2} :: \sqrt{3g^2p^2 - g^4} : g^2 - p^2.$$

Et divisant les deux antécédens par *g*, puis égalant le produit des extrêmes à celui des moyens, $2(3p^2 - g^2) = g^2 - p^2$; d'où l'on tire $7p^2 = 3g^2$, et $g : p :: \sqrt{7} : \sqrt{3}$.

.177. Au reste, le principe sur lequel sont fondées ces sortes de déterminations, doit être employé avec réserve, parce que dans la comparaison de cette multitude d'angles que présentent les cristaux, on trouve une série de différences qui vont en décroissant, et dont quelques-unes, quoique légères, deviennent appréciables par des mesures prises avec soin sur des corps d'une forme très-prononcée. J'ai moi-même rectifié quelquefois des valeurs d'angles que j'avois d'abord un peu altérées, en les concluant d'une égalité qui n'étoit qu'apparente.

Dans les autres cas où les données du genre de celles dont j'ai parlé me manquoient, j'ai tâché de ne m'écarter du principe que le moins qu'il étoit possible. Dans cette vue, je mesurois d'abord immédiatement l'incidence des faces du rhomboïde l'une sur l'autre : cherchant ensuite le rapport le plus simple dont la mesure approchoit d'assez près, pour que la différence pût être négligée sans erreur sensible, j'adoptois ce rapport, en le regardant comme le véritable.

178. Prenons pour exemple le rhomboïde du fer sulfaté, qui est aigu ; j'ai trouvé que la plus petite incidence des faces de ce rhomboïde étoit à très-peu près de 81^d $30'$. J'ai considéré ensuite que, si le rapport entre le cosinus de cet angle et le rayon pouvoit être exprimé en nombres rationnels, j'aurois aussi un rapport simple entre g et p. Or, le logarithme du sinus de 8^d $30'$ est $9,1697021$, ce qui donne pour le sinus 14781, bien près de 15000 ; mais le rayon étant 100000, on voit que le rapport 15 à 100 ou 3 à 20, peut être pris, sans erreur sensible, pour le véritable. Nous aurons donc $2p^2 : p^2 - g^2 :: 20 : 3$, ou, $6p^2 = 20p^2 - 20g^2$, et $10g^2 = 7p^2$, ce qui donne $g : p :: \sqrt{7} : \sqrt{10}$. Dans cette hypothèse, la plus petite incidence entre les faces du rhomboïde est de 81^d $23'$, quantité qui ne diffère que de $7'$ en moins de celle qu'avoit donnée l'observation.

179. Les formes primitives dont nous avons parlé jusqu'ici avoient leurs faces toutes égales et semblables entre elles. Mais il y a beaucoup d'espèces, où la disparité entre les unes et les autres s'annonce, soit par la différence des angles que présentent les diverses coupes, soit en ce que les unes sont moins

nettes et moins faciles à obtenir que les autres, soit en ce que les parties latérales du cristal secondaire et celles qui forment les sommets, n'ont pas la même configuration, et sont composées de faces différemment inclinées. On peut toujours, dans ces sortes de cas, déterminer les angles par des moyens analogues à ceux que j'ai exposés précédemment. Mais il reste à trouver le rapport entre les dimensions de la molécule; car, comme entre deux sections, il est possible d'en faire passer une troisième parallèle à l'une et à l'autre, rien n'indique la véritable position de celle qui donneroit des dimensions assorties à la forme de la molécule employée par la cristallisation. En un mot, tout ce que l'observation fait connoître alors, c'est que telle face de la forme primitive est un parallélogramme rectangle; telle autre un parallélogramme obliquangle, etc. Mais elle ne dit pas si la première est un carré et la seconde un rhombe, ou si, dans le cas contraire, la longueur est double ou triple, etc., de la largeur.

180. On parvient à cette détermination par la solution inverse des problèmes relatifs aux formes qui sont données, comme *à priori*, c'est-à-dire, qu'au lieu de partir des dimensions connues de la molécule pour chercher les lois de décroissemens qui en résultent, on suppose d'avance, au contraire, que ces lois soient très-simples, et l'on en conclud, à l'aide du calcul, le rapport entre les dimensions de la molécule. C'est ce que je vais éclaircir par un exemple tiré de la variété du péridot, représentée *fig.* 103, et que j'ai nommée *péridot quadruplant*.

181. La forme primitive, indiquée par la structure et par l'aspect des cristaux de cette substance, est un parallélipipède rectangle, que l'on voit, *fig.* 104, et dont il s'agit de déterminer les trois dimensions C, B et G, qui donneront celles de la molécule intégrante.

Je mesure d'abord l'inclinaison d'une des faces du sommet, telle que *d* (*fig.* 103), sur le pan adjacent M, et je la trouve à peu près de 141^{d} ½. J'en conclus que dans le triangle mensurateur (*fig.* 105), l'angle *cab* est de 51ᵈ 30′ environ, et l'angle *acb* de 38ᵈ 30′. Je suppose que le décroissement qui produit la face *d* (*fig.* 103), ait lieu par une simple rangée sur l'arête C (*fig.* 104); dans cette hypothèse on aura *ab* : *bc* (*fig.* 105), :: B : G (*fig.* 104), :: sin. *acb* : sin. *cab* (*fig.* 105), :: 62251 : 78261. Ce rapport, réduit à une approximation plus simple, par la méthode des fractions continues, est à peu près celui de 4 à 5, et en l'adoptant, on trouve pour l'angle *cab* 51ᵈ 20′.

Je fais un second essai, dans la vue d'obtenir les termes du même rapport sous la forme de quantités radicales. Pour y parvenir, je prends le double du logarithme du sinus de 51ᵈ 30′, ce qui me donne 19,7870888, et celui du logarithme du sinus de 38ᵈ 30′, savoir : 19,5882992; je retranche 16 unités à chaque caractéristique, et j'ai pour le rapport des nombres correspondans 3875 à 6124, qui vaut à peu près $\frac{5}{8}$. Je fais donc $ab = \sqrt{5}$, $bc = \sqrt{8}$, et j'ai pour l'angle *cab* 51ᵈ 40′; j'adopte ce rapport, parce qu'il me paroît que l'angle dont il s'agit approche plus de 52ᵈ que de 51ᵈ; ainsi l'expression de B (*fig.* 104), sera $\sqrt{5}$, et celle de G sera $\sqrt{8}$.

Pour trouver maintenant l'expression de C (*fig.* 104), je considère la face *k* (*fig.* 103), qui visiblement est produite en vertu d'un décroissement sur l'arête B (*fig.* 104). Je mesure l'incidence de *k* sur T (*fig.* 103), et je la trouve moindre que 120ᵈ d'environ un demi-degré, d'où il suit que dans le triangle mensurateur *xrz* (*fig.* 106), l'angle *xzr* est d'environ 29ᵈ ½. Or, s'il étoit exactement de 30ᵈ, on auroit $xr : rz :: 1 : \sqrt{3}$; mais si l'on suppose que le décroissement ait lieu dans le sens de la largeur, quelle que soit d'ailleurs sa mesure, on aura $xr = bc$ (*fig.* 105) $= \sqrt{8}$, ce qui donneroit $rz = \sqrt{24}$, dans l'hypothèse de $xzr = 30ᵈ$. Mais comme cet angle est un peu moindre que 30ᵈ, j'augmente *rz* d'une petite quantité, en la faisant égale à $\sqrt{25}$ ou à 5. Je trouve, d'après cette donnée, que l'angle *xzr* est de 29ᵈ 29′, ce qui s'accorde avec l'observation.

Supposons pour un instant que la base P (*fig.* 104) soit un carré; dans cette hypothèse, *rz* (*fig.* 106) sera en rapport commensurable avec *ab* (*fig.* 105); si, par exemple, *rz* étoit double de *ab*, on en concluroit que le décroissement se fait par deux rangées en largeur. Or, dans la supposition où l'angle *xzr* (*fig.* 106) seroit exactement de 29^d 29′, *rz* : *ab* :: 5 : $\sqrt{5}$ :: $\sqrt{5}$: 1. Il faudra donc que l'on puisse substituer à $\sqrt{5}$ une quantité qui n'en diffère pas sensiblement et qui soit rationnelle. Or, $\sqrt{5} = 2{,}236$, en se bornant aux millièmes; et si l'on s'en tient aux dixièmes, on aura *rz* : *ab* :: 22 : 10 :: 11 : 5. Il y auroit donc onze rangées de soustraites dans le sens de la largeur, et 5 dans celui de la hauteur, ce qui répugne à la simplicité des lois auxquelles est soumise la structure.

Supposons, au contraire, que l'on ait $rz = \mathrm{C}$ (*fig.* 104), auquel cas la base P sera un rectangle dans lequel C : B :: $\sqrt{5}$: 1, et la face *k* (*fig.* 103), résultera d'un décroissement par une simple rangée ; alors les trois dimensions B, C, G (*fig.* 104), étant entre elles dans le rapport des nombres $\sqrt{5}$, 5 et $\sqrt{8}$, je cherche, d'après ces données, les lois de décroissemens d'où résultent les autres faces du cristal.

Le pan *n* (*fig.* 103), par lequel je commence, provient évidemment d'un décroissement sur l'arête G (*fig.* 104). Son incidence sur M (*fig.* 103), est à peu près de 156^d. Soit *hgl* (*fig.* 107) le triangle mensurateur, dans lequel *gl* est parallèle à M, et *hg* à T, d'où il suit que l'angle *ghl* doit être d'environ 66^d. De plus, *gl* doit être égale à 5 ou en être un multiple; de même *gh* doit égaler $\sqrt{5}$ ou en être un multiple.

Or, en faisant simplement $gl = 5$ et $gh = \sqrt{5}$, je trouve l'angle *ghl* de 63^d 54′, d'où je conclus que le pan *n* (*fig.* 103) résulte d'un décroissement par une seule rangée sur l'arête G (*fig.* 104).

Je passe à la face *e* (*fig.* 103), et j'observe d'abord que l'arête *z*, qui la termine inférieurement, est perpendiculaire sur *x*, d'où il suit qu'elle est dans le plan de la base P (*fig.* 104).

D'une

D'une autre part, le pan n (*fig*. 103), par la nature du décroissement qui le produit, est situé parallélement à un plan qui passeroit par une des diagonales de la base P (*fig*. 104) et par celle qui y correspond sur la base opposée, d'où j'infère que l'arête z (*fig*. 103) est parallèle à ces diagonales, et qu'ainsi la face e résulte d'un décroissement ordinaire sur l'angle A, dont il s'agit de trouver la loi.

Soit AA (*fig*. 108) la même base que *fig*. 104. Je mène la diagonale A'A' (*fig*. 108), puis AN perpendiculaire sur cette diagonale. Soit $a\,n\,y$ (*fig*. 109) le triangle mensurateur dans lequel an sera égale à AN (*fig*. 108) ou en sera un multiple, et ny (*fig*. 109) sera de même égale à G ou en sera un multiple. Or, $C = 5$, $B = \sqrt{5}$; donc $A'A' = \sqrt{30}$. $AN = \dfrac{B \times C}{A'A'}$

$$= \frac{\sqrt{5 \times 5}}{\sqrt{30}} = \frac{\sqrt{125}}{30} = \frac{\sqrt{25}}{6}.$$

Donc $AN : G$ (*fig*. 104) $:: \sqrt{\tfrac{25}{6}} : \sqrt{8} :: \sqrt{25} : \sqrt{48}$; mais l'angle que fait e avec n (*fig*. 103), est d'environ 144^{d}, d'où il suit que l'angle nay (*fig*. 109) est à peu près de 54^{d}. Or, en faisant $an = \sqrt{25}$ et $ny = \sqrt{48}$, on trouve que $nay = 54^{\mathrm{d}}\ 10'$. Donc le décroissement a lieu par une seule rangée.

Je ne ferai qu'indiquer les décroissemens qui donnent s et h (*fig*. 103) ; le premier se fait par deux rangées sur l'arête G (*fig*. 104), en allant de gauche à droite sur la face T, ce qui donne pour l'incidence de s sur T (*fig*. 103), $131^{\mathrm{d}}\ 49'$; le second a lieu par deux rangées en hauteur sur l'arête B (*fig*. 104), ce qui donne pour l'incidence de h sur T $138^{\mathrm{d}}\ 31'$; ainsi

le signe du cristal sera $\mathrm{M}\ \,^{1}\mathrm{G}^{1}\ \,^{2}\mathrm{G}^{2}\ \mathrm{T}\ \overset{1}{\mathrm{C}}\ \overset{1}{\mathrm{A}}\ \overset{\frac{1}{2}}{\mathrm{B}}\ \overset{1}{\mathrm{B}}\ \mathrm{P}$; d'où l'on voit

M n s T d e k h p

que les dimensions supposées conduisent aux lois les plus simples possibles dans leur ensemble, et qui d'ailleurs sont les mêmes que celles qui ont lieu nécessairement, du moins pour l'ordinaire, dans les cristaux dont les molécules sont déterminées d'avance, en sorte que les résultats de part et d'autre se servent mutuellement de preuve, par l'accord qui règne entre eux.

182. Je terminerai cet article par une remarque qui confirme encore la méthode que je viens d'exposer pour la détermination des molécules, d'après les lois de décroissemens que subissent les cristaux secondaires. J'ai dit (179), que parmi les joints naturels situés en divers sens dans ces mêmes cristaux, les uns étoient plus nets et plus faciles à saisir que les autres; et telles sont les dimensions qui résultent des lois les plus simples de décroissemens, que les faces qui répondent à ces joints diffèrent aussi les unes des autres en grandeur. Mais il y a mieux, c'est que souvent les faces que la théorie prouve devoir être les plus étendues, sont précisément celles qui correspondent aux joints les plus difficiles à saisir; et cela paroît devoir être ainsi, puisque les molécules ayant de ce côté un plus grand nombre de points de contact, doivent adhérer plus fortement entre elles. Je citerai pour exemple la chaux sulfatée, où la molécule déterminée d'après les lois de décroissemens les plus simples, est un prisme droit quadrangulaire, ayant pour base un parallélogramme obliquangle, dont le plus grand côté est à la hauteur du prisme, dans le rapport de 13 à 32. On observe en même temps que les joints latéraux sont ternes et cèdent difficilement à la division mécanique, tandis que du côté des bases, les lames ont une surface éclatante et se séparent avec une grande facilité. Au reste, je ne voudrois pas assurer que ce résultat fut général, parce qu'il est possible que quelqu'autre cause, telle que la distribution des substances élémentaires dans l'intérieur de la molécule intégrante, se combine avec le nombre des contacts, pour produire l'adhérence (1).

____

(1) J'ai trouvé que dans plusieurs des cas où la molécule soustractive se soudivise en molécules intégrantes d'une forme différente, il falloit avoir 'gard plutôt à l'étendue des faces de la première que de la seconde, pour parvenir au résultat dont il s'agit.

*De la possibilité de substituer hypothétiquement les formes
secondaires des cristaux aux véritables formes primitives,
de manière à obtenir encore des résultats conformes aux
lois de la structure.*

183. Nous avons déjà eu plusieurs fois occasion de remarquer qu'une forme qui étoit primitive relativement à telle espèce de minéral, devenoit secondaire dans une autre espèce. Ainsi le cube, qui dans le plomb sulfuré prend le caractère de forme primitive, fait la fonction de forme secondaire dans la chaux fluatée, tandis que l'octaèdre qui est la vraie forme primitive de cette dernière substance, se retrouve comme forme secondaire dans le plomb sulfuré.

Il résulte de cette réciprocité, dont je pourrois multiplier les exemples, que si l'on se méprenoit sur la véritable forme primitive de quelqu'une des espèces où elle a lieu, en lui substituant une forme qui ne seroit que secondaire, on pourroit également déduire de celle-ci les autres formes, et en particulier la forme primitive, par des lois régulières de décroissement, en sorte que les molécules auxquelles s'appliqueroient ces lois seroient semblables à celles qui résulteroient de la soudivision du noyau hypothétique.

Mais on sait que les espèces qui sont en commerce de formes primitives et secondaires, si je puis parler ainsi, se réduisent, du moins à en juger d'après l'état actuel de nos connoissances, à celles où ces formes elles-mêmes portent un caractère particulier de simplicité et de perfection, et peuvent être regardées comme autant de limites par rapport à toutes les formes de leur genre. Telles sont le cube, l'octaèdre régulier et le dodécaèdre rhomboïdal. On n'a point encore trouvé que les autres formes qui s'écartent de ces limites, fussent communes à des minéraux de nature différente.

184. J'ai désiré de savoir si la cristallisation des substances

placées hors de ces limites n'offriroit pas cependant encore la possibilité de substituer hypothétiquement une forme secondaire à la forme primitive, et d'en faire dériver cette dernière, ainsi que toutes les autres, à l'aide de la théorie des décroissemens, et j'ai trouvé que l'hypothèse dont il s'agit s'étendoit généralement aux cristaux de toutes les substances, malgré les diversités et même les contrastes que présentent souvent les formes cristallines relatives à une même espèce. Il est presqu'inutile d'avertir que la forme secondaire substituée au vrai noyau doit être choisie parmi les six que l'observation nous a fait reconnoître jusqu'ici comme étant les seules formes primitives des cristaux.

Pour peu que l'on ait réfléchi sur la théorie, on conçoit déjà, à l'aide du simple raisonnement, que cette substitution doit être permise. Il suffit pour cela de considérer que les axes des cristaux secondaires sont en rapport commensurable avec ceux des cristaux primitifs, et qu'il en est de même des diverses lignes dont les positions se correspondent dans les uns et les autres. Par exemple, l'axe du rhomboïde inverse de la chaux carbonatée est triple de celui du noyau, et sa diagonale oblique, qui répond, par sa position, à l'arête supérieure du noyau, est pareillement triple de cette arête. Or, les lois de décroissement et les formes des molécules auxquelles ces lois s'appliquent ayant nécessairement une liaison avec les rapports dont il s'agit, la propriété qu'ont les termes de ces rapports de pouvoir être exprimés en nombres rationnels, laisse entrevoir la possibilité de choisir, à volonté, pour forme primitive, l'un des solides qui les présentent, et de faire rentrer dans sa structure celle de l'autre solide, pris comme forme secondaire.

J'ai vérifié ce raisonnement par un grand nombre d'applications directes. Je me bornerai ici à en citer quelques-unes, que je prendrai dans l'espèce de la chaux carbonatée; et lorsque ces applications seront simples, je ne donnerai que les résultats, en supprimant les calculs, que chacun retrouvera facilement, à l'aide des méthodes exposées dans l'article relatif à la théorie du rhomboïde.

185. Je supposerai d'abord que l'on veuille substituer au véritable noyau de l'espèce dont il s'agit, le rhomboïde que j'ai appelé *chaux carbonatée inverse*, et dont le signe est E' 'E. Ce rhomboïde ayant les diagonales obliques de ses faces situées vis-à-vis des bords supérieurs du vrai noyau, sur lesquels elles s'inclinent d'un certain nombre de degrés, si l'on conçoit que la figure 110 le représente faisant à son tour la fonction de noyau, il faudra que le rhomboïde primitif, qui deviendra forme secondaire, tourne aussi les diagonales obliques de ses faces vers les bords B, B, du noyau hypothétique. Or, on trouve (33) que dans ce cas le signe qui le représente est B.

J'ai cherché aussi la loi qui, dans la même hypothèse, donneroit le rhomboïde équiaxe, dont le signe rapporté au véritable noyau est B, par où l'on voit qu'il est à ce même noyau ce qu'est celui-ci au rhomboïde inverse considéré à son tour comme noyau. Or, si l'on continue de conserver aux cristaux leurs positions respectives, il sera facile de voir que les faces du rhomboïde équiaxe doivent être tournées vers celles du rhomboïde inverse, que nous substituons ici au vrai noyau. Donc il résultera d'un décroissement sur l'angle A, et le calcul (39) prouve que ce décroissement est celui qu'exprime le signe A.

186. Je prends pour troisième exemple la chaux carbonatée contrastante, dont le signe réel est *e*. En suivant toujours le même principe, pour les positions relatives des cristaux, on voit que ses faces doivent être tournées vers les angles latéraux du noyau fictif, et la loi qui le fait dépendre de ce noyau a pour expression 'E'. (*Voyez* 61).

187. Veut-on ramener au même noyau fictif la structure

de la chaux carbonatée métastatique, *op* (*fig.* 111), dont
le signe, relativement au véritable noyau, est $\overset{1}{D}$? Si l'on observe que les bords *mn*, *nr*, *rk*, etc., de ce solide se confon-
dent avec les arêtes inférieures du noyau dont il s'agit, on
concevra que les faces du noyau hypothétique ou du rhomboïde inverse doivent être tournées, au contraire, vers les arêtes
longitudinales les plus courtes, telles que *on*, *ck*, etc. Or, on
prouve par le calcul que l'inclinaison de chacune de ces arêtes
sur l'axe est égale à celle de la diagonale oblique du rhomboïde inverse sur le même axe, ce qui indique que les décroissemens qui donnent le cristal métastatique rapporté à ce
même rhomboïde, doivent se faire parallélement à ses diagonales obliques, ou, ce qui revient au même, sur ses angles
latéraux. La loi qui satisfait à cette condition a pour signe
$E^2{}'E$. (*Voyez* 59).

188. Nous avons supposé jusqu'ici que le noyau hypothétique avoit dans l'intérieur du cristal une position dépendante
du véritable noyau dont il étoit originaire. Mais une même
forme secondaire peut naître de diverses lois de décroissement
qui agiroient sur différentes parties d'un même noyau.

Ainsi, le rhomboïde inverse qui provient de la loi exprimée
par $E'{}'E$, pourroit également résulter de celle dont le signe
est $\overset{s}{e}$. Or, dans ce dernier cas, ses faces correspondroient à celles
du noyau, d'où il suit que pour faire dépendre le cristal métastatique du rhomboïde inverse considéré comme noyau hypothétique, on peut aussi lui donner la position relative à ce
même cas, en supposant que les diagonales obliques de ses
faces correspondent aux arêtes longitudinales les plus longues
or, *om*, etc., (*fig.* 111). Proposons-nous de déterminer la loi
qui satisfait à cette nouvelle hypothèse.

Soient *onr*, *okr* (*fig.* 112), les mêmes triangles que
(*fig.* 111); par les points *n*, *k*, je fais passer deux plans,
l'un *nbk* perpendiculaire à l'axe, l'autre *nek* parallèle au

même axe, puis je mène les hauteurs ec, bc des triangles formés par ces plans. Soit fbg, un troisième plan parallèle à la face correspondante du noyau hypothétique. Par le point l, où ce plan coupe ce, je mène la ligne lb. Il s'agit de trouver le rapport entre lf et bl, qui nous apprendra si la loi relative à l'hypothèse que nous faisons ici est simple ou intermédiaire, et dans ce dernier cas, nous donnera le rapport entre x et y.

Evaluons successivement fl et bl. 1°. Pour fl. Les triangles semblables efl, enc donnent $ce : cn :: el : fl$. Cherchons ce, cn et el.

Le triangle nek, qui est situé parallélement à l'axe, est semblable au triangle riz ($fig.$ 47) $pl.$ XII, qui a la même position, puisqu'il coupe verticalement une des arêtes obliques fu, les plus longues du métastatique. Donc $cn : ce$ ($fig.$ 110) $:: rh : ih$ ($fig.$ 47), $:: 1 : \frac{1}{2}\sqrt{3} :: \sqrt{4} : \sqrt{3}$. Soit cn ($fig.$ 112) $= \sqrt{4}$, auquel cas $ce = \sqrt{3}$. Donc nous connoissons cn et ce ; reste à trouver el.

Le triangle fbg étant incliné à l'axe comme une des faces du rhomboïde inverse qui représente ici le noyau, nous aurons, en appelant g et p les demi-diagonales, $bc : cl :: \sqrt{\frac{1}{3}g^2} : \frac{1}{3}\sqrt{9p^2 - 3g^2}$, et à cause que $g = \sqrt{3}$ et $p = \sqrt{5}$, $bc : cl :: 1 : 2$. Donc $cl = 2bc$.

Maintenant on concevra, avec un peu d'attention, que bc est à ce comme la perpendiculaire menée du point r sur l'axe est à la partie correspondante de cet axe, c'est-à-dire, comme 2 est à 5. Mais $ce = \sqrt{3}$. Donc $bc = \frac{2}{5}\sqrt{3}$. Donc $cl = \frac{4}{5}\sqrt{3}$. Donc $el = ce - cl = \sqrt{3} - \frac{4}{5}\sqrt{3} = \frac{1}{5}\sqrt{3}$.

La proportion $ce : cn :: el : fl$ deviendra donc $\sqrt{3} : \sqrt{4} :: \frac{1}{5}\sqrt{3} : fl = \sqrt{\frac{4}{25}}$.

2°. Pour bl. $bl = \sqrt{(cl)^2 + (bc)^2} = \sqrt{\frac{48}{25} + \frac{12}{25}} = \sqrt{\frac{60}{25}}$.

Donc $bl : fl :: \sqrt{60} : \sqrt{4} :: \sqrt{45} : \sqrt{3} :: 3\sqrt{5} : \sqrt{3} :: 5p : g$, d'où l'on conclura que le décroissement est intermédiaire.

Soit *fbg* (*fig.* 113) le même triangle que *fig.* 112, et *dpbs* le rhombe dont ce triangle est censé faire partie, et qui est une des faces du rhomboïde inverse. *bp* étant x et *pf* étant y, il y a autant d'arêtes de molécule contenues dans $x + y$, qu'il y a de demi-diagonales p contenues dans *bl*, et autant d'arêtes de molécule contenues dans *df* ou $x - y$, que *fl* renferme de diagonales g. Donc $x + y : x - y :: 3 : 1$. D'où l'on tire $x : y :: 2 : 1$.

Reste à déterminer n. Or, d'une part, le sinus de la moitié de l'incidence mutuelle des faces *nor, kor* (*fig.* 111 et 112) est au cosinus, en général, comme. . . . .

$$\sqrt{\tfrac{1}{3}(2nxy + x - y)^3 a^2 + (nxy - x + y)^3 4g^2} : (x + y) \sqrt{a^2}$$

(*voyez* 77). D'une autre part, les mêmes quantités, dans le cristal métastatique, sont entre elles comme $\sqrt{29}$ à $\sqrt{3}$ (*voyez* 50).

Faisant dans le premier rapport $x = 2, y = 1, a = \sqrt{36}, g = \sqrt{3}$, puis le mettant en proportion avec le second rapport, nous aurons, $\sqrt{\tfrac{1}{3}(4n + 1)^2 36 + (2n - 1)^2 12} : 3\sqrt{36} :: \sqrt{29} : \sqrt{3}$.

Et faisant disparoître les signes radicaux, puis simplifiant, $(4n + 1)^2 + (2n - 1)^2 : 9 :: 29 : 1$.

Développant les quantités $(4n + 1)^2$ et $(2n - 1)^2$, puis faisant de la proportion une équation, et réduisant, $20n^2 + 4n = 259$. Ou $n^2 + \tfrac{1}{5}n = \dfrac{259}{20}$. D'où l'on tire $n = - \tfrac{1}{10} \pm \tfrac{36}{10}$, et prenant le signe positif, $n = \tfrac{35}{10} = \tfrac{7}{2}$.

Le cristal métastatique, dans la supposition dont il s'agit ici, auroit donc pour signe $\left({}^{\frac{7}{4}}\mathrm{E}^{\frac{7}{2}}\,\mathrm{D}^2\,\mathrm{B}^1 \right)$.

189. Ainsi on peut faire varier hypothétiquement soit la forme du noyau, relativement à une même forme secondaire, soit la position de ce noyau; et cette dénomination de *protée* que l'on a donnée aux substances minérales plus fécondes que les autres en métamorphoses, et en particulier à la chaux carbonatée,

bonatée, n'est pas seulement vraie à l'égard des formes extérieures dont ces substances sont susceptibles ; elle s'applique encore dans un certain sens à la forme primitive, qui, toujours semblable à elle-même et invariable dans la réalité, est une espèce de protée en théorie.

190. Choisissons une forme primitive hypothétique différente du rhomboïde, et qui ne peut être, dans le cas présent, que le prisme hexaèdre régulier. Pour appliquer la théorie à cette forme, il faut avoir un rapport déterminé entre la hauteur du prisme et le côté de la base. J'ai établi ce rapport d'après la supposition que le rhomboïde primitif dépendît d'un décroissement par une rangée sur trois arêtes C (*fig.* 114) prises alternativement autour de la base supérieure, et sur celles de la base inférieure qui alternent avec les précédentes : ce qui donne $C\,\overset{\scriptscriptstyle 1.0}{c}\,\overset{\scriptscriptstyle 1.0}{b}\,B$, pour signe représentatif. On trouve que dans ce cas le rapport entre l'arête C ou B et la hauteur G, est celui de 2 à $\sqrt{3}$.

191. Bornons-nous à une seule application, qui aura encore pour objet le cristal métastatique (*fig.* 111). La forme de ce cristal combinée avec celle du prisme hexaèdre, donne le polyèdre représenté (*fig.* 115), qui est une des formes secondaires réellement existantes dans l'espèce de la chaux carbonatée, et que j'ai nommée *bisalterne*. Or il est facile de juger, à la seule inspection de la figure, que si l'on prend les lignes *kl*, *ln*, qui sont les côtés des angles obtus des trapézoïdes latéraux, pour les lignes de départ des décroissemens, ceux-ci auront lieu sur les angles situés comme BAG (*fig.* 114). J'ai trouvé que dans ce cas le décroissement se faisoit par deux rangées, en sorte que son signe représentatif sera $^2A\,A^2$.

Si le noyau hypothétique substitué au véritable résultoit d'une loi de décroissement un peu compliquée, il pourroit arriver que cette complication s'accrût de beaucoup en passant dans les lois qui établissent une dépendance entre ce noyau hypothétique et les autres formes cristallines. J'ai essayé de substituer au rhomboïde primitif de la chaux carbonatée, celui que j'appelle cuboïde, parce que sa forme se rapproche beaucoup de celle du cube. Cette variété rapportée à son véritable noyau a pour signe $e^{\frac{4}{5}}$, et parce que ses faces se rejettent en arrière vers le sommet opposé à celui que regarde l'angle sur lequel le décroissement prend naissance, il en résulte que ces mêmes faces correspondent aux arêtes du vrai noyau.

D'après cela si l'on veut chercher la loi qui donneroit le cristal métastatique (*fig.* 111), dans l'hypothèse d'un noyau semblable au cristal cuboïde, il faudra concevoir que les diagonales obliques des faces de ce noyau fictif correspondent, par leur position, aux arêtes les plus courtes *on*, *ok*, etc. Or, en faisant $g = \sqrt{12}$, $p = \sqrt{13}$, et en suivant une marche analogue à celle que nous avons prise (188), pour déduire le cristal métastatique du rhomboïde inverse pris comme noyau, on trouvera d'abord que la loi de décroissement relative au cuboïde est de même une loi intermédiaire, dans laquelle $x = 7$ et $y = 5$.

Prenant ensuite d'une part le rapport général . . . .
$$V^{\frac{1}{2}}\overline{(2nxy + x - y)^2\, a^2 + (nxy - x + y)^2\, 4g^2} : (x + y)$$
$\sqrt{a^2}$ (*voyez* 77), entre le sinus et le cosinus de la moitié de l'incidence de *mon* sur *ron*, et d'une autre part le rapport particulier $\sqrt{5} : \sqrt{3}$ entre les mêmes quantités (31), dans le cristal métastatique ; et faisant $x = 7$, $y = 5$, $a^2 = 81$, $g^2 = 12$, puis faisant disparoître les radicaux et simplifiant, on trouvera $9 (35n + 1)^2 + 4 (35n - 2)^2 : 12 \times 27 :: 5 : 1$. D'où l'on tire $3185 n^2 + 14 n = 319$, et $n^2 + \dfrac{14\,n}{3185} = \dfrac{319}{3185}$.

Cette équation résolue donne $n = \dfrac{-7}{3185} \pm \dfrac{1008}{3185}$, et prenant le signe positif, puis réduisant, $n = \dfrac{1001}{3185} = \dfrac{11}{35}$.

192. Les résultats qui me restent à exposer, et qu'on peut regarder comme une extension des précédens, ne sont pas seulement propres à piquer la curiosité; ils ont encore leur usage dans la théorie des décroissemens intermédiaires, pour abréger et faciliter les calculs.

Nous avons vu (57) que ces décroissemens, lorsqu'ils agissoient sur les angles latéraux d'un rhomboïde, produisoient, en général, des dodécaèdres, tels que HX (*fig.* 26) *pl. XI*, du genre de celui que nous appelons *métastatique*.

Concevons pour un instant que ces dodécaèdres soient divisibles de la même manière que le cristal *métastatique*, c'est-à-dire, par des plans BCQ, CQN; etc., il est évident que le résultat de la division sera un rhomboïde.

Or, je me propose de faire voir que si l'on substitue ce rhomboïde au véritable noyau, on pourra en déduire le dodécaèdre, à l'aide d'un décroissement sur les bords inférieurs, par une ou plusieurs rangées de molécules rhomboïdales de la même forme. De plus, on trouve que les deux rhomboïdes générateurs du dodécaèdre sont aussi dans une dépendance mutuelle, en sorte que le noyau fictif peut devenir forme secondaire relativement au véritable noyau, et réciproquement.

193. Cherchons d'abord le rapport général entre les deux demi-diagonales g' et p' du noyau hypothétique.

En reprenant ici la *fig.* 15, *pl. X*, dans laquelle *dags* est la coupe principale d'un rhomboïde de forme primitive, et *pd*, *du, pg*, etc., sont les arêtes longitudinales d'un dodécaèdre résultant d'un décroissement sur les bords inférieurs du noyau, il sera aisé de voir que la différence entre les parties *pn* et *un* de l'axe total, situées de part et d'autre d'une même perpendiculaire *gn*, est égale au tiers de l'axe du noyau. Car *ur* $= pn$. Donc $un - pn = un - ur = \frac{1}{3}\, as$.

Cela posé, la ligne *qe* (*fig.* 27) étant aussi une perpendiculaire sur l'axe, relativement au noyau hypothétique donné par les sections faites suivant les plans BCQ, CQN, etc.

($fig.$ 26), nous aurons $eh - ex$ ($fig.$ 27) $= \frac{1}{3}\sqrt{9p'^2 - 3g'^2}$
$= \sqrt{p'^2 - \frac{1}{3}g'^2}$.

Or, $ex : eh :: pr : hr :: a\,\dfrac{2nxy + x - y}{3nxy - 3x + 3y} : a\,\dfrac{nxy + 2x + y}{3nxy + 3x + 3y}.$
($Voyez$ 77 et 80).

Soit c le rapport de ex à pr, en sorte que l'on ait, $ex = c$
$\times pr$, ou $ex = ac\,\dfrac{2nxy + x - y}{3nxy - 3x + 3y}$. On aura d'une autre part
$eh = ac\,\dfrac{nxy + 2x + y}{3nxy - 3x + 3y}$.

De plus, $ex : pr :: qe : dr$; ou $c \times pr : pr :: qe : \sqrt{\frac{4}{3}g'^2}$.
Donc $qe = c\sqrt{\frac{4}{3}g'^2}$. Mais qe a aussi pour expression $\sqrt{\frac{4}{3}g'^2}$.
Donc $g' = cg$.

Substituons d'abord à la place de eh et de ex leurs valeurs
dans l'équation $eh - ex = \sqrt{p'^2 - \frac{1}{3}g'^2}$, elle deviendra
$ac\,\dfrac{nxy + 2x + y - 2nxy - x + y}{3nxy - 3x + 3y} = \sqrt{p'^2 - \frac{1}{3}g'^2}$; et réduisant,
$ac\,\dfrac{x + 2y - nxy}{3(nxy - x + y)} = \sqrt{p'^2 - \frac{1}{3}g'^2} = \sqrt{p'^2 - \frac{1}{3}c^2g^2}$, à cause de g'
$= cg$. De là on tire, $p' = \sqrt{\frac{1}{9}a^2c^2\left(\dfrac{x + 2y - nxy}{nxy - x + y}\right)^2 + \frac{1}{3}c^2g^2}$.

Donc $g' : p' :: g : \sqrt{\frac{1}{9}a^2\left(\dfrac{x + 2y - nxy}{nxy - x + y}\right)^2 + \frac{1}{3}g^2}$.

194. Dans les calculs précédens, nous avons supposé eh
plus grande que ex ($fig.$ 27), ce qui a lieu toutes les fois que
les arêtes QX, BX, etc. ($fig.$ 26), tournées vers les faces du
noyau sont plus saillantes et plus courtes que les intermédiaires
CX, NX, etc. Mais il y a un terme, ainsi que nous l'avons
vu, où toutes les arêtes sont égales, et où l'on a, par une
suite nécessaire, $eh = ex$; et au-delà de ce terme, ex devient plus grande que eh. Dans ce cas, si au lieu de l'équa-
tion $eh - ex = \sqrt{p'^2 - \frac{1}{3}g'^2}$, on prend $ex - eh = \sqrt{p'^2 - \frac{1}{3}g'^2}$,

et que l'on opère comme ci-dessus, on trouve $g' : p' :: g :$

$$\sqrt{\tfrac{1}{9} a^2 \left(\frac{nxy - x - 2y}{nxy - x + y} \right)^2 + \tfrac{1}{3} g^2},$$ rapport qui ne diffère du premier que par le changement de signes, dans le numérateur de la fraction qui multiplie $\tfrac{1}{9} a^2$.

195. Maintenant soit N le nombre de rangées soustraites sur les bords inférieurs du noyau hypothétique, dans le passage au dodécaèdre, et soit E la partie de l'axe de ce dodécaèdre qui excède de chaque côté l'axe du noyau hypothétique. Nous supposerons d'abord que eh soit plus grande que ex.

La formule relative aux décroissemens sur les bords inférieurs (*voyez* 45), donne $E = \dfrac{1}{N-1} \sqrt{9 p'^2 - 3 g'^2} = \dfrac{1}{N-1} \cdot$

$3 \sqrt{p'^2 - \tfrac{1}{3} g'^2}$. Mais $\sqrt{p'^2 - \tfrac{1}{3} g'^2} = ac \dfrac{(x + 2y - nxy)}{3 (nxy - x + y)}.$

Donc $E = \dfrac{ac}{N-1} \left(\dfrac{x + 2y - nxy}{nxy - x + y} \right).$

D'une autre part, $eh + ex$ est l'axe du dodécaèdre, et $3eh - 3ex$ est celui du noyau fictif. Donc $E = \tfrac{1}{2} \Big((eh + ex)$

$- (3eh - 3ex)\Big) = \tfrac{1}{2} (eh + ex - 3eh + 3ex) = \tfrac{1}{2} (4ex$

$- 2eh) = 2ex - eh = ac \dfrac{(4nxy + 2x - 2y - nxy - 2x - y)}{3nxy - 3x + 3y}$

$= ac \dfrac{(nxy - y)}{nxy - x + y}.$ Egalant les deux valeurs de E, et supprimant ac, ainsi que le dénominateur commun $nxy - x + y$, on aura $nxy - y = \dfrac{1}{N-1} (x + 2y - nxy)$. Donc N

$- 1 = \dfrac{x + 2y - nxy}{nxy - y}$. D'où l'on tire, $N = \dfrac{x + y}{nxy - y}.$

On voit par là que N sera toujours un nombre rationnel, d'où il suit que le dodécaèdre est forme secondaire relativement au noyau fictif.

La même formule donne $n = \dfrac{Ny + x + y}{Nxy}$.

196. Si l'on suppose ex plus grande que eh, on aura $\sqrt{p'^2 - \frac{1}{3}g'^2}$
$= ac\,\dfrac{(nxy - x - 2y)}{3(nxy - x + y)}$.

Employant cette valeur au lieu de la première, et faisant attention que l'on a dans le même cas $E = \frac{1}{4}\left((ex + eh) - (3ex - 3eh)\right)$, on trouvera $N = \dfrac{nxy - y}{x + y}$, quantité qui n'est autre chose qu'une inversion de celle à laquelle conduit la supposition de eh, plus grande que ex.

On tire de la même formule $n = \dfrac{Nx + Ny + y}{xy}$.

197. Pour faire quelques applications, reprenons d'abord la variété de chaux carbonatée, que j'ai nommée *paradoxale*, et que nous avons déjà considérée précédemment.

La *fig.* 116 *pl. XVII*, représente cette variété avec toutes ses faces, parmi lesquelles les pentagones *dhlkg*, *cxzie*, etc., résultent de la loi intermédiaire ($^1E^1D^2B^1$); les quadrilatères *bdgf*, *cbfe*, qui sont des trapèzes, appartiennent au cristal métastatique, et les hexagones *abdhor*, *abcxut*, au rhomboïde inverse.

Supposons que l'on se soit assuré, en faisant l'observation dont j'ai parlé plus haut, que dans la loi intermédiaire qui donne les grandes faces du cristal, $x = 2$, et $y = 1$. Supposons de plus, qu'à l'aide de la formule qui exprime le rapport de *bo* à *on* (*fig.* 26), et sert à calculer l'inclinaison de *cxzie* sur *uxzmy*, on ait trouvé $n = 2$, il sera facile, au moyen des résultats précédens, d'avoir aussi l'inclinaison de *cxzie* sur *dhlkg*.

Cherchons d'abord les deux demi-diagonales du noyau fictif, en faisant attention que dans le cas présent *eh* (*fig.* 27), est plus grande que *cx*.

Nous aurons donc en général, $g' : p' :: g : \sqrt{\frac{1}{9}a^2\left(\frac{x+2y-nxy}{nxy-x+y}\right)^2 + \frac{1}{3}g^2}$ (*voyez* 193), et parce que $a^2 = 9$, $g^2 = 3$, $x = 2$, $y = 1$, $n = 1$, $g' : p' :: \sqrt{3} : \sqrt{(4-2)^2 + 1} :: \sqrt{3} : \sqrt{5}$, ce qui fait connoître que le noyau fictif est semblable au rhomboïde inverse, résultat d'autant plus remarquable que les faces terminales, ainsi que nous l'avons dit, proviennent réellement de la loi E^t 'E, qui donne ce même rhomboïde.

198. Maintenant si dans la formule $N = \dfrac{x+y}{nxy-y}$, nous faisons $x = 2$, $y = 1$, $n = 1$, elle donnera $N = 3$, d'où il suit que le dodécaèdre auquel appartiennent les faces *dhlkg*, *cxzie*, etc. (*fig.* 116), pourroit être produit en vertu d'un décroissement par trois rangées sur les bords inférieurs du rhomboïde inverse, considéré comme forme primitive.

Or l'arête *bf*, comprise entre les pentagones *dhlkg*, *cxzie*, étant située au-dessus d'une des arêtes supérieures B (*fig.* 110), du noyau fictif, si nous prenons la formule relative aux décroissemens ordinaires sur les bords inférieurs (46), le sinus de la moitié de l'inclinaison cherchée sera au cosinus ::

$$\sqrt{\left(\frac{2N+1}{3N-3}\right)^2 a^2 + \frac{4}{3}g^2} : \sqrt{\left(\frac{1}{N-1}\right)^2 \frac{1}{3}a^2}.$$

Mais $g = \sqrt{3}$, $a = \sqrt{36}$, $N = 3$. Donc sin. : cos. :: $\sqrt{(\frac{7}{6})^2 36 + 4} : \sqrt{(\frac{1}{2})^2 12} :: \sqrt{53} : \sqrt{3}$, ce qui est le même rapport auquel on parvient d'une manière beaucoup moins simple, par la méthode que nous avons indiquée (80), à l'article des décroissemens intermédiaires.

199. Dans les cristaux où les faces terminales sont nettes, et ont une certaine étendue, le parallélisme des lignes *cx*, *ei*, est facile à reconnoître, en sorte qu'il suffit de savoir que ces faces appartiennent au rhomboïde inverse, pour en conclure que le noyau fictif est semblable à ce rhomboïde. Si de plus on a trouvé les valeurs de x et de y, on aura facilement

celle de n, en se servant de l'analogie $g' : p' :: g :$

$$\sqrt{\tfrac{1}{9}\,a^2\left(\frac{x+2y-nxy}{nxy-x+y}\right)^2+\tfrac{1}{3}g^2}.$$

Car faisant $a^2=9$, $g^2=3$, $x=2$, $y=1$, $g'=\sqrt{3}$, $p'=\sqrt{5}$.

On aura $\sqrt{3}:\sqrt{5}::\sqrt{3}:\sqrt{\left(\frac{4-2n}{2n-1}\right)^2+1}$. Ce qui donne $\left(\frac{4-2n}{2n-1}\right)^2=4$. Et divisant tout par 4, $\left(\frac{2-n}{2n-1}\right)^2=1$; d'où l'on tire, $4-4n+n^2=4\,n^2-4n+1$, et $n=1$, après quoi l'on trouvera, comme ci-dessus, $N=3$.

On pourra alors calculer l'incidence mutuelle des faces $dhlkg$, $ohlnp$, d'après le rapport donné par les formules ordinaires (46), pour les décroissemens sur les bords. Ainsi, en général, le sinus de la moitié de l'incidence proposée sera au

cos. $::\sqrt{\left(\frac{N+2}{3N-3}\right)a^2+\tfrac{4}{3}g^2}:\sqrt{\left(\frac{N}{N-1}\right)^2\tfrac{1}{3}a^2}.$

Or, dans le cas particulier dont il s'agit, $N=3$, $a^2=36$, $g^2=3$.

Donc sin. : cos. $::\sqrt{(\tfrac{5}{6})^2\,36+4}:\sqrt{(\tfrac{3}{2})^2\,12}::\sqrt{29}:\sqrt{27}$, rapport qui est le même que celui auquel conduit la formule des décroissemens intermédiaires, composée des expressions de *bo* et *on* (*fig* 26) *pl. XI.* (*Voyez* 78).

Quant à l'incidence de *dhlkg* sur *cxzie* (*fig.* 116), nous l'avons déterminée plus haut (198), à l'aide de la même méthode.

200. Examinons s'il est possible que le noyau fictif soit semblable au véritable. Soit toujours $x=2$, $y=1$. Si nous continuons de prendre la chaux carbonatée pour exemple, nous aurons $g'=g=\sqrt{3}$, et $p'=p=\sqrt{2}$.

Donc la proportion $g':p'::g:\sqrt{\tfrac{1}{9}a^2\left(\frac{x+2y-nxy}{nxy-x+y}\right)^2+\tfrac{1}{3}g^2}$

deviendra, $\sqrt{3}:\sqrt{2}::\sqrt{3}:\sqrt{\left(\frac{4-2n}{2n-1}\right)^2+1}.$

Donc

Donc $\left(\dfrac{4-2n}{2n-1}\right)^2 + 1 = 2$. D'où l'on tire $n = \frac{5}{4}$. Substituant à la place de n, de x et de y leurs valeurs, dans l'équation $N = \dfrac{x+y}{nxy-y}$, elle devient $N = \dfrac{3}{\frac{5}{2}-1} = 2$, comme dans le cristal métastatique. Ainsi ce polyèdre est susceptible d'être produit en vertu de deux lois de décroissement, l'une simple et par deux rangées sur les bords inférieurs du noyau, l'autre intermédiaire et mixte sur les angles latéraux, par cinq rangées en largeur et quatre en hauteur, de molécules doubles.

201. Supposons ex plus grande que eh. Le rapport entre g' et p' devient alors, $g' : p' :: g : \sqrt{\frac{1}{9}a^2\left(\dfrac{nxy-x-2y}{nxy-x+y}\right)^2 + \frac{1}{3}g^2}$. Soit toujours $g = \sqrt{3}$, $a' = 9$, $x = 2$, $y = 1$. Faisons de plus $N = 2$. L'équation $n = \dfrac{Nx+Ny+y}{xy}$, deviendra $n = \frac{7}{2}$. Donc $g' : p' :: \sqrt{3} : \sqrt{\left(\dfrac{\frac{14}{2}-4}{\frac{14}{2}-1}\right)^2 + 1} :: \sqrt{3} : \sqrt{\frac{1}{4}+1} :: \sqrt{3} : \frac{1}{2}\sqrt{5}$, c'est-à-dire, que dans ce cas le noyau fictif est semblable au rhomboïde équiaxe.

On pourra, en suivant une marche analogue, trouver le rapport entre g' et g, p' et p, n et N, pour le cas où le nombre de rangées soustraites le long de B (*fig.* 101) est le plus grand, et faire de même différentes applications des formules auxquelles on sera parvenu.

202. Je ne présume pas que cette multiplicité d'hypothèses auxquelles se prête la théorie, lui attire le reproche d'être vague et incertaine dans ses résultats. Si cependant une pareille imputation avoit lieu, j'observerois d'abord que la division mécanique et les autres indices de structure pourront toujours servir à démêler la véritable solution, parmi toutes celles qui ne seroient qu'hypothétiques. J'ajouterois que dans le cas même où l'on se seroit trompé sur le choix de la vraie forme primitive, on parviendroit toujours à des résultats

exacts, relativement aux formes que l'on feroit dériver d'un noyau fictif; en sorte que si, dans la suite, de nouvelles observations remettoient sur la voie, il seroit facile de transformer les résultats obtenus, en ceux qui représentent la véritable marche de la cristallisation.

J'observerois, enfin, que nous ne sommes pas les maîtres d'arrêter le cours des conséquences auxquelles nous conduit la considération des phénomènes de la nature, et qu'en étudiant les résultats des lois auxquelles la sagesse et la puissance de son auteur l'ont soumise, nous devons nous efforcer de les envisager sous toutes leurs faces, d'en saisir tous les rapports mutuels, et nous servir de nos théories et de nos méthodes de calcul, comme d'instrumens propres à étendre la portée de notre esprit, à mesure que le point de vue lui-même s'agrandit.

DE QUELQUES RÉSULTATS

RELATIFS

A DIVERSES SUBSTANCES PARTICULIÈRES.

CHAUX CARBONATÉE (1).

Double Réfraction.

203. J'AI expliqué, à l'aide du simple raisonnement, dans l'article de cette substance acidifère, les faits les plus intéressans que présente sa double réfraction. Je supposerai que l'on ait lu attentivement ces explications, et je me bornerai ici à donner les calculs qui leur servent de base.

Soit *abcd* (*fig.* 117) la coupe principale du rhomboïde. Menons *ag* perpendiculaire sur *dc*, puis *an* et *ap*, qui divisent *dg* en trois parties égales *gn*, *np* et *pd*. J'ai dit que la partie *gn* étoit l'amplitude d'aberration relative à l'incidence perpendiculaire suivant la direction *ag*. Or, *ad* étant l'arête du rhomboïde, son expression est $\sqrt{5}$ (*voyez* 31). De plus, en appliquant ici les formules du même numéro, on trouve *ag* = 3 (*dg*), d'où l'on conclura que $dg = \sqrt{\frac{1}{2}}$. Donc $gn = \sqrt{\frac{1}{18}}$, ce qui donne *gan* = 6^{d}. 20'.

204. Prouvons maintenant qu'il n'y a aucun plan, quelque

---

(1) Voyez ci-dessus la théorie du rhomboïde, pour les détails relatifs aux formes cristallines.

position qu'on lui donne dans l'intérieur du rhomboïde, auquel
on puisse ramener la réfraction du rayon d'aberration, de
manière que les sinus d'incidence et de réfraction soient en rapport constant. La démonstration que nous allons en donner
exige seulement que le plan hypothétique passe par la grande
diagonale de la base du rhomboïde, ou par une parallèle à
cette diagonale ; or, c'est ce qui doit avoir lieu nécessairement,
puisque quand l'image d'aberration est vue à sa vraie place,
le rayon incident est dans le plan *abcd* ; car il est évident
qu'alors le plan perpendiculaire au rayon, sur la direction duquel on voit l'image d'aberration, coupe la base du rhomboïde
par une section parallèle à la grande diagonale.

Cela posé, concevons que le rayon incident *ik* se meuve
autour de la perpendiculaire *kf*, de manière à décrire la surface d'un cône droit dont cette perpendiculaire soit l'axe. Le
prolongement inférieur de ce rayon décrira en même temps
autour de *km*, la surface d'un second cône opposé par le sommet et semblable au premier. Soit *thq* (*fig.* 118) la base de
ce second cône, prise sur la base inférieure du rhomboïde ;
soit *m* le pied de la perpendiculaire *km* (*fig.* 117), et *s* (*fig.*
118) le pied de la perpendiculaire sur le plan auquel se rapporte par l'hypothèse la réfraction du rayon d'aberration.

Supposons d'abord que l'extrémité supérieure *i* (*fig.* 117)
du rayon incident, soit sur la perpendiculaire élevée du
point *q* (*fig.* 118) sur le plan *thq* ; l'extrémité inférieure du
même rayon prolongé tombera évidemment sur le point *h*, situé du côté opposé. Supposons, de plus, que *e* soit l'extrémité
inférieure du rayon rompu ordinaire. Ayant décrit du point
m pris comme centre et de l'intervalle *me*, la circonférence
ecz, on conçoit que pendant la révolution du rayon incident
et de son prolongement, l'angle d'incidence étant constant, le
rayon ordinaire tombera toujours sur un point de cette circonférence.

Maintenant l'extrémité inférieure du rayon incident étant

toujours en h, menons par le point e la ligne et parallèle à ms, puis menons hs. Dans l'hypothèse du plan dont nous avons parlé, il est clair que le rayon d'aberration, qui doit se trouver sur le même plan que le rayon incident, dont le prolongement aboutit en h, et que la perpendiculaire terminée en s, tombera sur quelque point de la ligne hs; et si l'on imagine, pour un instant, que l'amplitude d'aberration soit exactement parallèle à ms, le rayon d'aberration aura son extrémité au point l.

Si le rayon incident prend d'autres positions quelconques, de manière que son prolongement tombe en h' ou en h'', on trouvera, par une construction semblable à la précédente, que l'extrémité du rayon d'aberration, dans la même hypothèse, doit toujours se trouver sur un point l' ou l'', situé dans l'intersection de la ligne $h's$ ou $h'' s$, avec une ligne menée du point e' ou e'' parallélement à la ligne ms.

Cela posé, les triangles hel, hms étant semblables, on aura $hm : ms :: he : el$. On trouvera de même pour les triangles $h' e' l'$, $h'ms$, cette proportion, $h'm : ms :: h'e' : e'l'$. Or, dans toutes ces analogies, les trois premiers termes étant constans, le quatrième terme el ou $e'l'$ l'est aussi. Maintenant dans toutes les positions du rayon incident que nous venons de considérer, l'amplitude d'aberration s'écarte, à la vérité, du parallélisme avec ms, et tombe sur quelque point g, g', g'', situé à la gauche de el. Mais en même temps, plus el approche de coïncider avec la diagonale fx, et plus aussi l'amplitude d'aberration approche de se confondre avec la constante el; en sorte que quand l'extrémité du rayon incident n'est plus qu'à une très-petite distance de f ou de x, l'amplitude d'aberration ne s'écarte pas sensiblement du parallélisme avec fx (1),

---

(1) Cette déviation est encore très-légère, même à une certaine distance, lorqu'on opère avec un rhomboïde d'un petit volume. C'est probablement ce qui avoit fait penser à Newton qu'il y avoit un parallélisme constant entre el et ms.

et que quand la même extrémité est arrivée au point f ou x, l'amplitude se trouve exactement sur la ligne fx.

Il suit de là que dans l'hypothèse d'un plan de réfraction analogue aux lois ordinaires, la constante el est la limite de l'amplitude d'aberration. Par conséquent, si l'on fait cu et di égales chacune à el, ces deux lignes représenteront les amplitudes d'aberration relatives à deux inclinaisons égales du rayon incident, prises de deux côtés opposés et situées dans le plan $abcd$ (*fig.* 117). Or, l'observation donne évidemment di plus courte que cu. Donc l'hypothèse dont il s'agit est inadmissible, d'après cette seule condition prescrite par la loi des réfractions communes, que le rayon réfracté soit sur le même plan que le rayon incident et la perpendiculaire au point d'immersion.

205. Je passe aux recherches que j'ai faites, pour essayer de déterminer la véritable loi, d'où dépend la route du rayon d'aberration, au moins dans tous les cas où le rayon incident est sur le plan $abcd$ (*fig.* 117). Mais remarquons, avant d'aller plus loin, que cette loi, quelle qu'elle fût, devoit conduire à une quantité constante et double de gn, pour la somme des deux amplitudes d'aberration, relativement à deux incidences égales prises en sens contraire.

206. Soient ik, $i'k$ les deux rayons incidens, et soient ke, kc' les rayons rompus ordinaires. Par l'extrémité inférieure g de la perpendiculaire ag, menons gx qui fasse un angle quelconque avec dg. Menons aussi an, qui coupe dg dans un point quelconque. Par les extrémités e, e' des rayons ordinaires, menons cu, $c'u'$ parallèles à gx. Enfin, ayant pris er, $c'r'$ égales chacune à gq, qui est la partie de gx interceptée par les lignes ag, an, faisons passer par les points r, r', les droites kl, kl' ; je dis que dans ce cas on aura constamment $el + e'l'$, $= 2gn$.

Pour le prouver, concevons que l'on applique kc' sur kc, en renversant la base $c'l'$ du triangle $c'kl'$, de manière que

le point l' tombe sur le point y, de l'autre côté du rayon ke,
et le point r' sur le point z. Si l'on mène rz, cette ligne sera
évidemment parallèle à dc, à cause de l'égalité des angles rcl,
zey, et de celle des lignes er, ez. De plus, la ligne ly sera égale
à la somme des deux distances $el + e'l'$.

Or, si l'on suppose que le rayon ke change d'inclinaison,
en restant fixe par son extrémité e, les lignes ky, kl, dans
l'hypothèse de er, ez constantes, resteront fixes elles-mêmes
par leurs points z, r, tandis que leurs extrémités supérieure
et inférieure feront un mouvement le long des lignes ab, dc;
donc, dans tous les cas, on aura $kz : ky :: rz : ly$. Mais il est
aisé de voir, qu'à cause des parallèles ab, rz, dc, le rapport
$kz : ky$ sera constant : donc aussi le rapport $rz : ly$ sera constant : et puisque rz est constante, ly le sera pareillement. Or,
plus le rayon ke approche d'être parallèle à la perpendiculaire
km, plus aussi el approche d'être égale à ng. Donc si l'on suppose que la direction de ke diffère infiniment peu de la perpendiculaire, on pourra faire la ligne ly, ou la somme des
deux lignes el, $e'l'$ égale à $2ng$; donc puisque cette somme
est constante, elle sera le double de ng dans tous les cas. Ce
résultat n'est autre chose que celui d'Huyghens, dont j'ai parlé
dans la partie de raisonnement, mais généralisé et appliqué
aux propriétés des lignes droites, au lieu que ce savant ne
l'avoit trouvé que dans l'ellipse particulière dont il avoit adapté
les dimensions et la figure aux ondes de lumière dont il faisoit
dépendre la réfraction extraordinaire.

207. Il s'agissoit ensuite de savoir, si parmi toutes les inclinaisons de er sur dc, il y en avoit une qui donnât pour
el une quantité représentative des variations en longueur de
l'amplitude d'aberration, avec cette condition que gn fût le
$\frac{1}{4}$ de dg, ainsi que le donne l'observation. Or, j'ai trouvé
qu'en supposant que gx ou eu fût inclinée sur l'arête ad, de
manière que l'angle aue se trouvât égal au grand angle du
rhombe primitif, qui est de 101^{d} $32'$ $13''$, on avoit des résul-

tats sensiblement conformes à l'observation. Dans le même cas, l'angle agx est de 60^d à moins d'une minute près, et peut-être est-il rigoureusement de 60^d, ce qui feroit dépendre le phénomène d'une des limites que l'on sait être très-familières à la nature. Quoi qu'il en soit, nous supposerons sa mesure rigoureuse, au moins pour la facilité du calcul.

Déterminons d'abord la valeur de gq. Soit abaissée qs perpendiculaire sur dg. On aura, à cause des triangles semblables nqs, nag, $ns : qs :: gn : ag$. Or, l'angle qgs étant de 30^d, $qs = \frac{1}{2}(gq)$. De plus $gn = \sqrt{\frac{1}{18}}$; donc substituant, la proportion devient, $ns : \frac{1}{2}(gq) :: \sqrt{\frac{1}{18}} : \sqrt{\frac{9}{4}}$. Donc $ns = \frac{1}{18}(gq)$.

De plus, dans le triangle gqs on a, comme nous l'avons vu, $gq = 2(qs)$. Donc $(qs)^2 = \frac{1}{4}(gq)^2$. Or $(gs)^2 = (gq)^2 - (qs)^2$. Donc $(gs)^2 = (gq)^2 - \frac{1}{4}(gq)^2 = \frac{3}{4}(gq)^2$. Donc $gs = gq\sqrt{\frac{3}{4}}$. Réunissant les valeurs de ns et de gs, on a gn ou $\sqrt{\frac{1}{18}} = \frac{1}{18}$

$$(gq) + gq\sqrt{\frac{3}{4}} = gq\left(\frac{1}{18} + \sqrt{\frac{3}{4}}\right). \text{ Donc } gq = \frac{\sqrt{\frac{1}{18}}}{\frac{1}{18} + \sqrt{\frac{3}{4}}}$$

$$= \frac{\sqrt{\frac{1}{18}}}{\frac{1}{18} + \frac{1}{2}\sqrt{3}} = \frac{\sqrt{\frac{1}{18}}}{\frac{1}{18} + \frac{9}{18}\sqrt{3}} = \frac{18\sqrt{\frac{1}{18}}}{1 + 9\sqrt{3}} = \frac{\sqrt{18}}{1 + 9\sqrt{3}} = er.$$

D'après cette valeur, il est facile de trouver el. Ayant abaissé rh perpendiculaire sur ly, nous aurons $lh : hr = \frac{1}{2} er :: el$

$$+ em : km, \text{ ou } lh : \frac{\sqrt{18}}{2 + 18\sqrt{3}} :: el + em : \sqrt{\frac{9}{4}}.$$

$$\text{Donc } lh = \frac{\sqrt{18}(el + em)}{\dfrac{2 + 18\sqrt{3}}{\sqrt{\frac{9}{4}}}} = \frac{\sqrt{36}(el + em)}{2\sqrt{9} + \sqrt{9}\sqrt{972}} = \frac{2(el + em)}{2 + \sqrt{972}}$$

$$= \frac{el + em}{1 + 9\sqrt{3}}. \text{ D'une autre part } eh = er\sqrt{\frac{3}{4}} = \frac{\sqrt{18}}{1 + 9\sqrt{3}} \times \sqrt{\frac{3}{4}}$$

$$= \frac{\sqrt{54}}{2 + \sqrt{972}}. \text{ Réunissant les valeurs de } eh \text{ et de } lh, \text{ on aura } el$$

$$= \frac{\sqrt{54}}{2 + \sqrt{972}} + \frac{el + em}{1 + 9\sqrt{3}}. \text{ Donc } el - \frac{el}{1 + 9\sqrt{3}} = \frac{\sqrt{54}}{2 + \sqrt{972}}$$

$$+ \frac{em}{1 + 9\sqrt{3}}; \frac{el + 9(el)\sqrt{3} - el}{1 + 9\sqrt{3}} = \frac{\sqrt{54}}{2 + \sqrt{972}} + \frac{em}{1 + 9\sqrt{3}};$$

$$9(el)$$

$9(el) \sqrt{3} = \dfrac{\sqrt{54}}{2} + em$. D'où l'on tire, $el = \dfrac{\sqrt{54}}{18\sqrt{3}} + \dfrac{2em}{18\sqrt{3}} = \sqrt{\tfrac{1}{17}}$

$+ \dfrac{em}{\sqrt{243}}$.

Si l'on cherche pareillement la valeur de el', on trouvera

$el' = \sqrt{\tfrac{1}{18}} - \dfrac{em}{\sqrt{243}}$.

Donc, en général, l'expression de l'amplitude d'aberration

est $\sqrt{\tfrac{1}{18}} \pm \dfrac{em}{\sqrt{243}}$, le signe négatif étant pris pour le cas où

l'amplitude va en diminuant.

Connoissant el ou el', on déterminera aisément l'angle mkl
ou mkl', qui donne la position du rayon d'aberration.

208. Supposons, par exemple, que l'angle d'incidence ikf
soit de 35^{d}. Je cherche d'abord l'angle mke, qui est l'angle de
réfraction du rayon ordinaire, en faisant cette proportion,
sin. ikf : sin. ekm :: 5 : 3, ce qui donne $ekm = 20^{\mathrm{d}}\ 7'$. De
plus, ayant $km = ag = \sqrt{\tfrac{9}{2}}$, je fais cette autre proportion, km :
em :: sin. kem : sin. ekm, ou $\sqrt{\tfrac{9}{2}}$: em :: sin. $69^{\mathrm{d}}\ 53'$: sin. $20^{\mathrm{d}}\ 7'$,
ce qui donne, log. $em = -\ 1095832$, maintenant $ml = em + el$

$= em + \dfrac{em}{\sqrt{243}} + \sqrt{\tfrac{1}{18}} = \left(\dfrac{\sqrt{243}+1}{\sqrt{243}}\right) em + \sqrt{\tfrac{1}{18}}$. Or log. $\dfrac{\sqrt{243}+1}{\sqrt{243}}$

$= \log.\left(\dfrac{16,588}{15,588}\right) = 270036$. Ajoutant à ce logarithme celui de

em, j'ai pour le logarithme de $\left(\dfrac{\sqrt{243}+1}{\sqrt{243}}\right) em$, $-\ 825796$,

qui répond à 0,826.

D'ailleurs $\sqrt{\tfrac{1}{18}} = 0,235$. Donc $ml = 0,826 + 0,235 = 1,061$,
dont le logarithme est 257154.

Résolvant le triangle rectangle kml à l'aide de km et ml, je
trouve $lkm = 26^{\mathrm{d}}\ 34'$.

Pour avoir $l'km$, j'observe que $ml' = e'm + e'l' =$

$$em - \sqrt{\tfrac{1}{18}} + \frac{em}{\sqrt{241}} = \left(\frac{\sqrt{243}+1}{\sqrt{243}}\right) em - \sqrt{\tfrac{1}{18}}.$$ Opérant comme ci-dessus, j'aurai $ml' = 0{,}826 - 0{,}235 = 0{,}591$, dont le logarithme est $- 2284125$, après quoi il est facile de résoudre le triangle kml', et de trouver l'angle mkl', qui sera de 15ᵈ 34′.

209. J'ai déterminé, par un calcul semblable, la valeur de l'angle d'incidence ikf (*fig.* 119), sous lequel le point l seroit vu à sa vraie place à l'aide du rayon d'aberration kl, c'est-à-dire, qu'alors ce rayon seroit sur la direction du rayon visuel; et j'ai trouvé que l'angle d'incidence, dans ce cas, étoit d'environ 16ᵈ 21′, valeur qui diffère de 18′ en moins de celle que Huyghens a déterminée par les propriétés de l'ellipse. Or, l'angle dag étant de 18ᵈ 27′, on voit qu'il s'en faut d'environ 2ᵈ que le rayon kl ne soit parallèle à ad.

210. Voici un moyen d'autant plus simple de vérifier la loi dont il s'agit, qu'il n'exige d'autre instrument que le rhomboïde lui-même. Je trace sur un papier le parallélogramme $abcd$ (*fig.* 120), en faisant l'angle bcd de 108ᵈ ½, comme dans la coupe principale, et en donnant au côté ad la longueur de l'arête correspondante prise sur le rhomboïde destiné pour l'expérience. Je choisis à volonté une incidence, par exemple, celle de 35ᵈ, puis je trace le rayon ik, qui fait le même angle avec la perpendiculaire fkm, et je le prolonge jusqu'à la rencontre z de la ligne cd, prolongée elle-même. Je cherche, au moyen de la formule, les positions du rayon ordinaire ke, et du rayon d'aberration kl, puis je trace ces deux rayons. Dans l'hypothèse présente, l'angle ekm est de 20ᵈ 7′, et l'angle lkm de 26ᵈ 34′, ainsi que je l'ai prouvé plus haut.

Je trace sur un papier à part une ligne droite uy (*fig.* 121), sur laquelle je place les points z, l, e, aux mêmes distances respectives que dans la fig. 120, puis par le point z je mène zo perpendiculaire sur uy; je pose ensuite le rhomboïde sur ce second papier, de manière que uy coïncide avec la petite dia-

gonale de sa base inférieure, et que l'angle solide qui répond
à d (*fig.* 120) soit entre le point z et le point l (*fig.* 121);
alors faisant en sorte que mon rayon visuel reste dans le plan
$abcd$ (*fig.* 120), ce que je reconnois avoir lieu quand l'image
de la ligne uy (*fig.* 121) paroît simple, j'incline mon œil, en
le ramenant vers y, jusqu'à ce que deux des images des points
l, e, coïncident en une seule, d'où il suit qu'alors el est l'amplitude d'aberration ; et si en même temps l'image unique qui
résulte de cette coïncidence est sur la direction de la ligne
oz (1), vue sans réfraction derrière le rhomboïde, j'en conclus
que l'amplitude d'aberration s'accorde avec la loi indiquée. Car
il est facile de concevoir qu'alors le rayon visuel a la même
position que ik (*fig.* 120).

Le procédé est le même pour vérifier la loi relativement aux
incidences en sens contraire, ou suivant le rayon $i'k'$, que je
suppose aussi incliné de 35^d sur la perpendiculaire $f'k'm'$;
alors l'angle $l'k'm'$ sera de $15^d 34'$. Les lignes et les points analogues à uy, oz, e, l, (*fig.* 121) auront, dans ce cas, la disposition respective indiquée par la fig. 122. On placera le rhomboïde de manière que l'angle c (*fig.* 120) soit entre les points
z', e', (*fig.* 122), et l'on inclinera l'œil, en le ramenant
vers y', jusqu'à ce que deux des images des points e', l' se con-
fondent en une seule, qui devra se trouver sur la direction de
$o'z'$, vue sans réfraction derrière le rhomboïde, si la loi qui a
été déterminée ci-dessus est la véritable.

211. J'ai comparé les résultats de cette loi avec ceux auxquels conduiroit l'hypothèse de La Hire, c'est-à-dire, qu'ayant
supposé un plan dirigé comme ky (*fig.* 119) perpendiculai-

---

(1) A la rigueur, il n'est pas nécessaire que la ligne oz soit toute entière
hors de la base du rhomboïde. Il suffit qu'elle soit assez longue pour dé-
passer cette base de part et d'autre, en sorte que l'on puisse juger que l'i-
mage dont nous venons de parler est sur le même alignement que les parties
extérieures de la ligne oz.

rement au rayon *ik*, que je suppose être celui qui fait voir l'image d'aberration sans être déplacée, j'ai cherché quel seroit le rapport entre le sinus d'incidence et celui de réfraction, pour différentes inclinaisons du rayon incident relatives à *ik*, considérée comme perpendiculaire au point d'immersion, et j'ai trouvé que dans certains cas ce rapport approchoit de celui de 3 à 2, donné par La Hire, tandis que dans d'autres cas il s'en éloignoit très-sensiblement. D'ailleurs, on concevra aisément que le résultat qui donne une somme constante pour les deux amplitudes *el*, *e' l'* (*fig.* 120), est seul incompatible avec la loi ordinaire des réfractions, quelle que soit la position du plan hypothétique auquel on tenteroit d'appliquer cette loi.

P O T A S S E   N I T R A T É E.

212. La variété de cette substance, que j'ai nommée *potasse nitratée eptahexaèdre*, mérite un développement particulier. Sa forme est celle d'un prisme hexaèdre régulier (*fig.* 123), terminé de chaque côté par dix-huit facettes obliques, disposées six à six les unes au-dessus des autres, de manière que toutes celles d'un même ordre sont également inclinées sur les pans correspondans. Cette forme, déjà remarquable, en ce qu'on ne s'attendroit pas à la voir naître de l'octaèdre rectangulaire (*fig.* 124), qui lui sert de noyau, l'est encore plus par la combinaison des lois dont elle dépend, et qui ont

$$\text{pour signe représentatif} \qquad \begin{array}{cccccccc} M & {}^\shortmid T^\shortmid & \overset{3}{I} & A & P & A & B & A. \\ M & h & s & t & P & \overset{\frac{1}{2}}{y} & \overset{3}{x} & \overset{\frac{1}{4}}{z} \end{array}$$

On voit, à la première inspection de ce signe, que les faces d'un même ordre, telles que *s*, *t*, quoiqu'également inclinées, comme nous l'avons dit, sont produites par des lois de décroissement très-différentes. On voit, de plus, que toutes les lois rentrent dans les limites ordinaires, et n'excèdent pas quatre rangées : mais il y a mieux ; c'est que ces lois, considérées dans leur ensemble, ont le plus grand degré de simplicité possible, en sorte que si l'on suppose quelqu'autre loi également simple en elle-même, par exemple, la loi B, qui n'est point comprise dans le signe, la loi correspondante qui donneroit une face inclinée de la même quantité, par un décroissement sur l'angle A, excédera la limite des lois ordinaires. C'est cette espèce de *maximum* de simplicité relative que je me propose principalement de démontrer.

213. Dans l'octaèdre primitif (*fig.* 124), si l'on mène la hauteur Ir de la pyramide qui a pour base le rectangle FAAF, puis les apothèmes BI, FI des triangles P, M, et enfin Br et Fr, on aura Ir : Br :: $\sqrt{32}$: $\sqrt{15}$, et Ir : Fr : : $\sqrt{3}$: 1. Mais quelque soit le rapport de Ir à Br, pourvu que celui de Ir à Fr reste le même, si l'on suppose une loi quelconque de décroissement qui produise une face située en dessus de P, j'ai trouvé qu'il y auroit toujours une autre loi susceptible de donner, en dessus de M, une face inclinée comme la précédente, et réciproquement. Nous pouvons donc envisager le problème d'une manière plus générale, en prenant pour noyau un octaèdre rectangulaire quelconque, avec cette seule condition, que Ir et Fr soient entre elles dans le rapport de $\sqrt{3}$ à 1, ou, ce qui revient au même, que l'angle formé par les faces M, M soit de 60^d.

Soient *tks*, *uks* (*fig.* 125), deux faces adjacentes d'une pyramide droite hexaèdre, ayant pour base un hexagone régulier. Supposons que *uks* résulte d'une loi de décroissement qui agisse sur la face P (*fig.* 124), et *tks* (*fig.* 125) d'une autre loi qui agisse sur M. Menons la hauteur *ky* de la pyramide, les rayons *yt*, *ys*, *yu* de l'hexagone de la base, puis *yx*, *ym* perpendiculaires, l'une sur *ts*, l'autre sur *su*, et enfin *kx* et *km*. Les triangles *kym*, *kyx* pourront être considérés comme faisant la fonction de triangles mensurateurs. Soit *n* le nombre de rangées soustraites relatif à *kym*, et *n'* celui qui se rapporte à *kyx*. Il s'agit de trouver une équation entre *n'* et *n*, à l'aide de laquelle étant donnée n', on puisse en conclure n, ou réciproquement.

Soit Bl bi (*fig.* 126) une coupe du noyau semblable à celle qui passeroit par les points B, I (*fig.* 124), et par le centre r ; et soit Bm (*fig.* 126) une droite située sur une face produite par un décroissement quelconque sur l'arête B (*fig.* 124). Menons mx parallèle à Bi, puis mz et ot perpendiculaires sur Bb. Bo sera à om comme le nombre de rangées soustraites en largeur est au nombre de rangées soustraites en hauteur. Mais nous pouvons supposer que om soit simplement égale à une arête de molécule, auquel cas Bo pourra représenter un nombre entier ou fractionnaire, suivant que le décroissement se fera en largeur ou en hauteur. Soit g la ligne qui, dans la molécule, répond à Ir (*fig.* 124), et p celle qui répond à Br. Il est facile de concevoir que ot et Bt (*fig.* 126) renferment, l'une, autant de fois g, et l'autre, autant de fois p, qu'il y a d'arêtes de molécule comprises dans la ligne Bo, qui représente le nombre de rangées soustraites en largeur. Donc, désignant ce nombre par n, nous aurons $ot = g \times n$ et B$t = p \times n$. Maintenant om étant égale à une arête de molécule, mz est plus grande que ot d'une quantité égale à g, et Bz plus petite que Bt d'une quantité égale à p. Donc, $mz = gn + g = g(n+1)$; et B$z = pn - p = p(n-1)$.

Soit maintenant Ig une ligne située sur une face produite par un décroissement sur l'angle I (*fig.* 124), en montant vers B. Menons ge (*fig.* 126) parallèle à BI, puis gl et ek parallèles à Bb. Ie sera à eg comme le nombre de rangées soustraites en largeur est au nombre de rangées soustraites en hauteur; et nous sommes de même les maîtres de supposer que eg soit simplement égale à une arête de molécule, la ligne Ie pouvant alors représenter un nombre entier ou fractionnaire, selon que le décroissement aura lieu en largeur ou en hauteur.

Désignant par g et par p les mêmes quantités que ci-dessus, et par N le nombre de rangées soustraites, nous aurons, en appliquant ici le même raisonnement, $Ik = g \times n$; $ke = p \times n$; d'où nous conclurons que $Il = n(g-1)$, et $gl = n(p+1)$. Or, Ik, mz sont dans le sens de my ($fig.$ 125), et gl, Bt ($fig.$ 126) sont dans le sens de ky ($fig.$ 125). Donc réunissant les expressions des décroissemens sur l'arête B et sur l'angle I ($fig.$ 124), nous aurons $my : ky$ ($fig.$ 125) $:: g(n \pm 1) : p(n \mp 1)$, les signes supérieurs étant relatifs aux décroissemens sur B ($fig.$ 124), et les inférieurs aux décroissemens sur I.

214. Passons aux décroissemens qui agissent sur la face M, et d'abord rapportons-en l'effet, pour plus de simplicité, au plan FA'AF. Soit AAaa ($fig.$ 127) ce même plan, et soit Ad une ligne située sur une face produite en vertu d'un décroissement quelconque sur l'angle A ($fig.$ 124), parallélement à IF. Menons do ($fig.$ 127) parallèle à AA. Ado pourra être regardé comme triangle mensurateur, et Ao sera à do comme le nombre de rangées soustraites en largeur est à celui de rangées soustraites en hauteur; et nous serons libres encore de supposer que do soit égale à une simple arête, et que Ao représente un nombre n' entier ou fractionnaire, suivant que le décroissement se fera en largeur ou en hauteur. Soit toujours p la ligne qui, dans la molécule, répond à Br ($fig.$ 124), et soit c celle qui répond à Fr. Nous aurons Ao ($fig.$ 127) $= n'p$, et $do = c$. Mais Ao est dans le sens de ky ($fig.$ 125), et do dans le sens de ty. Donc $ty : ky :: c : n'p$. De plus $ty : yx :: 2 : \sqrt{3}$, à cause de l'angle $ytx = 60^{\mathrm{d}}$ et de $txy = 90^{\mathrm{d}}$. Donc $ty = (yx)\dfrac{2}{\sqrt{3}}$.

D'ailleurs Fr ($fig.$ 124) $: Ir :: 1 : \sqrt{3} :: c : g$. Donc $c = \dfrac{g}{\sqrt{3}}$. Donc si nous substituons à la place de ty et de c leurs valeurs dans la proportion $ty : ky :: c : n'p$, elle deviendra $(yx)\dfrac{2}{\sqrt{3}} : ky :: \dfrac{g}{\sqrt{3}} : n'p$. D'où l'on tire, $yx : ky :: g : 2n'p$. Mais $yx : ky :: my : ky :: g(n \pm 1) : p(n \mp 1)$.

Donc $g(n\pm 1) : p(n\mp 1) :: g : 2n'p$, et $n' = \dfrac{n\mp 1}{2(n\pm 1)}$, les signes supérieurs devant être pris pour les décroissemens en allant de B vers I (*fig.* 124) ou en descendant, et les inférieurs pour les décroissemens en allant de I vers B ou en montant.

On conçoit, à la seule inspection de la formule, que quelque valeur que l'on donne à n, pourvu qu'elle soit rationnelle, on aura toujours pour n' une quantité qui sera pareillement rationnelle.

215. Maintenant pour remplir notre but, qui est de prouver que les lois d'où dépend la structure du cristal sont les plus simples possibles dans leur ensemble, il suffit de supposer successivement n égale à 1, à 2, à 3, à 4, et à l'infini, ce dernier cas étant celui où les faces secondaires coïncident avec P, et l'on verra quelle est la valeur de n', qui répond à chacune des précédentes. A l'égard des suppositions où n seroit un nombre fractionnaire, tel que $\frac{1}{2}$, $\frac{1}{3}$ ou $\frac{1}{4}$, elles sont ici inadmissibles, parce que les faces qui résulteroient des lois exprimées par ces fractions se rejeteroient en arrière, du côté opposé à celui où naîtroit le décroissement.

Or, si l'on prend les décroissemens en descendant de B vers I, on aura :

$$\text{pour } n = 1, \qquad n' = \tfrac{0}{4}.$$
$$\text{pour } n = 2, \qquad n' = \tfrac{1}{6}.$$
$$\text{pour } n = 3, \qquad n' = \tfrac{1}{4}.$$
$$\text{pour } n = 4, \qquad n' = \tfrac{3}{10}.$$
$$\text{pour } n = \infty, \qquad n' = \tfrac{1}{2}.$$

Et si l'on prend les décroissemens en montant de I vers B, on aura

$$\text{pour } n = 1, \qquad n' = \tfrac{2}{0}.$$
$$\text{pour } n = 2, \qquad n' = \tfrac{3}{2}.$$
$$\text{pour } n = 3, \qquad n' = 1.$$
$$\text{pour } n = 4, \qquad n' = \tfrac{5}{6}.$$
$$\text{pour } n = \infty, \qquad n' = \tfrac{1}{2}.$$

L'équation

L'équation $n' = \frac{0}{4}$ indique une face horizontale qui est étrangère à l'hypothèse présente. L'équation $n' = \frac{2}{0}$, indique une face verticale qui se confond avec M, et à laquelle répond une face semblablement située, qui intercepte l'angle solide I, et ainsi cette équation appartient à notre hypothèse. En excluant donc $n' = \frac{0}{4}$, et en faisant attention que l'équation $n' = \frac{1}{2}$ se trouve répétée, nous avons huit résultats réellement distincts, parmi lesquels il n'y en a que quatre qui donnent en même temps pour n et n' des lois non mixtes, et qui n'excèdent pas quatre rangées, savoir : pour les décroissemens sur B, $n = 3$; $n' = \frac{1}{4}$; $n = \infty$; $n' = \frac{1}{2}$; et pour les décroissemens sur I, $n = 1$; $n' = \frac{2}{0}$; $n = 3$; $n' = 1$. Or, ces résultats sont les seuls qui aient lieu par rapport à la variété dont il s'agit. La cristallisation semble passer à côté des autres, dans lesquels les décroissemens étant ordinaires relativement à l'une des quantités n ou n', entraîneroient, à l'égard de l'autre, des décroissemens, soit mixtes, soit situés hors des limites communes.

QUARTZ.

QUARTZ RHOMBIFÈRE.

216. Soit pqu (*fig.* 128) le prisme et la pyramide supérieure du quartz prismé. Si l'on suppose à la place de l'angle solide t une facette parallèle au plan zpy, et d'autres facettes semblablement situées à la place des angles solides z, y, etc., on aura le quartz rhombifère.

Les facettes dont il s'agit seront toujours de véritables rhombes, quelles que soient les inclinaisons des faces de la pyramide sur les pans du prisme. Pour le prouver, menons la hauteur *pc* de la pyramide, le rayon *ct* de la base, ensuite *zy*, puis *pn* qui passe par l'intersection *g* des lignes *zy*, *ct*, et enfin *zn* et *yn*. Il est évident que les deux triangles *zpy*, *zny* sont sur un même plan. Or, à cause que la base de la pyramide est un hexagone régulier, on a *gt* = *cg*; d'ailleurs, les triangles *pcg*, *ntg* sont semblables; donc ils sont aussi égaux; donc *pg* = *gn*, et par conséquent *pzny* est un véritable rhombe, indépendamment de l'inclinaison des faces de la pyramide. Donc aussi la facette située à la place de l'angle solide *t*, parallélement au plan *zpy*, est un véritable rhombe.

217. Cherchons maintenant la loi qui donne les facettes dont nous venons de parler, en supposant que le noyau soit un rhomboïde.

La fig. 129 représente ce rhomboïde avec trois des faces supérieures *spz*, *zpt*, *tpy*, du dodécaèdre qui en dérive, ainsi que nous l'avons expliqué plus haut. La facette qui est censée remplacer l'angle solide *t* (*fig.* 128 *et* 129), et que nous prenons ici pour exemple, étant située parallélement au plan *zpy*, si nous menons *dk* (*fig.* 129) parallèle à *py*, et *kl* parallèle à *pz*, le triangle *dkl* sera lui-même parallèle à la facette dont il s'agit. Or, à cause du parallélisme entre *dk* et *py*, $pk = yd = \frac{1}{2} ud = \frac{1}{2} pm = km = \frac{1}{2} dm$. De plus, à cause du parallélisme entre *kl* et *pz*, $km : ml :: pm : mz$. Donc $ml = \frac{1}{2} km = \frac{1}{4} cm$. Donc la ligne *dk*, qui est parallèle aux bords des lames de superposition, est située de manière que sur deux arêtes de molécule soustraites le long de *dm*, il n'y en a qu'une le long de *pm*, et que le décroissement a lieu par quatre rangées, c'est-à-dire, que le signe de ce décroissement rapporté au noyau (*fig.* 130) est ($E^{4}EB^{1}D^{2}$).

QUARTZ PLAGIÈDRE.

218. La figure 131 représente cette variété, dans laquelle les angles solides *z*, *t*, *y*, etc., (*fig.* 128) à la base des pyra-

mides du quartz prismé sont remplacés par autant de facettes
x, x' (*fig.* 131) situées de biais.

Soit toujours $p\,p'$ (*fig.* 132) le rhomboïde générateur du
dodécaèdre auquel appartiennent les triangles qps, spz, zpt, etc.
Supposons que zpt réponde à $o't'c'a'p$ (*fig.* 131); si nous
considérons d'abord la facette $t'o'r'n'$, il faudra, pour avoir
des résultats conformes à l'observation, supposer que le décroissement qui donne cette facette ait pour signe $(\overset{4}{e}\,D^2\,D^r)$.
Soit teu (*fig.* 132) un plan situé d'après cette loi; nous au-
rons par l'hypothèse, $lt = \frac{1}{2}\,lh$, et $lu = \frac{1}{4}\,lp' = \frac{1}{4}\,el$. Cela
posé, il est facile de voir que l'angle teh, ou son égal etz, est
le supplément de l'angle $o't'c'$ (*fig.* 131). En calculant le
premier de ces angles d'après les données que fournit le rapport $\sqrt{15}$ à $\sqrt{13}$ entre les demi-diagonales g et p, on trouvera
pour sa valeur $17^d\,14'$, d'où il suit que l'angle $o't'c'$ est de
$162^d\,46'$, ce qui s'accorde avec l'observation.

219. Pour achever de vérifier la loi dont nous avons parlé,
il ne s'agit plus que de déterminer l'incidence de $t'o'r'n'$ (*fig.*
131) sur P, ou celle de teu (*fig.* 132) sur le résidu $ethp$ du
rhombe $elhp$. A cet effet, on considérera le segment de rhomboïde $etul$, intercepté par le plan teu, comme une pyramide
triangulaire, dont on supposera successivement que le sommet soit en u et en l; puis par une méthode analogue à celle
que nous avons déjà exposée (134), on cherchera l'incidence
de la face elt sur la base etu, dans l'hypothèse du sommet en
l. On aura pour cette incidence $31^d\,18'$, dont le supplément
$148^d\,42'$, sera celle de teu sur $peth$, ou de $o'r'n't'$ (*fig.* 131)
sur P.

220. Maintenant, pour faire dépendre la facette $a'c'm'y'$
de la même loi de décroissement, il faudroit la rapporter à un
nouveau rhomboïde, tellement situé que les triangles q, q,
fussent les résidus de deux de ses faces, et que le triangle
P provint du retranchement d'un de ses angles solides. Mais
il est beaucoup plus naturel de considérer les deux facettes

x, x' relativement à un même rhomboïde, et dans ce cas elles résultent nécessairement de deux lois différentes de décroissement. Ayant déjà la loi qui donne la facette x, il faut donc encore chercher celle d'où résulte la facette x'.

Concevons que l'on ait fait dans le quartz prismé *psy* (*fig.* 133) deux sections qui, en partant des angles t et y, soient parallèles aux facettes x et x' (*fig.* 131), de manière que les plans de ces sections soient les trapézoïdes *torn*, *yacm*. Ayant pris sur *pt* (*fig.* 132) et sur *zt*, les parties *pa* et *zc* égales aux mêmes lignes (*fig.* 133), menons par les points a, c (*fig.* 132) la ligne *ſι*, laquelle sera parallèle à la ligne de départ du décroissement qui donne la facette *acmy* (*fig.* 133). Déterminons d'abord la position de cette ligne *ſι* (*fig.* 132). Pour y parvenir, je remarque que *or* (*fig.* 133) est située par rapport au triangle *spz*, comme *ac* par rapport au triangle *zpt*; donc la position de la première étant connue, nous aurons celle de la seconde, et par conséquent celle de *ſι* (*fig.* 132), dont *ac* fait partie.

Par l'angle h, menons *hf* parallèle à *te*, et par le point f, *fd* parallèle à *tu*; le plan *hfd* sera aussi parallèle au plan *teu*; mais $de : ef :: ul : tl$; donc puisque $ul = \frac{1}{2} tl$, on a aussi $de = \frac{1}{2} ef$. Donc puisque $es = \frac{1}{2} pe$, la ligne *fd* est parallèle à *ps*. Donc puisque les sections *ps*, *fd*, des plans *spz*, *dfh*, sur le plan *pvxc* sont parallèles entre elles, et que les deux premiers plans s'inclinent l'un vers l'autre, leur commune section *πμ* sera parallèle soit à *fd*, soit à *ps*. Mais le plan *teu* est parallèle au plan *hfd*; donc sa section *or* sur le plan *spz* sera parallèle à la section *πμ* du plan *hfd* sur le même plan *spz*. Donc *or* sera parallèle à *ps*. Donc aussi *ſι* sera parallèle à *pz*. Donc les triangles *ſιh*, *pzc* étant semblables, et *pe* étant double de *ez*, *ſh* sera aussi double de *hι*, d'où l'on conclura que la ligne *ſι* est située d'après un décroissement intermédiaire sur l'angle *phl*, de manière que pour une seule arête de molécule soustraite le long de *hp*, il y en a deux qui sont soustraites le long de hl. Reste à trouver la mesure du décroissement.

Soit h ($fig.$ 134) le même angle solide que ($fig.$ 132), avec les trois arêtes hp, hl, hg qui aboutissent à cet angle. De plus, soit δy un plan situé comme celui de la facette $acmy$ ($fig.$ 133), et dans lequel δt ($fig.$ 134) sera la même ligne que ($fig.$ 132). Remarquons maintenant que le point y ($fig.$ 133), par lequel passe la facette $acmy$ est situé au milieu de l'arête hg ($fig.$ 134). C'est une suite de la manière dont le dodécaèdre auquel appartient le triangle tpy ($fig.$ 133), est engagé dans le rhomboïde dont il dérive. Donc ayant déjà $hy = \frac{1}{2} hg$ ($fig.$ 134), et $th = \frac{1}{2} \delta h$, il reste à trouver le rapport entre l'une ou l'autre de ces dernières lignes, et l'arête ph ou lh dont elle fait partie.

Choisissons de préférence δh. Si nous connoissions le rapport de δt à lh ($fig.$ 132), ou à lt moitié de lh, nous aurions facilement celui de δh à lh. La question se réduit donc à trouver le rapport de δt à lt.

Par le point l menons lk parallèle à δt; les triangles δct, lvt seront semblables; donc $ct : vt :: \delta t : lt$. Cherchons successivement ct et vt, ou, ce qui revient au même, le rapport de chacune d'elles à tz.

1°. Pour ct. Le rapport de cette ligne à tz est le même que celui de at à pt, ou que celui de oz à pz; parce que $oz = at$, et $pz = pt$. Cherchons donc le second rapport.

Les triangles semblables $eo\lambda$, toz donnent $tz : e\lambda :: oz : o\lambda$. Or $tz = \frac{1}{2} eh$; donc $\partial z = \frac{1}{4} eh$. Mais à cause de $py = \frac{2}{3} p\partial$, on a aussi $y\lambda = \frac{2}{3} \partial z = \frac{2}{3} \cdot \frac{1}{4} eh = \frac{1}{6} eh$. Donc $e\lambda = ey - y\lambda = \frac{1}{2} eh - \frac{1}{6} eh = \frac{1}{3} eh$. Donc la proportion devient $\frac{1}{2} eh : \frac{1}{3} eh :: oz : o\lambda$. Ou $3 : 2 :: oz : o\lambda$. Donc $oz = \frac{3}{2} o\lambda = \frac{3}{5} \lambda z$. Or $\lambda z = \frac{1}{3} pz$, puisque $y\partial = \frac{1}{3} p\partial$. Donc $oz = \frac{3}{5} \cdot \frac{1}{3} pz = \frac{1}{5} pz$. Donc aussi $at = \frac{1}{5} pt$, et $ct = \frac{1}{5} tz$.

2°. Pour tv. $tv = \partial t - \partial v$. $\partial t = \frac{1}{2} tz$. Cherchons ∂v. Les triangles semblables $l\partial v$, λpy donnent $\partial l : py :: \partial v : y\lambda$. Mais

$sl = \frac{1}{2} p\gamma$: donc $s\iota = \frac{1}{2} \gamma\lambda = \frac{1}{2}$. $\frac{1}{6} eh = \frac{1}{12} eh = \frac{1}{6} tz$. Donc $\iota t = (\frac{1}{2} - \frac{1}{6}) tz = \frac{1}{3} tz$.

Donc la proportion $ct : \iota t :: st : lt$ devient, $\frac{1}{5} tz : \frac{1}{3} tz :: st : lt$. Donc $st = \frac{3}{5} lt = \frac{3}{10} lh$. Donc $sh = st + th = st + \frac{1}{2} lh = (\frac{3}{10} + \frac{1}{2}) lh = \frac{4}{5} lh$.

Donc $h\iota$ (*fig.* 134) $= \frac{2}{5} lh = \frac{2}{5} ph$. D'ailleurs $hy = \frac{1}{2} gh$.

Donc sh, $h\iota$ et hy sont entre elles comme $\frac{4}{5}$, $\frac{2}{5}$ et $\frac{1}{2}$, ou comme 2, 1 et $\frac{5}{4}$. Donc le signe du décroissement rapporté au noyau (*fig.* 130), sera $(\overset{4}{\underset{5}{}}E\,D^{2}\,B^{1})$.

FELD-SPATH.

221. Soit $b\zeta$ (*fig.* 135) la variété que j'ai nommée *feldspath décidodécaèdre*, et qui va nous servir à déterminer la forme et les dimensions respectives de la molécule intégrante. La division mécanique des cristaux de cette variété a lieu parallélement aux faces P, M, T, de manière que la coupe qui répond à T est beaucoup plus difficile à obtenir et moins nette que les deux autres.

De plus, les faces P, M sont sensiblement perpendiculaires l'une sur l'autre, et la face T fait un angle de 120^d avec la face M. On voit déjà, d'après ces premières données, que la forme primitive doit être un parallélipipède obliquangle, dont il s'agit de déterminer les dimensions.

222. Soit AR (*fig.* 136) ce parallélipipède, dont nous supposerons les faces BRGO, GOAD, BOAH respectivement parallèles aux faces P, M, T (*fig.* 135). Je remarque d'abord que l'ennéagone S doit, d'après sa position, résulter d'un décroissement, soit simple, soit intermédiaire, sur l'angle RBO (*fig.* 136). Or, il est d'autant plus naturel de le supposer simple, que d'autres variétés présentent des facettes dues à des décroissemens qui ont la même ligne de départ, avec des mesures différentes, d'où il résulte que dans l'hypothèse que nous faisons ici, ces décroissemens seront simples eux-mêmes.

Maintenant *uy* (*fig.* 135), qui est parallèle à la ligne de
départ, fait sensiblement un angle droit avec la face M prolongée, ou, ce qui revient au même, sa position est horizontale, dans le cas où les faces M, T sont situées verticalement. Or, par la nature du décroissement, *uy* est parallèle
à la diagonale OR (*fig.* 136). Donc aussi cette diagonale
est située horizontalement. Cette observation va d'abord nous
donner le rapport entre GP et PL, perpendiculaires sur AO.

Menons OZ parallèle à PL, puis ZR. Le plan OZR sera horizontal. Donc il sera perpendiculaire sur le plan vertical BRNH ;
mais BOGR, d'après l'observation, est aussi perpendiculaire
sur BRNH ; donc la commune section OR des deux plans
OZR, BOGR, sera de même perpendiculaire sur BRNH ;
donc elle le sera sur RZ. Donc l'angle ORZ est droit ; mais
OZR qui mesure l'incidence de BOAH sur BRNH est de 60^d.
Donc OZ = 2RZ, ou PL = 2GP.

Par le point A menons AC perpendiculaire sur GO, et
par le point C menons CS perpendiculaire sur BR prolongée.
Pour déterminer le rapport entre AC et CS, nous remar-
querons que les facettes *coig*, *bvaz* (*fig.* 135) ayant leurs
bords *co*, *ig*, *bv*, *az* parallèles, doivent résulter d'un décroissement sur les arêtes GO, BR (*fig.* 136). Or l'incidence de
chacune de ces facettes sur le pan adjacent, tel que M, est
sensiblement de 135^d. Donc puisque l'angle ACS (*fig.* 136) est
de 90^d, si nous supposons que les facettes dont il s'agit résultent d'un décroissement par une seule rangée, nous aurons
AC = CS.

223. Nous pouvons maintenant déterminer le rapport entre
les trois faces BRGO, GOAD, BOAH. Le plan OZR étant
perpendiculaire sur le plan BRNH, la diagonale OR, qui
fait un angle droit avec la commune section RZ de ces deux
plans, sera aussi perpendiculaire sur BRNH. Donc elle le sera
également sur RB, qui passe par son extrémité R, et qui
coïncide avec le plan BRNH. Donc chacun des angles ORB,

ROG est droit. Donc surf. BRGO $= $ OR $\times$ GO. Mais surf. GOAD $=$ AC $\times$ GO ; donc puisque AC $=$ CS $=$ OR , les deux surfaces sont égales. De plus , surf. BOAH $=$ AO $\times$ PL. Donc puisque l'on a d'ailleurs surf. GOAD $=$ GP $\times$ AO , et que PL $=$ 2GP , on aura BOAH $=$ 2GOAD.

224. Il suit encore de ce qui précède, que si l'on complète le parallélogramme ACS, sa figure sera celle d'un carré. D'une autre part, si l'on complète le parallélogramme GPL, il formera un rhombe alongé, dont les angles seront de 120^d, 60^d, et dont un côté sera double de l'autre. Menons OK et OT perpendiculaires sur BO. Nous aurons , à cause de BOAH double de BRGO , OK $\times$ BO $=$ 2OT $\times$ BO. Donc OK $=$ 2OT. Donc le parallélogramme qui passe par les points K , O , T , a aussi un côté double de l'autre. Mais ses angles sont d'environ 111^d 30′ , 68^d 30′ , ainsi que nous le verrons bientôt.

225. Avant d'aller plus loin , cherchons les lois de décroissement qui produisent les pans *demq*, *ionr*, *ospn*, etc. (*fig.* 135), ajoutés à ceux du noyau. Soit *pcry* (*fig.* 137) une coupe de ce noyau prise par un plan horizontal , et soudivisée en une multitude de petits parallélogrammes qui représentent les coupes d'autant de molécules. Nous aurons , dans chacun de ces parallélogrammes , tel que *huxy*, $hy = 2yx$, et $uxy = $ 120^d. Soit *fymnoacdse* une coupe analogue du prisme (*fig.* 135), dans laquelle *fy* (*fig.* 137) répond à *sonp* (*fig.* 135), *ym* à *oirn* , *mn* à M , *no* à *demq*, et *ao* à T. On voit, par la seule inspection de la figure 137, que *fy* résulte du décroissement $\frac{1}{2}$G ou G^2 (*fig.* 138) *ym* du décroissement G^4, et *no* du décroissement ^{2}H ; et il sera facile d'en conclure que l'incidence de *fy* sur *mn* est de 120^d ; celle de *ym*, tant sur *mn* que sur *fy*, de 150^d ; et celle de *on* , tant sur *mn* que sur *ao* , de 150^d, d'où il résulte que le plan *sonp* (*fig.* 135), qui est produit par une loi de décroissement, a la même position en sens contraire que le pan T, qui est primitif, et que les pans *oirn* et *demq* s'assimilent de même l'un à l'autre, par leurs
positions ,

positions, quoique produits par des lois différentes de décroissement.

226. Nous pouvons maintenant achever de déterminer les
dimensions et les angles de la forme primitive, en profitant
d'une observation qui consiste en ce que les angles *aso*, *rig*
(*fig.* 135) sont sensiblement égaux entre eux. Supposons l'égalité rigoureuse, et cherchons la valeur qui en résultera pour
chacun de ces angles.

Soit *aso* (*fig.* 139) *pl. XX*, le même triangle isocèle que l'on
intercepteroit, en faisant passer une droite par les points *a*, *o*
(*fig.* 135). Le prisme du cristal étant toujours supposé dans
une situation verticale, imaginons un second plan triangulaire
isocèle, dont le sommet soit en *s*, et qui s'abaisse au-dessous
du plan *aso*, en prenant une position horizontale. Soit *tsu*
(*fig.* 139) ce dernier plan, dans lequel *tu* sera égale à la base
ao du triangle *aso*, puisque les points *u*, *t* sont situés, l'un
sur l'arête *on* (*fig.* 135), l'autre sur celle qui aboutit en *a*, et
que ces deux arêtes sont parallèles entre elles. Menons les hauteurs *sy*, *sk* (*fig.* 139) des deux triangles, puis la ligne *ky*.
Il est aisé de voir que l'angle *syk* est le supplément de *rig*
(*fig.* 135); donc cet angle sera aussi le supplément de *aso*
(*fig.* 135 et 139). Donc ayant prolongé *as* indéfiniment, on
aura $syk = osn$. D'ailleurs, les deux triangles *sky*, *son*, sont
rectangles; donc ils sont semblables. Remarquons maintenant
que l'angle *ust* étant égal à celui que forment sur le prisme de
la fig. 135 deux pans inclinés entre eux de 120^d, savoir *ospn*
et le plan contigu à *as*, on a $kus = 30^d$, et $us = 2sk$; donc
$sk = ku\,\sqrt{\tfrac{1}{3}}$.

Cela posé, si nous menons *on* perpendiculaire sur *as* prolongée, les triangles semblables *ksy*, *son* donneront $on : os : :$
$sk : sy$, ou, $on : os : : ku\sqrt{\tfrac{1}{3}} : sy : : \tfrac{1}{2}\,ao\sqrt{\tfrac{1}{3}} : sy$. De plus os
$= \sqrt{(on)^2 + (ns)^2}$. Substituant et élevant tout au carré $(on)^2 :$
$(on)^2 + (ns)^2 : : \tfrac{1}{12}(ao)^2 : (sy)^2$. D'ailleurs $(ns)^2 = (os)^2 - (on)^2$.

Donc $(on)^2 : (os)^2 :: \frac{1}{12}(ao)^2 : (sy)^2$. Maintenant $on \times as$ $= sy \times ao$, ou, $on \times os = sy \times ao$. Donc $(on)^2 = \dfrac{(sy)^2 \times (ao)^2}{(os)^2}$

Substituant, la proportion deviendra, $\dfrac{(sy)^2 \times (ao)^2}{(os)^2} : (os)^2 ::$ $\frac{1}{12}(ao)^2 : (sy)^2$. D'où l'on tire $sy = os \sqrt[4]{\frac{1}{12}}$.

Maintenant si l'on prend pour le rayon r la ligne os, alors sy sera le sinus de l'angle soy ; donc log. sin. $soy = $ log. $r +$ $\frac{1}{4}$ log. $\frac{1}{12} = 9,7302047$, qui répond à $32^d\ 29'\ 56''$. Donc, puisque le triangle aos est isocèle, on aura $aso = 115^d\ 0'\ 8''$; cette valeur sera aussi celle de l'angle rig (*fig.* 135), ou DGO (*fig.* 136).

227. Cherchons les autres angles plans de la forme primitive, et d'abord G O B. Soit *zasoc* (*fig.* 140) le pentagone, dont les côtés passent par les mêmes lettres (*fig.* 135), et *on*, *ns*, *sy* (*fig.* 140) les mêmes lignes que fig. 139. La ligne *as* (*fig.* 140) étant parallèle à GT (*fig.* 136), et *sy* (*fig.* 140) étant parallèle à *co*, laquelle est elle même parallèle à GO (*fig.* 136), nous aurons *asy* (*fig.* 140) = TGO (*fig.* 136), et à cause que $asy = \frac{1}{2} aso = \frac{1}{2}(115^d\ 0'\ 8'') = 57^d\ 30'\ 4''$, nous aurons aussi $TGO = 57^d\ 30'\ 4''$; donc $GOB = 122^d\ 29'\ 56''$.

Reste à trouver BOA. Or, le plan OZR étant horizontal, RZ est parallèle à GP ; donc BZ est égale à O P. Donc O Z : B Z $:: 2$ G P : O P $:: 2 ($ sin. $64^d\ 59'\ 52'') :$ sin. $25^d\ 0'\ 8''$, ce qui donne $BOZ = 13^d\ 7'\ 31''$; donc $BOA = 103^d\ 7'\ 31''$.

228. A l'égard des incidences mutuelles des faces du parallélipipède, ayant déjà celle de GOAD sur BOAH, qui est de 120^d, et celle de BRGO sur GOAD, qui est de 90^d, il ne nous manque plus que celle de BRGO sur BOAH, égale à l'angle TOK.

Du point T menons TU perpendiculaire sur OK. Nous aurons d'abord GP : OT :: cos. $25^d\ 0'\ 8''$: cos. $32^d\ 29'\ 56''$, en prenant GO pour le rayon commun. Soit log. GP $=$ log. cos. $25^d\ 0'\ 8'$

$= 9,9572835$; donc aussi log. OT $=$ log. cos. 32^d $29'$ $56''$ $= 9,9260506$. Or, si l'on suppose une ligne élevée du point P perpendiculairement sur PL, et qui coïncide avec le plan GPL, elle fera avec PG un angle de 30^d, à cause de GPL $= 120^d$, et de plus elle sera égale à TU, puisque celle-ci est perpendiculaire sur les plans AOBH, GRND, comme la ligne supposée. Donc GP : TU :: $2 : \sqrt{3}$. Donc log. TU $=$ log. GP $+$ log. $\sqrt{3}$ $-$ log. $2 = 9,8948141$. D'ailleurs log. OT $= 9,9260506$, ce qui donne pour la valeur de l'angle TOK 68^d $31'$ $43''$, et pour celui que forme BRGO avec le pan parallèle à BOAH, 111^d $28'$ $17''$.

229. Il est facile maintenant de déterminer les lois de décroissement qui produisent les faces S, *cgty* et *bzuk* (*fig.* 135), les seules qui nous restent à considérer.

1°. Pour la face S, produite par un décroissement sur l'angle I (*fig.* 138), l'angle ROG (*fig.* 136) étant droit, ainsi que l'angle ROA, il s'ensuit que dans le triangle mensurateur le côté qui représente l'excès en largeur d'une lame sur l'autre, sera égal à GO ou à un multiple de cette ligne ; et que le côté qui représente l'excès en hauteur, sera égal à OA ou à un multiple de cette ligne. Or, GP : OR :: yx (*fig.* 137) : hx :: $1 : \sqrt{3}$. De plus GP $\times$ OA (*fig.* 136) $=$ OR $\times$ GO ; donc, OA $=$ GO $\sqrt{3}$; donc OA : GO :: $\sqrt{3} : 1$. D'ailleurs l'angle GOA $= 64^d$ $59'$ $52''$. D'après ces données, si l'on suppose que le décroissement ait lieu par une simple rangée, on trouve pour l'incidence de S sur P (*fig.* 135), 99^d $41'$ $8''$, conformément à l'observation.

2°. Pour la facette *cytg*. L'angle *ocy* étant égal à l'angle GOB (*fig.* 136), il s'ensuit que le décroissement qui produit la facette *cytg* (*fig.* 135) a lieu parallélement à l'arête BO (*fig.* 136). Or, si l'on suppose deux rangées de soustraites dans le sens de la hauteur, auquel cas le signe du décroissement sera $\overset{2}{F}$ (*fig.* 138), les deux côtés du triangle mensu-

rateur, dont l'un mesure la différence en largeur des lames
de superposition, et l'autre la différence en hauteur, seront
entre eux, comme OK ($fig.$ 136): 2OT, c'est-à-dire, qu'ils
seront égaux; d'ailleurs l'angle TOK est de 68^d 31' 43", d'où
l'on conclura que l'incidence de la facette $cytg$ ($fig.$ 135) sur
P, est de 124^d 15' 52".

3°. Pour la facette $bzuk$. Il s'agit de prouver que cette
facette, en supposant qu'elle résulte d'un décroissement par
deux rangées en hauteur sur l'angle OBH ($fig.$ 136), ou qui
ait pour signe $\overset{1}{a}$I ($fig.$ 138), aura précisément la même position et la même inclinaison en sens contraire que la facette
$cytg$.

Soient $brgo$, $goad$, $grnd$, $brnh$, ($fig.$ 141) les quatre
faces de la forme primitive marquées des mêmes lettres ($fig.$
136). Prolongeons go, da, l'une jusqu'en y, l'autre jusqu'en
x, d'une quantité égale à leur longueur, puis menons yx,
auquel cas les deux parallélogrammes $goad$, $yoax$ seront égaux
et semblables. Menons aussi by, puis hx et an. Nous aurons
un nouveau parallélipipède, dont les faces latérales seront $yoax$,
$bhxy$, $brnh$, $roan$, et les bases $broy$ et $anhx$. Or, il est facile
de concevoir que les faces latérales seront perpendiculaires
l'une sur l'autre (1), et que de plus, les faces $yoax$, $brnh$ et
les deux bases $broy$, $anhx$ seront des rectangles, tandis que
les faces $roan$, $bhxy$ seront des parallélogrammes obliquangles.

Cela posé, menons gp ($fig.$ 141) qui coupe oa en deux
également. Le plan rgp sera situé parallèlement à une face
qui résulteroit d'un décroissement par deux rangées en hauteur
sur l'arête bo, ou dont l'expression seroit $\overset{2}{F}$ ($fig.$ 138). Menons
ensuite om ($fig.$ 141) qui coupe de même yx en deux éga-

***

(1) C'est une suite de ce que la diagonale OR ($fig.$ 136) et celle de la
base inférieure sont perpendiculaires sur les faces GOAD, BRNH.

lement. Il est évident que le plan *bom* sera situé parallélement au plan *rgp* ; d'où il suit que ce même plan sera parallèle à la facette *cytg* (*fig.* 135).

Maintenant par le point *r* menons *rl*, qui coupe *bo* en deux également. On aura *rl* = *ol*, c'est-à-dire, que le triangle *olr* sera isocèle. Car, soit *g'o'b'r'* (*fig.* 142) une coupe horizontale du parallélipipède *gorbdazh* (*fig.* 141), sur laquelle les points *g'o'b'r'* (*fig.* 142) correspondent à ceux qui sont marqués des mêmes lettres (*fig.* 141). Menons de même *r'l'* (*fig.* 142) au milieu de *b'o'*. A cause de *b'o'* = 2 *b'r'*, nous aurons *b'r'* = *b'l'* ; et parce que *r'b'l'* = 60^d, nous aurons aussi *r'l'* = *b'l'*, donc enfin *r'l'* = *o'l'*. Or, la base *or* (*fig.* 141) du triangle *olr* étant horizontale, c'est-à-dire, parallèle à *o'r'* (*fig.* 142), et le point *l* (*fig.* 141) étant sur la même ligne verticale que le point *l'* (*fig.* 142), il s'ensuit que le triangle *o'l'r'* ne peut être isocèle, sans que le triangle *olr* (*fig.* 141) ne le soit pareillement.

Cela posé, menons *ri* qui coupe *bh* en deux parties égales, puis *li*. Il est clair que *bl* et *bi* étant égales chacune à une moitié d'arête, et *br* à une arête entière, le plan *lri* sera situé comme une facette qui résulteroit d'un décroissement par deux rangées en hauteur sur l'angle *obh* de la face primitive qui répond à OBHA (*fig.* 136), lequel décroissement auroit pour signe $\frac{1}{2}$I (*fig.* 138). Or, il est facile de prouver que ce plan a la même position en sens contraire relativement au triangle isocèle *olr* (*fig.* 141) que le plan *lom* qui résulte du décroissement $\overset{.}{\text{F}}$. Car à cause de *orl* = *rol*, on a aussi *loy* = *lrb*, le premier angle étant le complément de *rol*, et le second celui de *orl*, puisque les angles *orb*, *roy* sont droits. De plus *ym* = *bi* ; donc tout étant égal de part et d'autre, les incidences des deux plans sur le triangle *olr* seront aussi égales.

Maintenant *uy* (*fig.* 135) est parallèle à *or* (*fig.* 141),

et *cy* parallèle à *ol* ; mais l'observation prouve que l'angle *zuy*
(*fig.* 135) est égal à l'angle *cyu* ; donc si nous prolongeons *cy*
et *zu* jusqu'à ce qu'elles se rencontrent en un point γ, les
angles γyu et γuy seront égaux ; et parce que γyu est égal à
lor (*fig.* 141), γuy (*fig.* 135) sera aussi égal à *lro* (*fig* 141),
c'est-à-dire, que le triangle $y\gamma u$ (*fig.* 135) est semblable au
triangle *lor* (*fig.* 141), et qu'il a la même position relativement au noyau. Donc l'hypothèse du décroissement exprimé

par $\frac{1}{2}$I (*fig.* 138) satisfait à l'observation, qui donne pour la
facette *bkuz* la même incidence sur P que celle de la facette
cgty.

230. On voit par ce qui précède, que l'égalité d'inclinaison,
relativement aux deux facettes dont il s'agit, ne dépend en
aucune manière de la valeur des angles du parallélogramme
brgo (*fig.* 141), en sorte qu'en supposant que ce parallélogramme s'incline plus ou moins, en restant fixe par la diagonale *or*, auquel cas ses angles changeront nécessairement de
mesure, on aura un résultat analogue à celui qui vient d'être
exposé.

AMPHIBOLE.

231. Soit *ig* (*fig.* 143) la forme primitive. Ayant mené
les diagonales *il*, *gz*, puis la ligne *lz*, qui va de l'extrémité
supérieure de l'arête *lg*, à l'extrémité inférieure de l'arête *iz* ;
il faudra, pour avoir des résultats conformes à l'observation, 1°. que l'angle *lzi* soit droit ; 2°. que l'on ait $lz : iz ::$
$\sqrt{14} : 1$, d'où il suit que l'angle $ilz = 14^{\mathrm{d}}\ 57'$; 3°. que le sinus
de la moitié de l'inclinaison de *nlgh* sur *mlgr* soit au cosinus
comme $\sqrt{29} : \sqrt{8}$, ce qui donne $124^{\mathrm{d}}\ 34'$ pour l'inclinaison
totale.

232. Dans les formes secondaires, il y a des facettes également inclinées en sens contraire, qui proviennent de différentes
lois de décroissement, et c'est une suite de la propriété qu'a la

ligne *lz* de faire un angle droit avec l'arête *iz*. Nous nous bornerons presque à démontrer les résultats qui concernent ce point de théorie.

AMPHIBOLE DODÉCAÈDRE (*fig.* 144).

233. Le signe rapporté au noyau (*fig.* 145), est $\dfrac{M \;{}^{\prime}G\; P\; \overset{\frac{1}{2}}{B}}{M \; x \; P \; r}$.

L'arête *i* a la même inclinaison en sens contraire que la diagonale oblique de P. Pour le prouver, soit *ilgz* (*fig.* 146) le même quadrilatère que (*fig.* 143), et *bid* le triangle mensurateur relatif au décroissement $\overset{\frac{1}{2}}{B}$ (*fig.* 145), considéré dans le sens de ce même plan *ilgz*. Nous aurons, par l'hypothèse, *di* : *db* : : 2*iz* : *il*, ou ½*di* : *db* : : *iz* : *il*. Menons *bc* perpendiculaire sur *iz*; le triangle *cbd* sera semblable au triangle *zli*; donc *cd* : *db* : : *iz* : *il*. Donc en comparant les deux proportions, *cd* = ½*di*; donc *cd* = *ci*; donc l'arête *ib* est inclinée en sens contraire de la même quantité que *bd* ou *il*, qui lui est parallèle; or *ib* répond à l'arête *i* (*fig.* 144), et *il* (*fig.* 146) répond à la diagonale oblique de P (*fig.* 144); donc, etc.

234. La face P sera toujours un véritable rhombe; car les arêtes *h*, *h'* sont nécessairement parallèles aux arêtes *g*, *g'* qui sont les lignes de départ du décroissement, et par conséquent elles sont aussi parallèles aux arêtes *t'*, *t*. Les faces *r*, *r* sont de même des rhombes, ou du moins on peut toujours les ramener à cette figure, en donnant au cristal des dimensions convenables. Car nous avons déjà les arêtes *h*, *h'* parallèles à *g*, *g'*. De plus, il est évident que l'arête *i* est parallèle aux arêtes *f*, *f'*, puisque le plan *x* est lui-même parallèle à celui qui passe par les arêtes *i*, *u*. Mais les deux rhombes *r*, *r*, qui sont semblables entre eux, ne le sont pas au rhombe P.

AMPHIBOLE ÉQUIDIFFÉRENT, (*fig.* 147).

235. Le signe du sommet supérieur est $\overset{\shortmid}{\underset{l}{\text{E}}}\ \overset{\frac{1}{2}}{\underset{r}{\text{B}}}$, celui du prisme est $\underset{\text{M}}{\overset{\text{M}}{}}\ \underset{x}{\overset{\text{'G'}}{}}$, et celui du sommet inférieur est $\overset{\shortmid}{\underset{y}{a}}\ \underset{p}{\beta}$.

1°. La face y qui résulte du décroissement $\overset{\shortmid}{a}$, est inclinée en sens contraire de la même quantité que la face p, qui est primitive. Car soit $g\iota\delta$ (*fig.* 146) le triangle mensurateur relatif à la face y. Nous aurons, par la supposition, $\delta\iota : \delta g :: \frac{1}{2} il : iz$, ou $\delta\iota : \frac{1}{2} \delta g :: \frac{1}{2} il : \frac{1}{2} iz :: il : iz$. Menons $\iota\nu$ perpendiculaire sur δg; les triangles semblables $\delta\iota\nu$, ilz, donnent $\delta\iota : \delta\nu :: il : iz$. Donc, puisque $\delta\iota : \frac{1}{2} \delta g :: il : iz$, il s'ensuit que $\delta\nu = \frac{1}{2} \delta g$. Donc ιg et $\iota\delta$ sont inclinées en sens contraire de la même quantité ; or, la première répond à la diagonale oblique de y (*fig.* 147), et la seconde à celle de p ; donc, etc.

2°. Les faces r, r qui résultent du décroissement $\overset{\frac{1}{2}}{\text{B}}$, ont la même inclinaison en sens contraire que les faces l, l, qui résultent du décroissement $\overset{\shortmid}{\text{E}}$.

Soit *inln* (*fig.* 148) le même rhombe que fig.143, soudivisé en petits rhombes qui représentent les bases d'autant de molécules. Dans le décroissement relatif aux facettes r, r (*fig.* 147), les bords de la première lame de superposition seront situés comme $i'n'$, $i'm'$ (*fig.* 148), puisqu'il n'y a qu'une rangée de soustraite dans le sens de la largeur; donc si l'on suppose un triangle mensurateur $c\,i'\,s$ (*fig.* 149) situé dans un plan parallèle à celui qui passe par la diagonale mn (*fig.* 148) et par celle de la base opposée, ci' (*fig.* 149) sera la même ligne que $c\,i'$ (*fig.* 148), qui mesure dans le même sens l'excès d'une lame sur l'autre, et $i's$ (*fig.* 149) sera égale à deux arêtes longitudinales de molécule, c'est-à-dire, que l'on aura $ci' : i's ::$

mn

mn (*fig.* 143) : 2 (*mr*). Or , il est aisé de voir que le même triangle peut servir à représenter l'effet du décroissement $\overset{\prime}{E}$, qui produit les faces l , l (*fig.* 147). Car l'on a dans ce cas , ci' : $i's$ (*fig.* 149) :: $\frac{1}{2}mn$ (*fig.* 143) : mr :: mn : 2(mr), ce qui est le même rapport que ci-dessus.

D'ailleurs, l'arête i (*fig.* 147) a la même inclinaison, en sens contraire, que l'arête n, qui est parallèle à la diagonale il (*fig.* 143), ainsi qu'il sera facile de le concevoir, en prenant un nouveau triangle mensurateur dans le sens du plan $ilgz$. Ainsi, tout étant égal de part et d'autre, les facettes r, l (*fig.* 147) seront inclinées de la même quantité en sens contraire.

AMPHIBOLE SEXDÉCIMAL (*fig.* 150) *pl. XXI*.

236. Le signe du sommet supérieur est $\overset{1}{\underset{l}{E}}\,\overset{\frac{1}{2}}{\underset{r}{B}}$, et celui du prisme $\overset{M}{\underset{M}{}}\,\overset{{}^{\backprime}G^{\backprime}}{\underset{x}{}}$, comme dans la variété précédente. Celui du sommet inférieur est $\overset{1}{a}\,\overset{\frac{1}{2}}{e}\,e^{3}\,p$ over $y\,z'\,z\,p.$

Nous avons à prouver que les facettes z', z , dont l'une résulte du décroissement $\overset{\frac{1}{2}}{e}$, et l'autre du décroissement e^{3}, ont la même inclinaison en sens contraire.

Supposons, pour plus de facilité, que le cristal soit renversé, en sorte que le sommet inférieur se présente en dessus, comme on le voit fig. 151, auquel cas le signe de la face z' sera $\overset{\frac{1}{2}}{E}$, et celui de la face z , E^{3}.

Soient $lgrm$, $izrm$ (*fig.* 152), les mêmes faces que fig. 143, tournées de manière que l'arête mr se présente en avant. Si nous menons la diagonale lr (*fig.* 152), puis ry qui rencontre iz prolongée de manière que l'on ait $zy = iz$, le plan lry aura la même inclinaison en sens contraire que le plan iml.

Pour le prouver, menons *lp* (*fig.* 143) perpendiculaire sur *mr*. On concevra, avec un peu d'attention, que *lp* tombe au milieu de *mr*; donc le triangle *mlr* (*fig.* 143 et 152) est isocèle. Donc *lr* est inclinée de la même quantité, en sens contraire, que *lm*. Il sera de même aisé de voir que *ry* est inclinée de la même quantité, en sens contraire, que *mi*. Donc l'égalité d'inclinaison, en sens contraire, aura aussi lieu par rapport aux deux plans *lry* , *iml*.

Remarquons maintenant que d'après la loi $\overset{1}{\overset{2}{E}}$ qui produit les facettes *z'* (*fig.* 151), il y a une arête de molécule soustraite le long de *ml* et de *mi* (*fig.* 152), et deux arêtes soustraites le long de *mr*, et il est facile, d'après cette considération, de se représenter la position d'un plan qui intercepteroit l'angle solide *m*, parallélement à l'une des facettes dont il s'agit.

Cela posé, par un point quelconque *a* de la ligne *lm*, faisons passer un premier plan *acu* parallèle à *lry*, lequel aura par conséquent la même inclinaison en sens contraire que *iml*, puis un second *akt*, qui soit situé à l'égard du précédent, comme la facette désignée par $\overset{1}{\overset{2}{E}}$ l'est par rapport à *iml*. Dans ce cas, le plan *akt* représentera l'une des facettes *z* (*fig.* 151) (1). Il s'agit de déterminer le rapport entre les lignes *am*, *mt*, *mk*, qui donnera celui des nombres d'arêtes de molécule soustraites le long des lignes *ml*, *mi* , *mr*.

---

(1) Puisque la facette *z* (*fig.* 151) est inclinée en sens contraire de la même quantité que la facette *z'*, désignée par $\overset{\cdot}{\overset{2}{E}}$, et puisque celle-ci répond par sa position au plan *iml* (*fig.* 152), au-dessus duquel elle s'élève , il est facile de concevoir que la facette *z* (*fig.* 151) doit avoir la même relation de position avec un plan qui seroit incliné en sens contraire de la même quantité que *iml* (*fig.* 152), c'est-à-dire, avec le plan *acu*.

Ayant mené par le point s où les lignes cu et kt s'entre-coupent, la ligne sb parallèle à mr, nommons u l'arête de molécule qui fait partie de ml ou de mi, et p celle qui fait partie de mr.

Soit $am = u$. Le triangle mac étant isocèle, nous aurons aussi $ac = u$; et puisque le plan aks est situé, par rapport au plan acs, comme un plan qui proviendroit du décroissement $\overset{\frac{1}{2}}{E}$ le seroit à l'égard du plan iml, il en résulte que l'on a de même $cs = u$, et que de plus $ck = 2p$ (1); mais, $cm = p$. Donc $mk = 3p$. Reste à trouver mt. Cette ligne est composée de mb et bt; or, cs étant inclinée de la même quantité en sens contraire que mb, et bs étant parallèle à mr, il s'ensuit que l'on a $mb = cs = u$, et $bs = 2cm = 2p$.

Maintenant $mk : bs :: mt : bt :: mb + bt : bt$; ou $3p : 2p :: u + bt : bt$, d'où l'on tire $bt = 2u$. Donc $mt = 3u$; mais nous avons d'ailleurs $mk = 3p$, et $am = u$.

Donc le décroissement qui donne la facette z (*fig.* 151) sera exprimé par E^3 (*fig.* 145), ou par e^3, si l'on suppose que le sommet auquel appartiennent les facettes z soit situé inférieurement, comme on le voit (*fig.* 150).

AMPHIBOLE SURCOMPOSÉ (*fig.* 153).

237. Le signe du sommet supérieur est $\overset{\frac{1}{2}}{\underset{l}{E}} \overset{\frac{1}{4}}{\underset{r}{B}} \overset{}{\underset{c}{E}} \; (\overset{\frac{1}{4}}{\underset{c'}{E}} D' B^2)$;

---

(1) Dans l'hypothèse que nous faisons ici, le plan acu est situé à l'égard du plan $imrz$ ou $ucry$, comme le plan iml l'est à l'égard du plan $lmrg$; or, en vertu du décroissement $\overset{\frac{1}{2}}{E}$, il y auroit une arête u de soustraite le long de am, et deux arêtes p de soustraites le long de mc : donc la section hs du plan aht sur le plan $ucry$ doit être tellement située, que la partie cs de l'arête cu qu'elle intercepte soit aussi égale à u, et que la partie ck de l'arête cr qu'elle intercepte pareillement, soit de même égale à $2p$.

H 2

celui du prisme $\overset{\scriptscriptstyle 1}{M}\ {}'G{}'$, et celui du sommet inférieur $\overset{\scriptscriptstyle 1}{a}\,p\ \overset{\scriptscriptstyle '}{e}\ \overset{\frac{1}{2}}{b}$.
$M\ x y\,p\,r'\,l'$

Il n'y a de nouveau dans cette variété que les facettes c , c' ,

dont la première résulte du décroissement $\overset{\frac{1}{3}}{E}$. Il s'agit de faire
voir que la seconde qui provient du décroissement intermé-

diaire ($\overset{\frac{1}{4}}{E}D'B^2$) est inclinée de la même quantité en sens contraire.

Reprenons la figure 152, en laissant tout subsister, à l'exception que le plan akt sera situé parallélement à la facette
c' (*fig.* 153), c'est-à-dire, qu'il aura, par rapport au plan
acs, la même position qu'auroit à l'égard de iml une face qui

résulteroit du décroissement $\overset{\frac{1}{4}}{E}$.

En appliquant ici le calcul qui nous a servi (236) à déterminer la facette z (*fig.* 151), nous aurons toujours $am =$
$mb = cs = u$, $cm = p$, et $bs = 2p$. Mais $ck = 3p$; donc
$mk = 4p$.

Donc la proportion $mk : bs : : mb + bt : bt$ deviendra $4p :$
$2p : : u + bt : bt$, d'où l'on tire $bt = u$. Donc $mt = 2u$, et
puisque $am = u$, et $mk = 4p$, il y aura deux arêtes de
molécule soustraites le long de mi, une seule le long de ml,
et quatre le long de mr, d'où il suit que le signe du dé-

croissement sera ($\overset{\frac{1}{4}}{E}D'B^2$).

Les résultats précédens auront toujours lieu, quelle que soit
la valeur des angles de la forme primitive (*fig.* 143), pourvu
que lz fasse un angle droit avec iz. Il est remarquable que
cette propriété soit commune au pyroxène et à la grammatite
avec l'amphibole. Mais, jusqu'ici, cette dernière substance est
la seule des trois qui ait offert des faces également inclinées en
sens contraire, avec des lois différentes de décroissement.

STAUROTIDE.

238. Soit LN (*fig.* 154) la forme primitive, qui est un prisme droit à bases rhombes. Ayant mené les diagonales LU , BX, on aura BS : LS :: $\sqrt{2}$: 3 , et LS : BG :: 3 : 1. Le premier rapport donne 129^d 30' pour la mesure de l'angle LBU.

239. Les cristaux de staurotide en prismes droits hexaèdres, dont le signe rapporté au noyau (*fig.* 155), est M'G'P, se croisent très-souvent deux à deux, de manière que leurs axes font entre eux tantôt des angles droits, comme on le voit fig. 156, tantôt des angles de 120^d d'une part, et de 60^d d'une autre part, comme le représente la figure 157. Ce croisement offre plusieurs caractères remarquables de symétrie que nous nous proposons ici de démontrer, à l'aide du calcul.

240. Mais avant d'aller plus loin, il ne sera pas inutile de considérer, en général, la manière dont les communes sections de deux prismes hexagones qui se croisent, sont assorties entre elles. Nous supposerons seulement que ces prismes soient semblables , et que leurs pans soient parallèles deux à deux, comme cela a toujours lieu dans les cristaux.

Prenons pour exemple les deux prismes que représente la fig. 157. Il est d'abord facile de concevoir que les communes sections sont au nombre de douze, et forment deux contours hexagones E*nyzt*, E*muyqr*. De plus, tous les côtés de chaque hexagone sont sur un même plan. Bornons-nous à le prouver pour l'hexagone E*nyzt*. Si nous supposons que les pans *dfop*, *abci* d'une part, et *gfol*, *ahki* de l'autre, se prolongent jusqu'à se rencontrer, et que la même chose ait lieu à l'égard des pans DFOP, ABCI d'une part, et GFOL, AHKI de l'autre, les deux prismes hexagones se trouveront convertis en prismes quadrangulaires, disposés comme on le voit fig. 158; et les côtés E*t*, *yz* , E*n*, *ry* (*fig.* 157) de l'hexagone E*nyzt* étant de même prolongés jusqu'à se rencontrer aux points *c*, *x* (*fig.* 158), où les arêtes *mr*, N*s*, MR, *ns* se croisent, l'hexagone deviendra un quadrilatère E*cyx*. Or, les côtés E*c*, *xy* de ce quadrilatère étant formés par les sections des pans parallèles *form*, *nsia*, sur les pans FNSO, AMRI, qui sont aussi parallèles, ces côtés seront parallèles eux-mêmes, et par conséquent ils seront sur un même plan. Donc le quadrilatère entier E*cyx* sera aussi sur un même plan; donc dans l'hexagone E*myzt* (*fig.* 157), les quatre côtés E*t*, *yz*, E*n*, *xy* sont sur un même plan, et par conséquent l'unité de plan a lieu pour l'hexagone entier.

Un coup d'œil attentif jeté sur la figure 158, suffira pour faire juger que les deux quadrilatères E*cyx*, E*eyb* sont perpendiculaires l'un sur l'autre, d'où l'on conclura que la même chose a lieu pour les hexagones E*myzt*, E*muyqr* (*fig.* 157).

Dans l'examen que nous allons faire des deux variétés de staurotide représentées figures 156 et 157, nous nous attacherons principalement à prouver : 1°. que chacun des hexagones de jonction est situé, par rapport à l'un ou l'autre des prismes, comme le seroit une face produite par une loi de décroissement ; 2°. que si l'on suppose les pans de chaque prisme prolongés dans l'intérieur de l'autre prisme, les prolongemens auront de même des positions que l'on pourra rapporter à des lois de décroissement.

STAUROTIDE RECTANGULAIRE (*fig.* 156.)

241. Dans cette variété, les pans FGLO, ABCI d'une part, et *fglo*, *abci* de l'autre, lesquels résultent de la loi 'G', et que nous appelerons désormais *pans additionnels*, sont perpendiculaires les uns sur les autres ; et de plus, leurs communes sections *mn*, *cu*, etc., font des angles droits avec les arêtes FO, GL, AI, BC, qui leur sont contiguës.

Pour avoir un rapport entre les dimensions des bases des

deux prismes, nous supposerons que les côtés FG, BA,
qui terminent les pans additionnels, soient égaux à la moitié
de la diagonale qui leur est parallèle, ou qui va de D en
H. Cette supposition, qui n'est ici que de convenance, deviendra nécessaire pour la théorie de la variété suivante.

Maintenant si l'on imagine que le plan d'un des hexagones
de jonction, tel que *emnyqr* se prolonge en dessus de la section *mn*, il est évident que son prolongement divisera en deux
également les angles que font entre eux les plans FG*nm*,
fgnm ; et puisque cet angle est droit, il s'ensuit que le plan
de l'hexagone fait avec l'axe du cristal un angle de 45^d. Donc
le triangle mensurateur *mfn* (*fig.* 159), relatif à cet hexagone, est à la fois rectangle et isocèle. Or *fn* est parallèle à
BG (*fig.* 154), et *mn* est parallèle à US. Donc puisque
BG $= 1$ et US $= 3$, on aura (*fig.* 159) *fn* : *mn* : : 3BG : US.
Donc le décroissement qui produiroit une face située comme
l'hexagone *emnyqr* (*fig.* 156), auroit pour signe $\overset{1}{\overset{}{\underset{3}{\text{E}}}}$ (*fig.* 155).
Il est inutile de prouver que l'autre hexagone *eucyxt* (*fig.* 156)
résulte de la même loi considérée sur l'angle E' (*fig.* 155).

242. Supposons que le trapèze *fdem* (*fig.* 156) qui appartient
au prisme *dp*, se prolonge dans l'intérieur de l'autre prisme
DP ; son prolongement coïncidera avec le plan du triangle
meu. Soit *m'e'u'* (*fig.* 160) une section faite dans la forme
primitive parallélement à *meu* (*fig.* 156). On aura *e'm'* (*fig.*
160) $= e'u'$, et il sera facile de voir que B*e'* : B*m'* : : 3BG
(*fig.* 154) : BU, d'où l'on conclura que le prolongement de
fdem (*fig.* 156) dans l'intérieur de l'autre prisme, est situé
d'après la loi $\overset{3}{\text{A}}$. Il en sera de même des prolongemens des
autres trapèzes ; et à l'égard des rectangles *fgnm*, *baxt*, etc.,
qui font partie des pans additionnels, et qui sont parallèles
aux bases de la forme primitive, ils ne résultent d'aucune loi
de décroissement.

S T A U R O T I D E O B L I Q U A N G L E
(*fig.* 157.)

243. Nous partirons de deux données fournies par l'observation, dont l'une consiste en ce que les axes des deux prismes font entre eux des angles de 60^d, 120^d, et l'autre en ce que les deux pans additionnels GFOL, *gfol*, en se croisant à l'endroit de la section commune E*m*, s'inclinent entre eux de la même quantité que les axes, en sorte que les deux trapèzes FG*m*E, *fgm*E forment un angle rentrant de 120^d.

244. Si l'on supposoit que, dans la variété précédente (*fig.* 156), la section *mn* restât perpendiculaire sur GL et FO, et que les deux rectangles GF*mn*, *gfmn* s'inclinassent l'un sur l'autre de 120^d, auquel cas les deux axes se trouveroient nécessairement inclinés de la même quantité, la position mutuelle des deux prismes réuniroit encore les deux conditions auxquelles est soumise celle des prismes de la figure 157, et il y auroit même, en apparence, plus de simplicité dans l'assortiment des deux prismes. Mais alors la position des hexagones de jonction ne s'accorderoit avec aucune loi possible de décroissement. Car soit *lpz* (*fig.* 161) le triangle mensurateur dans lequel *plz* représente l'angle que formeroit le plan de l'hexagone *emnyqr* (*fig.* 156), avec la base CL du prisme DP, ou, ce qui revient au même, l'angle que formeroit avec la base supérieure BG une facette parallèle à cet hexagone, et qui devroit résulter d'un décroissement sur l'angle E (*fig.* 155) : on aura, par l'hypothèse, $plz = 60^d$, et $pz : pl :: 1 : \sqrt{3}$. Or, ce rapport étant irrationnel, il est évident qu'il ne peut représenter celui d'aucunes fonctions de BG et UL (*fig.* 154), qui sont entre elles comme $1 : 6$, c'est-à-dire, en rapport commensurable.

La cristallisation remplit les deux conditions dont nous avons parlé, en prenant une autre marche qui conduit, ainsi que

que nous le verrons, à des lois simples de décroissement, relativement aux positions des hexagones de jonction. La section Em (*fig.* 157) des plans GFEm, gfEm devient alors oblique sur GL et FO ; et, ce qui est digne d'attention, les angles de 120^d et 60^d que forment d'une part ces mêmes plans, et de l'autre les deux axes, n'ont plus une dépendance mutuelle nécessaire, comme dans le cas précédent. Nous verrons bientôt que le même assortiment renferme encore d'autres caractères de symétrie, qu'on n'y soupçonneroit pas au premier coup d'œil.

245. Cherchons, avant tout, la direction de la section Em sur l'un quelconque des deux pans FGLO, $fglo$.

Soient FEmG, fEmg (*fig.* 162) les mêmes trapèzes que figure 157. Du point m menons mh, md perpendiculaires sur Em. Menons aussi la base dh du triangle isocèle hmd, puis sa hauteur mo. L'angle hmd mesurant l'incidence mutuelle des deux trapèzes, qui est de 120^d, nous aurons $hmo = 60^d$. Donc $oh = hm \sqrt{\frac{3}{4}}$.

De plus, l'angle $hEo = 30^d$, parce qu'il est la moitié de l'angle hEd, qui est égal à l'inclinaison des axes. Donc E$h = 2(oh) = hm \, 2\sqrt{\frac{3}{4}} = hm \sqrt{3}$. Donc E$h : hm :: \sqrt{3} : 1$. Soit menée mk perpendiculaire sur EF. Nous aurons E$m : mk :: $ E$h : hm :: \sqrt{3} : 1$; et par conséquent E$k : mk :: \sqrt{2} : 1$, ce qui donne pour l'angle mEF (*fig.* 157 et 162) 35^d 16$'$.

246. Il existe une variété de staurotide, dans laquelle l'angle solide D (*fig.* 157) est remplacé par une facette qui résulte du décroissement $\overset{\star}{A}$, et dont l'incidence sur l'arête Dn est égale au supplément 144^d 44$'$ de l'angle mEF que nous venons de trouver de 35^d 16$'$, c'est-à-dire, qu'elle est égale à l'angle mEO. Nous ne nous arrêterons pas à démontrer cette analogie de position, dont le calcul est très-facile à faire.

247. Déterminons maintenant la position de l'hexagone de jonction E$nvyzt$ (*fig.* 157) ; sur quoi j'observe d'abord que

les directions de deux côtés étant données, pourvu qu'elles ne soient point parallèles, la position de l'hexagone s'ensuit nécessairement. Cela posé, il suffira de chercher les directions des côtés Et, En. Or, ces directions sont aisées à conclure d'un résultat que nous allons commencer par prouver, et qui consiste en ce que l'angle mEt est droit.

Concevons que les trois plans gmEf, dtEf, $gfdbah$, se prolongent de manière à former par leur réunion une pyramide triangulaire, qui ait pour sommet le point f, et pour base le plan mEt prolongé de même convenablement. Soit $cchf$ (*fig.* 163) *pl. XXII*, cette pyramide dans laquelle le triangle rectangle cfe répond à gmEf (*fig.* 157), le triangle hfe, qui est aussi rectangle, à dtEf, et le triangle obtusangle cfh à $gfdbah$, d'où il suit que ce triangle est perpendiculaire sur les plans des triangles cfe et hfe.

Menons la hauteur fa du triangle cfe, la hauteur fo de la pyramide, puis les lignes ao, co, eod, et enfin la ligne df qui se trouvera perpendiculaire sur ef, puisque cette dernière ligne est elle-même perpendiculaire sur le plan cfh.

L'angle ceh étant le même que mEt (*fig.* 157), toute la question se réduit à prouver que l'on a (*fig.* 163) $(ch)^2 = (ce)^2 +(ch)^2$. Cherchons successivement ce, ch et ch.

1°. Pour ce. Les triangles semblables hmE (*fig.* 162), cfe (*fig.* 163), donnent E$h : hm :: ce : cf$. Or, nous avons eu E$h : hm :: \sqrt{3} : 1$. Donc nous pouvons faire $ce = \sqrt{3}$, auquel cas nous aurons $cf = 1$, et $cf = \sqrt{2}$.

2°. Pour ch. $ch = \sqrt{(cf)^2 + (fh)^2}$. $(cf)^2 = 2$. Reste à trouver fh.

Prolongeons cf indéfiniment, puis menons hp perpendiculaire sur le prolongement; nous aurons $fh = \sqrt{(fp)^2 + (ph)^2}$. Cherchons fp et ph.

Les triangles cdf, cph sont semblables, à cause de l'angle commun c et des angles droits d et p. Donc $dc : df :: cf \frac{1}{1} fp : ph$. $dc = \sqrt{(cf)^2 - (df)^2}$. $cf = 1$.

Pour avoir df, considérons le triangle rectangle efd, dans lequel fo est une perpendiculaire abaissée de l'angle droit sur l'hypothénuse. Donc $fo : eo :: df : ef$.

Or, à cause que l'angle $fao = 60^d$, comme étant le supplément de celui que forment entre eux les plans $gmEf$, $GmEF$ (*fig.* 157), nous avons (*fig.* 163) $af : fo :: 2 : \sqrt{3}$; mais parce que af est une perpendiculaire abaissée de l'angle droit du triangle efc sur l'hypothénuse, $ce : ef :: cf : af$; ou, $\sqrt{3} : \sqrt{2} :: 1 : af = \sqrt{\frac{2}{3}}$. Donc la proportion $af : fo :: 2 : \sqrt{3}$ deviendra $\sqrt{\frac{2}{3}} : fo :: 2 : \sqrt{3}$. Donc $fo = \sqrt{\frac{1}{2}}$. D'ailleurs $eo = \sqrt{(ef)^2 - (fo)^2} = \sqrt{2 - \frac{1}{2}} = \sqrt{\frac{3}{2}}$.

Donc la proportion $fo : eo :: df : ef$ devient $\sqrt{\frac{1}{2}} : \sqrt{\frac{3}{2}} :: df : \sqrt{2}$. Donc $df = \sqrt{\frac{2}{3}}$.

Donc $dc = \sqrt{1 - \frac{2}{3}} = \sqrt{\frac{1}{3}}$.

Maintenant, dans la proportion $dc : df :: cf + fp : ph$, nous connoissons $dc = \sqrt{\frac{1}{3}}$. $df = \sqrt{\frac{2}{3}}$ et $cf = 1$. Or, il est facile d'avoir la valeur de fp en fonction de ph. Pour y parvenir, j'observe que fp est dans le sens de BS (*fig.* 154), et fh dans le sens de LB, d'où il suit que le triangle rectangle hpf est semblable au triangle rectangle LSB. Donc $fp : ph :: $ BS : LS $:: \sqrt{2} : 3$. Donc $fp = ph \sqrt{\frac{2}{9}}$.

La proportion $dc : df :: cf + fp : ph$ deviendra donc $\sqrt{\frac{1}{3}} : \sqrt{\frac{2}{3}} :: 1 + ph \sqrt{\frac{2}{9}} : ph$, d'où l'on tire $ph = \sqrt{18}$.

Donc $fp = \sqrt{18} \times \sqrt{\frac{2}{9}} = 2$.

Donc, mettant à la place de fp et ph leurs valeurs dans l'équation $fh = \sqrt{(fp)^2 + (ph)^2}$, nous aurons $fh = \sqrt{4 + 18} = \sqrt{22}$.

Mais $eh = \sqrt{(ef)^2 + (fh)^2}$, et $(ef)^2 = 2$. Donc $eh = \sqrt{24}$.

3°. Pour ch. $ch = dc + dh = dc + \sqrt{(fh)^2 - (df)^2}$, $=$

$\sqrt{\frac{1}{3}} + \sqrt{22 - \frac{2}{3}} = \sqrt{\frac{1}{3}} + \sqrt{\frac{64}{3}} = \sqrt{\frac{1}{3}} + 8\sqrt{\frac{1}{3}} = \sqrt{27}$. D'ailleurs $eh = \sqrt{24}$ et $ce = \sqrt{3}$. Donc l'angle ceh ou l'angle mEt (*fig.* 157) est droit.

Il suit de là que l'angle tEO est le supplément de l'angle fEm. Soit HP (*fig.* 164) le même prisme que fig. 157, sur lequel on ait tracé l'hexagone E$nvyzt$ et la ligne Em. Menons de plus mk et $t\gamma$ perpendiculaires sur FO, Eλ perpendiculaire sur DP, puis mn. Nous avons déjà eu Ek : mk (*fig.* 162 et 164) : : $\sqrt{2}$: 1 : : 2 : $\sqrt{2}$. Or, $mk = $ FG $= $ BS (*fig.* 154). Donc si nous désignons BS par $\sqrt{2}$, comme ci-dessus, nous aurons aussi (*fig.* 164) $mk = \sqrt{2}$, E$k = 2$, et E$m = \sqrt{6}$.

Maintenant les triangles mkE, Eγt sont semblables à cause des angles droits k, γ, et de $tE\gamma$ complément de kEm. Donc Eγ : γt : : mk : Ek : : $\sqrt{2}$: 2 : : 1 : $\sqrt{2}$: : BG (*fig.* 154) : BS, ce qui donne la position de Et (*fig.* 164) sur le pan FGLO.

Il est facile de déterminer de même celle de En (*fig.* 157 et 164) sur le pan DFOP ; car, d'un côté, les angles mEF, mEf (*fig.* 157) sont égaux ; de l'autre, le plan nEol est le prolongement de gmEf. Enfin, l'angle formé par l'inclinaison de DFEn sur FGmE est le même que celui qui résulte de l'inclinaison de gmEf sur dfEt. Donc tout étant égal de part et d'autre, l'angle mEn sera droit, ainsi que l'angle mEt.

Il suit encore de ce qui vient d'être dit, que la position de En sur le pan DFOP étant la même que celle de Et sur le pan $dfop$, on a E$n = $ Et.

Or les triangles mEt (*fig.* 164) Ekm sont semblables, à cause des angles droits E, k, et des angles égaux kEm, Emt ; donc Em : Et : : Ek : mk.

Mais E$m = \sqrt{6}$. E$k = 2$. $mk = \sqrt{2}$. Donc $\sqrt{6}$: Et : : 2 : $\sqrt{2}$. Donc E$t = \sqrt{3}$. Donc aussi E$n = \sqrt{3}$. Or E$\lambda = \frac{1}{2}$BU (*fig.* 154) $= \frac{1}{2}\sqrt{(\text{BS})^2 + (\text{US})^2} = \frac{1}{2}\sqrt{2 + 9} = \frac{1}{2}\sqrt{11}$.

Donc puisque $n\lambda$ (*fig.* 164) $= \sqrt{(\text{E}n)^2 - (\text{E}\lambda)^2}$. On aura aussi $n\lambda = \sqrt{3 - \frac{11}{2}} = \sqrt{\frac{1}{4}}$.

Donc Eλ : $n\lambda$: : $\frac{1}{2}\sqrt{11}$: $\sqrt{\frac{1}{4}}$: : $\sqrt{11}$: 1 : : BU (*fig.* 154) : BG.

Si nous considérons le triangle E$t\gamma$ (*fig.* 164) comme mensurateur, par rapport à une face qui naîtroit d'un décroissement sur l'angle A$'$ (*fig.* 155), il est visible que le signe du décroissement seroit $\overset{\scriptscriptstyle 1}{A}'$, puisque l'on a $t\gamma$ (*fig.* 164) : Eγ : : BS (*fig.* 154) : BG. De plus, la face dont il s'agit seroit parallèle au plan tEn (*fig.* 164), puisque l'on a Eλ : $n\lambda$: : BU (*fig.* 154) : BG. Donc, puisque les positions des lignes Et, En, déterminent celle de l'hexagone entier, le plan de cet hexagone sera situé comme une face qui résulteroit du décroissement $\overset{\scriptscriptstyle 1}{A}'$.

On voit par là que les côtés En, vn font, avec nP, des angles égaux en sens contraire. Il en est de même des angles formés par yz, tz avec zK; enfin, les côtés Et, vy, qui passent sur les pans additionnels, font aussi des angles égaux, l'un avec EO, l'autre avec vC, en sorte que la position de l'hexagone sur le prisme est symétrique. Et puisque les côtés Et, En sont égaux, il s'ensuit que tous les autres le sont pareillement, et qu'ainsi l'hexagone est régulier. C'est ce que l'on peut prouver encore, en faisant attention que la ligne qui passeroit par les points E, v, seroit égale à la moitié de LU (*fig.* 154), d'où il suit que son expression est 3. D'ailleurs E$n = nv = \sqrt{3}$ (*fig.* 164); d'où l'on conclura que dans le triangle isocèle qui auroit pour base la ligne menée de E en v, et pour côtés les lignes En, nv, l'angle Env est de 120^d.

248. Passons à l'autre hexagone E$muyqr$ (*fig.* 157). Soit hp (*fig.* 165) le même prisme que fig. 157, sur lequel on ait tracé l'hexagone dont il s'agit. Menons Eζ, $r\pi$, $q\vartheta$ perpendiculaires, l'une sur gl, l'autre sur fo, la troisième sur dp. De plus, ayant prolongé gf et bd jusqu'à ce qu'elles se rencontrent en μ, et de même lo et cp, jusqu'à ce qu'elles se rencontrent en φ : menons $\mu\varphi$. Si l'on jette les yeux sur la fig. 166, qui représente l'hexagone marqué des mêmes lettres (*fig.* 165), avec les prolongemens de bd et gf, on concevra facilement que μf

$= gf$ (*fig.* 166). Prolongeons aussi mE , qr , (*fig.* 165) jusqu'à
ce qu'elles se rencontrent en ω, nous aurons évidemment Eω
$= m$E , et $\omega r = qr$.

Pour abréger, nous appelerons distance longitudinale entre
deux quelconques E , q, des angles de l'hexagone , la perpendiculaire abaissée du point supérieur E sur un plan qui passeroit
par le point inférieur q, parallèlement aux bases du prisme.

Cela posé, nous avons déjà la distance longitudinale entre
m, E , laquelle, dans le cas présent , est la ligne $m\zeta$, et que
nous avons trouvée égale à 2 (BG) (*fig.* 154) , ou simplement
égale à 2. De plus , la distance longitudinale entre E , ω est de
même égale à 2 , à cause de E$\omega = Em$. Celle entre E et y
(*fig.* 164 et 165) est égale à Ey ou à 1 , parce que les points
E , ν d'une part, et t, y de l'autre, sont à la même hauteur.

Celle entre y et q, est 2, comme celle entre m, E. Donc celle
entre E , q est égale à $1 + 2 = 3$. Donc celle entre ω, q est
égale à 1. Donc celle entre ω et r, étant la moitié de la précédente , sera $\frac{1}{2}$. Mais celle entre E , ω est égale à 2. Donc
celle entre E , r est égale à $2 + \frac{1}{2} = \frac{5}{2} = E\pi$; enfin, celle entre
r, q étant la même que celle entre ω , r, sera égale à $\frac{1}{2} = r\vartheta$.

Nous aurons donc, d'une part, $\pi r : E\pi :: \frac{1}{2}\sqrt{11} : \frac{5}{2} :: \sqrt{11} :$
$5 :: $BU (*fig.* 154) : 5 (BG); et de l'autre $q\vartheta : r\vartheta$ (*fig.* 165)
$:: \frac{1}{2}\sqrt{11} : \frac{1}{2} :: \sqrt{11} : 1 :: $BU (*fig.* 154) : BG.

249. Nous pouvons maintenant déterminer la loi de décroissement à laquelle la position de l'hexagone est soumise. Soit
XG' (*fig.* 167) le même prisme que fig. 154, mais beaucoup
plus alongé. Menons Ls (*fig.* 167) de manière que l'angle LsB
$= Erd$ (*fig.* 165), et sx (*fig.* 167), de manière que l'angle
B$sx = drq$ (*fig.* 165). Il est évident que le plan Lsxs' (*fig.* 167)
aura, par rapport au prisme XG' , une position analogue à
celle de l'hexagone E$muyqr$ (*fig.* 165), à l'égard du noyau du
prisme hexaèdre hp. Menons sz (*fig.* 167) et xf perpendiculaires, l'une sur LA' , l'autre sur BG' , nous aurons $sz = xf$

$= BL = \sqrt{11}$; $Lz = 5\,(BG)\,(fig.\ 154) = 5$, et $sf = BG = 1$.

Du point M' (*fig.* 167) menons M'h parallèle à xs, et du point h menons hu parallèle à Ls, puis joignons M', u, par une droite. Le plan M'hu sera parallèle au plan xsL. Or A'h $= sf = BG\,(fig.\ 154)$. A'h : A'u (*fig.* 167) :: Bs : BL :: 5 (BG) (*fig.* 154) : BL ; ou BG : A'u :: 5 (BG) : BL. Donc A'$u = \frac{1}{5}$BL ; d'où l'on conclura que le décroissement a lieu par cinq rangées en largeur sur l'angle LA'M', c'est-à-dire, que son signe est e'^5 ou E'^{5}, si l'on aime mieux en rapporter l'effet à la partie supérieure du noyau.

250. La recherche des angles de l'hexagone conduit à de nouvelles propriétés, qui mettent ces angles en rapport avec ceux qu'on observe sur d'autres parties du groupe. Cherchons d'abord l'angle Emu (*fig.* 165 et 168), et pour cela menons Eu. Nous avons déjà $Em = \sqrt{(m\zeta)^2 + (E\zeta)^2} = \sqrt{4+2} = \sqrt{6}$. $um = qr = \sqrt{(q\vartheta)^2 + (r\vartheta)^2} = \sqrt{\frac{11}{4} + \frac{1}{4}} = \sqrt{3}$. Menons E$\downarrow$ perpendiculaire sur hk. La distance longitudinale entre m, E étant $m\zeta$, et celle entre m, u, étant égale à $r\vartheta$, celle entre u, E sera égale à $m\zeta - r\vartheta = 2 - \frac{1}{2} = \frac{3}{2} = u\downarrow$. D'une autre part, ayant mené fh (*fig.* 166), puis $f\varepsilon$ perpendiculaire sur hd, nous aurons $f\varepsilon = \frac{1}{2}$LS (*fig.* 154) $= \frac{3}{2}.\varepsilon h$ (*fig.* 166) $= dh - d\varepsilon = BX\,(fig.\ 154) - \frac{1}{2}BS = BX - \frac{1}{4}BX = \frac{3}{4}BX$ $= \frac{3}{4}.2\sqrt{2} = \sqrt{\frac{9}{4}2}$. Donc puisque E$\downarrow$ (*fig.* 165) $= fh$ (*fig.* 166), on aura aussi E$\downarrow = \sqrt{(\varepsilon h)^2 + (f\varepsilon)^2} = \sqrt{\frac{9}{4}2 + \frac{9}{4}} = \sqrt{\frac{27}{4}}$.

Donc Eu (*fig.* 165) $= \sqrt{\frac{27}{4} + \frac{9}{4}} = \sqrt{9}$. Donc $(Eu)^2 = (Em)^2 + (um)^2$. Donc l'angle m (*fig.* 165 et 168) est droit, et par conséquent il est égal à chacun des angles mEι, mEn (*fig.* 157).

Maintenant si nous menons ur (*fig.* 165), elle sera parallèle à Em, parce que ces deux lignes sont les sections du plan de l'hexagone, sur les plans parallèles $gf6l$, hd/k. De plus on aura, $ur : Em :: dh : fg$ (*fig.* 166) $:: 2 : 1$. Donc $ur = 2Em$. Donc si nous menons Eb (*fig.* 168) perpendiculaire sur ur, et qui sera parallèle à um, nous aurons $br = Em = \sqrt{6}$; $Eb = um = \sqrt{3}$; $Er = \sqrt{(\overline{br})^2 + (\overline{Eb})^2} = \sqrt{6 + 3} = \sqrt{9}$.

Donc les trois lignes Er, Eb, br sont entre elles comme les quantités $\sqrt{9}$, $\sqrt{3}$, $\sqrt{6}$ ou $\sqrt{3}$, 1, $\sqrt{2}$, ce qui est précisément le rapport des trois lignes Em, mk, Ek (*fig.* 162). Donc brE (*fig.* 168) $= mEF$ (*fig.* 157 et 162). Donc rEm (*fig.* 168) $= mEO$ (*fig.* 157), c'est-à-dire, que cet angle est de 144ᵈ 44′. Donc Erq (*fig.* 168) $= 125^{\mathrm{d}} 16′$.

M I C A.

251. Le résultat de calcul que je vais exposer a rapport à une observation faite sur une lame de mica, qui étoit d'une si grande ténuité, qu'elle réfléchissoit, à un endroit, une belle couleur bleue, que l'on pouvoit présumer être du même ton que le bleu du premier ordre, dans l'expérience de Newton sur les anneaux colorés (1). Ayant cherché l'épaisseur de cette lame au même endroit, je l'ai trouvée de 4315 cent millionièmes de millimètre, ou d'environ 43 millionièmes de millimètre.

Pour parvenir à cette estimation, j'ai employé la règle que Newton pense être générale pour tous les milieux réfringens, et dont voici l'énoncé. L'épaisseur d'une lame d'une substance quelconque, à l'endroit où cette lame réfléchit telle couleur, est à l'épaisseur de la lame d'air dans l'expérience sur les anneaux colorés, à l'endroit où cette lame réfléchit la même couleur, comme le sinus d'incidence est à celui de réfraction, lorsque la lumière passe de la première substance dans l'air (2).

---

(1) Voyez l'article quartz-agathe opalin.
(2) Voyez l'*optice lucis* de Newton, lib. 2, pars. 1. obser v. 10 et 21.

Or,

Or, dans le cas dont il s'agit ici, le second terme de la proportion, savoir l'épaisseur de la lame d'air, à l'endroit qui
réfléchit le bleu pur, est égale, suivant Newton, à 2, 4 millionièmes de pouce, pris sur le pied anglais (1).

Maintenant le rapport entre les sinus d'incidence et de
réfraction, lorsque la lumière passe du mica dans l'air, ne
pouvant être donné par une expérience immédiate, nous avons
un moyen de le déterminer, en profitant d'une autre observation de Newton, qui consiste en ce que les puissances
réfractives de deux substances sont à très-peu près proportionnelles à leurs densités, pourvu que ces substances soient
l'une et l'autre inflammables ou non inflammables.

252. Pour évaluer les puissances réfractives, Newton suppose qu'un rayon de lumière cr (*fig.* 169) rencontre la
surface ab de chaque corps sous un angle presque infiniment
petit cra, ou, ce qui revient au même, il suppose que l'angle
d'incidence crm soit sensiblement droit (2); il décompose
ensuite le mouvement rg du rayon rompu en deux directions, dont l'une rn est située sur la surface réfringente,
et l'autre gn lui est perpendiculaire. Comme le rayon incident
cr avoit une vîtesse censée nulle dans le sens de la même
perpendiculaire, tout l'effet du mouvement qui a lieu suivant
cette direction, provient de la force accélératrice, ou de la
puissance réfractive du milieu. Or, on prouve, par la théorie
des mouvemens accélérés, que si l'on suppose la ligne rn constante, la puissance réfractive sera comme le carré de la perpendiculaire gn. Quant à la densité, elle s'estime, comme
l'on sait, d'après la pesanteur spécifique de chaque corps.

253. Supposons que rg représente le rayon rompu relatif à

_____

(1) *Optice lucis*, *lib.* 2, *pars.* 2. *Considerationes super præmissis
observationibus.*

(2) *Ibid.*, *lib.* 2, *pars.* 3, *prop.* 10.

la réfraction de la chaux sulfatée transparente que nous prenons ici pour terme de comparaison, et que rg' soit le rayon rompu relatif à la réfraction du mica, laquelle doit être plus considérable que dans la chaux sulfatée, la densité du mica étant à celle de la chaux sulfatée comme 2,792 : 2,252.

Or, le carré de gn est, suivant Newton, 1,213, rn étant désignée par l'unité. On aura donc $(gn)^2$ ou 1,213 : $(g'n)^2$: : 2,252 : 2,792. Ayant $g'n$, on trouvera facilement l'angle $rg'n$ de 39^d 11′, d'où l'on conclura que le sinus d'incidence est au sinus de réfraction, lorsque la lumière passe du mica dans l'air, comme le sinus de 39^d 11′ est au rayon r; car alors l'angle $g'rz$ égal à l'angle $rg'n$ devient l'angle d'incidence, et crn celui de réfraction. Donc nommant x l'épaisseur de la lame de mica, à l'endroit qui réfléchit le bleu pur, on aura, d'après la règle de Newton :

$x : 2, 4 : : \sin. 39^d$ 11′ $: r$, ce qui donne $x = 1{,}511$ millionième de pouce, pris sur le pied anglais, ou environ 1, 6 millionième de pouce, pris sur le pied français (1), c'est-à-dire, à peu près 43 millionièmes de millimètre.

S O U F R E.

Mon objet est d'exposer ici la méthode que j'ai employée pour déterminer la réfraction de cette substance.

254. Si l'on regarde un corps à travers un prisme triangulaire d'une matière transparente quelconque, et qu'en même temps on fasse tourner ce prisme sur son axe dans un sens ou dans l'autre, on s'apercevra qu'il y a un terme où l'image devient stationnaire, en sorte que si l'on continue de faire tourner le prisme dans le même sens, et que jusqu'alors

____

(1) Le pied anglais vaut 11 pouces 4 lignes ½ ; Encyclop. méthod. Mathém.. t. II, 2ᵉ. partie, p. 68o.

l'image eut eu , par exemple , un mouvement descendant,
elle commencera à monter. Or, ce terme, auquel correspond
le passage d'un mouvement à l'autre, est en même temps celui
où le rayon incident, qui va de l'objet au prisme, forme,
avec la face qu'il rencontre, un angle égal à celui que le
rayon émergent, qui va du prisme à l'œil, forme avec la face
par laquelle il sort. Soit *ngl* (*fig.* 170) une coupe du prisme
faite suivant un plan perpendiculaire à l'axe. Soit *s* la position du corps et *b* celle de l'œil. Soit de plus, *sc* le rayon
incident , *cb* le rayon rompu et *br* le rayon émergent prolongé. L'image deviendra stationnaire , lorsque les angles *scl*
et *rbn* seront égaux, d'où il suit que dans ce même cas le
rayon rompu *cb* fera aussi des angles égaux *bcl* , *cbn* avec
les deux côtés du prisme.

Ayant donc visé à travers un prisme de soufre , dont l'angle
réfringent étoit de 25^d, un objet *s*, tel que la flamme d'une
bougie , placée à plusieurs mètres de distance, j'amenai les
choses au point où l'image parut stationnaire , en faisant tourner
doucement le prisme sur son axe, dont la position étoit verticale. Je cherchai ensuite à quel point répondoit la position *z*
de cette image , laquelle se trouvoit nécessairement sur la
direction du rayon *rb* prolongé. C'est à quoi l'on parviendra,
si l'on regarde immédiatement avec le même œil une corde
tendue verticalement par un poids, et placée de manière qu'elle
paroisse couper l'image vue par réfraction.

Cela fait, il me fut aisé de mesurer l'angle que formoient
avec l'œil placé en *b*, les rayons partis de *s* et de *z*, lequel
angle étoit sensiblement égal à *zos*, vu la distance des points
s , *z*. C'est ce que j'exécutai à l'aide d'une espèce de grapho-
mètre , dont le centre répondoit à la position de mon œil, et
dont les deux alilades furent dirigées l'une vers le corps *s*,
l'autre vers la corde que rencontroit le rayon *rz*. Je trouvai
que cet angle étoit d'environ 25^d , c'est-à-dire, égal à l'angle
réfringent du prisme , égalité qui n'a lieu ici que par accident.

Maintenant menons l'apothème gh du triangle isocèle ngl, et la perpendiculaire pm relative au rayon incident sc. On aura pcs pour l'angle d'incidence, et xcm pour l'angle de réfraction.

Or cx étant une perpendiculaire abaissée du sommet du triangle rectangle gcm sur l'hypothénuse, il en résulte que $xcm = cgm$. Donc, en général, 1°. l'angle de réfraction est égal à la moitié de l'angle réfringent du prisme.

De plus, $pcs = ocm = ocx + xcm = obx + xcm = \frac{1}{2} zos + xcm = \frac{1}{2} zos + cgm = \frac{1}{2} zos + \frac{1}{2} lgn$.

Donc, 2°. l'angle d'incidence est égal à la moitié de l'angle mesuré zos plus à celle de l'angle réfringent.

Donc dans le cas de l'expérience citée, où l'un et l'autre angle étoient de 25^d, l'angle d'incidence se trouvoit aussi de 25^d, et l'angle de réfraction avoit pour mesure $12^d \frac{1}{2}$.

Or, sin. $12^d \frac{1}{2}$: sin. 25^d :: $216 : 423$, d'où l'on voit que le rapport est un peu moindre que celui de 1 à 2.

255. Il s'agit de savoir si la théorie donnera le même rapport. Pour parvenir au but de cette recherche, choisissons quelqu'autre substance combustible, telle que le succin, qui nous serve de terme de comparaison. Nous avons vu, en parlant du mica, de quelle manière Newton estimoit, en général, la puissance réfractive. Reprenons la fig. 169, et supposons que la puissance réfractive du soufre soit représentée par le carré de la perpendiculaire ng', et celle du succin par le carré de ng.

D'après les expériences de Brisson, la densité du succin est à celle du soufre : : $10780 : 20332$, et le carré de ng, suivant Newton, est 1,42.

On aura donc $10780 : 20332 :: 1,42 : (ng')^2$. Opérant par logarithmes, on trouvera $0,2138748$ pour celui de ng'. D'ailleurs $rn = 1$; résolvant le triangle rectangle rng', à l'aide de ces données, on trouvera $31^d 23'$ pour la valeur de l'angle $rg'n$, égal à l'angle de réfraction zrg' ; mais l'angle d'incidence *crm* est sensiblement droit ; donc le sinus de réfraction est à celui d'incidence comme le sin. de $31^d 25'$ est au rayon, ou à peu près comme 52 est à 100, rapport qui est de même un peu plus petit que celui de 1 à 2.

ARRAGONITE.

256. Choisissons d'abord la variété dont le prisme a trois angles de 128^d chacun, qui alternent avec deux angles de 116^d, et un de 104^d. Soit *hl* (*fig.* 171) la projection horizontale de ce prisme, dans laquelle A et B représentent les projections particulières des deux prismes qui restent entiers, et C, D celles des prismes qui sont incomplets par l'effet d'une loi de décroissement, laquelle produit, relativement à chaque prisme, une face dirigée suivant *pl.* Les angles *g*, *g* étant chacun de 116^d, et les angles *h*, *h*, etc., de 64^d, il en résulte que chacun des deux angles *p* est aussi de 64^d ; et il est même facile de prouver que cette égalité ne dépend pas de la mesure particulière des angles, mais qu'elle aura toujours lieu, quelles que soient les valeurs des angles *g*, *g*, pourvu que les angles *h*, *h*, etc., soient leurs supplémens. Car nous avons, par la supposition, $h = 180^d - g$; d'ailleurs $g' + g' + p + p$, ou $2g' + 2p = 360^d$; donc $2p = 360^d - 2g'$. Donc $p = 180^d - g' = h$.

257. Cela posé, soit *phnk* (*fig.* 172) la coupe horizontale du prisme D (*fig.* 171), en le supposant entier ; et soit *pl* (*fig.* 172) la même ligne que fig. 171. Si par le point *k* nous menons *ks* parallèle à *lp*, nous pourrons concevoir le plan de jonction qui passe par *lp*, comme produit en vertu d'un décroissement semblable à celui qui agiroit sur l'angle *k*, pour faire naître une face dirigée suivant *ks*.

Soit *pusz* la coupe de la première lame de superposition ; menons les deux diagonales *hk*, *pn*, puis abaissons *sr* perpendiculaire sur *hk*. Il s'agit d'abord de trouver le rapport entre *rk* et *rs*, d'où nous déduirons ensuite aisément celui qui existe entre le nombre de rangées soustraites en largeur suivant ku, et le nombre de rangées soustraites en hauteur suivant us.

Or, $kr : rs :: ab : ap$. Cherchons une expression générale de ce dernier rapport, en supposant que les angles du rhombe aient des valeurs quelconques, pourvu que hpl soit égal à phn. Soit $ah = g$, $ap = p$, $ab = x$. Déterminons d'abord la valeur de x en fonctions de g et p.

Ayant mené hm perpendiculaire sur bp, nous aurons $ap \times (ah + x) = hm \times bp$.

Or $ap = p$. $ah = g$. Maintenant si nous menons py perpendiculaire sur hn, nous aurons $hm = py \sqrt{\dfrac{4g^2 p^2}{g^2 + p^2}}$. De plus $bp = \sqrt{(ap)^2 + (ab)^2} = \sqrt{p^2 + x^2}$. Ces différentes valeurs étant substituées dans l'équation précédente, elle devient $p(g + x)$

$$= \sqrt{\frac{4g^2 p^2}{g^2 + p^2}} \times \sqrt{p^2 + x^2}, \text{ ou } g + x = \sqrt{\frac{4g^2}{g^2 + p^2}} \times \sqrt{p^2 + x^2}.$$

Élevant tout au carré, et exécutant la multiplication indiquée dans le second membre, $x^2 + 2gx + g^2 = \dfrac{4g^2 p^2 + 4g^2 x^2}{g^2 + p^2}$.

Et faisant disparaître le dénominateur du second membre,

$$g^2 x^2 + 2g^3 x + g^4 + p^2 x^2 + 2gp^2 x + g^2 p^2 = 4g^2 p^2 + 4g^2 x^2,$$

d'où l'on tire $x^2 - \left(\dfrac{2g^3 x + 2gp^2 x}{3g^2 - p^2}\right) = \dfrac{g^4 - 3g^2 p^2}{3g^2 - p^2}$. Complétant les

carrés, $x^2 - \left(\dfrac{2g^3 + 2gp^2}{3g^2 - p^2}\right) x + \dfrac{g^6 + 2g^4 p^2 + g^2 p^4}{9g^4 - 6g^2 p^2 + p^4} = \dfrac{g^4 - 3g^2 p^2}{3g^2 - p^2} +$

$\dfrac{g^6 + 2g^4 p^2 + g^2 p^4}{9g^4 - 6g^2 p^2 + p^4}$; et multipliant les deux termes de $\dfrac{g^4 - 3g^2 p^2}{3g^2 - p^2}$ par

$3g^2 - p^2$, puis réduisant $x^2 - \left(\dfrac{2g^3 + 2gp^2}{3g^2 - p^2}\right) x + \dfrac{g^6 + 2g^4 p^2 + g^2 p^4}{9g^4 - 6g^2 p^2 + p^4}$

$$= 4g^2 \left(\frac{g^4 - 2g^2 p^2 + p^4}{9g^4 - 6g^2 p^2 + p^4}\right); \text{ extrayant les racines } x - \left(\frac{g^3 + gp^2}{3g^2 - p^2}\right)$$

$$= \pm 2g \left(\frac{g^2 - p^2}{3g^2 - p^2}\right), \text{ d'où l'on tire } x = \frac{g}{3g^2 - p^2}\big((g^2 + p^2)$$

$\pm (2g^2 - 2p^2)\big)$.

Si dans le second membre on prend le signe positif, on trouve $x = g$, solution relative à une autre question, dans laquelle on supposeroit que l'angle hpl fut le supplément de l'angle phn. Car alors il est bien évident que pl se confond avec pk, en sorte que ab devient égale à ak ou à g. Pour satisfaire à la question présente, il faut donc prendre le signe négatif, ce qui donne $x = g \left(\dfrac{3p^2 - g^2}{3g^2 - p^2} \right)$. Nous aurons donc

$$rk : rs :: ab : ap :: g \left(\frac{3p^2 - g^2}{3g^2 - p^2} \right) : p :: g \left(3p^2 - g^2 \right) : p \left(3g^2 - p^2 \right).$$

258. Maintenant soient g' et p' les demi-diagonales de la molécule, lesquelles correspondent à ab et ap. Soit N le nombre de p' contenues dans rs, et N' le nombre de g' contenues dans rk ; N' représentera aussi le nombre de p' contenues dans cr. Soit n le nombre d'arêtes de molécule contenues dans ku, et n' celui d'arêtes contenues dans us. Il est aisé de voir que ce dernier nombre n' est la moitié du nombre de p' contenues dans cs, ou dans $rs - cr$. Donc $n' = \dfrac{N - N'}{2}$. Mais à cause de $cu = us$, le nombre d'arêtes contenues dans cu aura aussi pour expression $\dfrac{N - N'}{2}$. De plus, le nombre d'arêtes contenues dans ck est égal au nombre de p' contenues dans cr, c'est-à-dire, qu'il est égal à N' ; donc, ajoutant cette dernière quantité à $\dfrac{N - N'}{2}$, on aura $n = \dfrac{N - N'}{2} + N' = \dfrac{N + N'}{2}$. Donc $n' : n ::$ N $- $ N' : N $+$ N'.

Mais $rk : rs :: ab : ap :: g (3p^2 - g^2) : p (3g^2 - p^2) :: g'N' : p'N$; et parce que $p : g :: p' : g'$; $3p^2 - g^2 : 3g^2 - p^2 ::$ N' : N.

Donc N $-$ N' : N $+$ N' $:: 3g^2 - p^2 - (3p^2 - g^2) : 3g^2 - p^2 + (3p^2 - g^2) :: 2g^2 - 2p^2 : g^2 + p^2$. Donc aussi $n' : n :: 2g^2 - 2p^2 : g^2 + p^2$.

On voit par là que le problème sera toujours susceptible

d'une solution minéralogique, toutes les fois que les carrés des diagonales seront des nombres rationnels.

Soit $g = \sqrt{5}$ et $p = \sqrt{2}$, ce qui donne pour le grand angle du rhombe 115^d $22'$, comme dans l'arragonite ; on aura n' : $n :: 6 : 7$.

Si l'on faisoit $g = \sqrt{5}$ et $p = \sqrt{2}$ comme dans la chaux carbonatée, on trouveroit n' : $n :: 2 : 5$.

Soit encore $g = \sqrt{5}$ et $p = 1$; on aura n' : $n :: 4 : 4$, c'est-à-dire, qu'alors $uk = us$, ou, ce qui revient au même, bp se confond avec ap, en sorte que ab devient nulle. C'est en effet ce qui doit avoir lieu, puisque dans ce cas $hpk = 120^d$ et $phn = 60^d$, moitié de 120^d.

Enfin, si l'on fait $g = 1$, $p = 1$, comme dans le cube, on trouve n' : $n :: 0 : 2$, ce qui fait connoître que us devient nulle, et que ks se confond avec pk, comme cela doit être, puisqu'alors l'angle hpb devient égal à hpk.

259. Dans une autre variété, le prisme total est composé de quatre prismes partiels A , B , C , D (*fig.* 173), qui ont leur angle n , l , g ou s , de 116^d (1) ; et pour que le vide qui seroit laissé par ces prismes, à l'endroit du rhombe $hruz$, se trouve comblé ; chacun d'eux, par exemple, le prisme A reçoit une addition indiquée par le triangle rectangle hor, et qui provient d'un décroissement sur l'arête qui passe par le point r. Or, dans ce triangle, hr mesure nécessairement un certain nombre de facettes de molécule, et ho, qui est sur le prolongement du côté mh, mesure un autre nombre de facettes ; et parce que les facettes sont égales de part et d'autre, il en résulte que hr doit être en rapport rationnel avec oh. Maintenant si

---

(1) On a donné à la figure les dimensions nécessaires, pour que A , B , C , D soient de vrais rhombes. Ordinairement les côtés ns , lg sont plus courts, et sensiblement égaux aux quatre autres côtés ; mais cela ne change rien à ce qui va être dit.

l'on

l'on prend *hr* pour sinus total, *ho* sera le cosinus de l'angle aigu du rhombe *mhrn*. Mais j'ai démontré que le rapport entre l'un et l'autre étoit toujours rationnel, pourvu que les carrés des diagonales fussent eux - mêmes en rapport rationnel, ce qui paroît général pour tous les rhombes qui appartiennent aux différentes espèces de cristaux. Il y a donc nécessairement une loi de décroissement possible, qui produira la partie excédente indiquée par le triangle *hor*. Si l'on suppose, par exemple, $g = \sqrt{5}$, $p = \sqrt{2}$, comme ci-dessus, on trouve, en appliquant ici la formule $g^2 + p^2 : g^2 - p^2$, qui donne généralement le rapport dont il s'agit, que $hr : ho :: 7 : 3$, sur quoi il est à remarquer que ce rapport $g^2 + p^2 : g^2 - p^2$, ne diffère de celui qui a été déterminé plus haut entre *n* et *n'*, qu'en ce que dans celui-ci le terme qui répond à *n'* est double de $g^2 - p^2$.

D I S T R I B U T I O N

M É T H O D I Q U E (1)

E T D E S C R I P T I O N

D E S E S P È C E S M I N É R A L O G I Q U E S.

N O T I O N S P R É L I M I N A I R E S

Sur les principes composans des Minéraux.

MON objet, dans cet article, n'est pas d'exposer les connoissances élémentaires relatives à la chimie des minéraux. Je suppose
qu'on les ait acquises d'ailleurs, et je veux seulement réunir ici,
sous un même point de vue, les divers principes composans des
substances comprises dans les quatre classes qui soudivisent le
règne minéral. Ce tableau, placé à l'entrée de la méthode, aidera
le lecteur à mieux se reconnoître dans l'étude des genres et des
espèces dont elle offre l'assemblage.

J'observerai, avant tout, que l'analyse chimique est une
opération qui marche par degrés, et dont les produits se ramifient, pour ainsi dire, à mesure qu'elle est poussée plus loin,
en sorte qu'un principe retiré d'un minéral, dans une première
expérience, peut être décomposé, à son tour, dans une expérience ultérieure, et l'on regarde comme simples les principes

---

(1) On retrouvera cette même distribution, réduite en tableau, dans le
volume des planches.

qui ont résisté jusqu'ici à tous les moyens connus, pour en extraire d'autres principes plus éloignés.

Or, dans une distribution des minéraux, fondée sur les résultats de l'analyse, ce sont les produits immédiats de cette opération qui déterminent, les uns les genres, et les autres les espèces. Ainsi, dans la classe des substances acidifères, on ne considère que le résultat qui a donné immédiatement, d'une part, la base terreuse ou alcaline, et de l'autre, l'acide uni à cette base, en faisant abstraction des élémens médiats, tels que l'oxygène et le radical, qui concourent à la composition de l'acide. J'ai cru, par cette raison, devoir présenter de préférence le tableau de ces produits prochains de l'analyse, qui ont fourni les bases de la méthode, en indiquant ceux qui ont été décomposés et ceux qui sont simples, ou du moins censés tels, dans l'état actuel de la science.

1º. TERRES. On en compte neuf, dont l'existence est bien avérée, savoir :

1. La silice, qui est comme le fonds de toutes les substances connues sous les noms de *quartz* et de *silex*. Fondue avec des sels, elle forme le verre commun.

2. L'alumine, ainsi nommée, parce qu'elle est la base du sel que les anciens chimistes appeloient alun. Quelques auteurs lui ont donné le nom d'*argile* ; mais en minéralogie, ce nom désigne un mélange d'alumine, de quartz, et autres principes.

3. La chaux, base des substances appelées *calcaires*, où elle est unie avec l'acide carbonique, qui s'en dégage par la calcination. Elle entre parmi les principes d'une grande partie des substances terreuses.

4. La magnésie, base de la substance acidifère, nommée anciennement *Sel d'Epsom*.

5. La zircone, découverte par Klaproth, dans les cristaux nommés *hyacinthes* et *jargons de Ceylan*, qui ne forment plus aujourd'hui qu'une seule espèce, sous la dénomination de *zircon*. Ils participent de la grande pesanteur spécifique de cette terre,

qui entre, au moins, pour les trois cinquièmes dans leur composition.

6. La baryte ou terre pesante, qui fait la fonction de base dans deux substances acidifères, savoir : la baryte sulfatée, anciennement *spath pesant*, et la baryte carbonatée, connue d'abord sous le nom de *terre pesante aérée*.

7. La strontiane, base de la substance acidifère, que nous nommons *strontiane sulfatée*. Son nom est tiré de celui de *Strontian*, endroit de l'Ecosse où l'on a trouvé la substance qui la renferme. On l'avoit d'abord confondue avec la baryte ; mais les différences qu'elle a offertes avec cette dernière terre, dans des expériences plus récentes, lui assignent un rang à part (1).

8. La glucyne, découverte par Vauquelin, dans les cristaux appelés jusqu'alors *berils* et *aigue-marines de Sibérie*, et dont le nom, qui signifie *doux, agréable*, est emprunté de la propriété qu'a cette terre de produire, avec les acides, des dissolutions sucrées.

9. L'yttria, dont M. Gadolin a reconnu, le premier, l'existence dans la substance terreuse, à laquelle cette circonstance a fait donner le nom de *gadolinite*. Celui d'*yttria*, que porte la nouvelle terre, a rapport à la localité de la substance qui la renferme, et qui se trouve à Ytterby, en Suède. Vauquelin a observé que cette terre avoit de l'analogie avec la glucyne. Elle forme, comme celle-ci, avec les acides, des dissolutions sucrées, mais dont la saveur a quelque chose de plus austère, et qui approche davantage de celle des dissolutions de plomb. L'yttria diffère d'ailleurs de la glucyne, en ce qu'elle n'est pas soluble comme elle dans les alcalis caustiques : en ce que le sel qu'elle forme avec l'acide sulfurique, au lieu d'être très-soluble, comme quand c'est la glucyne qui fait la fonction de

______

(1) Pelletier ; Mém. et Observ. de chimie, tome II, page 441 et suiv.

base, est, au contraire, très-peu soluble; enfin, en ce qu'elle est précipitée de ses dissolutions dans les acides, par le prussiate de potasse, ce qui n'a pas lieu pour la glucyne.

Nota. On a parlé d'une dixième terre trouvée dans le Béril de Saxe, et que l'on a nommée *agustine*, parce que ses dissolutions dans les acides n'ont aucune saveur.

2°. ACIDES. Ceux que l'on a retirés jusqu'ici des minéraux, sont au nombre de treize, savoir :

A base combustible non métallique.	1. L'acide sulfurique. 2. L'acide phosphorique. 3. L'acide carbonique.
Ayant l'azote pour base.	4. L'acide nitrique.
A base métallique.	5. L'acide arsenique. 6. L'acide molybdique. 7. L'acide schéelique (*tunstique*). 8. L'acide chromique.
A deux bases, le carbone et l'hydrogéne.	9. L'acide succinique. 10. L'acide du mellite ou de l'honigstein de Werner.
A base inconnue.	11. L'acide muriatique. 12. L'acide fluorique. 13. L'acide boracique.

3°. ALCALIS.

    1. La soude.

    2. La potasse.

    3. L'ammoniaque.

4°. COMBUSTIBLES NON MÉTALLIQUES.

    1. Le carbone.

    2. Le soufre.

5°. MÉTAUX.

    1. Le platine.

    2. L'or.

5. L'argent.

4. Le mercure.

5. Le plomb.

6. Le cuivre.

7. Le nickel.

8. Le fer.

9. L'étain.

10. Le zinc.

11. Le bismuth.

12. Le cobalt.

13. Le manganèse.

14. L'antimoine.

15. L'urane.

16. L'arsenic.

17. Le molybdène.

18. Le titane.

19. Le schéélin.

20. Le tellure.

21. Le chrome.

6°. HUILES.

1. Huile de succin.

2. Pétrole.

7°. L'OXYGÈNE. Dans tous les métaux oxydés.

8°. L'HYDROGÈNE SULFURÉ. Dans l'antimoine, dit *kermés naturel*.

9°. L'EAU de cristallisation. On sait que ce principe, qui existe en quantité sensible dans les substances acidifères solubles et dans plusieurs substances terreuses, n'appartient point à leur essence, mais est nécessaire à leur cristallisation. Les chimistes ont coutume d'indiquer, dans les résultats de leurs analyses, son rapport avec les autres principes.

Voilà cinquante-deux produits immédiats qui ont été retirés des différens minéraux analysés jusqu'ici. Il s'en trouve plusieurs parmi eux, qui constituent seuls et par eux-mêmes des espèces proprement dites. Ainsi, le quartz pur est uniquement composé de silice ; la télesie, d'alumine ; les métaux qu'on appelle *natifs*, ont le même degré de simplicité. D'autres produits, qui sortent immédiatement de certaines substances, sont ailleurs la fonction de principes médiats. Tel est l'oxygène, considéré, d'une part, dans les métaux oxydés, et de l'autre, dans les substances qui renferment un acide.

Des cinquante - deux principes qui composent le tableau, trente-cinq sont au nombre des êtres simples de la nouvelle chimie, savoir : les neuf terres ; deux alcalis, la soude et la potasse ; les deux combustibles non métalliques, qui sont le carbone et le soufre ; les vingt-un métaux ; et enfin l'oxygène. Ajoutez deux autres combustibles, le phosphore et l'hydrogène, puis le calorique et la lumière, et vous aurez l'ensemble des trente-neuf corps que l'on doit considérer comme simples, en plaçant, comme on l'a fait sagement, la simplicité à l'endroit où s'arrête l'expérience.

PREMIÈRE CLASSE.

SUBSTANCES ACIDIFÈRES,

Composées d'un acide uni à une terre ou à un alcali, et quelquefois à l'un et à l'autre.

CETTE classe, moins nombreuse que la suivante, renferme des substances, la plupart fusibles au chalumeau, (la chaux sulfatée, la chaux fluatée, la baryte sulfatée, la magnésie boratée, etc.), ou même à la simple flamme d'une bougie, (l'alumine fluatée alcaline, la magnésie sulfatée, la soude boratée, etc.) Plusieurs se dissolvent dans l'eau, (la magnésie sulfatée, la potasse nitratée, l'ammoniaque muriaté, etc.), et d'autres dans les acides, (la chaux carbonatée, la strontiane carbonatée, la soude carbonatée, la chaux phosphatée, la chaux arseniatée).

Une seule, la magnésie boratée, est électrique par la chaleur. Les couleurs sont, en général, peu variées, si ce n'est dans l'espèce de la chaux fluatée.

Parmi les formes primitives connues, le rhomboïde ne se rencontre qu'une seule fois, savoir, dans la chaux carbonatée. Deux espèces donnent le cube, la magnésie boratée et la soude muriatée ; cinq donnent l'octaèdre, qui est régulier dans la chaux fluatée, l'ammoniaque muriaté, et l'alumine sulfatée alcaline, et simplement rectangulaire dans la potasse nitratée et l'alumine fluatée alcaline. Une seule, la chaux phosphatée, donne le prisme hexaèdre régulier. Les autres espèces, qui sont la chaux sulfatée, la baryte sulfatée, la strontiane sulfatée, la magnésie sulfatée et la soude boratée, ont pour noyau un prisme quadrangulaire, qui est droit dans les quatre premières, et oblique dans la cinquième.

C'est à cette même classe qu'appartient celle de toutes les espèces de minéraux, où la cristallisation a le plus diversifié ses produits, c'est-à-dire., la chaux carbonatée. En général, cette classe est très-favorable à l'étude de la cristallographie, par la facilité de déterminer les formes primitives, à l'aide de la division mécanique, par la netteté des formes secondaires, et par la simplicité des lois dont la plupart dépendent.

Parmi les substances auxquelles on a donné le nom de *sels*, comme la magnésie sulfatée, la potasse nitratée, l'ammoniaque muriaté, etc., nous nous sommes contentés de décrire les plus communes, surtout celles que l'on trouve quelquefois à l'état concret. Nous avons joint à l'indication de leurs caractères, celle des variétés de forme qu'elles présentent, lorsqu'on les fait cristalliser dans un liquide aqueux. Outre que les résultats de cette opération ne sont, pour ainsi dire, qu'une extension de ceux de la nature, et ne font que diriger ses moyens vers le but qu'elle atteindroit si les circonstances étoient favorables, l'étude des sels cristallisés peut seule nous faire bien connoître ces substances, dont nous n'aurions qu'une idée très-

imparfaite,

imparfaite, en nous bornant à les considérer dans leur état ordinaire, où elles s'offrent sous la forme d'une efflorescence qui n'a aucun caractère prononcé.

Si nous essayons maintenant de faire contraster les caractères de cette première classe avec ceux de la seconde, nous pouvons dire qu'elle en est distinguée, en ce que les corps qu'elle comprend sont les seuls qui aient quelqu'une des propriétés suivantes.

1°. Solubilité dans l'eau ou dans l'acide nitrique.

2°. Fusibilité à la flamme d'une simple bougie.

3°. Electricité par la chaleur, en plus de deux points opposés.

4°. Division en octaèdre régulier, sans que le corps puisse rayer le verre.

5°. Pesanteur spécifique au-dessus de 3, 5, sans que le corps raye le verre.

La classe des substances acidifères est distinguée de la troisième et de la quatrième, en ce qu'aucun des corps qui y sont compris n'est combustible, et n'a le brillant métallique, ou n'est susceptible de l'acquérir par la réduction.

PREMIER ORDRE.

SUBSTANCES ACIDIFÈRES TERREUSES,

Composées d'un acide uni à une terre.

PREMIER GENRE.

CHAUX.

PREMIÈRE ESPÈCE.

CHAUX CARBONATÉE.

Carbonate de chaux des chimistes.

Chaux aérée, *de Born*, *t. I, p.* 281. *Id.*, Sciagr., *t. I, p.* 170. Spath calcaire, *de Lisle*, *t. I, p.* 490. Kalk-stein, *Emmerling*, *t. I, p.* 437. Calx combined with fixed air, aërated or mild calx, *Kirwan*, *t. I, p.* 75.

Caractère essentiel. Divisible en rhomboïde de $101^{d}\frac{1}{2}$ et $78^{d}\frac{1}{2}$; soluble avec effervescence dans l'acide nitrique.

Caractères physiques. Pesanteur spécifique 2,3 .... 2,8.

Dureté. Rayant la chaux sulfatée, rayée par la chaux fluatée.

Réfraction, double à un degré très-marqué, même à travers deux faces parallèles.

Phosphorescence; sensible dans certaines variétés, par l'injection de la poussière sur un charbon ardent.

Caract. géom. Forme primitive. Rhomboïde obtus (*fig.* 1) *pl. XXIII*, dont les angles sont de 101^{d} 32' 13", et 78^{d} 27' 47".

Molécule intégrante. *Id.* (1).

Caract. chim. Soluble avec effervescence dans l'acide nitrique.

---

(1) La diagonale horizontale du rhombe est à l'oblique comme $\sqrt{3}$ à $\sqrt{2}$.

Réductible en chaux vive par la calcination.

Analyse de la chaux carbonatée pure, par Bergmann.

Chaux. . . . .   55.
Acide carbonique. . . . .   34.
Eau de cristallisation. . . . .   11.
                                                            ————
                                                            100.

Caractères distinctifs, 1°. entre la chaux carbonatée et la chaux sulfatée. Celle-ci ne se délite facilement que dans un seul sens, et ses lames donnent, au moyen de la percussion, des rhombes de 113^d et 67^d. La chaux carbonatée a des joints également nets dans tous les sens, d'où résultent des angles plans de 101$^{d}\frac{1}{2}$ et 78$^{d}\frac{1}{2}$. La chaux sulfatée ne fait point effervescence avec l'acide nitrique comme la chaux carbonatée. 2°. Entre la chaux carbonatée et la chaux fluatée. La première est rayée par l'autre. Elle donne, à l'aide de la division mécanique, des lames, dont les angles sont de 120^d et 60^d, au lieu de 101$^{d}\frac{1}{2}$ et 78$^{d}\frac{1}{2}$. Sa réfraction est simple, et celle de la chaux carbonatée est double. Elle n'est point effervescente comme celle-ci, par l'acide nitrique. 3°. Entre la chaux carbonatée fibreuse et la mésotype de même forme. Celle-ci se convertit en gelée dans l'acide nitrique; l'autre s'y dissout avec effervescence. La mésotype se fond au chalumeau en bouillonnant, et non la chaux carbonatée. 4°. Entre la chaux carbonatée et la chabasie. Celle-ci se divise en rhomboïdes peu différens du cube, et la chaux carbonatée en rhomboïdes très-sensiblement obtus. La chabasie se fond au chalumeau en se boursouflant, ce que ne fait pas la chaux carbonatée; elle n'est point soluble dans l'acide nitrique. 5°. Entre la chaux carbonatée et la strontiane carbonatée. Celle-ci a une pesanteur spécifique plus forte dans le rapport d'environ 9 à 7; elle se divise par des coupes qui ont peu de netteté, parallélement aux pans d'un prisme hexaèdre; et la chaux carbonatée, par des coupes très-nettes, parallélement aux faces d'un rhomboïde obtus. La strontiane carbonatée donne, au chalumeau, une belle lueur purpurine, ce qui n'a pas lieu pour la chaux carbonatée. 6°. Entre la chaux carbonatée cristallisée et certains cristaux transparens de plomb carbonaté. Ceux-ci ont une pesanteur spécifique plus que double de celle de la chaux carbonatée : ils ne se divisent pas comme elle en rhomboïde. Ils noircissent par la vapeur du sulfure ammoniacal, ce que ne fait pas la chaux carbonatée.

V A R I É T É S.

F O R M E S   D É T E R M I N A B L E S.

Spathum, *Waller*, *t. I*, *p.* 140. Spath calcaire, *de Born*, *t. I*, *p.* 107. Pierres calcaires cristallisées ; spath calcaire, Sciagr., *t. I*, *p.* 181. Kalk-spath, *Emmerling*, *t. I*, *p.* 455. Spath calcaire, *Daubenton*, *tabl.*, *p.* 22. Foliated and sparry lime stone, *Kirwan*, *t. I*, *p.* 86. Le spath calcaire, *Brochant*, *t. I*, *p.* 536.

Spaths calcaires de la plupart des minéralogistes.

Lois particulières de décroissement observées jusqu'ici (1).

 1. P.

 2. A.

  　1

 3. B.

  　1

 4. B.

  　3

 5. B.

  　6

---

(1) La chaux carbonatée étant très-diversifiée dans ses formes cristallines, nous avons cru devoir présenter ici la série des différentes lois qui les déterminent, et disposer les variétés suivant l'ordre des combinaisons une à une, deux à deux, etc., de ces mêmes lois.

6. $\overset{\frac{3}{2}}{B}$.

7. $E^{\iota} {}^{\iota}E$.

8. $({}^{\iota}E^{\iota} B^{\iota} D^{2})$.

9. $\left(\overset{\frac{5}{4}}{}E^{\frac{5}{4}} B^{\iota} D^{8}\right)$.

10. $\overset{\iota}{D}$.

11. $\overset{\frac{3}{2}}{D}$.

12. $\overset{4}{D}$.

13. $\overset{6}{D}$.

14. $\overset{2}{e}$.

15. $\overset{3}{e}$.

16. $\overset{\frac{1}{3}}{e}$

17. $\overset{\frac{3}{2}}{e}$.

18. $\overset{\frac{4}{5}}{e}$.

19. $\overset{\frac{9}{4}}{e}$.

20. $\overset{\frac{9}{5}}{e}$.

Combinaisons une à une.

1. Chaux carbonatée *primitive*. P (*fig.* 1). Spath calcaire rhomboïdal , vulgairement *cristal d'Islande*, *de Lisle*, *t. I*, p. 497. Inclinaisons respectives des faces, 104^d 28' 40", et 75^d 31' 20"; angles plans, 101^d 32' 13", et 78^d 27' 47"; angles de la coupe principale , 108^d 26' 6", et 71^d 33' 34".

Les cristaux de cette variété , donnés immédiatement par la nature , sont ordinairement groupés et translucides. Les corps que l'on appelle vulgairement *spaths d'Islande* ou *cris-*

taux d'Islande, présentent bien un rhomboïde de la même forme, mais ne sont, le plus souvent, que des fragmens d'un cristal différent ou d'une masse irrégulièrement terminée, dont on a fait une variété particulière, à cause de leur transparence et de la propriété qu'ils ont de doubler les objets ; propriété dont jouissent également tous les cristaux diaphanes de la même espèce, quelle que soit leur forme.

2. Chaux carbonatée *équiaxe.* $\overset{\text{B}}{\underset{g}{1}}$ (*fig.* 2) (1). En rhomboïde très-obtus, dont l'axe est égal à celui du noyau qu'il renferme. Spath calcaire en parallélipipèdes rhomboïdaux très-comprimés, *de Lisle , t. I , p.* 5o4 ; var. 2. Incidence de *g* sur *g*, 134ᵈ 25' 38'' ; de *g* sur *g'*, 45ᵈ 34' 22'' ; angles plans, 114ᵈ 18' 56'', et 65ᵈ 41' 4'' ; angles de la coupe principale, 139ᵈ 23' 52'', et 40ᵈ 36' 8''.

Propr. géom. La diagonale horizontale est double de celle du noyau, et la diagonale oblique est égale à l'arête du noyau. Cette propriété est générale, quels que soient les angles de la forme primitive.

On a appelé cette variété *spath calcaire lenticulaire ,* dénomination qui ne convient qu'à une altération de la même forme, qui sera citée parmi les formes indéterminables.

Se trouve à Belobanya et à Joachimsthal en Bohême ; à Andreasberg au Hartz, etc.

3. Chaux carbonatée *inverse.* $\overset{\text{E' 'E}}{\underset{f}{}}$ (*fig.* 3). En rhomboïde aigu qui présente l'inverse de la forme primitive. *Spath calcaire muriatique , de Lisle , t. 1 , p.* 52o ; var. 12. Incidence de *f* sur *f*, 78ᵈ 27' 47'' ; de *f* sur *f'*, 101ᵈ 32' 13'' ; angles plans,

---

(1) Dans cette figure et dans plusieurs des suivantes, on a représenté le noyau inscrit dans le cristal secondaire, pour aider a mieux concevoir le mécanisme de la structure.

75^d 31' 20", et 104^d 28' 40" ; angles de la coupe principale, 108^d 26' 6", et 71^d 33' 54".

Propr. géom. La diagonale horizontale égale trois fois celle du noyau, et la diagonale oblique égale trois fois l'arête du noyau. Ce résultat est particulier à la cristallisation de la chaux carbonatée.

Les angles plans des rhombes sont égaux aux incidences mutuelles des faces du noyau, et réciproquement les incidences des faces sont égales aux angles plans du noyau ; de là l'epithète d'*inverse*. Les angles de la coupe principale sont les mêmes de part et d'autre.

Quelquefois on ne voit que les sommets supérieurs des rhomboïdes aigus, dont les parties inférieures s'alongent par l'effet d'une cristallisation précipitée, en forme d'aiguilles qui convergent vers un centre commun : c'est alors le *spath calcaire strié* de quelques auteurs.

Se trouve à Cousons, près de Lyon, en cristaux très-prononcés, quelquefois limpides ; et dans les bancs de pierre calcaire des environs de Paris, en petits cristaux translucides et jaunâtres.

4. Chaux carbonatée *métastatique* $\overset{2}{\underset{r}{\text{D}}}$ (*fig.* 4), c'est-à-dire, *de transport* (1). Dodécaèdre à faces triangulaires scalènes, vulgairement *dent de cochon*, de Lisle, *crist.*, *t. I*, *p.* 530 ; var. 1. Incidence de *r* sur *r*, à l'endroit de l'arête *u*, 104^d 28' 40" ; de *r* sur *r*, à l'endroit de l'arête *x*, 144^d 20' 26" ; de *r* sur *r'*, 133^d 26' ; angles plans de l'une quelconque *r* des faces du dodécaèdre, n=101^d 32' 13" ; i=54^d 27' 30" ; o=24^d 0' 17".

Propr. géométriques. L'angle obtus *n* de l'une quelconque des faces du dodécaèdre est égal à celui du rhombe primitif.

L'incidence de deux faces voisines, à l'endroit d'une des plus

---

(1) Voyez ci-après les propriétés géométriques.

courtes arrêtes *u*, est égale à celle des faces du noyau prises vers un même sommet. Ces deux propriétés produisent une espèce de *métastase* ou de transport des angles du noyau sur le cristal secondaire, ce qui a donné naissance au mot *métastatique*.

La partie de l'axe du cristal secondaire qui excède de part et d'autre l'axe du noyau, est égale à ce dernier axe, ou, ce qui revient au même, l'axe du dodécaèdre est triple de l'axe du noyau.

La surface du cristal secondaire est double de celle du noyau, et la solidité de toute la partie du cristal secondaire qui enveloppe le noyau, est pareillement double de la sienne.

Se trouve dans les mines du Derbishire, et dans beaucoup d'autres endroits. Il y a des dodécaèdres qui ont jusqu'à trente-deux centimètres, ou un pied et davantage de longueur. Les géodes calcaires sont assez souvent tapissées de cristaux de cette variété qui, dans ce cas, ne montrent qu'une de leurs pyramides.

J'ai vu des cristaux métastatiques limpides, dont la double réfraction, augmentée par l'inclinaison mutuelle des faces, faisoit croître à son tour, dans un très-grand rapport, la distance entre les deux images d'un même objet.

Sous-var. *a*. Chaux carbonatée métastatique transposée.

Pour avoir une idée de cette transposition, supposons que le dodécaèdre soit coupé en deux moitiés par un plan perpendiculaire à l'axe. Ce plan sera un dodécagone, qui passera par les milieux des arêtes latérales, telles que *in*, et par des points pris sur les arêtes longitudinales les moins saillantes. Concevons de plus, que l'une des deux moitiés, par exemple, la moitié supérieure ayant conservé sa position, l'inférieure ait tourné de gauche à droite, d'une quantité égale à un sixième de circonférence (1), en restant toujours appliquée à la première.

---

(1) On aura le même résultat, en supposant qu'elle ait décrit une demi-circonférence. Mais l'autre manière de concevoir le fait est plus simple.

Dans

Dans ce cas, les petits triangles interceptés par le plan coupant, et dont les plus longs côtés seront les moitiés des arétes *in*, s'accoleront de manière à former six angles, alternativement rentrans et saillans, composés chacun de quatre de ces triangles. On conçoit aisément que le plan de jonction a la même position qu'une face qui naîtroit du décroissement A (*fig.* 1). Ainsi, cette espèce de transposition est liée aux lois de structure, comme les autres accidens de ce genre. Mais il faudroit pouvoir remonter plus haut, pour éclaircir entièrement ces sortes de mystères de la cristallisation.

5. Chaux carbonatée *contrastante*. $\overset{s}{\underset{m}{e}}$ (*fig.* 5). En rhom-boïde plus aigu que celui de l'inverse, et qui présente une espèce de contraste avec l'équiaxe. Incidence de *m'* sur *m'*, 65^d 41' 4''; de *m* sur *m'*, 114^d 18' 56''; angles plans, 45^d 34' 22'', et 134^d 25' 38''; angles de la coupe principale, 40^d 36' 8'', et 139^d 23' 52''.

Prop. géométr. La diagonale horizontale est les $\frac{5}{4}$ de celle du noyau, et l'arête est les $\frac{5}{2}$ de celle du même noyau.

Les angles plans des rhombes sont égaux aux incidences mutuelles des faces de l'équiaxe, et réciproquement, les incidences mutuelles des faces sont égales aux angles plans de l'équiaxe. Les angles de la coupe principale sont les mêmes de part et d'autre.

Les quatre rhomboïdes décrits jusqu'ici, pris dans l'ordre suivant, l'équiaxe, le primitif, l'inverse et le contrastant, forment quatre termes, parmi lesquels les moyens et les extrêmes ont leurs angles plans et leurs angles saillans inverses les uns des autres; et cette inversion, considérée dans le plus obtus et le plus aigu des quatre, offre en même temps une espèce de contraste, d'où est tiré le nom du dernier.

Le Cit. Fleuriau a trouvé des cristaux de cette variété dans le pays d'Aunis, à une lieue de la Rochelle.

6. Chaux carbonatée *mixte.* $\overset{\frac{3}{4}}{\underset{s}{e}}$ (*fig.* 6). En rhomboïde encore plus aigu que le contrastant, produit par trois rangées en largeur et deux en hauteur. Incidence de *s* sur *s*, 63ᵈ 44′ 55″ ; de *s* sur *s'*, 116ᵈ 15′ 5″ ; angles plans, 37ᵈ 31′ 4″, et 142ᵈ 28′ 56″.

Se trouve au Derbishire.

7. Chaux carbonatée *cuboïde.* $\overset{\frac{4}{5}}{\underset{h}{e}}$ (*fig.* 7). En rhomboïde aigu, presque cubique. Spath calcaire cubique. *Journ. de Phys.*, octobre, 1790, *p.* 309.

Incidence de *h* sur *h*, 87ᵈ 47′ 45″ ; de *h* sur *h'*, 92ᵈ 12′ 15″ ; angles plans, 87ᵈ 42′ 30″, et 92ᵈ 17′ 30″.

Observée par le Cit. Dodun, près de Castelnaudary. Les cristaux ont depuis deux jusqu'à neuf millimètres d'épaisseur : ils avoient d'abord été pris pour des cubes. La détermination de leur véritable forme, ainsi que celle de la loi de décroissement dont elle dépend, est due à M. Macie, de la société royale de Londres.

Combinaisons deux à deux.

8. Chaux carbonatée*basée.* $\overset{P\,A}{\underset{P\,o}{\,\iota\,}}$ (*fig.* 8) (1). La forme primitive dont les deux sommets sont interceptés par deux faces triangulaires, qui servent comme de bases au cristal. Incidence de *o* sur P, 135ᵈ.

Le Cit. Gillet a cette variété dans sa collection.

---

(1) Cette figure étant en projection droite, les deux faces horizontales qui proviennent du décroissement A se trouvent représentées par de simples lignes.

9. Chaux carbonatée *unitaire*. $\frac{PE^{,\,\prime}E}{P\,f}$ (*fig.* 9). Le rhomboïde inverse émarginé vers ses deux sommets. *De Lisle*, t. I, p. 526 ; var. 13. Incidence de f sur P, 129^d 13′ 53″.

Se trouve à Cousons, près de Lyon.

10. Chaux carbonatée *prismée*. $\frac{\overset{\prime}{D}P}{u\,P}$ (*fig.* 10) *pl. XXIV*. *De Lisle*, t. I, p. 503 ; var. 1. Incidence de u sur u, 120^d ; de P sur u, 127^d 45′ 40″.

Cette variété est rare.

11. Chaux carbonatée *binaire*. $\frac{P\hat{D}}{P\,r}$ (*fig.* 11). La variété métastatique dont chaque sommet est intercepté par trois faces rhombes parallèles à celles du noyau. Incidence de r sur P, 151^d 2′ 40″.

Se trouve dans le ci-devant Dauphiné, en cristaux blancs, ou d'un rouge foible, quelquefois colorés en vert par un mélange de talc chlorite, ayant jusqu'à un décimètre ou environ 44 lignes et au-delà d'épaisseur.

Lorsque les facettes r, r' sont très-étroites, le cristal semble n'être autre chose que la forme primitive légérement bizelée de part et d'autre, aux endroits de ses arêtes latérales.

12. Chaux carbonatée *imitable*. $\frac{\overset{\prime}{e}P}{c\,P}$ (*fig.* 12). La forme primitive prismée dans le sens de ses angles solides latéraux.

Incidence de P sur c, 135^d.

Les cristaux que j'ai observés de cette variété, dont j'ignore le lieu natal, étoient blanchâtres, et avoient environ six millimètres ou près de trois lignes d'épaisseur.

13. Chaux carbonatée *birhomboïdale*. $\frac{\overset{\frac{3}{2}}{e}P}{s\,P}$ (*fig.* 13). Composée de deux rhomboïdes, le primitif et le mixte.

Se trouve au Derbishire, en cristaux jaunâtres.

J'en ai observé un cristal qui étoit solitaire, et avoit quatre centimètres ou environ 18 lignes de longueur. Les facettes **P** sont souvent très-petites.

14. Chaux carbonatée *prismatique.* $\overset{2}{\underset{1}{e}}\Lambda$ (*fig.* 14). En prisme $c\ o$ hexaèdre régulier. *De Lisle , t. I , p.* 514; var. 10.

a. Alternante. Trois pans larges et les intermédiaires étroits.
b. Comprimée. Deux pans opposés plus larges que les quatre autres.
c. Evasée. Quatre pans plus larges que les deux autres.
d. Lamelliforme. En prisme très-court.

Dans certains cristaux, les extrémités sont d'un blanc mat, tandis que la partie intermédiaire est transparente. Dans d'autres, la partie opaque est située vers l'axe, et revêtue d'une enveloppe transparente. Les bases de quelques-uns présentent des hexagones concentriques, et l'on observe même vers leur milieu, l'extrémité d'un petit prisme intérieur, saillante au-dessus du prisme total. Tous ces accidens dépendent de l'accroissement, et n'altèrent point le mécanisme de la structure, en sorte que les joints naturels traversent les parties opaques et celles qui sont transparentes, en restant sur le même plan.

Se trouve dans les mines du Hartz, de Marienberg en Saxe, et de Joachismthal en Bohême. Les prismes ont jusqu'à 27 millimètres ou environ un pouce d'épaisseur et au-delà.

15. Chaux carbonatée *apophane. e*Å (*fig.* 15). Les facettes *o* $h\ o$ déterminent ou *manifestent* la position de l'axe, qui sans cela seroit difficile à saisir, à cause de la forme presque cubique du rhomboïde. Incidence de *h* sur *o* , 123ᵈ 41′ 25″.

Les cristaux que j'ai vus de cette variété, dont j'ignore le lieu natal, étoient légèrement jaunâtres, et avoient entre cinq et dix millimètres d'épaisseur.

16. Chaux carbonatée *uniternaire.* $\overset{3}{\underset{m\,o}{e}}\overset{}{\underset{1}{A}}$ (*fig.* 16). La variété

contrastante basée. Incidence de *o* sur *m* , 104^d 28' 40".

Propriétés géométriques. L'incidence de *o* sur *m* est égale à
la plus grande inclinaison des faces du rhomboïde primitif, et
en même temps à l'angle plan obtus de l'inverse. Nous avons
vu d'ailleurs que le rhomboïde $\overset{3}{e}$, dont cette variété offre une
modification, étoit à son tour l'inverse de l'équiaxe. Ainsi,
cette variété participe des angles de quatre rhomboïdes différens.

17. Chaux carbonatée *bisunitaire.* $\underset{g\,u}{B}\overset{1}{\underset{1}{D}}$ (*fig.* 17). La variété

équiaxe prismée. Incidence de *u* sur *g*, 112^d 47' 11".

18. Chaux carbonatée *dodécaèdre.* $\overset{2}{\underset{c\,g}{e}}\overset{}{\underset{1}{B}}$ (*fig.* 18). *De Lisle,*

t. I, *p.* 507 , var. 3; et *p.* 509 , var. 4. Dodécaèdre à plans pentagones égaux et semblables , six à six , les uns verticaux , les
autres inclinés. Incidence de *g* sur *c* , 116^d 33' 54".

a. Raccourcie (*fig.* 19). Les pans du prisme sont des triangles
isocèles, qui tantôt se touchent par leurs angles latéraux, auquel
cas les faces terminales sont toujours des pentagones, et tantôt
ne parviennent pas à se toucher , auquel cas les faces du sommet sont des eptagones. *Spath calcaire en tête de clou*, de
plusieurs minéralogistes.

Cette variété est une des plus communes. Ses sommets sont
souvent sillonnés par des stries parallèles à la hauteur des pentagones , et qui indiquent très - sensiblement la marche du
décroissement sur les bords supérieurs du noyau. J'en ai un
cristal qui a deux centimètres ou environ 9 lignes d'épaisseur,
sur trois centimètres ou treize lignes de longueur.

19. Chaux carbonatée *contractée.* $\overset{\frac{9}{4}}{c}\underset{ig}{\underset{1}{B}}$ (*fig.* 20). Dodécaèdre à faces pentagonales, dans lequel les bases des pentagones terminaux éprouvent une sorte de *contraction*, en conséquence de ce que les pans s'inclinent d'une petite quantité, en se rejetant vers les arêtes z contiguës au sommet. Incidence de l'arête z sur le pan i, 108^{d} 26′ 5″.

La loi qui produit les faces latérales de cette variété, n'est qu'une légère déviation de celle d'où dépend le prisme hexaèdre droit. Cette dernière a lieu par des décroissemens de deux rangées en largeur et d'une en hauteur, dont l'expression est $\frac{2}{7}$. Or, d'après la petite inclinaison des pans de la variété qui nous occupe ici, j'ai cherché parmi toutes les lois mixtes, celle dont le résultat conduisoit à des angles sensiblement égaux à ceux de cette variété, et je suis parvenu au rapport $\frac{9}{4}$, un peu plus fort que $\frac{2}{1}$ ou $\frac{8}{4}$, d'où l'on voit qu'il suffit dans le cas présent, comme dans une multitude d'autres relatifs aux lois mixtes, de faire varier d'une unité l'un des deux termes du rapport, pour que le résultat rentre dans ceux qui sont donnés par les lois les plus simples. Au reste, la cristallisation, en passant, pour ainsi dire, à côté d'un résultat beaucoup plus simple, n'affecte pas la même uniformité que dans les cas ordinaires. Souvent les six pans commencent par être tous verticaux, en partant du support; et dans la plupart des cristaux, il n'y en a que trois qui subissent une inflexion vers le haut, tandis que les trois intermédiaires conservent la position verticale. L'incidence de ceux-ci sur les faces terminales adjacentes est alors de 116^{d} 33′ 54″, comme dans la variété précédente. Si, au contraire, on suppose que ces pans s'inclinent en sens inverse des trois autres, et de la même quantité, l'incidence sera de 112^{d} 9′ 59″, et la forme du cristal se trouvera ramenée à la simétrie qui résulteroit de l'effet complet de la loi exprimée par le rapport $\frac{9}{4}$.

20. Chaux carbonatée *dilatée*. $\overset{\frac{5}{9}}{\underset{o\ g}{c\ \underset{1}{\mathrm{B}}}}$ (*fig.* 21). Dodécaèdre

pentagonal, dans lequel les bases des pentagones terminaux éprouvent une espèce de *dilatation*, en conséquence de ce que les pentagones latéraux s'inclinent d'une petite quantité en se rejetant vers les bases x, x des premiers. *De Lisle, t. I*, *p.* 510, *pl. IV*, *fig.* 10. Incidence de g sur k, 120ᵈ 39′ 3″; de k sur k, 119ᵈ 29′ 52″.

Cette variété offre une nouvelle déviation de la loi qui produit le prisme droit, laquelle a lieu en sens contraire de celle d'où dépend la variété précédente, en sorte que les pans qui, dans cette dernière, dépassoient un peu la verticale, en se rejetant vers les arêtes z, restent ici un peu en de çà, comme si la cristallisation oscilloit légérement autour d'un résultat moyen, qui est celui où les pans sont exactement verticaux. Les cristaux de chaux carbonatée dilatée que j'ai observés, m'ont paru en général d'une forme plus symétrique que ceux de la contractée, et leurs pans étoient alternativement inclinés en sens opposés, sous des degrés sensiblement égaux.

Se trouve dans les géodes d'Oberstein et du duché des Deux-Ponts.

21. Chaux carbonatée *sexduodécimale*. $\overset{\frac{3}{2}}{\underset{y\ f}{\mathrm{D}\ '\mathrm{E}'}}$ (*fig.* 22) *pl.*

XXV. Dodécaèdre très-aigu, dont les deux sommets sont inter-ceptés chacun par trois trapézoïdes. Valeur de l'angle c, 28ᵈ 57′ 20″.

Valeurs des trois angles de chaque face du dodécaèdre supposé complet. Grand angle o, 107ᵈ 53′ 15″; angle moyen i, 57ᵈ 9′ 28″; petit angle ou angle au sommet, 14ᵈ 57′ 17″. Incidence de y sur y, 134ᵈ 25′ 2″; de y sur y', 108ᵈ 56′ 2″.

22. Chaux carbonatée *bisalterne*. $\overset{2\ \ 2}{\underset{c\ r}{e\ \mathrm{D}}}$ (*fig.* 23). La variété

métastatique augmentée de six faces verticales, trapézoïdales, dont les angles aigus o, o sont tournés *alternativement* vers l'extrémité supérieure, et vers l'inférieure de l'axe. *De Lisle*, *t. I*, *p.* 536, var. 22; et p. 539, var. 24.

a. Distante. Les trapézoïdes c ne parviennent pas à se toucher. Dans ce cas, les faces r, r sont des pentagones.

b. Prismée (*fig.* 24). Les faces r, r sont toujours trapézoïdales, comme dans la fig. 21 ; les faces verticales c, c deviennent des hexagones alongés, dont les parties moyennes forment les six pans d'un prisme.

Propr. géom. Si l'on partage chaque trapézoïde latéral c (*fig.* 21) en deux triangles isocèles, par une diagonale horizontale, l'un de ces triangles est équilatéral, et a sa hauteur double de celle de l'autre triangle. L'angle o étant de 60^{d}, d'après ce qui vient d'être dit, l'angle z est de $98^{\mathrm{d}}\,12'\,46''$, et chacun des angles latéraux est de $100^{\mathrm{d}}\,53'\,37''$.

Se trouve au Derbishire.

23. Chaux carbonatée *binoternaire.* $\dfrac{\overset{3}{e}\overset{2}{\mathrm{D}}}{m\,r}$ (*fig.* 25). La variété contrastante offrant un double biseau à l'endroit de chaque arête contiguë au sommet.

Se trouve en Angleterre, au Derbishire ; et en France, dans le pays d'Aunis, où elle a été observée par le Cit. Fleuriau (1).

Combinaisons trois à trois.

24. Chaux carbonatée *bibinaire.* $\dfrac{\overset{2}{e}\mathrm{D}\overset{2}{\mathrm{P}}}{c\,r\,\mathrm{P}}$ (*fig.* 26). La variété

---

(1) Ce savant avoit communiqué à Romé de Lisle, dès l'année 1786, un mémoire manuscrit qui auroit bien mérité l'impression, et où il décrit, avec beaucoup d'exactitude, plusieurs cristaux calcaires du pays d'Aunis, dont deux, savoir : la variété dont il s'agit ici, et la progressive qui sera la 38ᵉ., étoient inconnues à cette époque. Il avoit trouvé, pour la plus petite

bisalterne

bisalterne augmentée à chaque sommet de trois rhombes parallèles à ceux du noyau. *De Lisle*, *cristal.*, *t. I*, *p.* 543, *pl. IV*, (*fig.* 10).

Se trouve au Derbishire.

25. Chaux carbonatée *trirhomboïdale.* $\overset{\frac{1}{2}\;3}{e\;c}\text{P}$ (*fig.* 27).
$$s\,m\text{P}$$

Composée de trois rhomboïdes, savoir : le primitif, le mixte et le contrastant. Incidence de *m* sur P, 149$^\mathrm{d}$ 2′ 11″.

Trouvée par les citoyens Le Brun, Vanin et Combault le jeune, en visitant la grotte d'Auxelle, dans la ci-devant Franche-Comté.

26. Chaux carbonatée *équivalente.* $\overset{2}{e}\text{BA}$ (*fig.* 28). Incidence de
$$\underset{c\;g\;o}{{}_{1}\;{}_{1}}$$
g sur *o*, 153$^\mathrm{d}$ 26′ 6″.

La var. dodécaèdre dont les sommets sont interceptés chacun par une facette triangulaire équilatérale horizontale.

27. Chaux carbonatée *persistante.* $\overset{2}{e}\text{E}^{\text{1}}\,{}^{\text{1}}\text{EA}$ (*fig.* 29), c'est-à-
$$\underset{c\quad f\quad o}{{}_{1}}$$
dire, dont les angles *persistent*. Incidence de *f* sur *c*, 153$^\mathrm{d}$ 26′ 6″ ; de *f* sur *o*, 116$^\mathrm{d}$ 33′ 54″. Angles plans du trapèze *f*. *a*=104$^\mathrm{d}$ 28′ 40″ ; *i*=75$^\mathrm{d}$ 31′ 20″.

Prop. géom. Les angles *a a′* de l'hexagone *f* sont égaux aux angles obtus du rhombe de la variété inverse, auquel correspond cet hexagone ; et si l'on suppose une diagonale menée par les angles *i*, *i*, l'hexagone se trouvera partagé en deux trapèzes, dans chacun desquels les angles adjacens à cette diagonale seront égaux aux angles aigus du rhombe de la même variété inverse. Il en résulte que les angles de celle-ci *persistent*, malgré les nouveaux plans qui modifient sa forme.

---

incidence des faces de la variété métastatique, 144$^\mathrm{d}$ ½, valeur qui ne diffère que de 10′ de celle que j'ai déterminée par le calcul théorique, tandis que cette incidence, selon Romé de Lisle, est seulement de 142$^\mathrm{d}$ ½.

L'incidence de f sur o est la même que celle de g sur c (*fig.* 18), dans la chaux carbonatée dodécaèdre.

Les triangles $a'ia''$ qui terminent les pentagones verticaux, sont équilatéraux, ainsi que les triangles horizontaux o.

28. Chaux carbonatée *hyperoxyde*, $e \overset{\frac{9}{5}}{\underset{1}{A}} E^{,} {}^{,}E$ (*fig.* 30), c'est-$$k \quad o \quad f$$ à-dire, *aiguë à l'excès*, parce qu'elle est composée d'un premier rhomboïde aigu, qui est l'inverse, var. 3, et d'un second qui résulteroit du prolongement des faces $k, k,$ et qui seroit si aigu, que son angle plan au sommet auroit pour mesure seulement 14^d 4' 10". *De Lisle*, t. I, p. 518; var. 11. Incidence de k sur o, 94^d 5' 9"; de k' sur o, 85^d 54' 51"; de f sur k, 157^d 31' 14", et sur o, 116^d 33' 55" (1).

Se trouve au Hartz. On en voit un très-beau groupe dans la collection du Muséum d'histoire naturelle.

29. Chaux carbonatée *octoduodécimale.* $\overset{\frac{3}{2}}{D} e \overset{2}{\underset{1}{A}}$ (*fig.* 31). La $$y \quad c \quad o$$ variété prismatique, augmentée de douze faces obliques, disposées six à six autour de chaque base. Incidence de y sur y, 134^d 25' 2"; de y sur y', 108^d 56' 2".

30. Chaux carbonatée *acutangle.* $e \overset{2}{\underset{1}{A}} (\overset{\frac{5}{4}}{E}\overset{\frac{5}{4}}{} B^{,} D^{8})$ (*fig.* 32) *pl.* $$c \quad o \qquad \delta$$ *XXVI.* La variété prismatique, dont tous les angles solides sont interceptés par des facettes triangulaires. Incidence de δ sur o, 100^d 53' 37"; de δ sur δ, 121^d 11' 16". Valeur de l'angle au sommet du triangle δ, 36^d 14' 56".

---

(1) De Lisle suppose que les trapèzes f appartiennent à la chaux carbonatée dodécaèdre, ce qui donneroit $120^d \frac{1}{2}$ à peu près pour l'incidence de f sur k, au lieu de $157^d \frac{1}{2}$ que j'ai trouvé par des mesures prises sur les cristaux du muséum que cite ce savant.

J'ai un groupe de cristaux de cette variété singulière, qui m'a été donné par le Cit. Dré. Ils sont blanchâtres, translucides, et ont environ 8 millimètres ou 3 lignes $\frac{1}{2}$ d'épaisseur.

Si les triangles δ, δ, δ', δ', etc., se prolongeoient jusqu'à faire disparoître les pans et les bases du prisme, il en résulteroit un dodécaèdre composé de deux pyramides droites très-alongées, dans lequel l'angle, au sommet de chaque triangle, ne seroit que de 12^{d} 27$'$ 12$''$ (1).

31. Chaux carbonatée *péridodécaèdre.* $\overset{2}{e}\,\mathrm{D}\,\overset{1}{\underset{1}{\mathrm{A}}}$ (*fig.* 33).
$$c \quad u \quad o$$

Prisme à douze pans. *De Lisle*, *t. I*, *p.* 515, *pl. IV*, *fig.* 22 *et* 26. Incidence de *u* sur *c*, 150^{d}.

32. Chaux carbonatée *analogique.* $\overset{2}{e}\overset{2}{\mathrm{D}}\underset{1}{\mathrm{B}}$ (*fig.* 34). Sa forme est
$$c \quad r \quad g$$

---

(1) Si l'on désigne, en général, par x le nombre d'arêtes de molécules soustraites le long de D (*fig.* 1), et par y celui de molécules soustraites le long de B, la théorie fait voir que parmi les différens nombres n de rangées qui peuvent avoir lieu pour un rapport déterminé entre x et y, il y en aura toujours un qui produira un dodécaèdre bipyramidal. Ce nombre est donné par la formule $n = \dfrac{x+2y}{xy}$. Or, dans le cas présent, $\dfrac{y}{x} = \frac{1}{4}$, d'où il suit que $n = \frac{5}{4}$. Ce résultat ne peut être vérifié, avec une précision suffisante, par la mesure de l'incidence de δ sur δ, qui varie très-peu, à mesure que l'on fait varier n elle-même, lorsque x et y diffèrent entre eux, comme ici, de plusieurs unités. Mais l'incidence de δ sur o varie plus sensiblement, et les angles des triangles δ ont une variation encore plus marquée. Ainsi, dans l'hypothèse de $\dfrac{y}{x} = \frac{1}{7}$, on trouve, pour l'incidence de δ sur δ, 121^{d} 29$'$ 16$''$, lequel angle est seulement plus fort de 18$'$ 16$''$, que celui qui répond au rapport $\frac{1}{8}$. Mais on a pour l'incidence de δ sur o, 102^{d} 12$'$ 59$''$, quantité qui diffère de 1^{d} 19$'$ 22$''$, de celle qui dépend du rapport $\frac{1}{8}$; et l'on a pour l'angle aigu du triangle δ, 40$'$ 15$'$ 22$''$, dont la différence 4^{d} 0$'$ 26$''$ avec l'angle cité plus haut, est encore plus appréciable. Voyez, pour la démonstration de la formule, la partie géométrique, t. I, à l'article des *décroissemens intermédiaires.*

féconde en *analogies. De Lisle*, *t. I*, *p.* 542; var. 26. *Pl. IV*, *fig.* 36.

a. Prismée. Les pans *c* sont des hexagones alongés comme dans la fig. 35.

b. Distante. Les pans *c* anticipent sur les faces *g.* Leur arête de jonction avec elles laisse un intervalle entre les faces *r*, *r*, qui ne sont plus liées entre elles qu'aux endroits des arétes *x*, *x*.

c. Prismée et distante. C'est la modification que présente le plus communément cette variété.

Voyez, dans les généralités sur la cristallisation, (t. I. p. 55) l'exposé des analogies qui rendent cette variété remarquable.

Se trouve au Derbishire. J'en ai un cristal diaphane de 5 centimètres, ou environ 22 lignes de longueur, sur 15 millimètres, ou environ 6 lignes $\frac{2}{3}$ d'épaisseur.

33. Chaux carbonatée *rétrograde.* $\overset{\frac{9}{5}\,\frac{1}{3}}{ee\mathrm{B}}$ $\underset{kl\,g}{}$ (*fig.* 36). Les faces produites par les deux décroissemens fractionnaires semblent *rétrograder*, en se rejetant en arrière, du côté de l'axe opposé à celui qui regarde la face sur laquelle naissent ces décroissemens. Incidence de *l* sur *k*, 132^{d} $44'$ $45''$; de *l* sur *g*, 167^{d} $54'$ $18''$.

Se trouve dans les mêmes lieux que la chaux carbonatée dilatée, dont elle n'est qu'une modification.

34. Chaux carbonatée *soustractive.* $\overset{2\;\;2}{e\mathrm{DB}}\underset{3}{}$ $\underset{c\,r\,t}{}$ (*fig.* 37). La variété bisalterne dont chaque sommet est remplacé par six facettes *t*, qui ont cette propriété, que leurs intersections avec les faces *r* se trouvent sur un même plan perpendiculaire à l'axe. Incidence de *t* sur *t'*, 159^{d} $11'$ $34''$; de *t* sur *t*, 137^{d} $39'$ $26''$. De l'arête comprise entre *t* et *t'* sur la face verticale *c'*, corres-

pondante, 122^d 0' 15''; de l'arête comprise entre t et t sur la face verticale c, 116^d 33' 54''.

J'ai plusieurs cristaux limpides de cette variété qui sont d'un petit volume, mais d'une forme très-prononcée.

35. Chaux carbonatée *disjointe*. $e\overset{2}{\mathrm{D}}\overset{2}{\mathrm{B}}$ $\underset{c\ r\ q}{_6}$ (*fig*. 38). La variété bisalterne dont chaque sommet est remplacé par six facettes, qui forment de très-légères saillies aux endroits des arêtes z, z. Incidence de q sur q, 168^d 53' 14''; de q sur la face de retour, 122^d 5' 23''.

Le Cit. Gillet a dans sa collection un très-beau groupe de cristaux appartenant à cette variété.

36. Chaux carbonatée *zonaire*. $\mathrm{E}^{\iota\prime}\mathrm{E}\overset{\iota}{\mathrm{D}}\overset{\frac{3}{2}}{\mathrm{D}}$ $\underset{f\quad c\,y}{}$ (*fig*. 39). Les facettes c, y surajoutées au rhomboïde inverse, forment une espèce de zone autour de ses bords inférieurs. Incidence de c sur f, 140^d 46' 6''; de y sur y, 134^d 25' 38''; de y sur c, 165^d 31' 20''.

J'ai des cristaux de cette variété qui ont environ 3 centimètres, ou 13 lignes $\frac{3}{10}$ d'épaisseur.

37. Chaux carbonatée *émoussée*. $\mathrm{E}^{\iota}\prime\mathrm{E}\overset{2}{\mathrm{D}}\overset{2}{e}$ $\underset{f\quad r\,c}{}$ (*fig*. 40). La variété bisalterne, dans laquelle les angles aigus des trapézoïdes latéraux et en même temps les bords les plus saillans, sont comme émoussés par l'intervention des facettes f, f. *De Lisle, t. I*, *p*. 537; var. 23. Incidence de f sur r, 142^d 14' 20'.

Se trouve au Derbishire.

38. Chaux carbonatée *progressive*. $\mathrm{E}^{\iota}\prime\mathrm{E}\overset{2}{\mathrm{D}}\overset{3}{e}$ $\underset{f\quad rm}{}$ (*fig*. 41) *pl. XXVII*. La variété binoternaire (*fig*. 25), dans laquelle les arêtes qui séparent les facettes r sont interceptées chacune par une nouvelle facette.

Cette variété a été trouvée par le Cit. Fleuriau, dans le pays d'Aunis, près de la Rochelle.

39. Chaux carbonatée *paradoxale.* $\left(\overset{\text{E}^{\text{I}\;\text{I}}\text{E}\,\text{B}^{\text{I}}\,\text{D}^{\text{I}}}{x} \right) \overset{\text{a}}{\text{D}}\,\text{E}^{\text{I}}\;{}^{\text{I}}\text{E}\; \underset{r\quad f}{} $ (*fig.* 42). Offrant une espèce de *paradoxe* que nous ferons connoître dans un instant. *Journ. des Mines , n°.* 14, *p.* 11 *et suiv.* Incidence de x sur x, à l'endroit de l'arête g, 153ᵈ 13′ 58″ ; de x sur x, prise de part et d'autre de l'arête o, 92ᵈ 3′ 10″ ; de r sur x, 153ᵈ 51′ 22″ ; de x sur f, 162ᵈ 58′ 34″.

J'ai développé, dans les généralités sur la cristallisation (t. I , p. 47 et suiv.), le résultat de la loi intermédiaire qui donne le dodécaèdre à triangles scalènes, ayant pour faces les plans x, x, etc., prolongés jusqu'à s'entrecouper de toutes parts, en faisant disparoître les facettes r, r, f, f. J'ai annoncé de plus que si l'on substitue, par la pensée, au véritable noyau le rhomboïde hypothétique auquel conduisent les sections faites sur les arêtes h, h, et qui est semblable au rhomboïde inverse, le dodécaèdre pourra naître de celui-ci, en vertu d'un décroissement exprimé par $\overset{3}{\text{D}}$.

Si nous rétablissons le cristal dans son ensemble, nous trouvons que la substitution d'un noyau fictif au noyau réel, est en quelque sorte aidée par l'aspect des facettes f, f, qui appartiennent à l'inverse. Mais d'une autre part, les facettes r, r appartiennent au métastatique, et leurs arêtes inférieures l, l sont dans le sens des arêtes latérales du véritable noyau. Le cristal porte donc l'empreinte de deux noyaux, l'un réel, l'autre hypothétique, relatifs aux deux dodécaèdres ; et quoique la cristallisation n'ait travaillé que sur le premier noyau, elle se prête, relativement au second, à un résultat idéal, plus simple même que celui qui a lieu en effet, puisqu'il dépend d'une des lois les plus ordinaires, tandis que l'autre suppose une loi intermédiaire.

Une nouvelle circonstance, digne d'être remarquée, est que le noyau fictif offre à son tour une des formes secondaires originaires du vrai noyau.

Cette variété intéressante a été trouvée par le Cit. Tonnellier, dans une carrière de craie, située à l'extrémité des faubourgs de Saint-Julien du Sault, département de l'Yonne. Les cristaux ont assez communément un centimètre, ou environ 4 lignes $\frac{2}{3}$ d'épaisseur, sur une longueur à peu près double.

40. Chaux carbonatée *complexe*. $\overset{\tfrac{9}{5}}{\underset{f\ k}{\mathrm{E'\,'E}e}}\left(\underset{x}{\mathrm{'E'\ B'\ D^2}}\right)$ (*fig.* 43). Le rhomboïde inverse dont chaque angle solide latéral est intercepté par une facette légérement inclinée, et chaque arête latérale par deux facettes. Incidence de k sur f, 157^d 31′ 15″.

Se trouve à Cousons, près de Lyon, parmi les cristaux de chaux carbonatée inverse.

41. Chaux carbonatée *ascendante*. $\overset{2\ 3\ '4}{\underset{c\,m\,n}{e\,e\,\mathrm{D}}}$ (*fig.* 44). Le rhomboïde contrastant dont chaque angle solide latéral est intercepté par une facette verticale, et chaque sommet par six facettes très-surbaissées. Les trois lois de décroissement ont une marche *ascendante*, en partant des angles ou des bords inférieurs du noyau. Incidence de n sur n, à l'endroit de l'arête u, 161^d 48′ 18″; de n sur la face de retour, à l'endroit de l'arête g, 101^d 32′ 13″.

Propr. géom. Chacune des arêtes terminales, situées comme g, est inclinée de 45^d sur l'axe.

L'inclinaison de n sur la face de retour, à l'endroit de l'arête g, est égale à l'angle obtus du rhombe primitif.

Si l'on suppose que les plans n, n se prolongent jusqu'à s'entrecouper, en masquant toutes les autres faces, il en résultera un dodécaèdre, dans lequel le grand angle de chaque triangle sera droit.

J'ai observé différens groupes de cristaux de cette variété, dont les plus gros avoient environ 7 millimètres, ou environ 3 lignes d'épaisseur.

Combinaisons quatre à quatre.

42. Chaux carbonatée *triforme.* $\overset{a}{e}\text{P}\underset{\shortmid}{\text{B}}\underset{\shortmid}{\text{A}}$ $cPgo$ (*fig.* 45). Dérivée de trois formes remarquables , savoir : le rhomboïde primitif, l'équiaxe et la variété prismatique.

Le Cit. Gillet a donné dans le *Journal des Mines* (n°. 54 , p. 455), une description de cette variété jusqu'alors inconnue, à laquelle il a joint ses observations sur un accident remarquable qu'elle présente dans un groupe de cristaux qui faisoit partie de sa collection, et qui lui a paru venir du Hartz. Cet accident consiste en ce que plusieurs des cristaux dont il s'agit , offrent différens passages à la forme du prisme hexaèdre régulier, en sorte que , d'une part , la matière surajoutée au cristal triforme subit une interruption, qui laisse à découvert une partie plus ou moins considérable de la surface de ce cristal, et que , d'une autre part, elle est plus opaque, comme si elle fut venue après coup s'appliquer, par lames successives et décroissantes, sur les faces parallèles à celles du noyau. « Ordinairement , dit le » Cit. Gillet , la formation masque la structure ; on peut dire » que, dans ce groupe, la formation a suivi l'ordre de la struc-» ture ». Ce naturaliste a bien voulu enrichir ma collection de ce morceau unique, que j'apprécie surtout, en ce qu'il y a été placé par la main de l'amitié.

43. Chaux carbonatée *délotique,* (c'est-à-dire, qui donne des éclaircissemens). $\left(\begin{matrix} \text{E}^\shortmid{}^\shortmid\text{E}\,\text{B}^\shortmid\,\text{D}^a \\ x \end{matrix} \right) \overset{a}{\underset{r}{\text{D}}}\text{E}^\shortmid{}^\shortmid\underset{f}{\text{E}}\underset{\text{P}}{\text{P}}$ (*fig.* 46). La variété paradoxale, dans laquelle la présence des facettes P , P , qui appartiennent au véritable noyau, semble éclaircir le paradoxe. Trouvée par le Cit. Champeaux , à quelque distance de l'endroit où l'autre avoit été observée par le Cit. Tonnellier.

44. Chaux carbonatée *doublante.* $\text{E}^\shortmid{}^\shortmid\text{E}\,\overset{2}{\text{D}}\,\overset{3}{e}\,\underset{\shortmid}{\text{B}}$ $f \quad r\,m\,g$ (*fig* 47). La

variété

variété progressive, dont chaque sommet est remplacé par trois
facettes. Incidence de g sur f, 145^d $7'$ $48''$.

45. Chaux carbonatée *continue*. $e\overset{2}{D}\overset{2}{B}B\underset{z\ 1}{}$ (*fig.* 48). La variété
$c\ r\ t\ g$

soustractive, dans laquelle les arêtes terminales les plus saillantes
sont interceptées par des facettes hexagonales. Ces facettes étoient
très-étroites, mais très-nettes, sur les cristaux que j'ai observés.
Incidence de g sur t, 158^d $49'$ $43''$.

46. Chaux carbonatée *bigéminée*. $e\overset{3}{D}\overset{2}{D}\overset{6}{P}\underset{mr\ v\ P}{}$ (*fig.* 49). Combinaison de deux rhomboïdes, savoir : P et $\overset{3}{e}$, et de deux dodé-
caèdres $\overset{2}{D}$, $\overset{6}{D}$. Incidence de v sur v, 166^d $37'$ $4''$; de v sur la
face de retour, à l'endroit de l'arête z, 101^d $52'$ $52''$; de v
sur P, 170^d $26'$ $29''$; de m sur l'arête x, 163^d $4'$ $21''$; de m'
sur l'arête x', 139^d $23'$ $54''$.

Se trouve au Derbishire. Les cristaux que j'ai observés étoient
transparens, d'une couleur grise, et entremêlés de pyrite cui-
vreuse.

Combinaisons cinq à cinq.

47. Chaux carbonatée *surcomposée*. $e\overset{2}{D}{'}E{'}\overset{2}{B}B\underset{3\ 1}{}$ (*fig.* 50) *pl.*
$c\ r\ f\ t\ g$

XXVIII. Journ. des Mines, n°. 28, *p.* 304. La variété continue, dans laquelle les arêtes obliques les plus saillantes sont
remplacées chacune par une facette.

Se trouve au Derbishire, en cristaux jaunâtres. Parmi ceux
que j'ai observés, quelques-uns avoient environ 16 millimètres
ou 7 lignes d'épaisseur.

Nota. On connoit encore plusieurs variétés de formes cristallines, relatives à cette espèce, dont les unes ont été citées
par Romé de Lisle, et les autres existent dans différentes collections. Mais il n'a pas été possible jusqu'ici de les déterminer,

surtout à cause de la petitesse de certaines faces , dont il seroit nécessaire de mesurer les inclinaisons.

A C C I D E N S   D E   L U M I È R E.

Couleurs.

1. Chaux carbonatée *limpide.*

2. Chaux carbonatée *violette.* J'ai vu des cristaux qui appartenoient, les uns à la variété métastatique, les autres à la binaire , où cette couleur approchoit de celle du quartz, dit *améthyste.*

3. Chaux carbonatée *rouge.*

4. Chaux carbonatée *rose pâle.* Quelques cristaux de la variété binaire.

5. Chaux carbonatée *orangée.*

6. Chaux carbonatée *jaunâtre.* Une partie des cristaux du Derbishire ; les petits rhomboïdes inverses des environs de Paris.

7. Chaux carbonatée *brune.*

8. Chaux carbonatée *vert - sombre.* Quelques cristaux du Derbishire.

9. Chaux carbonatée *blanchâtre.*

10. Chaux carbonatée *grise.*

11. Chaux carbonatée *noire.* J'ai observé cette couleur sur des cristaux de chaux carbonatée dodécaèdre, d'une forme très - régulière , et qui se divisoient par des coupes très-nettes.

En général, les cristaux de cette espèce ne présentent guère que des nuances de la couleur blanche, et ont rarement des teintes vives. Les fragmens que l'on rencontre quelquefois, avec ces teintes peu ordinaires, en imposent aisément à l'œil. Mais la structure ou l'effervescence dans les acides, remet l'observateur sur la voie avec la même facilité.

Transparence.

1. Chaux carbonatée *transparente*.
2. Chaux carbonatée *translucide*.
3. Chaux carbonatée *opaque*.

FORMES INDÉTERMINABLES.

En cristaux irréguliers.

1. Chaux carbonatée *lenticulaire*. Il arrive quelquefois, par l'effet d'une cristallisation gênée, que les arêtes latérales de la chaux carbonatée équiaxe s'émoussent, de manière qu'il se forme, en cet endroit, une ligne courbe autour du cristal. Assez souvent aussi les autres arêtes s'oblitèrent, et la surface du cristal prend de la convexité. Le cristal se présente alors à peu près sous la forme d'une lentille, ce qui lui a fait donner le nom de *spath lenticulaire,* que l'on a même transporté au rhomboïde équiaxe, dont la forme n'a subi aucun arrondissement.

2. Chaux carbonatée *spiculaire*. Cette variété présente, en quelque sorte, l'inverse de ce qui arrive à la précédente. Tandis que dans cette dernière la chaux carbonatée équiaxe est émoussée et comme comprimée, l'autre résulte d'une modification du rhomboïde contrastant, qui s'aiguise et s'élance plus ou moins. Les cristaux, dont on ne voit, dans ce cas, que le sommet supérieur, sous la forme d'une pyramide triangulaire, composent, par leur groupement, des espèces de bouquets assez communs dans les cavités où naissent les concrétions calcaires, qui souvent en sont revêtues ou leur servent de base.

a. Sillonée. Les faces de la pyramide trièdre sont creusées en sillon ou en gouttière.

3. Chaux carbonatée *tétraèdre*. Cette variété, que le Cit. Launoy a rapportée de ses voyages, offre des pyramides quadrangulaires, dont les faces striées parallèlement aux côtés de la base, forment des espèces d'escaliers. On voit, par la division mécanique, que chaque pyramide est composée de lames empilées sur une des faces du noyau. Mais on risqueroit de se tromper, en essayant de ramener à des lois régulières la structure de ces pyramides, dont la petitesse, jointe aux inégalités de leurs plans, s'oppose aux mesures précises qu'exige l'application de la théorie.

En masses.

4. Chaux carbonatée *laminaire*. En masses irrégulièrement terminées, mais dont l'intérieur présente des lames continues, quelquefois assez transparentes pour se prêter à l'observation de la double réfraction.

5. Chaux carbonatée *fibreuse*. En fibres ou aiguilles blanchâtres, ordinairement adhérentes suivant leur longueur, quelquefois libres en tout ou en partie. Il y en a dont les filamens ont un aspect soyeux.

6. Chaux carbonatée *lamellaire*. Ordinairement blanche ; composée de petites masses cristallines, dont l'arrangement irrégulier fait que la cassure présente une multitude de facettes diversement inclinées. Susceptible de poli.

Cette variété occupe les fentes de quelques marbres colorés. On peut y rapporter une partie des marbres statuaires de Paros.

7. Chaux carbonatée *saccaroïde*, c'est-à-dire, ayant l'apparence du sucre ordinaire. Marmor unicolor album, *Waller*, t. I, p. 133. a. Marbre blanc, à grain fin, luisant, *de Born*, t. I, p. 287. Marbre statuaire, *de Lisle*, t. I, p. 574. Marbre grec ou salin, *id.*, *ibid*. Korniger kalk - stein, *Emmerling*, t. I, p. 455. La pierre calcaire grenue, *Brochant*, t. I, p. 531. Blanche et composée de grains cristallins, beaucoup plus fins

que dans la variété précédente (1). Susceptible de poli. Tel est le marbre statuaire des modernes, que l'on tire de Carrare.

Les marbres ornés de différentes couleurs, plus ou moins vives, étant des mélanges de matière calcaire avec une proportion sensible et très-variable de substances étrangères, sont renvoyés à l'appendice.

8. Chaux carbonatée *compacte*. Gemeiner dichter kalk-stein, *Emmerling*, t. I, p. 437. La pierre calcaire compacte commune, *Brochant*, t. I, p. 523. Composée de grains très-serrés et indiscernables à l'œil. Cassure terne, lisse, tirant un peu sur l'ondulée, quelquefois écailleuse. Susceptible d'un certain degré de poli. Couleur ordinairement blanchâtre ou grise. J'en ai vu qui avoient une teinte de rouge incarnat. *Voyez* le Journal des Mines, n°. 30, p. 479 *et suiv.*, où les citoyens Brongniart et Gillet ont donné plusieurs détails intéressans sur cette variété.

a. Chaux carbonatée *compacte dendritique*. Marbre de Hesse, de quelques naturalistes.

1. *Dendrites superficielles*. Elle est composée de feuillets, entre lesquels un fluide, chargé de fer, a pénétré en vertu de la même attraction qui a lieu dans les tubes capillaires, et s'est étendu par veines, en déposant des grains ferrugineux, rangés à la file les uns des autres. Il suffit de détacher les feuillets pour apercevoir la dendrite qui s'est formée à la surface de jonction (2).

---

(1) Romé de Lisle dit que la cristallisation confuse de la matière calcaire dans la variété dont il s'agit ici, peut être comparée à celle du sucre en pains, qui est aux cristaux de sucre candi, ce que le marbre blanc est au spath calcaire en cristaux déterminés. Cette comparaison est plus juste que celle qu'on a faite de la même substance avec les sels cristallisés confusément, et qui a suggéré la dénomination de *marbres salins*.

(2) Voyez sur cet objet le mémoire du citoyen Daubenton, faisant partie de ceux de l'académie des sciences, pour l'année 1782, p. 667 et suivantes.

2. *Dendrites profondes.* Elle est pleine de fissures, dans lesquelles un fluide semblable s'est introduit et a laissé de petits dépôts métalliques. **Pour que ces dépôts se présentent sous la forme de dendrites, il faut que la pierre soit taillée dans un sens perpendiculaire aux fissures. Dans ce cas, les traits dont une face est marquée, reparoissent à peu près dans le même ordre sur la face opposée (1).**

9. Chaux carbonatée *grossière.* Pierre à chaux commune, *de Born, t. I, p.* 284. Variété du gemeiner dichter kalk-stein, *Emmerling, t. I, p.* 437. Compact lime stone, var. 3, *Kirwan, t. I, p.* 82. Pierres calcaires, *Daubenton, tabl., p.* 21. Pierre à bâtir, des Parisiens. Blanche ou grise. Cassure terne et terreuse. Non susceptible de poli.

1. A gros grain. Exemple, la pierre d'Arcueil.

2. A grain fin. Exemple, la pierre de Tonnerre.

Nota. Le nom de *pierre de liais* ne désigne point une localité, mais une certaine nature de pierre, qui est en général pleine, fine, et facile à tailler. On la tire des carrières voisines du faubourg Saint-Jacques, d'une montagne près de Saint-Leu-sur-l'Oise, des plaines de Creteil, près de Paris, etc.

10. Chaux carbonatée *crayeuse.* Creta cohærens solida, *Waller, t. I, p.* 27. Craie compacte, *de Born, t. I, p.* 281. Kreide, *Emmerling, t. I, p.* 433. Chalk, *Kirwan, t. I, p.* 77. Terre calcaire compacte, craie, *Daubenton, tabl., p.* 21. La craie, *Brochant, t. I, p.* 521. D'une belle couleur blanche, lorsqu'elle est pure. Cassure raboteuse. Moins pesante que la chaux carbonatée grossière; friable, laissant des traces de son passage sur les corps durs; happant à la langue.

─────────────

(1) Il y a des marnes dures qui présentent aussi des dendrites. Mais parmi les substances susceptibles de cet accident, on en trouve dont les fragmens se dissolvent avec effervescence dans l'acide nitrique, sans laisser de résidu sensible.

11. **Chaux carbonatée** *spongieuse.* Creta farinacea, spongiosa, mollis; agaricus mineralis, *Waller*, t. I, p. 30. Craie spongieuse, moelle de pierre, *de Born*, t. I, p. 281. Bergmilch, *Emmerling*, t. I, p. 430. Moelle de pierre; terre calcaire spongieuse, *Daubenton*, tabl., p. 21. Agaric minéral, *Kirwan*, t. I, p. 76. Le lait de montagne ou l'agaric minéral, *Brochant*, t. I, p. 519. Agaric minéral des anciens naturalistes. Blanche, à grain très-fin; douce au toucher; très-friable; spongieuse; très-légère, faisant entendre un petit frémissement lorsqu'on la plonge dans l'eau, et surnageant un moment, avant de tomber au fond.

12. **Chaux carbonatée** *pulvérulente.* Craie farineuse. Farine fossile, *de Born*, t. I, p. 281. Variété du bergmilch, *Emmerling*, t. I, p. 430. Terre calcaire en poudre; farine fossile, *Daubenton*, tabl., p. 21. On lui a donné aussi la dénomination de *lait de lune*, qu'il conviendroit plutôt d'appliquer, ainsi que l'ont fait quelques-uns, à la même substance délayée dans les eaux, si de pareils noms ne choquoient point par eux-mêmes toutes les convenances.

FORMES IMITATIVES.

Chaux carbonatée *concrétionnée.* Stalactites calcareus, etc., *Waller*, t. I, p. 387 et 388, n°ˢ. 8 et 9. Spath calcaire en stalactites et stalagmites, *de Lisle*, t. I, p. 554. Stalactite, *de Born*, t. I, p. 298. Stalactites et stalagmites, Sciagr., t. I, p. 180. Kalk-sinter, *Werner*, catal., t. I, p. 328. Fasriger kalk-stein, *Emmerling*, t. I, p. 469. Striated or fibrous lime stone; stalactite, alabaster, sinter, *Kirwan*, t. I, p. 88. Concrétions par stalactites, *Daubenton*, tabl., p. 22. La pierre calcaire fibreuse, ou la stalactite calcaire, *Brochant*, t. I, p. 549.

a. **Fistulaire.** Conique ou cylindrique, ayant un canal intérieur à l'endroit de son axe, mais qui est sujet à s'obstruer pendant l'accroissement de la concrétion. Celle-ci présente alors, au même endroit, une espèce de partie médullaire. On trouve des concrétions fistulaires en longs cylindres, qui ont quelque ressemblance avec un tuyau de plume. J'en ai vu qui se terminoient inférieurement en rhomboïde inverse. D'autres sont formées d'un cylindre garni, vers le bas, d'une espèce de rondelle, au-dessous de laquelle la concrétion se termine en sphéroïde tout hérissé de pointes cristallines, ainsi que la rondelle elle-même. Dans ce cas, ainsi que dans celui où la concrétion finit en rhomboïde, sa partie inférieure plongeoit dans une eau stagnante, qui s'élevoit, dans la cavité, jusqu'à une certaine hauteur, et qui a fourni les accessoires du cylindre.

Cette variété, considérée par rapport à sa structure, est, suivant les circonstances; ou laminaire : les cylindres en tuyau de plume le sont quelquefois au point que l'on peut y faire des sections parallèles aux faces d'un rhomboïde semblable au primitif, dont l'axe se confondroit avec celui du cylindre; ou lamellaire, c'est-à-dire, composée de lames entrelacées; ou fibreuse, c'est-à-dire, formée de couches striées du centre à la circonférence, ce qui est le cas le plus ordinaire; ou enfin, compacte, à grain fin, avec une cassure terne, souvent écailleuse.

b. Stratiforme. Composée de couches qui s'étendent, en formant ordinairement des ondulations plus ou moins sensibles. Elle est aussi, tantôt lamellaire, tantôt fibreuse, et tantôt à grain fin et serré, et à cassure presque terne, avec des couleurs blanchâtre, grise, jaune de miel, disposées par bandes ou par taches. La couleur jaune de miel provient d'un mélange de matière ferrugineuse, et c'est à elle que certaines concrétions doivent la finesse de leur grain et le peu d'éclat de leur cassure.

c. Tuberculeuse. Formant des espèces de tubercules pleins, lamellaires ou composés de couches concentriques.

Lorsque les masses qui appartiennent aux variétés précédentes ont pris un accroissement considérable, les morceaux que l'on en détache sont employés, par les artistes, sous le nom d'*albâtre calcaire. Voyez* les annotations.

d.

d. Coralloïde. Stalagmites coralloïdes, *Waller*, t. II, p. 388.
Stalactite rameuse, très-blanche, etc., fleurs de fer, *de Born*,
t. I, p. 306. Spath calcaire rameux, flos ferri, *Daubenton*,
tabl., p. 22.

Elle est blanche et forme, tantôt des cylindres plus ou moins
alongés, terminés en pointe, divergens entre eux, et dont
quelques-uns sont fourchus, tantôt des espèces de rameaux
contournés en différens sens, et qui s'entrecroisent. La surface
est, ou lisse, ou hérissée de très-petites saillies qui la font chatoyer
et lui donnent un aspect soyeux, ou couverte de pointes cristallines très-sensibles, brillantes et inclinées à l'axe. L'intérieur
est marqué de stries légères et pareillement inclinées. J'y ai
observé, à l'endroit de l'axe, une espèce de canal très-étroit.

Cette variété se trouve dans les cavités qui interrompent les
filons de la chaux carbonatée ferrifère (vulgairement fer spathique), ce qui lui a fait donner le nom de *flos ferri.*

e. Géodique. Uterus cristallinus (calcareus), *Waller*, t. II,
p. 618. *b.* Géode calcaire, *de Lisle*, t. I, p. 565.

Ces géodes sont souvent tapissées, à l'intérieur, de cristaux
métastatiques, tellement engagés les uns dans les autres, qu'on ne
voit qu'une partie de leur pyramide supérieure. On en trouve
aussi qui sont occupées par des cristaux dodécaèdres, à plans
pentagones, et d'autres dont la cavité est toute hérissée d'aiguilles
très-déliées.

f. Globuliforme. Stalactites calcareus, globularis, etc., oolithus,
Waller, t. II, p. 383. Stalactite globuleuse, etc., pisolithe,
de Born, t. I, p. 305. Concrétions globuleuses ovoïdes, plus ou
moins arrondies, *de Lisle*, t. I, p. 564. Roogenstein, *Emmerling*, t. I, p. 442. Erbsenstein, *ibid.*, p. 475. Concrétion calcaire
par sédimens arrondis, *Daubenton*, *tabl.*, p. 22. Oviforme lime
stone, *Kirwan*, t. I, p. 91. L'oolite, *Brochant*, t. I, p. 529.
La pierre de pois ou la pisolithe, *ibid.*, p. 555.

Cette variété est en masses arrondies, d'un diamètre, plus ou
moins considérable, et quelquefois très-petit, tantôt solitaires

ou simplement engagées dans la pierre qui leur sert de gangue, tantôt adhérentes les unes aux autres, en forme de grappe. En les brisant, on aperçoit quelquefois un noyau d'une substance étrangère, autour duquel la matière calcaire est disposée par enveloppes concentriques.

Nous réunissons ici, sous un même nom, les corps que les naturalistes ont appelés *oolithes*, *pisolithes*, *méconites*, *orobites*, *ammites*, etc., en les comparant à des œufs, des pois, des graines de pavot, d'orobe, des grains de sable, etc., ou *bézoard minéral*, *dragées de Tivoli*, etc. ; toutes dénominations qui se ressentent du temps où l'on s'attachoit plus à la mesure des grosseurs qu'à celle des angles.

g. Incrustante. Stalactites calcareus crustaceus, etc., incrustatum, *Waller*, t. II, p. 380. Stalactite (incrustant différens corps), *de Born*, t. I, p. 298. I. C. a, 1, 2, 3, etc. Concrétions calcaires par incrustation, *Daubenton*, *tabl.*, p. 22.

Elle provient des dépôts que la matière calcaire a laissés autour de quelques corps, ordinairement étrangers au règne minéral, comme des branches d'arbre, des roseaux, etc.

Les sédimens déposés sur un fonds pierreux ou terreux, ont été appelés *tufs* par les uns, et *sinters* par d'autres.

L'ostéocole de l'ancienne pharmacie, ainsi nommée parce qu'on lui attribuoit la vertu d'agglutiner, en peu de temps, les os fracturés, n'étoit autre chose qu'une incrustation, dont la cavité étoit restée vide par la destruction du végétal qui l'avoit occupée, ou s'étoit remplie, par la suite, de chaux carbonatée pulvérulente, délayée dans l'eau.

h. Pseudomorphique. Modelée en oursin, en corne d'ammon, etc.

Observat. La chaux carbonatée, dite *pierre à bâtir*, renferme souvent des pseudomorphoses qui proviennent de différens coquillages, et dont un grand nombre sont encore revêtues de leur coquille. Il y a des blocs immenses, presqu'entièrement composés de ces espèces de noyaux, liés entre eux par un ciment calcaire, dans lequel on distingue, soit à la vue simple, soit à l'aide du microscope, de nombreux detritus des mêmes coquilles. Quelquefois un bloc qui présente un tissu uniformément granuleux, est un assemblage de coquilles microscopiques, que l'œil prend pour des grains calcaires. Les blocs, dans l'un et l'autre cas, portent le nom de *pierres calcaires coquillères*. Ils sont, à la chaux carbonatée grossière, ce que sont, à l'égard des marbres secondaires, ceux qu'on a nommés *lumachelles*.

CHAUX CARBONATÉE

Unie à différentes substances , de manière à conserver sa structure ou quelqu'autre de ses principaux caractères.

I. Chaux carbonatée aluminifère.

Dolomie, *Saussure, voyage dans les Alpes*, n°. 1929.
Common Dolomite, *Kirwan, t. I, p.* 111.
Caract. phys. Pesanteur spécifique 2, 85.

Tissu, granuleux, souvent avec une apparence plus ou moins feuilletée, surtout lorsqu'elle est mélangée de mica.

Dureté. Grains peu cohérens; celle qui est blanche s'égrène souvent entre les doigts, par une légère pression.

Phosphorescence, sensible dans l'obscurité, par la percussion d'un corps dur. Quelques morceaux sont privés de cette propriété.

Caract. chim. Faisant une lente effervescence avec l'acide nitrique.

Analyse par Saussure le fils.

Chaux.................................... 44,29.
Alumine................................ 5,86.
Magnésie.............................. 1,40.
Oxyde de fer........................ 0,74.
Acide carbonique................. 46,00.
Perte.............................. 1,71.

100,00.

VARIÉTÉS.

Tissu.

Chaux carbonatée aluminifère *granuleuse.*
a. Massive.
b. Feuilletée.

Couleurs.

1. Chaux carbonatée alumin. *blanche.*
2. Chaux carbonatée alumin. *grise.*

ANNOTATIONS.

1. Le nom de *Dolomie* donné à cette substance, a été emprunté de celui du célèbre Dolomieu, qui, le premier, a fixé sur elle l'attention des naturalistes. On la trouve disposée par couches, au Mont Saint-Gothard, et dans beaucoup d'autres lieux. La blanche renferme quelquefois du mica en petites lames rhomboïdales. Ailleurs, elle s'associe des substances métalliques, telles que l'arsenic sulfuré rouge, le cuivre pyriteux, et le cuivre gris. On trouve aussi du mica dans celle qui est grise. La grammatite est encore une des substances qui accompagnent la dolomie, et ordinairement elle participe de sa couleur blanche ou grise.

2. On observe une gradation de passages ou de nuances intermédiaires entre la chaux carbonatée saccaroïde, ou le *marbre salin*, et la dolomie, proprement dite.

II. CHAUX CARBONATÉE FERRIFÈRE,

avec manganèse.

Carbonate de fer des chimistes.
Ferrum calcareis lapidibus inhærens, minerâ albâ, vel fuscâ, facie lapideâ, etc. Minera ferri alba, *Waller*, *t. II, p.* 251. Mine de fer spathique, *de Lisle*, *t. II*, *p.* 281. Fer spathique,

mine de fer blanche, *de Born*, *t. II*, *p.* 290. Fer avec manganèse et terre calcaire, minéralisé par l'acide aérieu; mine de fer
blanche, pierre d'acier, Sciagr., *t. II*, *p.* 174. Spathiger eisens-
tein, *Emmerling*, *t. II*, *p.* 329. Fer minéralisé par l'acide carbonique; fer spathique, *Daubenton*, *tabl.*, *p.* 48. Jron mineralized
by fixed air; calcareous or sparry jron ore, *Kirwan*, *t. II*, *p.* 190.

Caractères physiques. Pesant. spécif. 3,672. Celle de la variété
perlée est de 2,8376.

Dureté, plus grande que celle de la chaux carbonatée.

Poussière, blanche ou grise.

Caract. géomét. Divisible en rhomboïdes semblables à la
forme primitive de la chaux carbonatée pure. Quelquefois les
faces mises à découvert par la division mécanique, ont une
courbure qui fait varier de quelques degrés leurs incidences respectives; mais celles-ci sont constantes dans les morceaux où les
lames ont leurs faces sur un même plan.

Caract. chim. Faisant une tardive et légère effervescence avec
l'acide nitrique. La variété perlée d'une couleur blanche y
jaunit. Un fragment exposé au feu du chalumeau, devient atti-
rable à l'aimant.

Analyse par Bergmann (1).

Chaux . . . . 38.
Oxyde de fer . . . . 38.
Oxyde de manganèse . . . . 24.
$$\overline{100.}$$

Les proportions de ces trois principes subissent des variations
très-sensibles dans les différens morceaux.

Analyse de la variété perlée, par Bertholet.

Chaux carbonatée . . . . 96.
Oxyde de fer et de manganèse . . . . 4.
$$\overline{100.}$$

(1) Opusc., t. II, p. 228.

V A R I E T É S.

F O R M E S.

Déterminables.

1. Chaux carbonatée ferrifère *primitive*. P (*fig.* 1) *pl. XXIII.
De Lisle*, *t. III*, *p.* 283; var. *a.* Mêmes angles que ceux de
la chaux carbonatée pure primitive. *Voyez ci-dessus*, *p.* 93.
Les variétés suivantes jusqu'à la 6.e exclusivement se trouvent
aussi parmi celles de la chaux carbonatée pure.

2. Chaux carbon. ferrifère *équiaxe.* $\overset{B}{\underset{g}{^{1}}}$ (*fig.* 2). *Voy. ci-dessus,*
p. 94.

3. Chaux carbonatée ferrifère *inverse.* $\overset{E' \;'E}{f}$ (*fig.* 3). *Voy.*
ci-dessus, *p.* 94.

4. Chaux carbonatée ferrifère *contrastante.* $\overset{3}{\underset{m.}{e}}$ (*fig.* 5).
Voyez ci-dessus, *p.* 97.

5. Chaux carbon. ferrifère *basée.* $\overset{\text{P A}}{\underset{\text{P } o}{^{1}}}$ (*fig.* 8). *De Lisle ,*
t. III, *p.* 285; var. 2. *Voyez ci-dessus*, *p.* 98.

6. Chaux carbonatée ferrifère *dihexaèdre.* $\overset{\text{P }\overset{3}{e}}{\text{P } m}$ (*fig.* 6). Incidence de *m* sur P, 149$^\text{d}$ 28' 40".

Je n'ai point été à portée d'observer la troisième variété de
Romé de Lisle, *Cristallogr.*, *t. III*, *p.* 286, qui représente,
selon ce savant naturaliste, le rhomboïde primitif dont les six
bords latéraux sont légérement tronqués en biseau.

Indéterminables.

7. Chaux carbonatée ferrifère *lenticulaire. De Lisle* , *t. III*,
p. 286; var. 4. C'est l'équiaxe dont les faces et les arêtes sont
arrondies.

8. Chaux carbonatée ferrifère *contournée*. Elle se présente sous la forme de petits rhomboïdes, dont toutes les faces forment un pli dans le sens de leur diagonale oblique. Quelquefois les cristaux sont amincis en manière de lames repliées comme les bords d'un chapeau. J'en ai de cette modification qui ont 15 millimètres, ou près de 7 lignes de largeur.

a. Squamiforme. En rhomboïdes si petits et tellement serrés les uns contre les autres, qu'ils imitent un tissu écailleux.

9. Chaux carbonatée ferrifère *laminaire*.

10. Chaux carbonatée ferrifère *lamellaire*. En petites lames ordinairement entrelacées les unes dans les autres. J'ai vu des morceaux de cette variété, d'une couleur brune, qui avoient une grande ressemblance avec le zinc sulfuré ou la blende de la même couleur.

11. Chaux carbonatée ferrifère *amorphe*. En masses compactes, quelquefois cellulaires et spongieuses.

ACCIDENS DE LUMIÈRE.

Couleurs.

1. Chaux carbonatée ferrifère *blanche*.
2. Chaux carbonatée ferrifère *grise*.
3. Chaux carbonatée ferrifère *jaune*.
4. Chaux carbonatée ferrifère *brune*.

Chatoyement.

Chaux carbonatée ferrifère *perlée*. Souvent blanche, et quelquefois jaune, avec des reflets perlés. Spath séléniteux rhomboïdal, dit spath perlé, *de Lisle*, *t. I*, *p.* 615. Chaux manganésiée, *de Born*, *t. I*, *p.* 334 *et suiv.* Braun spath, *Emmerling*, *t. I*, *p.* 479. Sidero calcite, *Kirwan*, *t. I*, *p.* 105. Le spath brunissant ou le braun spath, *Brochant*, *t. I*, *p.* 563.

A N N O T A T I O N S.

1. La chaux carbonatée ferrifère occupe communément des terrains primitifs, où elle forme des filons plus ou moins considérables. On en trouve abondamment à Alvar, dans le ci-devant Dauphiné; à Baygorry, dans la basse Navarre, où ses cristaux, qui sont d'une forme lenticulaire, accompagnent le cuivre gris; à Eisenarz, en Stirie; à Huttenberg, en Carinthie, et dans une multitude d'autres endroits. Le Cit. Lelievre a observé la variété inverse, en petits cristaux isolés et très-réguliers, à Mongelon, entre Saint-Jean-Pied-de-Port et Mauléon, dans les basses Pyrénées; ils y étoient engagés dans des masses de chaux sulfatée. Le citoyen Launoy a rapporté d'Espagne d'autres cristaux qui appartenoient à la variété dihexaèdre, et avoient aussi une gangue gypseuse, dont la couleur tiroit sur le blanc de lait.

2. Cette substance, suivant Bergmann, est naturellement blanchâtre, ce qui l'a fait nommer *mine de fer blanche*; mais sa surface exposée à l'air brunit peu à peu, et finit même par noircir, ce qui provient du manganèse qui s'y trouve mêlé (1). En même temps la substance se décompose, devient plus tendre et perd son tissu lamelleux.

3. La chaux carbonatée ferrifère a été rangée jusqu'ici parmi les mines de fer, sous les noms de *fer spathique* et de *carbonate de fer*. Mais on en séparoit la variété perlée, et on la plaçoit dans la classe des pierres. Romé de Lisle l'associoit au spath pesant, qui est notre baryte sulfatée, en convenant toutefois qu'elle avoit beaucoup de rapport avec le spath calcaire. La structure de ses cristaux m'a fait reconnoître, depuis long-temps, qu'elle appartenoit réellement à la chaux carbonatée, et le Cit. Bertholet, à qui j'en avois remis un morceau, en le priant d'en faire l'analyse, n'y a trouvé que de la matière calcaire,

––––––––––––––––––

(1) Bergm., Opusc., t. II, p. 187.

avec

avec une petite quantité de fer et de manganèse, dans la proportion d'environ quatre grains sur cent (1).

En restituant cette dernière substance à sa véritable espèce.
j'avois d'abord laissé l'autre parmi les mines de fer, à l'exemple
de tous les minéralogistes. Mais j'ai changé d'avis, en réfléchissant que d'une part le spath perlé devoit être considéré
comme le rudiment du fer spathique, ou, ce qui revient au
même, le fer spathique comme le dernier terme d'une gradation
qui commence par le spath perlé, et que d'une autre part les
deux substances présentoient la structure de la chaux carbonatée, et ne différoient de celle-ci que par une quantité de fer
et de manganèse variable à l'infini. J'ai donc cru devoir les
mettre ensemble, et en même temps les réunir à la chaux
carbonatée, dont la structure est le terme commun qui reste
constant au milieu de toutes les diversités qui proviennent du
mélange dont j'ai parlé.

4. Quant à la manière dont la nature a produit le fer spathique, plusieurs chimistes ont regardé cette substance comme le
résultat d'une combinaison directe de fer et d'acide carbonique. Suivant cette opinion, le fer spathique seroit une véritable mine de fer, qu'il faudroit placer dans le genre de ce
métal. Mais on peut demander pourquoi la combinaison dont
il s'agit auroit donné naissance à une molécule intégrante parfaitement semblable à celle de la chaux carbonatée, et pourquoi
d'ailleurs le carbonate de fer renfermeroit toujours une certaine
quantité de chaux, qui va quelquefois jusqu'à la moitié de la
masse totale?

Romé de Lisle pensoit, d'après le Cit. Sage (2), que le fer
spathique devoit son origine à un spath calcaire décomposé,
dans lequel la terre métallique du fer auroit remplacé la terre

----

(1) Essai d'une théorie sur la structure des cristaux, p. 116 et suiv.
(2) Cristal., t. III, p. 283. Voyez aussi à la page 83.

calcaire, en s'emparant de l'acide qui étoit uni à celle-ci. Il cite, entre autres exemples d'un effet semblable, les calamines, qui ont conservé la forme du spath calcaire, auquel elles ont succédé, et le bois pétrifié, qui présente encore le tissu ligneux. Mais les calamines n'ont pas la structure du spath calcaire ; elles ne l'imitent que par la forme extérieure. Dans le bois pétrifié, l'organisation est détruite ; il n'en reste que l'apparence. Enfin, ce qui infirme encore d'avantage l'opinion de Romé de Lisle, c'est que l'acide carbonique a plus d'affinité avec la chaux qu'avec le fer, et ainsi on ne peut pas supposer que le fer ait enlevé cet acide à la chaux par une affinité prépondérante.

5. Il est, au contraire, infiniment probable que le fer spathique a été produit comme d'un seul jet, c'est-à-dire, que la chaux carbonatée a entraîné accidentellement plus ou moins de fer dans sa cristallisation, de manière que ses molécules conservoient leur tendance à s'arranger suivant les lois qui leur étoient propres.

Ce qui paroît ajouter un nouveau degré de vraisemblance à cette opinion, c'est la propension qu'a la substance dont il s'agit ici, à s'offrir sous des formes contournées, dans le cas d'une cristallisation précipitée. Nulle part la chaux carbonatée pure n'offre un pareil accident. Or, il est assez naturel de penser que les molécules ferrugineuses ont influé dans l'espèce de perturbation qu'éprouvoit l'affinité réciproque des molécules calcaires, ce qui suppose que les unes et les autres se sont réunies au moment même de la cristallisation.

Je crois avoir suffisamment motivé le parti que j'ai pris de ranger le fer spathique à la suite de la chaux carbonatée, qui lui imprime le caractère invariable de sa propre structure ; et j'ai d'autant moins balancé, que le spath perlé, qui appartient visiblement à cette même espèce, n'étant, pour ainsi dire, que le premier anneau d'une chaîne dont le reste est formé par les différentes modifications du fer spathique, il convenoit de faire partir la chaîne entière d'un même point d'attache.

Nous reviendrons cependant sur le fer spathique, en parlant du fer oxydé, mais pour en faire le sujet d'une simple observation, relative aux qualités qui rendent cette substance précieuse, comme mine de fer.

III. Chaux carbonatée quartzifère.

Grès calcareo-quartzeux, *de Lisle*, *t. I*, *p.* 5o1. Quartz en grès et substance calcaire, *Daubenton*, *tabl.*, *p.* 24.

Caract. phys. Pesant. spécif. 2, 6.

Dureté. Rayant le verre ; souvent étincelante par le choc du briquet.

Cassure, grenue et écailleuse ; brillante sous certains aspects.

Surface extérieure, d'un blanc grisâtre. Surface intérieure, souvent d'un gris sombre.

Transparence nulle.

Caract. géom. Divisible par la percussion, en rhomboïde, semblable à la chaux carbonatée primitive. Les joints naturels sont très - sensibles, lorsqu'on fait mouvoir les fragmens à la lumière.

Caract. chim. Soluble en partie, avec effervescence, dans l'acide nitrique.

V A R I É T É S.

F O R M E s.

1. Chaux carbonatée quartzifère *inverse*. En rhomboïde aigu, semblable à celui de la var. 3 ci-dessus, *p.* 94.

2. Chaux carbonatée quartzifère *concrétionnée*. Formée de mamelons, disposés en grappe ou en choux fleur.

3. Chaux carbonatée quartzifère *amorphe*.

Cette substance est jusqu'ici particulière au sol de la France. On la trouve dans les carrières de grès, voisines de Fontainebleau, dont le Cit. Lassonne a donné une description très-détaillée dans les Mémoires de l'Acad. des Sc., de 1775. Il y en a aussi aux environs de Nemours. Les cristaux, dont quelques-uns ont plusieurs centimètres d'épaisseur, forment des groupes, dont le volume varie entre des limites très-étendues. On en rencontre aussi de solitaires, d'une forme très-régulière, engagés dans le sable. Quoique les uns et les autres soient en général d'une dureté assez considérable, ceux qu'on retire de certains bancs sont friables et s'égrènent facilement entre les doigts.

Tous ces cristaux ont absolument la même forme et la même structure que le rhomboïde de la chaux carbonatée inverse. Seulement il est plus difficile de les diviser dans le sens de leurs lames composantes, et c'est surtout en faisant mouvoir leurs fragmens à une vive lumière, que l'on aperçoit bien sensiblement leurs joints naturels.

Le Cit. Cordier, ingénieur des mines, qui a examiné avec attention le gisement des cristaux de Fontainebleau, a reconnu qu'ils s'étoient formés dans des cavités où la matière du grès, par l'effet d'une cause quelconque, avoit subi un relâchement dans sa contexture, qui l'avoit réduite à l'état de sable.

Les molécules calcaires, amenées par l'infiltration dans ces cavités, avoient pénétré dans les interstices des grains quartzeux, qu'elles avoient saisis et enveloppés, en même temps qu'elles obéissoient à leur tendance vers la forme du rhomboïde inverse, de manière que ces grains n'avoient fait autre chose qu'interrompre la continuité de la structure, sans en déranger le mécanisme. Dans les endroits où le sable laissoit des vides plus ou moins considérables, on trouve des cristaux de chaux carbonatée pure, ou dont une portion est à l'état de pureté, et l'autre mélangée de quartz, auquel cas la première s'est formée dans un espace libre, et la seconde dans le sable même, ce qui achève de prouver que le quartz n'est ici qu'une espèce de hors d'œuvre, dans le résultat des lois de la structure. La partie calcaire qui a maîtrisé la cristallisation n'étoit cependant pas la plus considérable; elle ne formoit qu'environ le tiers de la masse dans les cristaux que le Cit. Sage a soumis à l'analyse.

IV. Chaux carbonatée magnésifère.

Spath magnésien, Sciagr., *t. I, p.* 207. Bitter-spath, *Emmer-ling, t. III, p.* 253. Lime stone mixed with magnesia, 3 family, *Kirwan, t. I, p.* 92. Le spath magnésien, *Brochant, t. I, p.* 560.

Caract. phys. Rayant la chaux carbonatée ordinaire.

Caract. géom. Divisible, avec une grande netteté, en rhomboïdes semblables à celui de la chaux carbonatée primitive.

Caract. chim. Soluble lentement et sans effervescence dans l'acide nitrique. Quelquefois il en excite une légère, lorsqu'il est réduit en poudre.

Analyse par Klaproth, du bitter-spath du Tyrol.

Chaux carbonatée........................ 52.
Magnésie carbonatée...................... 45.
Oxyde de fer et de manganèse............. 3.
                                             ————
                                            100.

VARIÉTÉS.

FORMES.

1. Chaux carbonatée magnés. *primitive.*
2. Chaux carbonatée magnés. *amorphe.*

ACCIDENS DE LUMIÈRE.

Couleurs.

1. Chaux carbonatée magnés. *blanchâtre.*
2. Chaux carbonatée magués. *brunâtre.*

Transparence.

1. Chaux carbonatée magnés. *transparente.* Elle l'est quelquefois assez pour permettre d'observer sa double réfraction.

2. Chaux carbonatée magnés. *translucide.*

On trouve cette substance dans les montagnes du Tyrol et du pays de Salsbourg, et dans le Wermeland, province de Suède. Les cristaux que j'ai observés étoient incrustés dans un talc feuilleté. On pouvoit aisément les distinguer de ceux de chaux carbonatée ferrifère, par la transparence, et par le poli vif et égal des lames qui s'en détachoient, à l'aide de la division mécanique.

V. Chaux carbonatée fétide.

Spathum frictione fetidum, lapis suillus, *Waller, t. I, p.* 148. Stinck-stein, *Emmerling, t. I, p.* 487. Swine stone, *Kirwan, t. I, p.* 89. La pierre puante, *Brochant, t. I, p.* 567. Vulgairement pierre de porc.

Caract. phys. Odeur très-fétide et semblable à celle des œufs pourris, lorsqu'on la frotte avec un corps dur.

Electricité. Isolée, elle en acquiert une vitreuse.

Couleur, blanche ou grise.

Caract. chim. Soluble avec une vive effervescence dans l'acide nitrique. Au chalumeau, elle perd son odeur.

Elle est susceptible des mêmes modifications de formes que la chaux carbonatée ordinaire, et on la trouve en prismes fasciculés, qui se divisent très-nettement en rhomboïde primitif, plus souvent lamellaire, et souvent aussi terreuse et grossière.

Quant à l'odeur fétide qu'exhale cette substance, le Cit. Vauquelin l'attribue à la présence de l'hydrogène sulfuré.

On a trouvé, en plusieurs endroits, d'anciens monumens de sculpture, exécutés avec la chaux carbonatée fétide lamellaire, ou à l'état de marbre.

VI. Chaux carbonatée bituminifère.

Caract. phys. Electricité résineuse par le frottement.
Odeur, bitumineuse, surtout par l'action du feu.

Couleur, noire.

Caract. chim. Soluble avec effervescence dans l'acide nitrique.

Exposée à un feu actif, elle perd sa couleur et devient blanche.

Les marbres appelés *marbres noirs de Dinant, de Namur,* etc., et employés pour le carrelage des églises, appartiennent à cette substance. Ils ont une cassure terne, avec un grain fin et serré.

La chaux carbonatée est quelquefois en même temps fétide et bituminifère.

Les marnes étant des mélanges de chaux carbonatée et d'argile en toutes sortes de proportions, doivent être renvoyées à l'appendice qui terminera ce traité.

ANNOTATIONS GÉNÉRALES.

Gisemens.

1. La chaux carbonatée est la substance minérale la plus abondante de toutes celles qui existent à la surface du globe. Elle appartient à toutes les époques, et occupe des domaines dans toutes les espèces de sols. La nature l'a travaillée, l'a modifiée dans tous les temps, et continue de la faire concourir à une infinité de ses opérations actuelles.

Dans l'ancien sol ou sol primordial, non-seulement elle entre parmi les principes constituans des substances qui produisent les roches; mais encore elle se présente solitairement en masses ou en bancs immenses, dont le caractère particulier est d'avoir une contexture lamellaire ou écailleuse, qui annonce une cristallisation confuse. Elle domine encore davantage dans le sol secondaire, dont plus de la moitié lui doit son existence. Elle se trouve dans les terrains tertiaires, associée avec l'argile, et y constitue les marnes. Elle tend à remplir une infinité de grottes, où elle est amenée par l'infiltration. Elle incruste souvent l'intérieur des canaux qui servent à conduire les eaux. Elle est en cailloux roulés et en brèches dans le sol de transport, et on la retrouve dans le sol volcanique, où elle a été mise à découvert par les agens qui ont produit les explosions.

La chaux carbonatée cristallisée occupe les cavités des masses calcaires de toutes les époques. Elle existe dans presque tous les filons. Les diverses contrées semblent se l'approprier à l'envi l'une de l'autre. La Saxe, l'Angleterre, ainsi que l'Espagne, l'Italie et la France, ont meublé les cabinets des amateurs de superbes cristaux solitaires ou groupes de chaux carbonatée, dite *spath calcaire*; et il seroit aussi difficile de citer des contrées où elle ne se trouve pas, que de faire l'énumération de tous les lieux où elle se trouve (1).

CRISTAUX RÉGULIERS.

2. On chercheroit en vain, dans tout le règne minéral, une espèce qui se prêtât davantage que celle-ci à une étude approfondie de la cristallisation. Abondance de cristaux, diversité de formes, netteté des coupes qui résultent de la division mécanique, tout se réunit pour offrir en même temps au naturaliste un but digne de tout son intérêt, et des moyens propres à seconder ses efforts pour y atteindre.

Cette partie de la cristallographie, ainsi que je l'ai dit ailleurs, est celle qui m'a fourni les bases et les premiers développemens de la théorie des décroissemens. Mes calculs, dirigés alors vers les formes qui se présentent le plus ordinairement, ne m'offrirent que les lois les plus simples, parmi toutes celles dont il faisoit voir la possibilité. Mais ayant cherché depuis à étendre mes observations sur toutes les cristallisations connues de la même substance, j'ai été conduit à des lois mixtes et intermédiaires, qui dérogent sensiblement à la simplicité des précédentes. Au

---

(1) Le fonds de cet article m'a été fourni par le citoyen Dolomieu.

reste,

reste, il n'est pas surprenant que la même fécondité qui a répandu dans le sein du globe les cristallisations calcaires en tant de lieux différens, et avec tant de profusion, se montre encore dans la diversité des moyens employés à les produire ; et l'on remarque d'ailleurs que ces lois mixtes ou intermédiaires, qui compliquent la structure de certains cristaux, sont ordinairement associées à des lois beaucoup plus simples, qui interviennent dans la même structure, comme pour attester la dépendance mutuelle où elles sont les unes à l'égard des autres, et écarter toute idée d'anomalie et d'exception proprement dite.

3. Mais ce qui est digne surtout d'attention, dans la cristallisation de la chaux carbonatée, c'est la série de propriétés géométriques qui se développe, au moyen de la comparaison des formes originaires de cette substance. L'inversion des angles, dans quatre rhomboïdes différens, considérés deux à deux, la reproduction de ceux du noyau sur le cristal métastatique, la constance de ceux du persistant, malgré le changement de figure qu'ont subi les faces, les hypothèses curieuses auxquelles se prête le paradoxal, les nombreux rapports qui lient l'analogique avec d'autres cristaux, etc., sont autant de résultats d'une géométrie qui paroîtroit mériter d'intéresser par elle-même, comme simple objet de spéculation, indépendamment de ses applications à des êtres réels.

4. Le calcul analytique qui conduit à ces résultats, offre un autre avantage relatif à un moyen très-propre à faciliter l'étude de la cristallographie ; c'est de fournir, dans beaucoup de cas, des méthodes promptes, faciles et précises pour représenter les cristaux en bois. Nous en citerons ici un exemple, tiré du solide métastatique.

Faites d'abord un prisme hexaèdre régulier *ay* (*fig.* 51), dont le côté vertical *eu* soit égal à quatre fois et demie le côté *ei* de la base. Ensuite ayant ouvert un compas d'une quantité double de *ei*, prenez sur les six arêtes verticales les parties *ab* , *du* , *if* , etc. , égales chacune à cette ouverture , en partant alternativement des extrémités supérieure et inférieure des arêtes. Par les points *b* , *d* , *f* , *x* , etc. , faites passer les droites *bd* , *df* , *fx* , etc. ; coupez enfin le prisme de manière que les sections passent par ces droites , et en même temps par les centres *o* ou *z* des bases du prisme. Vous aurez douze sections qui produiront le dodécaèdre cherché *oz*, avec des angles exactement égaux à ceux du cristal donné par la nature.

En général , dans l'exécution des cristaux artificiels , relatifs aux différentes espèces de minéraux , on va bien plus surement au but , et l'on évite la lenteur et l'embarras des tâtonnemens , lorsqu'on est dirigé par la théorie des lois de la structure.

Concrétions.

5. La chaux carbonatée, déjà si abondante en résultats de la cristallisation régulière, semble ne plus reconnoître de bornes dans la production des formes imitatives qui résultent de l'infiltration du liquide chargé de ses molécules , à travers les voûtes des cavités souterraines. Dans plusieurs endroits, ces cavités sont des espèces de grottes, où l'on va jouir d'un spectacle également curieux et imposant. Les naturalistes y admirent la fécondité de la cause qui a donné naissance à cet assemblage, où les jeux de l'affinité se multiplient à l'infini, où la variété des positions le dispute à celle des formes ; et ceux que la simple curiosité y amène , déjà séduits d'avance par le mot de *pétrifications*, sous lequel les habitans du pays leur ont désigné les concrétions, s'abandonnent à des illusions qui métamorphosent, à leurs yeux, tous ces accidens en imitations fidelles des objets dont ils offrent une ébauche imparfaite : l'imagination ajoute ce qui manque à la ressemblance.

6. A mesure que le liquide continue de fournir de nouveaux matériaux , la scène change ; les concrétions deviennent plus nombreuses ; elles prennent de l'accroissement : les unes s'abaissent

peu à peu de la voûte vers le sol ; les autres s'élèvent du sol vers la voûte ; elles finissent souvent par se réunir ; il s'en forme de nouvelles qui adhèrent latéralement aux premières ; et lorsque les masses ont acquis un certain volume, la grotte est devenue une carrière d'albâtre.

7. Ailleurs, des eaux chargées de molécules calcaires, les déposent sur tous les objets qu'elles baignent, et forment à l'entour une espèce d'enduit sous lequel les plantes les plus délicates conservent leur figure et leur port. J'ai, depuis long-temps, dans ma collection, une touffe de lustre d'eau (*chara vulgaris, Lin.*), retirée des bassins du château d'Issy, près Paris, et dont les traits caractéristiques percent, pour ainsi dire, tellement à travers l'enveloppe pierreuse, produite par l'incrustation, que l'œil d'un botaniste reconnoit facilement la plante.

8. On voit auprès des bains de Saint-Philippe, dans la Toscane, une espèce de manufacture d'incrustations, établie par le docteur Vegni. Une eau chargée de matière calcaire, tombe sur une croix de bois, d'où elle rejaillit sur des moules de bas-reliefs, placés à des distances convenables. Lorsque l'incrustation a pris une épaisseur suffisante, on la détache, et l'on y retrouve tous les traits du bas-relief fidellement rendus dans une matière qui a la blancheur du plus beau marbre de Carrare (1). L'ingénieux auteur de cette idée a, pour ainsi dire, trompé la nature, en la forçant de devenir artiste.

DOUBLE RÉFRACTION.

9. La chaux carbonatée a été la première substance à laquelle on ait reconnu la propriété de causer une double réfraction aux rayons de la lumière, ou, ce qui revient au même, de doubler les images des objets vus à travers deux faces opposées. C'est à Erasme Bartholin (2) que nous devons la connoissance de ce

---

(1) Voyez la traduction des lettres de Ferber, sur la minéralogie de l'Italie, p. 373, et les lettres du docteur Demeste, t. I, p. 288.

(2) Expér. crist. Island., p. 3.

phénomène, dont l'explication a exercé la sagacité de plusieurs savans très-distingués, à la tête desquels paroissent Huyghens et Newton; et ce qui prouve la difficulté du sujet, c'est la variété des opinions entre tous ces savans, dont chacun, sans s'arrêter à ce qui avoit été fait par les autres, essayoit de se frayer une route particulière, en sorte qu'au milieu de ce conflit d'autorités et de résultats sur un sujet qui a été retourné de tant de manières, et que l'on seroit tenté de regarder comme épuisé, il paroit également difficile soit de choisir dans ce qui a été dit, soit de dire quelque chose de nouveau.

Je vais d'abord présenter la série des observations que l'on peut faire, en regardant les images des objets à travers les rhomboïdes connus sous le nom de *spath d'Islande*. J'ajouterai, en faveur de ceux qui seroient bien aises de connoitre ce sujet sous le point de vue de la physique, quelques développemens sur la théorie du phénomène, et sur les résultats des recherches particulières que j'ai entreprises pour en déterminer la loi, et me mettre à portée d'apprécier les divers sentimens entre lesquels se sont partagés les savans qui ont traité le même sujet.

Ire. *Observation.*

10. Concevons un rhomboïde *be* (*fig.* 53) *pl. XXVIII*, situé de manière que *a* et *n* soient les deux angles solides composés de trois angles obtus, et que la base inférieure *bcng* repose sur un papier. Supposons de plus que l'on ait marqué le papier d'un point d'encre en *p*, qui coïncide avec un point quelconque de la petite diagonale *bn*. Placez votre œil de manière que le rayon visuel soit dans le plan *cabn*, terminé par les petites diagonales *ac*, *bn* des bases, et par les arêtes intermédiaires *ab*, *cn* (1); vous verrez deux images du point *p*, situées l'une et

---

(1) Pour s'assurer que le rayon visuel est dans ce plan, on peut tracer sur le même papier une ligne d'une couleur particulière, comme d'un

l'autre sur la direction de la diagonale *bn*, et celle qui se trouvera la plus voisine de l'angle solide *n*, paroîtra plus enfoncée que l'autre, en dessous de la base supérieure *adef*.

11. Si le rayon visuel sort du plan *eabn*, en s'écartant à droite ou à gauche, alors les deux images ne seront plus sur la diagonale *bn*, ni même sur une parallèle à cette diagonale. Elles seront sur une ligne qui fera un angle plus ou moins ouvert avec *bn*, en sorte, cependant, que l'image la plus enfoncée sera toujours la plus voisine de l'angle *n*.

IIe. *Observation.*

12. On rendra l'espèce de tendance de la seconde image vers l'angle *n* très-sensible, en opérant de la manière suivante. Soit *bcng* (*fig.* 54) la même base que fig. 53 ; soit *p* un point visible situé au milieu de la diagonale *bn*. Placez votre œil directement au-dessus du point *p*, en sorte que l'image la plus enfoncée réponde à quelque point *l* de la même diagonale. Alors, sans déplacer l'œil, faites faire au rhomboïde une révolution, de manière que sa base *bcng* tourne autour du point *p*, comme autour d'un centre. Vous verrez tourner en même temps l'image *l*, qui suivra l'angle obtus *n*, et à mesure que cet angle décrira la circonférence de cercle *nsbt*, le point *l* décrira la courbe rentrante *lhr*.

IIIe. *Observation.*

13. Au lieu de marquer le papier d'un simple point, tracez-y une ligne droite, et faites tourner le rhomboïde au-dessus de

---

rouge foible, qui passe par le point d'encre *p*, et qui soit plus longue que la diagonale *bn*, puis disposer le papier de manière qu'elle coïncide avec cette diagonale. L'œil aura la position indiquée lorsqu'il verra cette ligne simple, c'est-à-dire, lorsque ses deux images concourront sur une seule direction, et qu'en même temps elles seront sur le prolongement de la partie située hors du rhomboïde.

cette ligne. Vous observerez que la plus grande distance entre les deux images a lieu, sous une même direction du rayon visuel, que nous supposons ici dans le plan de la coupe principale *abne*, lorsque la ligne est située parallélement aux grandes diagonales des deux bases. Ces images se rapprocheront à mesure que la ligne fera un angle moins ouvert avec les mêmes diagonales, et lorsqu'elle leur sera devenue perpendiculaire, c'est-à-dire, qu'elle coïncidera, au contraire, avec les petites diagonales, les deux images se confondront, de manière cependant que l'une dépassera l'autre (1).

I V^e. *Observation.*

14. Si vous substituez un cercle à une ligne, les deux images de ce cercle s'entrecouperont. Cette expérience rend très-sensible la différence de distance entre les images, par rapport à la base supérieure du rhomboïde.

V^e. *Observation.*

15. Prenez le rhomboïde, en appliquant l'index sur l'arête *ab* (*fig.* 53) et le pouce sur l'arête *cn*, et placez sa base supérieure *adef* le plus près possible de l'œil, de manière que l'une des deux images du point *p* soit située derrière l'autre, par rapport à vous. Alors faites glisser doucement, en dessous du rhomboïde, une carte qui, restant appliquée à la base inférieure, s'avance de *b* vers *n*, jusqu'à ce qu'elle cache une des deux images. Vous remarquerez, avec surprise, que cette image, dont la carte vous dérobe d'abord la vue, n'est point celle qui est située du côté où vient la carte, mais celle qui est de votre côté. Cette expérience intéressante est due au Cit. Monge.

---

(1) Les directions sous lesquelles les deux images coïncident, varient à mesure que le rayon visuel, placé hors de la coupe principale, change lui-même de position. Nous sommes obligés de nous borner ici aux faits qui servent comme de limites à tous les autres.

V Iᵉ. *Observation.*

16. Si l'on pose le rhomboïde sur un papier marqué de deux points, et que l'on fasse varier les distances de ces points, relativement à une position déterminée de l'œil, on trouvera qu'il y a un terme où, au lieu de quatre images, on n'en voit plus que trois ; dans ce cas, deux des premières images se réunissent en une seule, d'une teinte plus foncée.

Si, en même temps, l'œil est dans le plan $abne$, il faudra, pour que cet effet ait lieu, que les deux points soient sur la diagonale bn.

Si l'œil s'écarte ensuite de la position où il voyoit deux des images se confondre, celles-ci se sépareront, et cela d'autant plus que la position de l'œil changera davantage ; et il faudra pour les voir de nouveau coïncider, augmenter la distance entre les deux points, si le rayon visuel, en variant son inclinaison, s'est rapproché du point e, et diminuer cette distance, si le rayon visuel s'est incliné en sens opposé vers le point a. Nous supposons toujours que ce rayon ne sorte pas du plan $abne$, auquel cas il est nécessaire, pour ramener les quatre images à n'en faire plus que trois, de laisser toujours les deux points sur la direction de la diagonale bn.

Il n'en sera pas de même si le rayon visuel sort du plan $abne$. Voici ce que j'ai observé à cet égard. Soit bn (*fig.* 56) la même diagonale que fig. 53, et p, r les deux points visibles. Concevons que le rayon visuel étant d'abord incliné vers b, et situé dans le plan $abne$ (*fig.* 53), l'œil fasse un mouvement circulaire en allant de c vers f; l'observateur ne pourra voir coïncider deux des images qu'en plaçant les points p, r (*fig.* 56) sur une direction inclinée à la diagonale. Supposons que le point p reste fixe ; il faudra placer le point r à la droite de la diagonale, comme en r'. Tandis que le rayon visuel s'approchera de plus en plus d'un plan qui couperoit à angle droit la section principale, la distance nécessaire entre le point *r'* et la diagonale *bn* augmentera. Elle sera la plus grande possible, lorsque le rayon visuel se trouvera dans le plan dont nous venons de parler. Au-delà de ce plan, en allant de *f* vers *a* (*fig.* 53), il faudra diminuer la distance, en laissant toujours le point *r'* (*fig.* 56) sur une oblique qui diverge du côté de *n*, par rapport à la diagonale. La distance deviendra nulle, lorsque le rayon visuel tombera de nouveau, mais en sens contraire, sur le plan *abne* (*fig.* 53). Si ce rayon continue sa révolution en allant de *a* vers *d*, les mêmes effets auront lieu dans un ordre opposé, c'est-à-dire, que pour obtenir la coïncidence des images, il faudra placer le point *r* de l'autre côté de la diagonale comme en *r''* (*fig.* 56). Nous verrons dans la suite l'utilité de ces observations, relativement à la théorie du phénomène.

VII⁰. *Observation.*

17. Reprenons le cas où il n'y a qu'un seul point visible *p* (*fig.* 53 et 55), situé sur la diagonale *bn*, et où le rayon visuel est dans le plan *abne*. Si ce rayon est en même temps perpendiculaire sur *bn*, et que le point *p* soit sur sa direction, l'image la plus voisine de l'angle *b*, ou la moins enfoncée en dessous de la base *adef* sera vue à sa vraie place, tandis que l'autre sera déplacée. Mais il y a aussi une circonstance où celle-ci est vue sans déplacement ; c'est lorsque le rayon visuel *st* (*fig.* 53) étant parallèle aux arêtes *ab*, *en*, environ à deux degrés près, le point *p* se trouve sur la direction de ce même rayon (1).

---

(1) Pour vous assurer que l'une ou l'autre des deux images n'est point déplacée, ayant tracé une ligne d'un rouge foible plus longue que la grande diagonale du rhomboïde, et dont le milieu soit marqué d'un point d'encre, faites-la coïncider avec la grande diagonale, de manière qu'elle la dépasse de chaque côté. Vous jugerez que l'une ou l'autre des images du point *p* est

VIIIe. *Observation.*

18. Taillez un rhomboïde de manière à faire naître deux faces artificielles triangulaires *omk*, *o'm'k'* (*fig.* 57), qui interceptent les deux angles solides *a*, *n* (*fig.* 53), et soient perpendiculaires à l'axe qui passe par ces angles. L'image d'un point vu à travers ces deux faces paroîtra simple, pourvu que le rayon visuel soit perpendiculaire à ces mêmes faces, et que le point soit situé sur sa direction. Car si l'œil s'écarte d'un côté ou de l'autre, les deux images qui coïncidoient en une seule, se sépareront.

Il suit de là qu'un cristal transparent de chaux carbonatée basée, feroit voir les objets simples, sous une certaine position de l'œil.

IXe. *Observation.*

19. Au lieu d'un seul rhomboïde, prenez-en deux, que vous mettrez en contact par une de leurs bases (1), et placez le rhomboïde inférieur sur un papier marqué d'un point d'encre. Si les faces homologues des deux rhomboïdes sont respectivement parallèles, l'œil ne verra que deux images d'un même point, comme s'il n'y avoit qu'un seul rhomboïde : seulement elles seront plus écartées l'une de l'autre. Les choses étant dans cet état, faites tourner doucement le rhomboïde supérieur au-dessus de l'inférieur. Bientôt vous verrez paroître deux nouvelles images qui d'abord seront très-foibles, et ensuite augmenteront peu à peu d'intensité ; en même temps les deux premières images s'affoibliront par degrés, et finiront par disparoître, ce

---

vue à sa vraie place, lorsque l'image de la ligne rouge dont elle occupe le milieu, sera vue sur la même direction que les parties extérieures de cette ligne.

(1) Ce seroit la même chose, si les bases étant séparées, se trouvoient parallèles l'une à l'autre.

TOME II.   T

qui arrivera avant que le rhomboïde mobile ait fait un quart de révolution. Passé ce terme, si vous continuez de le faire tourner, les mêmes effets auront lieu dans un ordre inverse; c'est-à-dire, que les deux premières images reparoîtront, et que leur teinte, d'abord légère, se renforcera peu à peu, tandis que les deux autres diminueront d'intensité, jusqu'à ce qu'elles deviennent nulles vers la fin de la demi-révolution du rhomboïde mobile (1). Alors les coupes principales étant tournées en sens contraire, mais toujours sur un même plan, comme le représente la fig. 58, l'œil ne verra plus que deux images, mais beaucoup plus rapprochées que dans le premier cas. Il n'en verroit même qu'une seule, si les deux rhomboïdes étoient exactement de même hauteur. Si vous achevez la révolution du rhomboïde supérieur, les effets précédens reparoitront en suivant de même une marche rétrograde.

20. Je passe maintenant aux résultats qui concernent la théorie du phénomène, et peuvent aider à en déterminer les lois.

Soit toujours *abne* (*fig.* 59) *pl. XXIX*, la section principale du rhomboïde. Si un rayon de lumière tombe suivant une direction *st* perpendiculairement à la surface du rhomboïde, il se divisera au point d'immersion *t* en deux parties, dont l'une *tl* sera sur le prolongement du rayon incident, comme dans le cas ordinaire, et l'autre *tf* s'écartera de la précédente, en se rejetant vers l'angle aigu *b*, et en faisant avec *tl* un angle *ftl* d'environ 6ᵈ ⅓, c'est-à-dire, qu'il y aura une double réfraction du rayon de lumière (2).

---

(1) Tous ces différens faits sont sujets à quelques exceptions, lorsque le rayon visuel est très-oblique et prend certaines positions. Car alors on ne voit que deux images dans le cas où l'on devroit en voir quatre, et réciproquement.

(2) Si de l'angle *a* on abaisse *ax* perpendiculaire sur *bn*, et que l'on prenne *xy* égale au tiers de *bx*, l'angle *xay* sera sensiblement égal à l'angle *ftl*. Cet angle est de 6ᵈ ⅓, suivant Huyghens et Newton.

J'appellerai désormais le rayon *tl*, *rayon ordinaire;* le rayon *tf*, *rayon d'aberration*, et la distance *fl* de l'un à l'autre, prise sur la base inférieure du rhomboïde, *amplitude d'aberration*.

Si le rayon incident *st* tombe obliquement sur la surface du rhomboïde, il se divisera toujours en deux parties, dont l'une, qui sera le rayon ordinaire, se réfractera en se rapprochant de la perpendiculaire au point d'immersion, suivant une loi analogue à celle des réfractions communes, et qui est telle que le sinus de réfraction est à celui d'incidence constamment comme 3 à 5. L'autre partie, qui sera le rayon d'aberration, s'écartera toujours de la précédente, pour se rapprocher de l'angle *b*, quelle que soit la direction du rayon incident. Nous verrons dans la suite quelle est la loi de cette seconde réfraction.

21. Supposons à présent qu'un rayon de lumière traverse deux rhomboïdes situés l'un au-dessus de l'autre. Si les sections principales coïncident dans le même plan, ou sont respectivement parallèles, soit que leurs bords latéraux *ab* , *en* s'inclinent dans le même sens, ou en sens contraire, comme on le voit (*fig.* 58), chacun des rayons ordinaire et d'aberration qui seront sortis du premier rhomboïde ne se décomposera pas en passant dans le second, mais s'y réfractera suivant la même loi que dans le premier.

Si les deux rhomboïdes sont tellement disposés que leurs sections principales se croisent à angle droit, alors chacun des deux rayons sortis du premier rhomboïde restera encore simple en pénétrant le second. Mais ces rayons changeront de fonction, c'est-à-dire, que celui qui étoit rayon ordinaire dans le premier rhomboïde, se dirigera dans le second comme rayon d'aberration, et réciproquement.

Mais dans toutes les positions intermédiaires, c'est-à-dire, dans celles où les sections principales seront inclinées entre elles, chacun des deux rayons sortis du premier rhomboïde se partagera de nouveau dans le second, en un rayon ordinaire, et un rayon d'aberration, qui se dirigeront conformément à l'inci-

T 2

dence du rayon dont ils seront les soudivisions. Ces résultats intéressans sont de Newton.

22. Il est à remarquer que les rayons d'aberration ont cela de commun avec les rayons ordinaires, qu'en repassant du rhomboïde dans l'air par une face parallèle à celle par laquelle ils étoient entrés, ils prennent une direction qui est elle-même parallèle à celle du rayon incident.

23. Nous n'avons considéré, jusqu'ici, que les résultats les plus généraux de la réfraction du rayon d'aberration, ceux sur lesquels on ne peut élever aucun doute. La difficulté consiste à déterminer, d'une manière précise, la route de ce rayon. Or, les sentimens sont partagés à cet égard. Newton et Huyghens admettent pour la réfraction de ce rayon, une loi particulière, différente de la loi commune. D'autres physiciens, au contraire, pensent que ce rayon se réfracte selon la loi ordinaire ; et cette idée a été la plus généralement suivie. Nous allons essayer d'apprécier chaque opinion, et de rectifier celle qui nous paroît approcher le plus de la vérité.

24. Huyghens faisoit consister la propagation de la lumière dans des espèces d'ondulations qui étoient, en général, d'une figure circulaire (1). Mais il supposoit que la lumière, en pénétrant un rhomboïde calcaire, y produisoit des ondulations de deux figures, l'une circulaire comme dans les autres corps, l'autre elliptique, particulière au cas présent ; et c'étoit à ces dernières ondulations qu'il attribuoit la réfraction extraordinaire. Il manie cette hypothèse avec beaucoup d'art, et il parvient même à ce résultat très-remarquable, que la somme des deux amplitudes d'aberration, sous deux incidences égales en sens contraire, est une quantité constante, double de celle qui a lieu sous l'incidence perpendiculaire, c'est-à-dire, double de **la** ligne *fl* (*fig.* 59).

---

(1) *Christ. Hugenii opera reliqua*, t. *I. Tractatus de lumine* ; Traité de la lumière, par le même. Leyde, 1690.

Quand même on admettroit la théorie d'Huyghens, sur la propagation de la lumière, l'idée de ces ondes elliptiques, qui se combinent avec des ondes circulaires dans la double réfraction, auroit trop l'air d'une supposition purement gratuite, et les propriétés de l'ellipse pourroient tout au plus servir ici à représenter géométriquement la loi du phénomène. Mais j'ai trouvé qu'elles ne satisfaisoient à l'observation qu'entre certaines limites ; et quant au résultat qui en dérive, relativement à la somme constante des deux amplitudes d'aberration sous des incidences égales et contraires, nous verrons qu'il a lieu généralement dans une infinité d'hypothèses différentes, parmi lesquelles nous tâcherons de déterminer la véritable.

25. Newton, qui considéroit la propagation de la lumière comme l'effet de l'émission en ligne droite des particules du corps lumineux, a ramené sa théorie de la double réfraction à cette hypothèse également simple et heureuse. Suivant ce célèbre géomètre, la matière du cristal d'Islande agissoit sur la lumière par deux attractions différentes, l'une analogue à celle qu'exercent en général sur ce fluide tous les corps transparens, l'autre particulière au cristal lui-même, et dépendante de certaines circonstances que nous ferons connoître dans la suite. Telles étoient les directions des deux rayons réfractés qui provenoient d'une même incidence, qu'elles donnoient une quantité constante, égale à fl (*fig.* 59), pour l'amplitude d'aberration, dans tous les cas possibles, et non pas, comme l'avoit dit Huyghens, pour la somme des deux amplitudes correspondantes. De plus, Newton pensoit que l'amplitude d'aberration étoit toujours parallèle à la diagonale bn (*fig.* 53), quelle que fût la direction du rayon incident (1).

26. Ce savant illustre connoissoit les résultats d'Huyghens qui l'avoit précédé dans ses recherches ; et il est assez surprenant

---

(1) *Optice Newtonis, lib. III, questio* 25.

qu'en les abandonnant il leur ait substitué une loi qui nous a paru s'accorder encore moins avec l'expérience. Nous allons mettre les observateurs à portée d'en juger par eux-mêmes, en partant de notre sixième observation, dans laquelle les quatre images, données par deux points, se réduisent à trois.

Soit st (fig 60) un rayon de lumière qui tombe, suivant une direction quelconque, sur la base supérieure du rhomboïde. Soit tr le rayon ordinaire, et tp le rayon d'aberration, auquel cas pr sera l'amplitude d'aberration. Soient pp', rr' les rayons émergens qui, d'après ce qui a été dit, seront parallèles à st. Au lieu du rayon st, supposons deux points visibles, l'un en r' et l'autre en p', qui envoyent des rayons vers le rhomboïde, dans toutes sortes de directions. Il est évident que parmi tous ces rayons, celui qui suivra la direction $r'r$ se divisera au point d'émergence, de manière que rt sera encore le rayon réfracté ordinaire. Car, à cause du parallélisme des rayons st, $r'r$ considérés successivement comme rayons incidens, le rayon réfracté rt fera exactement la même fonction à l'égard de l'un et de l'autre. Par une raison semblable, le rayon qui suivra la direction $p'p$ se décomposera dans le rhomboïde, de manière que le rayon d'aberration sera encore pt.

La proposition sera toujours vraie, quelles que soient les positions des points visibles le long des lignes $r'r$, $p'p$; d'où il suit que si l'on suppose l'un en r et l'autre en p, pts et rts seront les routes des rayons qui arriveront en s, et tout se passera encore comme dans l'hypothèse du rayon incident st. Les choses étant dans cet état, supposons un œil placé en s. Cet œil verra deux des quatre images données par les deux points se confondre sur la direction st. Donc, toutes les fois que cette réunion a lieu, la distance pr entre les deux points est l'amplitude d'aberration, relativement à un rayon incident qui auroit la direction sous laquelle l'œil voit l'image unique formée par la réunion dont on a parlé.

Or, nous avons vu qu'il étoit nécessaire, dans ce cas, de changer la distance entre les deux points, à mesure que la position du rayon visuel varioit elle-même; d'où il suit que l'amplitude d'aberration n'est pas une quantité constante, comme Newton l'avoit pensé.

Elle n'est pas non plus constamment parallèle à la petite diagonale *bn;* car nous avons vu que quand le rayon visuel n'étoit pas dans le plan *abne* (*fig.* 53) (et il en faut dire autant de tout autre plan parallèle à celui-ci), on ne pouvoit faire concourir deux images en une seule, qu'en plaçant les deux points visibles sur une ligne inclinée à la diagonale. Donc, dans tous les cas de ce genre, l'amplitude d'aberration, qui mesure la distance entre les deux points, fait elle-même un angle avec la diagonale.

Il paroît que Newton ayant fait ses expériences avec des rhomboïdes d'une hauteur peu considérable, et n'ayant pu mesurer avec assez de précision les distances et les positions des rayons de lumière qu'il introduisoit immédiatement à travers ces corps, aura été entraîné par l'extrême simplicité de la loi qui sembloit s'offrir à son observation.

27. Parmi ceux qui ont cru pouvoir ramener la réfraction du rayon d'aberration aux lois ordinaires, la plupart, et entre autres Buffon (1), ont pensé qu'un rhomboïde de chaux carbonatée étoit composé de couches entrecroisées, de deux densités différentes, produisant chacune une réfraction particulière, avec un rapport constant entre les sinus, comme dans les substances dont la réfraction est simple. Suivant Buffon, ce rapport est celui de 5 à 3 pour une substance, et celui de 10 à 7 pour l'autre.

Cette hypothèse, qui paroît très-admissible au premier coup d'œil, ne tient pas contre un examen tant soit peu réfléchi. Car, supposons que dans la coupe principale *aenb* (*fig.* 61),

---

(1) Hist. nat. des minér., édit. in-12, t. VII, p. 157 et suiv.

les lettres C, D, F, G indiquent les coupes particulières de l'une des deux substances, et *c*, *d*, *f*, *g* celles de l'autre substance. Soit *p* un point visible situé derrière le rhomboïde, et *pl* un rayon envoyé par ce point perpendiculairement à *bn*. Ce rayon parvenu en *r* rencontrant la surface *xz* à laquelle il est incliné, se repliera dans la tranche *d*, suivant une direction *ro*, qui dépendra de la densité de la tranche *d*. Arrivé ensuite en *o*, il passera dans la tranche D, en prenant une direction *ot* parallèle à *lr*, et perpendiculaire sur *ac*, d'où il suit qu'il repassera dans l'air par la ligne *ts* située sur le prolongement de *ot*. Donc, un œil situé en *s* verra l'image du point *p* sur la ligne *sz*, d'où il suit que cette image paroîtra déplacée, puisqu'elle sera vue en *p'*. Donc, on ne pourroit jamais voir à travers le rhomboïde une des deux images d'un point dans sa vraie situation, en plaçant l'œil de manière que le rayon visuel étant perpendiculaire à la base du rhomboïde, le point dont il s'agit fut sur le prolongement de ce rayon, ce qui est manifestement contraire à l'observation.

Il en sera de même, si l'on suppose d'autres couches qui croisent les précédentes, dans des directions parallèles aux lignes *ac* et *bn*. On conçoit bien aussi que comme toutes ces différentes couches auroient des épaisseurs extrêmement petites, les déviations du rayon *pl*, au lieu d'une seule que représente la figure, seroient très-multipliées, ce qui ne fait que fortifier la difficulté. La même hypothèse paroîtra encore moins admissible d'après ce que nous dirons dans la suite (1).

---

(1) Si l'on pouvoit faire rentrer la réfraction du rayon d'aberration dans les loïs communes, ce seroit en supposant que le plan réfringent fut à peu près perpendiculaire aux arêtes *ab*, *en*, puisque le rayon d'aberration n'éprouve aucune déviation lorsqu'il est à peu près parallèle à ces arêtes. Telle étoit l'hypothèse de La Hire (Mém. de l'Ac. des Sciences, an 1710). Mais j'ai prouvé, d'une manière générale, qu'il n'y avoit aucun plan, quelle que fût sa position, auquel on pût ramener la réfraction du rayon d'aberration, avec un rapport constant entre les sinus. *Voyez* la partie géométrique ci-dessus, p. 27 et suiv.

28. Il résulte de tout ce qui précède, que la réfraction du rayon d'aberration est soumise à une loi particulière, distinguée des lois communes. J'ai entrepris de déterminer cette loi; mais seulement pour les rayons situés dans le plan *abne* (*fig.* 53), le temps ne m'ayant pas permis de poursuivre plus loin ce travail. Je donne ici le résultat auquel je suis parvenu, représenté à l'aide d'une construction que l'on saisira aisément.

Nous avons vu que quand le rayon incident *st* (*fig.* 59) étoit perpendiculaire sur *ae*, auquel cas le rayon ordinaire continuoit sa route dans le rhomboïde, la direction *tf* du rayon d'aberration donnoit pour l'amplitude *fl*, une quantité égale au tiers de *bx*, ou de la distance entre l'angle *b* et la perpendiculaire *ax*.

Maintenant soit *st* (*fig.* 62) un rayon incident oblique sur *ae*, et *tl* le rayon réfracté ordinaire, dont il est facile de déterminer la position d'après le rapport 5 à 3 entre les sinus. On demande la position du rayon d'aberration *tf*.

Soit toujours *ax* une perpendiculaire sur *bn*, et *ay* la position du rayon d'aberration dans le cas de l'incidence perpendiculaire. Par le pied de la ligne *ax*, menez *xzo*, qui fasse, avec *ax*, un angle de 60^d; puis par le pied du rayon ordinaire *tl*, menez *lm* parallèle à *xo*. Prenez sur *lm* la partie *lu* égale à *xz*. La ligne *tf*, menée par le sommet du rayon ordinaire et par le point *u*, sera la direction du rayon d'aberration relatif à l'incidence suivant *st*.

Si l'on suppose que l'incidence ait lieu en sens contraire, suivant une direction *s' t'*, alors le rayon ordinaire étant représenté par *t' l*, le rayon d'aberration *t' f'* sera encore situé entre le précédent et l'angle *b*, et l'on aura l'amplitude d'aberration par une construction semblable à celle que nous avons indiquée relativement au rayon incident *st*.

On voit par là que *lu* ou *l'u'* est une constante. Mais l'amplitude *lf* ou *l' f'* est nécessairement une variable. Si l'on suppose que les deux incidences *st*, *s't'* soient égales en sens contraire, on aura $f'\,l'$ plus petite que $f\,l$, de manière que leur somme sera double de l'amplitude xy relative à l'incidence perpendiculaire. Cette somme est donc elle-même une quantité constante. Or, j'ai prouvé (1) que cela avoit toujours lieu, quelle que fût la valeur de l'angle bxo, pourvu que l'on prît lu ou $l\,u'$ égale à zx (2). Parmi tous les cas possibles, j'ai choisi celui qui m'a paru s'adapter le mieux à l'observation, et il est remarquable que ce cas soit celui où la ligne ox fait, avec ax, un angle de 60^d, tandis qu'elle fait, avec ao, un angle qui est, à très-peu près, de $101^d\,\frac{1}{2}$, c'est-à-dire, égal au grand angle du rhombe primitif.

Quelque étendu que soit déjà cet article, malgré l'attention que j'ai eue de me restreindre à ce qui m'a paru le plus important, je ne puis me dispenser d'y joindre, d'après les principes qui viennent d'être exposés, l'explication des faits donnés par les observations que j'ai citées au commencement, et quelques détails sur la cause physique d'où paroit dépendre le phénomène.

29. Examinons d'abord la marche que suivent les deux rayons qui nous font apercevoir la double image d'un point à travers un rhomboïde.

Soit toujours $aenb$ (*fig.* 63) la section principale. Soit p le point visible situé à une certaine distance en dessous du rhomboïde, et s la position de l'œil. Parmi tous les rayons que le point p envoie vers le rhomboïde, il y en a un, tel que pl, dont la partie lt, considérée comme rayon ordinaire, après avoir repassé dans l'air, parvient à l'œil suivant une direction ts, parallèle à pl. L'autre partie, qui est le rayon d'aberration, prend une direction telle que lz, en se rejetant vers l'angle aigu e,

---

(1) Mém. de l'Acad. des Sciences, 1788, p. 44. *Voyez* aussi dans ce traité la partie géométrique, ci-dessus, p. 30.

(2) C'est le même résultat qu'Huyghens avoit déduit des propriétés de l'ellipse, dont il attribuoit la figure aux ondes de lumière, qui produisoient, selon lui, la réfraction extraordinaire.

et comme après son émergence en *z*, suivant une ligne *zx*, ce rayon redevient parallèle à *pl*, il est perdu pour l'œil. Maintenant, entre tous les autres rayons qui partent du point *p*, il y en a un second, dont la direction *po* se rapproche tellement de *pl*, que *or* étant le rayon ordinaire qui en provient, le rayon d'aberration *ou* croise le rayon *lt* au point *k*, et après son émergence en *u*, suit une direction *us* parallèle à *po*, et qui va aboutir à l'œil. On conçoit que cette supposition est toujours possible, puisque l'on est le maître de prendre le rayon *po* sous telle inclinaison que l'on voudra, par rapport à *pl*. L'œil verra donc deux images du point *p*, l'une sur la direction *st*, et qui sera l'image ordinaire, l'autre sur la direction *su*, et qui sera l'image d'aberration. Quant au rayon *or*, il est évident, qu'à cause de son parallélisme avec *po*, après son émergence en *r*, suivant une ligne telle que *rm*, il ne peut passer par l'œil.

A mesure que le point *p* se rapprochera de la ligne *bn*, le point *k* descendra vers cette même ligne ; et lorsque le point *p* touchera *bn*, le point *k* se confondra avec lui, de manière que la double image subsistera toujours.

On voit par là pourquoi l'image ordinaire est toujours plus voisine de l'angle aigu *b*, que l'image d'aberration. C'est une suite du croisement des rayons *ou* et *lt* au point *k*.

30. En exposant la première et la quatrième observation, nous avons dit que l'image d'aberration, celle qui se rapproche le plus de l'angle obtus *n*, étoit plus enfoncée que l'autre en dessous de la base supérieure du rhomboïde. Il s'agit d'expliquer cette différence.

Remarquons d'abord que les rayons, à l'aide desquels on voit l'image d'un point situé derrière un milieu diaphane, forment un cône, dont la base est contiguë à la surface du milieu la plus voisine de l'œil. Au-dessus de cette surface, ils se replient vers l'œil, par l'effet de la réfraction, en formant un cône tronqué, dont la plus petite base se confond avec la base du premier cône, et dont l'autre base, qui est plus dilatée, a un diamètre égal à celui de la prunelle par laquelle les rayons entrent dans l'œil.

Quelque opinion que l'on adopte sur la distance précise à laquelle on aperçoit l'image vue par réfraction (1), il est certain que, toutes choses égales d'ailleurs, cette distance est plus grande lorsque les deux diamètres des bases du cône tronqué diffèrent moins entre eux, ce qui fait que le sommet du même cône prolongé par l'imagination derrière la surface réfringente, est plus éloigné de cette surface.

Cela posé, concevons que *an* (*fig.* 64) représente toujours le même rhomboïde, et que *p* étant un point visible situé sur la base inférieure, *poksr* soit le cône brisé, à l'aide duquel l'œil aperçoit l'image ordinaire du point *p*. Nous supposerons d'abord cet œil situé de manière que le rayon visuel se trouve dans le plan de la section principale. Tous les rayons d'aberration qui correspondent aux rayons ordinaires, dont le cône *pkosr* est l'assemblage, sont perdus pour l'œil, d'après ce qui a été dit plus haut. Mais il y a un second cône (2) formé par d'autres rayons d'aberration, à l'aide duquel l'œil voit l'image d'aberration du point *p*, et de même tous les rayons ordinaires correspondans sont perdus pour l'œil.

Prenons dans le cône *kpo* les deux rayons *pk*, *po*, qui aboutissent à l'extrémité du diamètre situé perpendiculairement à la diagonale *ae*, et rétablissons pour un instant les deux rayons d'aberration qui leur correspondent : il est facile de voir que ces derniers rayons doivent se trouver aux extrémités *n*, *l* de deux lignes obliques par rapport à la diagonale *ae*, puisque dans ce cas les amplitudes d'aberration divergent à l'égard de cette diagonale, ainsi qu'il a été dit plus haut. Donc, si l'œil étoit

---

(1) Voyez Newton, *Opuscula mathem.* , *edit. Lausannæ et Genevæ*, 1744 , p. 128.

(2) Nous n'avons point représenté ici ce second cône , pour ne pas trop compliquer la figure.

placé de manière à recevoir ces mêmes rayons qui sont perdus pour lui, leur distance *nl* étant plus grande que la distance *ko*, le point de concours imaginaire de ces rayons, derrière la surface *adef*, seroit plus éloigné que celui des rayons ordinaires *kr*, *os*.

Concluons de là que les lois, suivant lesquelles se réfractent les rayons d'aberration, tendent, en général, à rendre la distance entre ces rayons, pris de deux côtés opposés, plus grande que celle entre les rayons ordinaires, pris d'après la même condition.

Or, cette augmentation de distance, que nous venons de trouver en comparant ensemble les rayons ordinaires qui composent le cône *pkors* et les rayons d'aberration correspondans, devant toujours avoir lieu, proportion gardée, pour les autres rayons d'aberration qui sont à portée de l'œil, et lui font voir l'image d'aberration ; il en résulte que la réfraction d'aberration tend à élargir la plus petite base du cône tronqué, plus que ne le fait la réfraction ordinaire. Donc, si l'on suppose ce cône prolongé derrière la surface réfringente, le point de son axe, relativement auquel toutes les directions se compensent, et que Newton appelle *centre d'irradiation*, doit se trouver plus reculé par rapport à l'œil et à la surface réfringente, que le point correspondant du cône formé par les rayons ordinaires. Donc le lieu apparent de l'image d'aberration sera aussi plus éloigné que celui de l'image ordinaire.

Si l'on conçoit que le rayon visuel soit incliné en sens contraire vers le point *a*, on aura des conclusions analogues, en appliquant le raisonnement que nous venons de faire.

Si le rayon visuel sort de la section principale et se rejette de côté, de manière que, par exemple, il se rapproche du point *f*, alors *k'o'* (*fig*. 65) étant la base inférieure du cône tronqué, les lignes *k'n'*, *o'l'* s'inclineront dans le même sens. Mais la ligne *o'l'* s'écartera davantage que la ligne *k' n'* de la direction parallèle à *ae*, d'où il suit que l'on aura encore *n'l'* plus grande que *k'o'*, quoique dans un moindre rapport que quand le rayon visuel coïncidoit avec la section principale. L'image d'aberration sera donc vue aussi, dans ce cas, plus loin que l'image ordinaire; mais la différence des distances sera moins sensible que dans le premier cas, ce qui m'a paru conforme à l'observation.

31. Le mouvement de rotation que fait l'image d'aberration autour de l'image ordinaire, dans la seconde observation, provient de ce que les rayons qui produisent la première de ces images et qui vont de bas en haut, ont une tendance à se rejeter toujours vers l'angle aigu e (*fig.* 53), situé du même côté que n, ainsi que nous l'exposerons plus en détail, en parlant de la cause physique du phénomène.

32. Dans la troisième observation, les images de la ligne vue à travers le rhomboïde, sont au maximum de leur distance respective, lorsque cette ligne est parallèle à la grande diagonale, ou, ce qui revient au même, lorsqu'elle est perpendiculaire à la section principale. Car cette position est celle où les rayons d'aberration, qui tendent à se rejeter toujours vers la région du petit angle solide e, situé à l'extrémité de la même section, s'écartent le plus des rayons ordinaires, par une suite de ce que leurs mouvemens approchent davantage d'être perpendiculaires à la direction de la ligne observée. Supposons, au contraire, que cette ligne coïncide avec la petite diagonale bn, alors chacun de ses points correspondra à un autre point plus voisin de l'angle b, et tellement situé que, si ces deux points existoient seuls, deux de leurs images n'en feroient plus qu'une, d'où il résulte que l'image de la ligne elle-même formera une série d'images doubles ou qui se recouvriront mutuellement, excepté aux extrémités.

33. Le résultat de la cinquième observation est très-facile à concevoir, d'après le croisement que subissent dans le rhomboïde les rayons ou, lt (*fig.* 63), qui, après leur émergence, font voir à l'œil les deux images du point p sur les directions su, st. Car l'arête en étant celle qui regarde l'observateur, la carte qui s'avance de b vers o doit intercepter d'abord le rayon incident

po, auquel appartient le rayon émergent *su*, qui produit l'image située du côté de l'observateur.

34. Les faits que présente la sixième observation n'ont pas besoin d'autre explication, puisqu'ils ne sont autre chose que les données qui ont servi à déterminer la loi physique du phénomène.

35. Le premier résultat de la septième observation est conforme aux lois ordinaires de la réfraction. Le second, dans lequel on voit l'image d'aberration sur la direction du rayon visuel *st* (*fig.* 55), qui alors est à peu près parallèle à l'arête *ab*, dépend de la loi particulière à laquelle ce rayon est soumis. J'ai trouvé, dans ce cas, pour l'angle *ste*, $73^d\,38'$, tandis que l'angle *abn* n'est que de $71^d\,33'$, ce qui fait une différence de $2^d\,5'$.

Selon Huyghens, l'angle *ste* est de $73^d\,20'$, et l'angle *abn* de $70^d\,57'$, ce qui donne pour différence $2^d\,23'$. Ce savant célèbre ajoute que la différence dont il s'agit, et que Bartholin croyoit nulle, mérite d'être notée, pour épargner un travail superflu à ceux qui chercheroient la cause de la propriété du rayon extraordinaire, dans un prétendu parallélisme avec les arêtes du rhomboïde (1).

36. Lorsque, dans la huitième observation, le rayon visuel est perpendiculaire sur les facettes *omk*, *o'm'k'* (*fig.* 57), et que le point visible est sur sa direction, le rayon de lumière qui part de ce point ne pourroit se soudiviser dans l'intérieur du rhomboïde, qu'autant que sa partie d'aberration se rejeteroit, de préférence, vers quelqu'un des angles solides *e*, *c*, *g*. Mais la position de cette partie étant la même relativement à ces trois angles, il en résulte pour elle une espèce d'équilibre, de manière qu'elle continue sa route conjointement avec le rayon perpendiculaire, qui appartient à la réfraction ordinaire, et ainsi

---

(1) *Opera reliqua*, *t. I. Tractatus de lumine*, *cap.* 5, N°. 16; et Traité de la lumière, Leyde, 1690, p. 57.

l'œil voit les deux images se confondre en une seule. Mais elles se séparent, dès que l'œil venant à s'écarter de la perpendiculaire, le rayon incident qui lui fait voir l'image d'aberration, est forcé de prendre, en traversant le rhomboïde, une position inclinée, qui le ramène plus près de l'un des angles e, c, g que des deux autres.

37. En rapprochant la neuvième observation du résultat des expériences de Newton, dans lesquelles ce célèbre géomètre faisoit passer un rayon de lumière successivement à travers deux rhomboïdes placés l'un derrière l'autre, on conçoit d'abord que quand les sections principales coïncident ou sont parallèles, on ne doit voir que deux images du point visible, puisque chacun des rayons qui a traversé le premier rhomboïde reste simple en pénétrant le second. Ces images seront plus écartées qu'avec un seul des rhomboïdes, si les sections principales ont leurs arêtes latérales respectivement parallèles, comme cela est évident. Au contraire, elles se rapprocheront, si les sections principales sont placées en sens inverse l'une de l'autre, comme dans la fig. 58, parce qu'alors les effets de la réfraction du rayon d'aberration s'entredétruisent plus ou moins, suivant que les hauteurs des rhomboïdes approchent plus ou moins d'être égales.

Si les sections principales sont perpendiculaires l'une sur l'autre, il n'y aura encore que deux images, puisque chaque rayon ne fait que changer de fonction, sans se décomposer, en passant d'un rhomboïde dans l'autre.

Mais si les sections principales sont dans quelqu'une des positions comprises entre le parallélisme et l'angle droit, l'œil doit voir alors quatre images, l'une produite par un rayon qui fait dans les deux rhomboïdes la fonction de rayon ordinaire; une seconde, par un rayon qui fait dans les deux rhomboïdes la fonction de rayon d'aberration; une troisième, par un rayon ordinaire à l'égard du premier rhomboïde, devenu rayon d'aberration dans l'autre rhomboïde; et une quatrième, par un rayon qui présente le cas inverse du précédent.

38.

33. Quant à la cause physique d'où dépend le phénomène, Newton a fait sur cet objet une hypothèse qui paroît singulière au premier abord, mais qui gagne à être examinée de près et comparée avec les faits observés. Au reste, il l'a placée dans ses questions d'optique, où il interroge continuellement son lecteur, et semble avoir pris à dessein le ton du doute et de l'incertitude, pour nous confier plus librement tous les aperçus qui s'offroient à son génie.

Newton supposoit que les molécules de la lumière avoient deux espèces de pôles, sur lesquels la matière du spath d'Islande exerçoit une action particulière, dont le centre étoit placé dans la région du petit angle solide. D'après cette idée, il considéroit chaque rayon simple comme un prisme quadrangulaire infiniment délié, dans lequel tous les pôles dont nous venons de parler étoient rangés sur deux pans opposés, que nous appelerons *pans d'aberration*. Lorsque le rayon, en pénétrant le rhomboïde, par exemple, en allant de la base supérieure *adef* (*fig.* 53) vers l'inférieure *bcng*, présentoit l'un de ces mêmes pans à l'angle solide *b*, la force dont il s'agit l'attiroit à elle, tandis que quand il présentoit à l'angle *b* l'un des deux autres pans, que l'on peut appeler *pans de réfraction ordinaire*, la matière du rhomboïde n'avoit sur lui d'autre action que celle qui lui étoit commune avec les milieux ordinaires.

Cela posé, parmi tous les rayons simples dont est formé un faisceau de lumière qui tombe sur la surface du rhomboïde, les uns auront leurs pans de réfraction ordinaire et les autres leurs pans d'aberration tournés vers le petit angle solide. Le faisceau se divisera donc en deux parties, dont l'une ne subira que la réfraction ordinaire, tandis que l'autre, attirée par la force qui réside dans le petit angle solide, sera soumise à la réfraction d'aberration.

Cette hypothèse acquiert un nouveau degré de vraisemblance, lorsqu'on l'applique au phénomène des quatre images produites par la superposition de deux rhomboïdes, et aux variations que subissent ces images dans leur intensité, à mesure que s'opère la révolution du rhomboïde supérieur. Ces effets indiquent que le faisceau d'aberration dans lequel tous les pans d'aberration étoient d'abord exactement tournés vers la région d'où émane la force qui agit sur eux, se soudivise peu à peu, à mesure que, pendant la rotation du rhomboïde, cette région change de position; en sorte que les molécules échappent, les unes après les autres, à la force attractive, pour subir la réfraction ordinaire. Le contraire arrive par rapport aux rayons de l'autre faisceau, qui avoient d'abord leurs pans d'aberration à angle droit sur la région d'où émane la force qui produit l'aberration. Car ces pans se trouvant peu à peu dans une position plus favorable à l'égard de la force dont il s'agit, subissent son action les uns après les autres, et le faisceau finit par être tout entier dans le cas de l'aberration. On croit voir une affinité dont l'intensité augmente ou diminue, suivant que les corpuscules sur lesquels elle agit sont plus ou moins en prise à son action, de manière que le nombre des corpuscules attirés s'accroît ou diminue lui-même par des quantités proportionnelles.

39. Je terminerai cet article en observant que les faces intérieures du rhomboïde ont un pouvoir réfléchissant quelquefois très-sensible, en sorte qu'une portion des rayons qui leur parviennent obliquement, en partant d'un point visible situé derrière la base inférieure, étant repoussés de bas en haut, et repassant dans l'air, font voir à l'œil plusieurs images produites par réflection, indépendamment de celles qui sont dues à la réfraction.

U s a g e s.

40. Les usages de la chaux carbonatée sont si connus, qu'il suffira de les exposer ici succinctement. Le plus étendu de tous et le plus intéressant, est de servir à la construction des édifices, sous le nom de *pierre à bâtir*. Cette substance est susceptible d'une infinité de nuances, relativement à sa contexture et

à sa solidité. On réserve celle qui est pleine, fine et facile à tailler, pour les ouvrages de sculpture. La pierre dite *de liais* est recherchée comme très-propre à être employée pour les rampes, les chapiteaux, les colonnes, les chambranles, etc. C'est, en quelque sorte, le marbre de ceux qui se bornent à la propreté, sans prétendre à la magnificence.

41. La même substance, dépouillée, par l'action du feu, de son acide carbonique et réduite à l'état de chaux, est employée dans la composition du mortier qui contribue tant à la solidité des constructions. Les sables ou autres corps semblables, qui sont comme le fonds du mortier, étant insolubles dans l'eau, et incapables, par eux-mêmes, de contracter de l'adhérence, il est nécessaire que les molécules d'une substance soluble, telle que la chaux, agissant sur leurs grains par son affinité, serve à les lier, et forme avec eux une espèce de pâte qui puisse prendre une forte consistance par le desséchement.

42. A mesure que la chaux carbonatée en cristallisation confuse devient plus dure et, pour ainsi dire, plus raffinée, elle approche aussi davantage d'être susceptible de poli, et lorsque ce poli a une certaine vivacité, et qu'il fait ressortir des teintes agréables à l'œil, la substance prend le nom de *marbre*. Mais d'après ce que nous avons dit plus haut, nous devons nous borner ici aux marbres qui sont dans un état voisin de celui de pureté. Tel est surtout le marbre blanc, appelé aussi *marbre statuaire*, parce qu'il est le seul que les sculpteurs emploient pour représenter les personnages célèbres dans l'histoire ou dans les fables. Le plus connu des marbres statuaires antiques, étoit celui de l'île de Paros. Chez les modernes, les marbres destinés au même usage, se tirent principalement des environs de Carrare, vers la côte de Gênes. Leur grain est plus fin que celui qu'on observe dans plusieurs fragmens de statues antiques, et, par là même, ces marbres se prêtent davantage à la délicatesse et au fini du travail.

43. Le marbre blanc est du nombre des corps qui n'isolent

qu'imparfaitement, et tiennent comme le milieu entre les corps
conducteurs et les corps idioélectriques. C'est sur cette propriété
qu'est fondé l'usage du condensateur, imaginé par le célèbre
Volta, pour rendre sensibles de très-petites quantités d'électricité, fournies par des corps environnans, en les déterminant
à s'accumuler sur un disque de métal auquel un plateau de marbre blanc sert de support (1).

44. Il en est de l'application du mot d'*albâtre* comme de
celle du mot de *marbre*. Tout ce qui est pierre calcaire n'est
point marbre, et tout ce qui a été stalactite n'est point albâtre.
Il faut, pour cela, que la substance des concrétions soit susceptible, après le poli, de flatter l'œil par ses couleurs, dont les
plus ordinaires sont le jaunâtre, le jaune de miel, le rouge et
le brun. Elles sont distribuées par bandes ondulées, par couches
concentriques ou par taches, en sorte que l'on a appliqué aux
albâtres les dénominations de *veiné*, d'*onyx*, de *panaché*, etc.,
dans le même sens qu'à certaines variétés de quartz-agathe. Le
blanc s'y trouve assez souvent mêlé ; mais il est rare de rencontrer de l'albâtre entièrement de cette couleur, surtout si l'on
entend par là le blanc de lait tirant sur celui du marbre. Le
Cit. Dolomieu m'en a donné un morceau qu'il a trouvé à Ortée,
près de Rome.

Cependant, c'est de l'opinion que l'albâtre étoit, en général,
d'une couleur blanche, qu'est né l'adage si connu, *blanc comme
l'albâtre*. Mais cette opinion avoit rapport à une autre substance
qui a porté aussi le nom d'*albâtre*, qui est, pour l'ordinaire,
d'un blanc de neige, et que l'on emploie aux mêmes usages
que l'albâtre calcaire. La substance dont il s'agit est une variété
de la chaux sulfatée, que nous ferons connoître en parlant de
cette espèce de minéral.

---

(1) Voyez, pour plus ample explication, l'exposition raisonnée de la
théorie de l'électricité et du magnétisme, d'après les principes d'Æpinus,
p. 100, note *a* ; et les leçons de l'école normale, t. VI, p. 86.

L'albâtre diffère du marbre, non-seulement par la distribution des couleurs, mais aussi par une moindre pureté, et en même temps par un certain degré de transparence qui provient de sa contexture plus continue et plus uniforme. On a appelé *albâtre oriental*, celui qui avoit toute la perfection dont cette pierre est susceptible, relativement à la variété des zones qui le colorent, et à la netteté de son poli.

On trouve d'anciennes statues, dont la matière est l'albâtre. On employoit souvent cette substance pour faire des colonnes et des vases de différentes figures. Il y avoit de ces vases, dans lesquels on renfermoit des parfums, pour les conserver. On voit aussi, dans les cabinets d'antiques, des tables d'albâtre. Ces ouvrages sont quelquefois percés d'un trou provenant d'une stalactite fistulaire, qui s'est trouvée comprise dans la masse. Les ouvriers avoient soin de reboucher ce trou avec un morceau du même albâtre.

45. Le fonds de la substance, connue sous le nom de *blanc d'Espagne*, est une craie que l'on délaye dans l'eau, et à laquelle on fait subir différentes préparations, avant de la façonner en pains, auxquels on donne d'abord la forme de parallélipipèdes tronqués sur leurs arêtes, et après le desséchement, celle de cylindres à bases convexes. Les ouvriers se dispensent de retourner les parallélipipèdes, comme cela paroît devoir être nécessaire, pour que la face qui étoit d'abord en dessous subisse, comme les autres, l'action du desséchement. Ils les placent sur des moellons de craie, qui enlèvent, par imbibition, l'humidité de la face en contact avec eux, en même temps que l'évaporation agit sur les faces exposées à l'air.

IIᵉ. ESPÈCE.

CHAUX PHOSPHATÉE.

Phosphate calcaire des chimistes. *Id.*, *Daubenton, tabl.*, *p.* 20. Amethyste basaltine, *Sage*, *Elémens de minéralogie*, *t. I, p.* 231. *De Lisle, t. II, pag.* 254. Chaux phosphorée, apatite, *de Born, t. I, p.* 363. Gemeiner apatit, *Emmerling, t. I, p.* 502. Chaux phosphorée, Sciagr., *t. I, p.* 191. Calx combined with the phosphoric acid, *Kirwan, t. I, p.* 128. Blattriger apatit, *Karsten, Mineral. tabellen, p.* 36. L'apatite commune, *Brochant, t. I, p.* 580. Cette synonymie se rapporte aux cinq premières variétés de formes cristallines.

Chrysolite ordinaire ou proprement dite, *de Lisle, t. II, p.* 271 ; excluez les synonymies cités par cet auteur. Chrysolite, *de Born, t. I, p.* 68. II. E. a. 3. Spargel stein (pierre d'asperge), *Emmerling, tom. III, pag.* 359. Asparagolithe d'Abildgaard. Muschlichter apatit, *Karsten, ibid.* La pierre d'asperge, *Brochant, t. I, p.* 586. Cette synonymie est relative aux variétés 6 et 7 de formes cristallines.

Erdiger apatit, *Emmerling, t. I, p.* 508. Gemeiner apatit, *Karsten, ibid.* L'apatite terreuse, *Brochant, t. I, p.* 584. C'est notre variété terreuse, nᵒ. 10.

Caract. essentiel. Soluble très-lentement et sans effervescence dans l'acide nitrique : divisible parallélement aux pans et aux bases d'un prisme hexaèdre régulier.

Caract. phys. Pesant. spécif. 3,0989 — 3,2.

Dureté. Non étincellante par le choc du briquet. Ses angles, passés avec frottement sur le verre, s'oblitèrent souvent, en y laissant une poussière blanche.

Réfraction, simple.

Phosphorescence. La poussière des cristaux, excepté les variétés 6 et 7, et celle des masses informes et terreuses, donne

une lueur phosphorique, par l'injection sur un charbon ardent.
Cette dernière variété devient aussi luisante par la trituration,
ou par le frottement de deux morceaux l'un contre l'autre, dans
l'obscurité.

Caract. géom. Forme primitive. Le prisme hexaèdre régulier
(*fig.* 66) *pl. XXX.* Les divisions parallèles aux pans sont les
plus sensibles.

Molécule intégrante. Prisme triangulaire équilatéral (*fig.* 67) (1).

Caract. chim. Infusible au chalumeau. Soluble lentement et
sans effervescence dans l'acide nitrique. La variété terreuse y en
excite quelquefois une légère.

Analyse par Klaproth, de la variété nommée *apatite*

Chaux	55.
Acide phosphorique	45.
	100.

Analyse par Vauquelin, de la variété nommée *chrysolithe.*

Chaux	54,28.
Acide phosphorique	45,72.
	100,00.

Analyse par les Citoyens Bertrand, Pelletier et Douadei, de
la variété terreuse de l'Estramadure.

Chaux	59,0.
Acide carbonique	1,0.
Acide phosphorique	34,0.
Acide muriatique	0,5.
Acide fluorique	2,5.
Silice	2,0.
Fer	1,0.
	100,0.

Caract. distinctifs. 1°. Entre la chaux phosphatée primitive

---

(1) La hauteur *bd* du triangle de la base est à l'arête *bn* comme $\sqrt{3}$ à $\sqrt{2}$.

et l'émeraude. Celle-ci étincelle sous le briquet et raye le quartz, ce que l'autre ne fait jamais. Sa pesanteur spécifique est moindre, dans le rapport d'environ 9 à 10. Sa poussière n'est point phosphorescente par le feu, comme celle de la chaux phosphatée. 2°. Entre la chaux phosphatée en cristaux indéterminables et les autres pierres nommées gemmes, qui offrent quelquefois des couleurs analogues à la sienne, telles que la cymophane, la tourmaline, la topaze et l'émeraude, dite béril; celles-ci étincellent toutes par le choc du briquet et rayent le quartz. Il est rare que la chaux phosphatée raye le verre, et elle ne le fait que légèrement. La tourmaline a de plus la propriété de s'électriser par la chaleur. 3°. Entre la chaux phosphatée grossière et la chaux carbonatée, dite pierre calcaire. La première fait une effervescence peu sensible, et l'autre une très-marquée avec l'acide nitrique. Sa poussière donne une très-belle phosphorescence par le feu, ce qui n'a pas lieu pour la chaux carbonatée.

V A R I É T É S.

F O R M E S.

Déterminables.

1. Chaux phosphatée *primitive*. MP (*fig.* 66). Prisme hexaèdre régulier.

2. Chaux phosphatée *péridodécaèdre*. $\dfrac{\text{M } '\text{G}'\text{ P}}{\text{M } \ e \ \text{P}}$ (*fig.* 68). Incidence de e sur M, 150^d. Les pans e sont souvent striés longitudinalement, par l'effet du décroissement qui les a produits.

3. Chaux phosphatée *annulaire*. $\dfrac{\text{M}\overset{2}{\text{D}}\text{P}}{\text{M } r \, \text{P}}$ (*fig.* 69). Incidence de r sur M, 112^d 12' 28", et sur P, 157^d 47' 32".

4. Chaux phosphatée *émarginée*. $\dfrac{\text{M}'\text{G}'\overset{2}{\text{B}}\text{P}}{\text{M } e \ r\text{P}}$ (*fig.* 70). C'est la réunion des seconde et troisième variétés.

5. Chaux phosphatée *unibinaire*. $\overset{\scriptstyle 1\;\;2}{M\,A\,B}P$ (*fig.* 71). La variété $M\,s\,r\,P$ annulaire augmentée à chaque sommet de six facettes qui naissent sur les angles solides de la forme primitive. Incidence de *s* sur P, 125^d 15' 52".

6. Chaux phosphatée *pyramidée*. $\overset{\scriptstyle 1}{M\,B}$ (*fig.* 72). Incidence de $M\,x$ *x* sur M, 129^d 13' 53"; de *x* sur *x*, 143^d 7' 48".

a. Cunéiforme. Ayant une arête à la place de l'angle solide terminal.

7. Chaux phosphatée *didodécaèdre*. $\overset{\scriptstyle 1}{M'G'B}$ (*fig.* 73). $M\;e\;x$ Douze pans au prisme, et douze faces pour l'ensemble des deux pyramides.

Indéterminables.

Tissu lamelleux.

8. Chaux phosphatée massive *lamellaire.*
9. Chaux phosphatée *granuliforme.*

Tissu non lamelleux.

10. Chaux phosphatée *terreuse.* Couleur blanchâtre , diversifiée à certains endroits par des taches, ou par des zones jaunâtres ou rougeâtres. Grain fin et serré. Surface mamelonée sur certains morceaux.

A C C I D E N S   D E   L U M I È R E.

Couleurs.

1. Chaux phosphatée *limpide.* Quelques cristaux des cinq premières variétés.
2. Chaux phosphatée *violette. Id.*
3. Chaux phosphatée *verdâtre. Id.*

Tome II.   Y

4. Chaux phosphatée *jaune-verdâtre*. Une grande partie des cristaux des sixième et septième variétés.

5. Chaux phosphatée *orangée*. Plusieurs cristaux des mêmes variétés.

6. Chaux phosphatée *bleu-verdâtre*. Quelques cristaux de la sixième variété.

7. Chaux phosphatée *brunâtre*. *Id.*

Transparence.

1. Chaux phosphatée *transparente*. La plupart des cristaux des sixième et septième variétés, et plusieurs de ceux des précédentes.

2. Chaux phosphatée *translucide*.

3. Chaux phosphatée *opaque*. La variété terreuse.

A N N O T A T I O N S.

1. La chaux phosphatée, connue d'abord sous le nom d'apatite, se trouve en Saxe et en Bohême, où elle accompagne les mines d'étain. J'en ai un groupe, qui est entremêlé de fer arsenical en masses, et de cristaux de quartz, de chaux fluatée et de baryte sulfatée. Les cinq premières variétés de formes cristallines se rapportent à ces deux localités. Les prismes sont ordinairement courts à proportion de leur largeur. Le plus volumineux que j'aie vu avoit 2 centimètres ou environ 8 lignes $\frac{8}{9}$ de largeur, sur 8 millimètres ou 3 lignes $\frac{5}{9}$ de hauteur.

Les cristaux, nommés en France *chrysolites*, ont été trouvés par le Cit. Launoy, en Espagne, au Mont Caprera, près du cap de Gates, dans le royaume de Murcie. Leur gangue est une pierre blanche ou jaunâtre, qui paroît cariée, et que plusieurs minéralogistes Français ont regardée comme une lave. Ils sont quelquefois accompagnés de fer oligiste lamelliforme. Leur cristallisation est celle des variétés 6 et 7. J'en ai observé un qui

avoit deux centimètres de longueur entre les deux sommets de
ses pyramides. Mais la plupart sont sensiblement plus petits.
Leur surface a communément beaucoup d'éclat.

Les cristaux orangés proviennent du même endroit. On seroit
tenté de les confondre, au premier coup d'œil, avec la variété
de quartz, nommée *hyacinthe de Compostelle*, dont ils diffèrent
d'ailleurs très-sensiblement, par leur structure et par la mesure
de leurs angles.

Le riche terrain d'Arendal, en Norwège, offre des cristaux
pyramidés de la même substance, qui sont d'un bleu-verdâtre,
et quelquefois d'une couleur brunâtre. J'en ai de ces deux teintes,
qui m'ont été donnés, les uns par M. Abildgaard, les autres
par M. Manthey. Rarement leur pyramide est nettement prononcée. Leur structure s'accorde avec celle des autres variétés,
et le Cit. Vauquelin, d'après ses expériences, les a reconnus
pour appartenir à cette espèce. On les trouve dans la mine de
Marboë.

Les gangues de ces cristaux, lesquelles sont composées
d'amphibole très-ferrugineux, de chaux carbonatée, etc., renferment aussi de la chaux phosphatée amorphe en masse ou en
grains lamellaires.

A l'égard de la variété terreuse, elle se trouve en Espagne,
dans l'Estramadure, où elle forme des collines entières. Elle y
est disposée par couches entrecoupées de quartz. Elle a communément de la ressemblance, par son aspect, avec certaines
pierres calcaires à grain fin. Quelques morceaux présentent des
indices de lames. On voit, par l'ouvrage de Bowles, sur l'histoire
naturelle d'Espagne, qu'elle a été connue de ce savant (1).

2. L'histoire de la chaux phosphatée offre un exemple remarquable des progrès qu'a faits la minéralogie, depuis que l'on a
commencé à chercher dans la composition même des substances,

____

(1) Edit. de Paris, 1786, p. 84.   **Y 2**

et dans leurs caractères les plus constans, les principes de la méthode relative à leur classification. Les cristaux en prismes hexaèdres réguliers avoient été regardés, par Romé de Lisle, comme une variété de l'émeraude, et ceux qui sont pyramidés, comme une gemme particulière, que ce savant nomma *chrysolite orientale* dans la première édition de sa Cristallographie, et *chrysolite ordinaire* dans la seconde. L'éclat extérieur de ces cristaux, dont quelques-uns jouissent d'une belle transparence, leur couleur assez agréable, quoique d'un ton un peu foible, leur forme polyèdre resserrée sous un petit volume, tout paroissoit annoncer à l'œil une véritable gemme, c'est-à-dire, une de ces productions propres à être transformées en ornemens, par le travail de l'art (1). Et il paroit même que c'est pour avoir jugé cette prétendue gemme d'après les épreuves faites sur des morceaux taillés, que la ressemblance de couleur faisoit confondre avec elle, qu'on lui a attribué une pesanteur spécifique différente de la sienne, une dureté beaucoup plus grande et une double réfraction.

Quant à la variété informe qui se trouve dans l'Estramadure, sa phosphorescence l'avoit fait prendre pour un fluate calcaire.

3. Klaproth découvrit, en 1788, la vraie nature de la chaux phosphatée en prismes hexaèdres (2). Proust reconnut les mêmes principes dans celle de l'Estramadure (3), et l'analyse en fut répétée, avec une plus grande précision, par les citoyens Bertrand, Pelletier et Donadei (4).

4. La variété nommée *chrysolite* est restée beaucoup plus long-temps hors de sa vraie place. Elle y a été enfin ramenée

---

(1) Le Cit. Brisson la nomme *chrysolite des joailliers* ; pes. spécif., N°. 151.

(2) Journ. de phys., mars, 1788, p. 241.

(3) *Ibid.*, avril, p. 313.

(4) Annales de chimie, 1790, p. 79

par le citoyen Vauquelin (1) , qui y a trouvé la chaux et l'acide phosphorique combinés, dans un rapport sensiblement égal à celui que Klaproth avoit déterminé pour la première variété.

5. La théorie des lois de la structure avoit devancé tacitement cette découverte. Le travail du citoyen Vauquelin m'ayant donné occasion de comparer les molécules intégrantes des deux substances, déjà déterminées depuis long-temps, je trouvai que j'avois été conduit par le calcul à la même forme et précisément aux mêmes dimensions (2). Seulement la distance de plusieurs années entre les époques auxquelles ces résultats ont été calculés, m'avoit empêché d'apercevoir le lien qui les unit, et d'en déduire la conséquence qui se présentoit naturellement. Et peut-être même y a-t-il quelque chose de plus favorable dans cette coïncidence parfaite de deux résultats pris indépendamment l'un de l'autre, et qui ne laissent aucun lieu au soupçon d'avoir négligé, pour les faire cadrer ensemble, les petites différences que peut donner l'observation, et qu'on se permet quelquefois trop facilement de mettre sur son compte.

J'ajouterai que les variétés connues des mêmes substances ne se ressemblent que par la forme de leur prisme hexaèdre, qui leur est commune avec un grand nombre d'autres minéraux. Les

---

(1) Bulletin de la société philomatique, frimaire, an 6 de la Rép., p. 69.

(2) Voyez le *journal des mines*, N°. 33 , p. 689. Quelques auteurs ont supposé que Vauquelin, en faisant l'analyse de la substance dont il s'agit, avoit eu intention d'en comparer la composition avec celle de la pierre nommée *chrysolite* par les allemands. La vérité est que ce savant profita de ce que le conseil des mines venoit de recevoir une certaine quantité de ces cristaux qu'on appeloit ici *chrysolites,* dont on lui remit une partie, pour être analysée ; et il n'eut d'autre but, dans cette opération, que de déterminer la nature d'une substance dont les principes composans nous étoient inconnus. Il avoit analysé, quelque temps auparavant, notre péridot, et Dolomieu avoit prouvé que ce minéral étoit la chrysolite des allemands. *Voyez* l'article péridot.

sommets diffèrent très-sensiblement de part et d'autre, par le nombre et par l'inclinaison de leurs facettes, en sorte qu'on ne seroit pas tenté de rapprocher ces deux substances, en se bornant à la configuration extérieure des cristaux.

6. Le peu de dureté de la chrysolite, et la difficulté de la brillanter, m'avoit aussi fait reconnoître, avant que la chimie l'eut fait passer dans la classe des substances acidifères, qu'elle devoit au moins être effacée de la liste des gemmes (1). Elle est si tendre et si rebelle au poli, qu'on peut assurer, ce me semble, qu'elle ne s'est jamais rencontrée dans le commerce, parmi les pierres taillées qui portent le nom de *chrysolites*.

7. Je n'ai point trouvé que la poudre de cette substance fut phosphorescente, comme celle des autres variétés. Mais c'est ici un des caractères qui dépendent d'une cause accidentelle, puisque la combinaison artificielle de la chaux et de l'acide phosphorique en est dépourvue (2). Cette propriété est surtout très-sensible dans la chaux phosphatée grossière, jetée en poudre sur un charbon ardent. La lumière qu'elle donne est plus vive et moins fugitive que celle de la chaux fluatée : c'est une des expériences qui font spectacle.

8. L'endroit de la province de l'Estramadure où cette même substance abonde, est aux environs du village de Logrosan, dans la juridiction de Truxillo. Elle y est employée pour la construction des maisons et des murailles d'enclos (3).

9. Le citoyen Saussure, digne fils du célèbre naturaliste de ce nom, ayant décomposé, à un violent feu de fusion, la chaux sulfatée, par l'acide phosphorique concret, a obtenu de la chaux phosphatée artificielle, en masses lamellaires grisâtres, et lui a reconnu la propriété de s'électriser, à l'aide de la chaleur,

---

(1) Journal des mines, N°. 28, p. 510.

(2) Annales de chimie, 1720, p. 95.

(3) Journal de phys., avril, 1788, p. 245.

en deux points opposés, dont l'un manifeste l'électricité vitrée,
et l'autre la résineuse ; découverte d'autant plus intéressante,
que c'est ici le premier exemple d'une substance produite par
l'art, qui jouisse de cette propriété (1).

Cette chaux phosphatée diffère, en ce point, de celle de la
nature, que j'ai tenté inutilement d'électriser, par le même
moyen (2). Le citoyen Saussure a observé aussi qu'elle devenoit
lumineuse dans l'obscurité, lorsqu'on la grattoit avec le bout
d'une plume, en quoi elle se rapproche de la chaux phosphatée
terreuse de l'Estramadure. Mais sa poussière, jetée sur des charbons ardens, n'est pas phosphorescente, non plus que celle des
produits artificiels du même genre obtenus par d'autres chimistes.

IIIe. ESPÉCE.

CHAUX FLUATÉE.

Fluate de chaux des chimistes.

Fluor mineralis, *Waller*, t. *I*, p. 178. Spath fusible ou
vitreux, dit aussi spath phosphorique et fluor spathique, *de
Lisle*, t. *II*, p. 1. Chaux fluorée, *de Born*, t. *I*, p. 355. Chaux
fluorée, fluor minéral, Sciagr., t. *I*, p. 186. Fluss, *Emmerling*,
t. *I*, p. 515. Spath fluor, *Daubenton*, *tabl.*, p. 19. Calx combined with the sparry acid., *Kirwan*, t. *I*, p. 124. Le fluor,
Brochant, t. *I*, p. 592.

Caractère essentiel. Insoluble dans l'eau ; divisible en octaèdre
régulier.

---

(1) Extrait d'un mémoire lu à la société philomatique, le 23 prairial, an 8.

(2) La substance dont il s'agit étant le produit d'une vitrification, et sa
fusibilité au chalumeau paroissant indiquer un excès d'acide phosphorique,
il est possible qu'elle ait acquis des qualités physiques qui manquent à la
chaux phosphatée naturelle.

Caract. phys. Pes. spécif. 3,0943. . . 3,1911.

Dureté. Rayant la chaux carbonatée.

Réfraction, simple.

Phosphorescence. Sa poussière, jetée sur un charbon ardent, répand une lueur ordinairement bleuâtre ou verdâtre. Deux morceaux frottés l'un contre l'autre brillent dans l'obscurité.

Car. géom. Forme primitive. L'octaèdre régulier. On l'obtient facilement par la division mécanique. Molécule intégrante. Le tétraèdre régulier.

Caract. chim. Fusible au chalumeau en verre transparent.

Décrépitation sur un charbon allumé. .

Caract. distinct. Entre la chaux fluatée et 1°. la chaux carbonatée. Celle-ci est rayée par l'autre ; les angles plans de ses lames sont de 101^d $\frac{1}{2}$ et 78^d $\frac{1}{2}$, au lieu de 120^d et 60^d. Sa réfraction est double, celle de la chaux fluatée est simple. Enfin, la chaux carbonatée fait effervescence avec l'acide nitrique, ce qui n'a point lieu pour la chaux fluatée. 2°. La baryte sulfatée. Celle-ci a une pesanteur spécifique plus grande, dans le rapport, d'environ 4 à 3 ; sa division mécanique donne des angles solides composés de 3 plans, dont deux sont perpendiculaires sur le troisième. Dans la chaux fluatée, tous les plans sont inclinés entre eux. 3°. La chaux sulfatée. Celle-ci est rayée par la chaux fluatée ; les angles plans de ses lames sont de 113^d et 67^d, au lieu de 120^d et 60^d. Elle s'exfolie et blanchit par l'action du feu ; la chaux fluatée y décrépite, et se disperse en petits éclats.

V A R I É T É S.

F O R M E S.

Déterminables.

1. Chaux fluatée *primitive.* P (*fig.* 74) *pl. XXXI. De Lisle, t. II, p.* 15 ; espèce II. Incidence de deux faces voisines quelconques l'une sur l'autre, 109^d 28′ 16″.

a.

a. Cunéiforme. En octaèdre, dont les sommets sont en arêtes, au lieu d'être de simples points.

C'est ici le lieu d'éclaircir une difficulté que présentent, relativement à leur structure, toutes les substances minérales qui ont un octaèdre pour forme primitive. Ce que nous dirons ici de l'octaèdre régulier s'applique à tous les autres solides du même genre.

Soit *bp* (*fig.* 75) l'octaèdre dont il s'agit. Si l'on se borne à le soudiviser de la manière la plus simple, à l'aide de vingt-quatre plans qui passent par les milieux *h*, *i*, *l*, *t*, *r*, etc., de ses arêtes et en même temps par le centre, la division donnera six octaèdres partiels et huit tétraèdres. La pyramide *ilnre* représente la moitié extérieure d'un des octaèdres partiels, d'où l'on voit que dans chacun de ces octaèdres, un des angles solides *e* se confond avec un de ceux de l'octaèdre total, et l'angle solide opposé coïncide avec le centre.

D'une autre part, le triangle équilatéral *hil* représente une des faces d'un des tétraèdres partiels, d'où l'on voit que chacun de ces tétraèdres n'a que cette seule face située à l'extérieur, les trois autres étant engagées dans le solide, où elles se réunissent en un point commun qui se confond avec le centre.

Chaque octaèdre partiel soudivisé à son tour par les milieux de ses arêtes, se résoud en six octaèdres et huit tétraèdres, et chaque tétraèdre en quatre tétraèdres et un octaèdre. On concevra ce second résultat, si l'on considère que les coupes faites parallélement aux quatre faces du tétraèdre, en passant par les milieux des arêtes, interceptent les quatre angles solides, d'où il résulte qu'elles détachent quatre tétraèdres. Mais, de plus elles mettent à découvert quatre triangles équilatéraux, lesquels, joints à ceux qui sont les résidus des faces du tétraèdre total, donnent la surface d'un octaèdre.

De quelque manière que l'on s'y prenne pour soudiviser un octaèdre, on aura toujours au moins des solides de deux formes, sans jamais pouvoir réduire à l'unité le résultat de la division.

Soit maintenant *au* (*fig.* 76) un rhomboïde aigu ayant ses angles du sommet de 60ᵈ. Supposons que l'on fasse dans ce rhomboïde deux coupes qui passent par les diagonales horizontales *bg*, *bc*, *gc*, et *dp* , *pf*, *df*; il est facile de voir que ces coupes détacheront deux tétraèdres réguliers *bcga* , *dpfu* , et que la partie qui restera entre ces tétraèdres sera un octaèdre semblable en tout à celui de la fig. 75 (1).

Concluons de là qu'un octaèdre régulier peut être considéré comme le résidu d'un rhomboïde aigu de 60ᵈ, dont on auroit séparé deux tétraèdres réguliers. Réciproquement, on pourra faire passer la forme d'un octaèdre régulier à celle du rhomboïde aigu de 60ᵈ, en ajoutant au premier deux tétraèdres réguliers placés sur deux quelconques de ses faces opposées. La fig. 77 représente le rhomboïde provenant de l'addition des tétraèdres sur les faces *gfp*, *bde* ; dans la fig. 78 les tétraèdres additionnels reposent sur les faces *gep* , *bdf*; et dans la fig. 79 , ils reposent sur les faces *gbf*, *dcp*.

Supposons que le rhomboïde soit coupé par une infinité de plans parallèles les uns aux faces de ce rhomboïde, et les autres aux triangles *bcg*, *dfg* (*.fig.* 76) chacun des petits rhomboïdes qui résulteroient des premières coupes, si elles existoient seules, sera soudivisé, à l'aide des secondes, en un octaèdre régulier plus deux tétraèdres ; et il est visible que ces différentes coupes produiront le même effet relativement à l'octaèdre *bp*, que dans l'hypothèse précédente , où nous avons considéré cet octaèdre comme subissant des divisions et subdivisions successives, dont chacune donnoit un certain nombre d'octaèdres et de tétraèdres toujours plus petits.

Il suit de là que les tétraèdres renfermés dans cet octaèdre

---

(1) Cet octaèdre, par une suite de la manière dont il a été projeté , se trouve ici tourné , de manière que deux de ses faces opposées, savoir *bcg* et *dfp* , ont des positions horizontales.

composent, avec les octaèdres partiels, des rhomboïdes dans tous les sens, ou, ce qui revient au même, que chaque octaèdre est enveloppé par huit tétraèdres. Réciproquement, chaque tétraèdre étant adjacent par une de ses faces à un octaèdre, est enveloppé par quatre tétraèdres.

Or, les molécules intégrantes d'un cristal étant nécessairement similaires, il m'a paru vraisemblable que la structure étoit ici comme criblée d'une multitude de vacuoles occupés soit par l'eau de cristallisation, soit par quelqu'autre substance; en sorte que s'il nous étoit donné de pousser la division jusqu'à sa limite, l'une des deux espèces de solides dont il s'agit disparoîtroit, et tout le cristal se trouveroit seulement composé de molécules de l'autre forme.

Pour mieux faire concevoir comment l'octaèdre, quoiqu'uniquement composé d'une seule espèce de solides élémentaires, peut donner, à l'aide de la division mécanique, des solides finis de trois formes différentes, je vais employer une comparaison tirée d'une figure plane. Soit *abcdfg* (*fig.* 80) un hexagone régulier, composé d'un nombre presqu'infini d'hexagones pareillement réguliers d'une extrême petitesse, entremélés de triangles équilatéraux; il est visible qu'en divisant l'hexagone total parallélement à tous ses côtés, ou seulement à quelques-uns, on pourra obtenir, à volonté, soit d'autres hexagones plus petits, tels que *amprst*, soit des triangles équilatéraux, tels que *hzx*, soit enfin des rhombes, tels que *hnlk*, de manière que chacune de ces figures sera elle-même un assortiment d'hexagones et de triangles. Il est clair encore qu'en ajoutant à l'hexagone sur deux quelconques de ses côtés opposés, deux triangles équilatéraux *ayb*, *duf*, que l'on doit concevoir comme étant eux-mêmes des assemblages d'hexagones et de triangles, on aura un rhombe *cugy* tout composé de figures de l'une et l'autre espèce.

Imaginons maintenant que les triangles deviennent nuls, et laissent des vacuoles aux places qu'ils occupoient. Les mêmes divisions auront toujours lieu , et les figures qui en résultent s'offriront encore à l'œil sous le même aspect, parce que les vacuoles sont imperceptibles. Il en faut dire autant de l'hypothèse dans laquelle ce seroit, au contraire, les hexagones qui s'évanouiroient. Or, les petits hexagones renfermés dans le grand, répondent aux petits octaèdres, les triangles équilatéraux aux tétraèdres, et les rhombes aux rhomboïdes. Il y a cependant cette différence, que l'on peut se représenter chaque hexagone comme un assemblage soit de six triangles équilatéraux , soit de trois rhombes, sans aucun vide, au lieu que la structure de l'octaèdre ne peut être ramenée, même par la pensée, à l'unité de figure, sans supposer des vacuoles dans son intérieur. Mais c'est ici un de ces exemples qu'il ne faut pas prendre à la rigueur, et qu'on ne propose que pour aider l'intelligence, en parlant aux yeux.

Chaque octaèdre étant, comme nous l'avons vu, enveloppé par huit tétraèdres, et chaque tétraèdre par quatre octaèdres, quelle que soit celle des deux formes que l'on supprime , les solides qui resteront se joindront exactement par leurs bords, en sorte qu'à cet égard il y aura continuité et uniformité dans toute l'étendue de la masse.

Or, comme dans toutes les autres espèces de minéraux, dont la structure ne laisse aucune équivoque sur la forme de la molécule intégrante, cette forme est toujours ou le parallélipipède, ou le prisme triangulaire , ou le tétraèdre ; si dans les cas douteux, semblables à celui-ci, on adopte le tétraèdre, toutes les formes de molécules se trouveront réduites aux trois qui sont les plus simples que l'on puisse concevoir , ce qui paroît fournir une raison de préférence en faveur du tétraèdre.

J'observerai, à ce sujet, que l'on ne peut employer autrement des tétraèdres réguliers, qu'en les réunissant par leurs bords, comme il vient d'être dit, pour qu'il résulte de leur ensemble un corps qui soit lui-même régulier, en sorte que se refuser à l'hypothèse que je propose, ce seroit exclure des résultats de la cristallisation une forme qui, par sa grande simplicité, semble y réclamer une place.

Mais le point essentiel est que les deux formes étant tellement assorties entre elles, dans l'intérieur du cristal, qu'elles composent de petits rhomboïdes, les lames de superposition appliquées sur le noyau, dans les formes secondaires, décroissent par des soustractions d'une ou plusieurs rangées de ces rhomboïdes, en sorte que la molécule soustractive conserve l'analogie des autres cristallisations, et que le fonds de la théorie subsiste, indépendamment du choix que l'on pourroit faire entre l'une ou l'autre des formes que l'on obtient par la division mécanique (*voyez* t. I, p. 61 et suiv.)

2. Chaux fluatée *cubique.* $\overset{A\ 'A'}{\underset{i}{{}_{I}}}$ (*fig.* 81). *De Lisle*, t. *II*, p. *7* ; esp. Ière.

On voit (*fig.* 82) le noyau octaèdre renfermé dans le cube, et dont les angles solides *i*, *i'*, coïncident avec les milieux des faces de ce cube. On y voit aussi le rhomboïde que l'on peut extraire par des coupes qui partent de deux angles solides opposés *f*, *f'* du cube, et qui passent par les diagonales contiguës à ces angles. Le rhomboïde dont il s'agit est composé de l'octaèdre, et des deux tétraèdres appliqués sur les deux faces du même octaèdre, qui sont tournées vers les angles *f*, *f'*.

3. Chaux fluatée *dodécaèdre.* $\overset{\overset{I}{B}B}{\underset{\underset{s}{I}}{}}$ (*fig.* 83) *pl. XXXII.*

En dodécaèdre rhomboïdal. Incidence de deux faces voisines quelconques l'une sur l'autre, 120[d].

Le décroissement fait naître sur chaque face AAA du noyau (*fig.* 74) une pyramide triangulaire, dont la base est indiquée par *aaa* (*fig.* 83), et qui a son sommet en *r*. On a donc huit pyramides, et par conséquent vingt - quatre triangles isocèles, qui, étant deux à deux sur un même plan, donnent douze rhombes.

4. Chaux fluatée *cubo-octaèdre.* $\mathrm{P}\overset{\mathrm{P\,A\,{}^{1}A^{1}}}{{}_{\mathrm{I}}\ i}$ (*fig.* 84). *De Lisle*, *t. II*, *p.* 14 ; var. 2. Incidence de i sur P, 125^{d} 15′ 52″.

Si les faces P ne parviennent pas à se toucher, auquel cas elles conserveront la figure triangulaire, les faces i seront des octogones au lieu de carrés.

Si les faces P s'entrecoupent, elles se changeront en hexagones, dont tous les angles seront de 120^{d}, tandis que les faces i seront toujours des carrés.

Les cubes de chaux fluatée ont quelquefois, aux endroits de leurs angles solides, des fractures accidentelles, qui produisent des facettes parallèles aux faces du noyau, et situées comme P, P. Mais il est facile de les distinguer à leur poli, de celles qui sont le résultat immédiat de la cristallisation.

5. Chaux fluatée *émarginée.* $\overset{\mathrm{P\,B\,\overset{1}{B}}}{\underset{\mathrm{P\ {}_{\mathrm{I}}\,s}}{}}$ (*fig.* 85). *De Lisle*, *t. II*, *p.* 19 ; var. 4. Incidence de s sur P, 144^{d}. 44′ 8″.

J'ai dit (t. I, p. 63) que dans le cas où la forme primitive et celle des molécules intégrantes différoient du parallélipipède, non-seulement les décroissemens se faisoient par des soustractions de petits groupes de molécules équivalens à des parallélipipèdes, mais que l'on pouvoit même substituer un noyau de cette dernière forme au véritable noyau. J'en citerai un exemple, à l'occasion de la variété dont il s'agit ici. Soit A*c* (*fig.* 90) le noyau fictif semblable au rhomboïde de la fig. 76. Si l'on suppose un cristal secondaire dérivé de ce noyau, qui ait pour signe représentatif $\mathrm{P\,A\,A\,\overset{1}{D}}$, il sera semblable à la chaux fluatée émarginée. Les faces $\mathrm{P,\ \underset{\mathrm{I}}{A}}$, répondent aux faces P, P (*fig.* 85), et les faces $\mathrm{\underset{\mathrm{a}}{A},\ \overset{1}{D}}$, répondent aux facettes s, s.

6. Chaux fluatée *cubo-dodécaèdre.* $\overset{\mathrm{A\ {}^{1}A^{1}\ B\overset{1}{B}}}{\underset{{}_{\mathrm{I}}\,i\quad {}_{\mathrm{I}}\,s}{}}$ (*fig.* 86). *De*

Lisle, tom. II, pag. 14 ; var. 2. Incidence de s sur i, 135^d.

7. **Chaux fluatée** *bordée.* $\overset{}{\underset{i}{A}}\,'A\,'\left(\overset{\frac{1}{2}}{\underset{x}{A}B^3B^2}\right)$ (1) (*fig.* 87). Le cube avec vingt-quatre facettes géminées qui semblent former une *bordure* autour de chaque carré. *De Lisle, t. II, p.* 15. Incidence de x sur x, 126^d 56' 8" ; et sur i, 161^d 31' 56".

On saisira plus aisément la structure de cette variété, en la comparant avec celle de la précédente. Dans celle-ci, les faces s, s (*fig.* 86) sont produites par des décroissemens qui agissent parallélement aux bords B, B (*fig.* 74) du noyau, de manière que si l'on menoit sur la face s située en avant (*fig.* 86), une ligne qui passât par les angles n, t, le milieu de cette ligne répondroit au milieu z d'une des arêtes cd (*fig.* 88) du noyau (2), laquelle seroit coupée à angle droit par la ligne dont il s'agit. Concevons maintenant que le décroissement devienne intermédiaire, et que les bords des lames de superposition, au lieu d'être parallèles aux arêtes cd, dk, etc., s'inclinent à leur égard, en prenant successivement des positions analogues aux lignes ru, rm, gh, gf, etc. La géométrie fait voir que, dans ce cas, les deux faces produites l'une par la série des bords alignés comme ru, zy, l'autre par celle des bords qui répondent à rm, zp, seront toujours sur un même plan parallèle à celui du triangle pzy ; de même il se formera vers l'angle c deux faces situées sur un seul plan parallèle à celui du triangle lzq. Or, à un certain terme, les faces pzy, lzq s'entrecouperont sur une ligne qui aura la même position que celle qui seroit menée de n en t (*fig.* 86).

---

(1) Les lettres renfermées dans la parenthèse se rapportent à l'angle solide situé en devant, qui a la même position que d (*fig.* 88).

(2) Cette figure représente le noyau dont chaque face a été soudivisée en une multitude de triangles, parmi lesquels les uns sont des faces d'octaèdres, et les autres des faces de tétraèdres.

Il en résulte qu'au lieu d'une seule face s, on en aura deux désignées par x, x (*fig.* 87), qui produiront le même effet que si les deux moitiés de la face s (*fig.* 86), dont l'une est située à droite et l'autre à gauche de la ligne menée de n en t, au lieu de rester de niveau, s'étoient inclinées l'une sur l'autre, ainsi qu'on le voit fig. 87.

8. Chaux fluatée *hexatétraèdre.* $\left(\overset{\frac{1}{2}}{\underset{x}{AB^3B^2}}\right)$ (*fig.* 89). La var. précédente, dans laquelle les décroissemens ayant atteint leur limite, produisent six pyramides appliquées sur les faces du cube. *De Born, catal.*, *t. I, p.* 361. VI. B. a. 17, et Pl. I, fig. 1. Incidence de x sur x, 126^d 56′ 8″; de x sur x', 154^d 9′ 28″. La théorie fait voir que, dans l'hypothèse d'un noyau cubique, le décroissement d'où naîtroient les pyramides seroit beaucoup plus simple, et auroit lieu par trois rangées sur toutes les arêtes du cube. On voit dans la collection du Cit. Lefebvre, conseiller des mines, un très-bel échantillon de cette variété.

C'est à une loi du même genre, mais beaucoup plus rapide dans sa marche, et qu'il seroit très-difficile de soumettre au calcul, qu'est due la forme de certains cristaux que l'on prendroit d'abord pour des cubes, mais qui, vus de près, se présentent comme des polyèdres à vingt-quatre faces triangulaires isocèles, très-peu inclinées sur les faces du cube, en sorte qu'il en résulte six pyramides extrêmement surbaissées.

9. Chaux fluatée *triforme.* $\overset{\overset{1}{}}{\underset{\underset{P\ \ o\ \ \ r}{}}{PBB\ A^1A^1}}$ (*fig.* 162) *pl. **XXXIX**.

Dérivée de la forme primitive par les facettes **P**, du dodécaèdre rhomboïdal par les facettes o, et du cube par les facettes r.

10. Chaux fluatée *sphéroïdale.* En octaèdres, composés de lames curvilignes, ce qui donne aux faces une forme bombée. C'est comme le passage de la cristallisation régulière à la concrétion. Cette variété a été trouvée par le Cit. Champeaux, dans les environs d'Autun, département de Saône et Loire.

Indéterminables.

Indéterminables.

11. Chaux fluatée *concrétionnée*. Formée par bandes ou par zones, comme les albâtres calcaires.

12. Chaux fluatée *amorphe*. Elle présente communément un assemblage confus de fragmens, qui semblent être incrustés dans des couches de la même substance, souvent avec mélange de matières hétérogènes, telles que le quartz, la baryte sulfatée, etc.

ACCIDENS DE LUMIÈRE.

Couleurs.

1. Chaux fluatée *limpide*. Elle se rencontre surtout parmi les cristaux cubiques.

2. Chaux fluatée *rouge*. Faux rubis balais.

3. Chaux fluatée *violette*. Fausse amethyste.

4. Chaux fluatée *verte*. Fausse émeraude; prime d'émeraude. Les octaèdres de la même couleur ont été appelés *émeraudes morillons*, *émeraudes de Carthagène*, *nègres-cartes*.

5. Chaux fluatée *bleue*. Faux saphir.

6. Chaux fluatée *jaune*. Fausse topaze.

7. Chaux fluatée *violet-noirâtre*. En octaèdres réguliers.

Transparence.

1. Chaux fluatée *transparente*.

2. Chaux fluatée *translucide*. La plupart des cristaux colorés.

3. Chaux fluatée *opaque*.

APPENDICE.

Chaux fluatée *aluminifère*. En cubes isolés, très-réguliers, d'un gris sale, ayant un aspect terreux.

TOME II.   A a

1. La chaux fluatée est commune dans une multitude d'endroits, particulièrement dans le Derbishire, en Angleterre; dans les mines de Saxe, dans la ci-devant Auvergne, etc. Les cristaux cubiques sont les plus ordinaires. On en trouve d'octaèdres, d'un rouge couleur de rose, à Chamouni, en Savoie. La variété 3, en dodécaèdres rhomboïdaux, qui est très-rare, a été découverte, il y a environ 12 ans, par le Cit. Subrin, élève des mines, entre le Breuil et Charecey, route du Petit Mont-cénis à Châlons.

2. Les cubes isolés, d'un gris sale, cités dans l'appendice, se trouvent en Angleterre, près de Boxton. On aperçoit, dans leurs fractures, des indices très-sensibles de joints naturels situés parallélement aux faces de l'octaèdre primitif. M. Macie, de la société royale de Londres, a reconnu qu'ils étoient mélangés d'argile ferrugineuse. Cette terre y fait, à l'égard de la chaux fluatée, à peu près la même fonction que la matière quartzeuse, par rapport à la chaux carbonatée, dans les cristaux connus sous le nom de *grès cristallisé de Fontainebleau.*

3. La chaux fluatée fait souvent partie de la gangue des mines métalliques, et sert à favoriser la fusion des autres substances terreuses dont la mine est mélangée, et à produire ainsi la séparation de ces substances d'avec le métal au - dessus duquel elles s'élèvent à l'état de verre ou de scories. De là les noms de *spath fluor* et de *spath fusible*, que l'on a donnés à la chaux fluatée. Les métaux qu'elle accompagne sont ordinairement l'argent, le cuivre, l'étain et le plomb, rarement l'or et le mercure.

4. Cette substance acidifère a été d'abord réunie, par plusieurs chimistes, avec la chaux fluatée et la baryte sulfatée. On prenoit alors la baryte pour une modification de la chaux, et l'on confondoit l'acide de la chaux fluatée avec l'acide sulfurique; en

sorte qu'on ne voyoit autre chose , dans les trois substances , que des combinaisons de ce dernier acide avec la chaux.

Les observations de Marcgraff mirent les chimistes sur la voie, pour découvrir le vice de ce rapprochement. Mais il étoit réservé à Schéelle de faire le pas important , et de prouver que la base du spath fluor étoit combinée avec un acide particulier, que l'on a nommé *acide spathique* , et mieux encore , *acide fluorique* , et qui, entre autres propriétés, a celle de corroder le verre.

5. Werner est le premier qui ait remarqué que la chaux fluatée se divisoit en tétraèdres réguliers. Mais cette observation n'a été connue ici qu'en 1790, par la traduction qu'a publiée madame Picardet , du traité de ce célèbre minéralogiste , sur les caractères extérieurs des minéraux (1). Au reste, on obtient assez rarement le tétraèdre avec ses quatre angles solides complets. Il faut aussi des précautions et de l'habitude pour obtenir le rhomboïde dans toute sa pureté. On arrive plus facilement à l'octaèdre , parce qu'on ne peut faire aucune coupe qui ne soit dans le sens de quelqu'une de ses faces, en sorte qu'il ne reste plus qu'à les rendre égales entre elles.

6. Pour bien observer la phosphorescence de la chaux fluatée , on peut jeter de sa poussière en tas sur un charbon allumé ; il se formera, vers les bords du tas, un cercle de lumière, qui ira toujours en diminuant de diamètre, jusqu'à ce que tous les grains aient produit leur effet. Kircmayer faisoit voir des caractères lumineux dans l'obscurité, en mettant sur des charbons ardens une plaque de cuivre , sur laquelle il avoit écrit avec un mélange d'eau et de poudre de chaux fluatée.

7. On trouve , en Sibérie, une substance violette qui a la plus grande analogie avec la chaux fluatée , mais dont la phosphorescence se développe avec des circonstances particulières. On lui a donné le nom de *chlorophane* , c'est-à-dire , *corps qui*

---

(1) *Voyez* cette traduction , p. 252.

répand une lumière verte. Si l'on en met un fragment sur un charbon ardent, il y reste sans décrépiter, et bientôt il répand une lumière d'un vert d'émeraude, qui produit un très-bel effet. Cette lumière va en s'affoiblissant, et finit par disparoître au bout d'un certain temps ; la pierre se trouve alors décolorée, et est devenue limpide. Lorsqu'on ménage l'action de la chaleur, en se contentant d'exposer la chlorophane sur de la cendre chaude, et qu'on a soin de la retirer peu après qu'elle est entrée en pleine phosphorescence, le phénomène peut être renouvelé un certain nombre de fois, mais toujours avec une diminution progressive de la propriété phosphorique.

8. Puymaurin a tiré un parti ingénieux de la propriété qu'a l'acide fluorique de corroder le verre, en dessinant des figures sur une glace enduite de vernis fort, et en couvrant le tout d'acide, qui s'insinue dans les traits du dessin et en marque l'empreinte sur la glace. Un de ses plus beaux ouvrages en ce genre, est celui qui représente la chimie et le génie pleurant sur le tombeau de Schéelle, à qui l'on doit la découverte de l'acide fluorique. On a trouvé depuis, que le gaz acide fluorique pouvoit être employé encore plus avantageusement que l'acide en nature. Ce moyen réunit l'économie, la facilité et la célérité. Il suffit de jeter de la poudre de chaux fluatée dans de l'acide sulfurique, et de placer la pièce de manière qu'elle reçoive la vapeur qui se dégage. Le Cit. Gillet a réussi à graver, en très-peu de temps, par ce procédé, des dessins très-délicats.

9. On rencontre, dans le commerce, divers octaèdres de chaux fluatée, la plupart d'une couleur violette, dont il paroît que l'on a réparé les imperfections naturelles, en les polissant sur certaines faces. Quelques-uns ont deux facettes carrées, qui interceptent deux de leurs angles solides opposés. Mais il est très-douteux que ces facettes, qui d'ailleurs présentent aussi le poli de l'art, se trouvassent sur les cristaux encore intacts. On conçoit le dessein de l'artiste, en les pratiquant, puisque les

mêmes cristaux sont percés dans le sens de l'axe correspondant,
ce qui prouve en même temps que ces cristaux ont été employés
comme ornemens.

10. En Angleterre et ailleurs, on travaille les morceaux de
chaux fluatée d'un volume un peu considérable, et l'on en fait
des plaques et des vases de différentes formes. Ces ouvrages,
dont les couleurs vives et agréables semblent rivaliser avec
celles des gemmes, sont encore diversifiés par des assortimens
de portions cristallisées et diaphanes, enchatonnées dans des
espèces de cloisons demi-transparentes ou opaques, quelquefois
d'une autre matière, en sorte que le tout imite une pièce de
marqueterie ou un tissu alvéolaire.

IVe. ESPÈCE.

CHAUX SULFATÉE.

Sulfate calcaire des chimistes.

Gypsum, *Waller*, *t. I*, *p.* 159. Excluez l'espèce 74, n°. 8,
p. 168. Gypse ou pierre à plâtre, dont les cristaux portent le
nom de sélénite, *de Lisle*, *t. I*, *p.* 441. Chaux vitriolée, gypse,
sulfate de chaux, *de Born*, *t. I*, *p.* 342. Chaux vitriolée,
(gypse, sélénite) Sciagr., *t. I*, *p.* 109. Gips et fraveneis (miroir
de femme), *Emmerling*, *t. I*, *p.* 527 *et* 540. Gypse, *Daubenton*,
tabl., *p.* 20. Calx combined with the vitriolic acid, *Kirwan*, *t. I*,
p. 118. Le gypse, *Brochant*, *t. I*, *p.* 601.

Caractère essentiel. Divisible par des coupes très - nettes en
lames, qui se cassent sous des angles de 113^d et 67^d.

Caract. physiq. Pesant. spécif., 2,2642 — 2,3117.

Dureté. Rayée par la chaux carbonatée.

Réfraction, double.

Caractères géomét. Forme primitive. Prisme droit quadrangulaire (*fig.* 94) *pl. XXXIII*, dont les bases sont des parallé-

logrammes obliquangles, ayant leurs angles de 113^d $7'$ $48''$ et 66^d $52'$ $12''$. Les divisions parallèles aux bases sont très-nettes, et s'obtiennent avec la plus grande facilité, au moyen d'une lame de couteau que l'on fait passer entre les lames du cristal. Si l'on rompt ensuite une de ces lames avec précaution, ou qu'on frappe dessus avec un corps dur, on obtient les divisions latérales beaucoup moins nettes et moins éclatantes que les premières.

Molécule intégr., *id.* (1).

Caractère chim. Exposée sur un charbon ardent, elle décrépite, blanchit en un instant, et devient très-friable.

Fusible au chalumeau, en émail blanc, pourvu que le jet de flamme soit dirigé vers le tranchant des lames. Cet émail tombe en poudre au bout de quelques heures.

Soluble dans environ cinq cents fois son poids d'eau froide. Celle qui est chaude n'en dissout pas sensiblement davantage (2).

Analyse par Bergmann.

Chaux	32.
Acide sulfurique	46.
Eau	22.
	100.

----

(1) Soit AEA' E' (*fig.* 95) la même base que fig. 94. Si l'on mène la petite diagonale AA', puis A*n* perpendiculaire sur AE, on trouve que l'angle AA' E est de 60^d, et que les côtés A*n*, A'*n*, AA' du triangle rectangle A'*n*A sont entre eux comme les nombres 3, 4, 5. En adoptant ces nombres comme expressions des mêmes côtés, on a pour celle de la hauteur H (*fig.* 94), la fraction $\frac{164}{7}$. Il résulte de là que dans le parallélogramme de la base, les côtés B, C sont entre eux à peu près dans le rapport de 12 à 13, et qu'en supposant B = 12, C = 13, on a 32 à peu près pour la valeur de la hauteur G ou H.

(2) Fourcroy, Elém. d'histoire natur. et de chimie, édit. 1789, t. II, pag. 122.

Caractères distinctifs. 1°. Entre la chaux sulfatée et la chaux carbonatée. Celle-ci se divise avec la même netteté, dans tous les sens, en lames, dont les angles sont de $101^d \frac{1}{2}$ et $78^d\frac{1}{2}$; la chaux sulfatée ne se divise nettement que dans un sens, en lames, dont les angles sont de 113^d et 67^d. La chaux carbonatée raye la chaux sulfatée ; elle fait effervescence avec l'acide nitrique, ce qui n'a pas lieu pour la chaux sulfatée. 2°. Entre la chaux sulfatée et la stilbite. Les lames de celle-ci se soudivisent, par la rupture ou par la percussion, en fragmens indéterminés, et celles de la chaux sulfatée en fragmens qui ont des angles de 113^d et 67^d. La stilbite se boursoufle comme le borax, au chalumeau, dans quelque sens qu'on la présente au jet de flamme ; la chaux sulfatée s'y fond en émail blanc, et seulement lorsqu'on dirige la flamme vers le tranchant de ses lames. 3°. Entre les lames minces de chaux sulfatée et celles de mica. Celles-ci ont de l'élasticité ; celles de la chaux sulfatée se cassent net. La chaux sulfatée, exposée un instant à la flamme, devient blanche et friable ; le mica, dans le même cas, n'éprouve aucune altération sensible. 4°. Entre la chaux sulfatée fibreuse et l'asbeste roide. Celui-ci sort d'un feu ordinaire comme il étoit y entré ; la chaux sulfatée y blanchit en un instant et devient friable ; sa poussière est sèche entre les doigts ; celle qu'on obtient par la trituration de l'asbeste est douce et pâteuse.

VARIÉTÉS.

FORMES.

Déterminables.

Fraveneis, *Emmerling*, t I. , p. 540.

1. Chaux sulfatée *trapézienne.* $\overset{2\ 1}{\underset{f\ l}{\text{CEP}}}\,\text{P}$ (*fig.* 96). *De Lisle*, t. I , p. 443, esp. I ; *et p.* 446, var. 1 , 2. Incidence de l sur le trapèze adjacent, derrière le cristal, 143^d 53' 22″ ; de l sur P , 108^d

3′ 19″ ; de *f* sur le trapèze adjacent, derrière le cristal, 110ᵈ 36′ 34″ ; de *f* sur **P**, 124ᵈ 41′ 43″. Angles plans de la facette **P**, 126ᵈ 52′ 12″, et 53ᵈ 7′ 48″ (1).

a. Chaux sulfatée trapézienne élargie (*fig.* 96). L'accroissement se fait parallélement aux arêtes *k*, *k′*, qui répondent aux arêtes C, C (*fig.* 94) du noyau.

Cette sous-var. se trouve en Sibérie, et en France, près de Mézieres, d'où elle m'a été envoyée par le Cit. Poulain Boutancourt. Ses cristaux sont souvent isolés.

b. Chaux sulfatée trapézienne alongée (*fig.* 97). L'accroissement se fait parallélement aux arêtes *m*, *m′*, ou dans le sens de la grande diagonale EE (*fig.* 94) du noyau. Se trouve en France, à Saint-Germain-en-Laie; en Espagne, à Freyberg, **en** Saxe, etc.

c. Chaux sulfatée trapézienne hémitrope. Supposons qu'un plan coupant qui passeroit par les milieux *m*, *m′* (*fig.* 97) des arêtes parallélement auxquelles la sous-variété *b* s'alonge, et qui seroit perpendiculaire au plan **P**, partage le cristal en deux moitiés, dont l'une se renverse ensuite, sans cesser de s'appliquer contre la première par la face de jonction. Les deux moitiés, dans ce cas, formeront, d'une part, un angle rentrant de 106ᵈ

---

(1) La fig. 106, pl. XXXIV, représente le résultat de la division mécanique d'une lame située parallélement à P (*fig.* 96). Or, en admettant l'hypothése la plus simple et la plus naturelle, qui est celle où la face *l* résulte d'un décroissement par une rangée sur l'angle E (*fig.* 94), on conçoit que chacun des triangles *otu*, *tyz* (*fig.* 106) représente la moitié de la base *tuxz* d'une molécule coupée diagonalement. Si cette base étoit un véritable rhombe, *otu* seroit un triangle isocèle, c'est-à-dire, que les angles *o*, *t* d'une part, et de l'autre les côtés *tu*, *ou* seroient égaux. Mais il n'en est pas ainsi, et en mesurant avec soin les angles de ce triangle, on trouve *t* = 60ᵈ, *o* = 53ᵈ à peu près, *u* = 67ᵈ. Concluons de là que les côtés *ou*, *tu* ne sont pas égaux dans la molécule, et que la base *tuxz* n'est pas un rhombe parfait, mais un rhombe alongé, dans lequel les côtés *ux*, *xz* sont entre eux, ainsi que nous l'avons dit, à peu près dans le rapport de 13 à 12.

15' 36", et de l'autre, un angle saillant de la même valeur. Ordinairement, lorsqu'on regarde le jour à travers cette hémitropie,
on aperçoit la face de jonction qui fait paroître les deux moitiés
comme soudées l'une à l'autre. Se trouve dans les salines de la
haute Autriche.

2. Chaux sulfatée *équivalente.* $\overset{2\;1\;1}{\text{P C B E}}_{\text{P}fn\,l}$ (*fig.* 98). La sous-var. *b*
ci - dessus, augmentée de quatre trapèzes *n*, *n'*, etc. ; *de Lisle,*
t. 1, p. 452 ; var. 4. Incidence de *n* sur le trapèze qui lui est
adjacent, derrière le cristal, 138ᵈ 54' 56" ; de *n* sur P, 110ᵈ
32' 32". Cette variété se trouve quelquefois sur les mêmes groupes
que la sous-var. *b*, dont elle peut être considérée comme une
modification.

3. Chaux sulfatée *prominule* (*fig.*99) *pl. XXXVI.* Sorte d'hémitropie qui se présente sous la forme d'un prisme octogone,
terminé par un sommet tétraèdre, dans lequel les deux arêtes
terminales situées l'une à la droite et l'autre à la gauche de *x*,
font entre elles un angle à peine sensible, ou une très-légère
saillie. Incidence de ces arêtes l'une sur l'autre, 176ᵈ 0' 30",
et sur les faces verticales M, 91ᵈ 59' 45" ; incidence de *u* sur
u', ou de *u''* sur *u'''*, 138ᵈ 54' 42".

Pour concevoir plus facilement cette variété, supposons que
la forme primitive (*fig.*94) se trouve de manière que la face **P**
qui étoit horizontale, prenne une position verticale comme on
le voit fig. 100, et que l'arête **C** soit de même située verticalement. Supposons de plus une forme secondaire (*fig.* 102)
relative à cette nouvelle position, et qui ait pour signe.....
$\underset{\text{M}\;\;f\;\;\text{P}}{\text{MC}^2\,^2\text{CP}}\left(\underset{u}{\text{E}^1\;\text{B}^3\;\text{C}^1}\right)$. La première partie de ce signe, ou celle
qui précède la parenthèse, donnera visiblement le prisme octo-
gone que représente la figure. Maintenant soit AEAE (*fig.* 101)
la même face que fig. 100. Le décroissement intermédiaire indiqué par la seconde partie du signe se faisant parallélement aux
lignes *ab*, *cg*, tant sur la face dont il s'agit que sur celle qui lui

<table><tr><td>TOME II.</td><td>B b</td></tr></table>

est opposée ; il en résultera deux faces u, u' (*fig.* 102), qui masqueront la face **T** (*fig.* 100), et se réuniront sur une arête x (*fig.* 102) parallèle à z, ou, ce qui revient au même, parallèle à ab ou à cg (*fig.* 101). Or, le calcul démontre que chacune de ces lignes est inclinée sur EA d'environ 92^d.

Imaginons enfin que le cristal étant coupé en deux moitiés à l'aide d'un plan qui passeroit par le milieu x (*fig.* 102) de l'arête terminale, et seroit perpendiculaire sur **P**, l'une de ces moitiés, par exemple, celle qui est située à droite se renverse, en restant toujours appliquée à l'autre : on aura l'hémitropie représentée fig. 99.

J'ai un cristal de cette variété qui m'a été donné par le Cit. Faujas, et qui venoit de Sicile. Sa longueur est d'environ 54 millimètres ou deux pouces, sur une épaisseur de 9 millimètres ou environ quatre lignes. La partie inférieure ayant été détachée de la gangue, on ne peut voir l'angle rentrant que devroient former en cet endroit les deux moitiés du cristal, et qui de même approcheroit beaucoup de la somme de deux angles droits.

Indéterminables.

4. Chaux sulfatée *prismatoïde*. On peut concevoir cette variété comme une modification de la chaux sulfatée trapézienne hémitrope, dont le sommet est oblitéré, et à peu près à angle droit sur les pans, de manière que cette hémitropie se présente sous l'aspect d'un prisme droit hexaèdre, dont la base seroit légérement convexe. On peut aussi la ramener à la variété prominule, en supposant que les pans **M** soient nuls, et que le sommet, au lieu d'être tétraèdre, forme une petite convexité. Se trouve à Montmartre.

5. Chaux sulfatée *mixtiligne*. C'est une altération de la chaux sulfatée trapézienne, sous-var. a, dont certaines parties se sont arrondies, tandis que les autres restent planes. Dans les cristaux les moins altérés, les deux angles solides y, y' (*fig.* 96), sont

remplacés chacun par des facettes curvilignes tournées vers les arêtes de jonction, entre les pans l, l' et ceux qui leur sont adjacens derrière le cristal. (*De Lisle*, *t. I*, *p*. 451 ; var. 3. C'est aussi la sélénite basaltine de Demeste, *lettres*, *t. I*, *p*. 357 ; var. 5). D'autres cristaux, où l'arrondissement devient encore plus sensible, se compriment entre m et m', de sorte que les rhombes P, qui seuls conservent une figure plane, se réduisent à des surfaces étroites terminées par deux arcs, dont les extrémités se réunissent en angle aigu. Toutes ces altérations présentent une série de nuances qui se termine à la variété suivante. Se trouve très-communément à Montmartre et dans les autres carrières de plâtre des environs de Paris.

6. Chaux sulfatée *lenticulaire*. *De Lisle*, *t. I*, *p*. 460 ; var. 7.

Les lentilles sont ou solitaires, comme dans une partie de la carrière de Montmartre, où l'on en trouve un grand nombre d'une couleur blanchâtre, qui n'ont que 6 millimètres ou environ 2 lignes $\frac{2}{3}$ de diamètre ; ou groupées confusément, de manière qu'elles se présentent par leur tranchant, (c'est le *gypse en crêtes de coq*) ; ou arrangées circulairement comme les pétales d'une fleur, (c'est ce qu'on a appelé *gypse en rose*) ; ou réunies deux ensemble par une portion située vers le bord de leur disque, en sorte qu'elles forment, d'une part, un angle rentrant, et de l'autre, un angle saillant ; ou enfin disposées par paires, qui s'élèvent les unes au-dessus des autres, de manière que chaque paire s'introduit par sa partie saillante dans l'angle rentrant de celle qui est immédiatement au-dessous. Ces assemblages de deux lentilles ou d'un plus grand nombre sont communs à Montmartre. Leur couleur est jaunâtre, et il y en a qui ont environ 3 décimètres ou un pied de longueur, et davantage.

La coupe d'un assemblage de deux lentilles présente deux triangles scalènes réunis par leur moyen côté (*fig.* 104). Chaque lentille pouvant être considérée comme une altération d'un cristal semblable à la sous-variété a de la chaux sulfatée trapézienne (*fig.* 96), si l'on rétablit par la pensée les parallélogrammes semblables à celui de la fig. 106, qui représente une des lames composantes du cristal complet, on aura l'assortiment indiqué par la fig. 103, dont la portion *hfgz* est la coupe des deux lentilles accolées. En frappant avec un corps dur sur la surface représentée par cette coupe, on voit paroître les lignes *dp* , *di* , *ai* , etc., situées parallélement aux côtés des molécules.

La ligne de jonction *fz* est nécessairement une ligne droite. Les lignes *hf*, *gf* s'écartent ordinairement assez peu de la direction qu'elles ont sur la figure, en sorte que l'angle *hfg* est d'environ 120^d. Les lignes qui répondent à *hz* , *gz* forment une courbure qui souvent n'est pas non plus très-sensible. L'angle *fgz* ou *fhz* est à peu près de 50^d, ce qui donne 10^d pour l'angle *hzg*.

On voit par là que les portions triangulaires *skf*, *suf* sont supprimées dans les lentilles ; que la ligne *fz* coïncide exactement avec *os* (*fig.* 106) , et que la ligne *fu* (*fig.* 103) s'écarte peu de *pm* (*fig.* 106). Quant aux lignes qui répondent à *hz*, *gz* (*fig.* 103), elles sont dirigées d'après une loi irrégulière et variable de décroissement. En traçant la figure, j'ai ramené leur position à la limite la plus voisine des résultats de l'observation, qui est le cas d'un décroissement par quatre rangées dans le sens de *hf*, et par trois dans le sens de *pd*. L'angle *fhz* seroit alors d'environ 47^d $\frac{1}{2}$. Mais ce n'est ici qu'une hypothèse, car les lignes dont il s'agit éprouvent des déviations continuelles, et ne sont soumises à aucune règle. A l'égard des lames empilées de part et d'autre sur les triangles *hfz*, *gfz* , elles décroissent de même irrégulièrement par les bords qui répondent à *fh* et *hz*, de manière que ces bords forment, par leur ensemble, les faces curvilignes des lentilles.

Ce qu'on a appelé *gypse en fer de lance*, ou *gypse cunéiforme*, et dont on a fait une variété séparée, n'est autre chose qu'un fragment détaché d'un assemblage de deux lentilles, par deux fractures parallèles faites dans le sens des grandes faces des lames composantes. Ces fractures sont souvent produites par l'instrument même qui sert à l'extraction du plâtre, dans lequel sont engagées les lentilles. La nature est assez riche en productions variées, pour se passer de celles qu'on lui a prêtées (1).

7. Chaux sulfatée *laminaire*. On en trouve à Lagny, en lames blanchâtres, translucides, dont la surface est légèrement nacrée. C'est une des variétés dont la division mécanique donne les coupes latérales les plus nettes.

8. Chaux sulfatée *aciculaire*. Cette variété abonde dans la grotte alumineuse de l'île de Milo, d'où elle a été rapportée par le Cit. Olivier.

9. Chaux sulfatée *fibreuse*. Gypse fibreux ou strié, *de Lisle*, *t. I, p.* 467. Fasriger gips, *Emmerling, t. I, p.* 536. Fibrous or striated gypsum, *Kirwan, t. I, p.* 121.

a. En fibres parallèles très-déliées, d'un blanc luisant et soyeux. Elles sont disposées si régulièrement, que la surface des morceaux fait, jusqu'à un certain point, la fonction de miroir, en sorte qu'on y voit distinctement l'image d'une bougie allumée.

b. En fibres contournées.

Il y a près de Saint-George de Lavencas, département de l'Aveyron, des bancs considérables de chaux sulfatée, qui est laminaire dans un sens et fibreuse dans un autre, de manière que les fibres sont situées perpendiculairement aux plans de division qui passent entre les lames.

10. Chaux sulfatée *compacte*. Albâtre gypseux, *de Lisle, t. I, p.* 469. Dichter gips, *Emmerling, t. I, p.* 529. Compact gypsum, *Kirwan, t. I, p.* 121. En masses translucides seulement aux bords, à grain fin et serré, scintillantes à quelques endroits, faciles à entamer par la pression de l'ongle. Cette variété abonde à Lagny.

11. Chaux sulfatée *terreuse*. Gipserde, *Emmerling, t. I, p.* 527.

---

(1) Les lames produites par la soudivision des mêmes corps ont été aussi nommées *pierre spéculaire* et *miroir d'âne.*

En masses composées de grains agglutinés, à cassure raboteuse et terne, excepté à quelques endroits où elle offre des points brillans; tachant les doigts par le frottement; leur poussière est aride au toucher. Cette variété est à la chaux sulfatée compacte, ce qu'est la craie à la chaux carbonatée saccaroïde.

12. Chaux sulfatée *niviforme*. Composée de grains serrés, d'une couleur blanche un peu perlée ; ayant l'aspect de la neige qui a été pressée et réduite en pelote ; aisément réductible, entre les doigts, en une poussière douce au toucher. Cette variété se trouve à Montmartre, tantôt sur la chaux fluatée lenticulaire, tantôt sur la pierre à plâtre.

Quant à cette dernière substance, nous la renvoyons à l'appendice général, comme n'étant autre chose qu'un mélange de chaux sulfatée et de chaux carbonatée, dans des proportions variables à l'infini.

ACCIDENS DE LUMIÈRE.

Couleurs et Chatoyement.

1. Chaux sulfatée *limpide*.

2. Chaux sulf. *grise*.

3. Chaux sulf. *jaunâtre*. Les cristaux lenticulaires de Montmartre.

4. Chaux sulf. *violette*. Quelques portions de la chaux sulfatée compacte de Lagny.

5. Chaux sulf. *rougeâtre*. La variété fibreuse présente quelquefois cette couleur.

Il y a, en Espagne, des cristaux où la couleur rouge, due à un oxyde de fer, est appliquée sur la surface de quelques-unes des lames intérieures, de manière qu'elle perce à travers le reste du cristal, qui est limpide.

6. Chaux sulf. *blanche*. Les variétés laminaire, compacte et niviforme.

7. Chaux sulf. *nacrée*. Composée de lames dont la surface forme des espèces d'ondulations, et répand des reflets d'un vif éclat de nacre.

Transparence.

1. Chaux sulf. *transparente*.
2. Chaux sulf. *translucide*.

ANNOTATIONS.

1. La chaux sulfatée en masses se trouve ordinairement sous la forme de monticules, et quelquefois par couches, dans des terrains calcaires de seconde et de troisième formation. Le sol primitif renferme aussi des amas plus ou moins considérables de cette substance. Saussure en a observé plusieurs dans le voisinage du Mont Cénis (1), et jusque sur le schiste micacé calcaire, qui forme le corps de cette montagne. Il a vu, dans le même lieu, un talc feuilleté qui sortoit de dessous la chaux sulfatée. Mais il pense que celle-ci est d'une formation postérieure de beaucoup à celle des montagnes qu'elle avoisine ou qui lui servent de support. Le même savant cite de la chaux sulfatée pure, en masses granuleuses, située au Saint-Gothard, près d'Ayrolo, dans la vallée Levantine, et même de la chaux sulfatée schisteuse micacée, mais qu'il croit être aussi d'une formation récente (2). Cependant M. Fresleben, minéralogiste très-éclairé, qui a observé le gypse d'Ayrolo, où il est entre des couches de gneiss, le met au rang des substances de première formation (3).

Les eaux pluviales qui tombent sur la surface des monticules de chaux sulfatée que l'on rencontre dans les lieux dont

---

(1) Voyage dans les Alpes, Nos. 1208, 1226 et 1239.
(2) *Id.*, N° 1931.
(3) Journ. de phys. ; frimaire, an 9, p. 472.

nous venons de parler, dissolvent peu à peu cette substance ; et y produisent des excavations en forme d'entonnoirs, qui ont jusqu'à cinq ou six mètres et davantage de profondeur, sur une ouverture à peu près égale (1). Le Cit. Patrin a observé le même phénomène dans les masses de chaux sulfatée des Monts-Oural (2).

Les cristaux de chaux sulfatée abondent à Montmartre, près de Paris, dans une carrière de pierre à plâtre, dont les couches alternent avec celles d'une matière marneuse (3): c'est surtout dans les couches de marne qui séparent les deux assises les plus élevées, que sont renfermés ces cristaux lenticulaires accolés deux à deux, ou en plus grand nombre, dont je ne sache pas qu'aucune autre localité ait offert les analogues. La marne, fortement argileuse, qui forme comme le couronnement de la carrière, renferme des cristaux solitaires ou groupés, qui présentent les divers passages entre la variété trapézienne et la lenticulaire.

On trouve beaucoup de cristaux de chaux sulfatée dans les salines et aux environs. Celles de la haute Autriche en fournissent des groupes de la plus belle transparence. A mesure que l'on fait entrer de l'eau dans les excavations pour dissoudre le sel, et l'obtenir ensuite par l'évaporation, une partie de cette eau pénètre le toit qui s'en imbibe, et c'est par l'intermède de ce même liquide que se forment les cristallisations gypseuses qui adhèrent au toit de la cavité (4).

La chaux sulfatée existe en masses, ou sous des formes régulières, dans diverses autres contrées, telles que l'Espagne, la Pologne, l'Italie, la Sicile, où elle accompagne le soufre et la

---

(1) Saussure, voyage dans les Alpes, N°. 1238.

(2) Hist. natur. des minéraux; Paris, an 9, t. III, p. 201.

(3) Voyez les descriptions de cette carrière données par les Cit. Desmaretz, Lamanon et Prâlon, mémoires de l'Acad. des Sc., an 1778; Journ. de phys., mars, 1782, et octobre, 1780.

(4) De Born, catal., t. I, p. ..., et 349.

strontiane

strontiane sulfatée, etc. Mais quoique cette substance soit , en
général, assez commune, il y a des pays considérables qui sont,
à cet égard, dans une sorte de disette. Cronstedt dit que c'est
le fossile qui manque le plus en Suède (1).

2. Parmi les variétés de la chaux sulfatée, on a donné à celles
qui étoient cristallisées le nom particulier de *sélénite*, c'est-à-dire,
lunaire, à cause de la facilité avec laquelle leurs lames brillantes
réfléchissoient l'image de la lune (2); et l'on nommoit simplement *gypse* (3) les variétés en masses informes. D'une autre
part, on a souvent confondu ces mêmes lames avec celles du
mica foliacé, dit *talc de Moscovie*, parce quelles se soudivisent
de même en lames beaucoup plus minces , et c'est une méprise
dont on a encore peine à faire revenir les personnes peu instruites, dont l'attention ne va pas au-delà de ce qui frappe les
yeux.

3. La chaux sulfatée compacte est la substance qui , sous le
nom d'*albâtre* , a servi tant de fois de terme de comparaison
pour désigner une belle couleur blanche. Les anciens confon-
doient cet albâtre, que l'on a nommé depuis *albâtre gypseux* ,
avec l'albâtre calcaire. Pline emploie le nom d'*alabastrites*, pour
indiquer l'un et l'autre, quoiqu'il se soit servi aussi quelquefois
du mot *alabastrum* (*albâtre*) (4). Parmi les modernes, quelques-uns ont appelé particulièrement *albâtre* celui qui est calcaire,

---

(1) Expér. sur le gypse , dans un recueil de mémoires sur la chimie ,
traduit de l'allemand. Paris, 1764 , t. II, p. 337.

(2) Boëce de Boot, de lapid. ac gemmis, lib. II , cap. 215. La sélénite
des anciens étoit une sorte de gemme, sur laquelle étoit peinte , disoit-on,
une petite image de la lune, qui croissoit et décroissoit, en suivant les phases
de cet astre. Pline, Hist nat. , l. XXXVII, chap. 10.

(3) Les anciens appeloient spécialement *gypse* la chaux sulfatée calcinée.
Boëce avoit cette acception en vue, lorsqu'il dit que la pierre spéculaire
se réduit en gypse par l'action du feu. *Ibid.*

(4) Hist. nat, l. XXXVI, ch. 8, et l. III , ch. 2.

et *alabastrite* , celui qui est gypseux. Boëce applique ces deux mots en sens inverse. Du reste, cet auteur avoit saisi la distinction entre les deux substances, aussi-bien que le permettoient les connoissances acquises de son temps (1). On étoit loin de se douter alors que quelques gouttes d'acide, versées sur ces substances, fussent capables de les faire ressortir si nettement l'une à côté de l'autre.

La chaux sulfatée est très-peu soluble dans l'eau, et ne fait aucune impression sensible sur la langue ; mais l'eau dans laquelle elle a été dissoute a une crudité qui la rend pesante sur l'estomac, et cette sensation a été regardée comme une espèce de saveur qui, trop foible pour agir sur les nerfs de l'organe du goût, n'avoit de prise que sur ceux de l'estomac, qui sont plus délicats. Quoique l'on connût, depuis long-temps, la solubilité de la chaux sulfatée, et que Wallerius eût même avoué qu'on auroit pu mettre cette substance au rang des sels (2), sa position dans le sein de la terre, parmi les pierres proprement dites, et le volume des masses qu'elle constitue, ont fait penser à ce savant qu'elle devoit rester dans la classe des substances pierreuses ; comme si c'étoient les localités et les dimensions, plutôt que les principes composans et les qualités intrinsèques qui dussent décider de l'arrangement méthodique des minéraux.

4. La cristallisation de la chaux sulfatée est une des moins fécondes en polyèdres réellement distincts, et en même temps une de celles où les formes soient le plus sujettes à des altérations qui oblitèrent leurs angles et leurs arêtes. C'est en observant les fractures faites à l'un de ces corps nommés *gypse en fer de lance* , que La Hire, en 1710, c'est-à-dire, dans un temps où l'étude de la cristallographie étoit à peine naissante, entreprit de déterminer la structure de la chaux sulfatée.

____

(1) De lapid. ac gemmis, lib. II , c. 269.
(2) T. II , p. 176, obs. 4.

Ce savant regardoit les deux triangles *hfz*, *gfz* (*fig.* 104) comme rectilignes. Ce n'est pas qu'il ne se fût aperçu de quelques déviations dans les positions de leurs côtés extérieurs ; mais il ne voyoit là que des altérations accidentelles des figures primitives données par ces triangles. Il avoit remarqué sur la surface de ces mêmes triangles des fêlures qui les soudivisoient en d'autres triangles scalènes *gfx*, *fxn*, *xnk*, etc.; et suivant les mesures qu'il avoit prises, les valeurs des angles lui parurent être les mêmes que celles qu'indique la figure. D'après ces données, il imagina que les élémens du gypse étoient de petits triangles semblables aux précédens, et disposés les uns à l'égard des autres dans des situations renversées. Par exemple, le triangle A étoit un assemblage de petits triangles qui avoient leurs côtés parallèles aux siens ; il en étoit de même du triangle B, etc.; et ainsi ce que nous dirons de ces triangles s'applique à leurs élémens. Or, le triangle A, au lieu d'avoir son angle de 60^d diagonalement opposé à l'angle de même valeur dans le triangle B, comme on le voit fig. 105, ce qui eût rendu parallèles les deux côtés *fn*, *gx* (*fig.* 104), avoit cet angle adjacent à l'angle de 70^d ; ce qui faisoit converger les mêmes côtés. On concevra cette disposition, en imaginant que le triangle B (*fig.* 105) restant fixe, le triangle A tourne autour du point *f*, de manière que sa surface de dessous vienne se présenter en dessus. Le même renversement avoit lieu pour tous les triangles situés à droite le long de *gz*, à l'égard des triangles situés à gauche le long de *fz*, en sorte que la ligne *gz* formoit, à l'endroit de sa réunion avec *fz*, un angle de 10^d.

Dans la réalité, ce n'est que par accident que les angles des triangles A et B, et ainsi des autres situés des deux côtés opposés, se rapprochent de l'égalité ; et il y a entre ces deux séries de triangles une grande différence, qui consiste en ce que la ligne *fz*, sur laquelle reposent les uns, est dirigée d'après un décroissement par une rangée sur l'angle E (*fig.* 94), tandis que la ligne *gz*, (*fig.* 104) sur laquelle reposent les autres, n'est soumise à aucune loi régulière ; et tous ces triangles ne sont autre chose que des assemblages de molécules semblables au parallélipipède réprésenté fig. 94, et qui ne subissent aucun renversement. La Hire, qui ne connoissoit que des fragmens de cristaux lenticulaires, ne pouvoit deviner qu'ils n'étoient que des altérations des cristaux réguliers que produit la même substance. Réduit à des observations isolées, il devoit nécessairement se tromper, et il est difficile de le faire avec une plus grande apparence de vérité.

5. Pour obtenir la double réfraction de la chaux sulfatée, je m'y suis pris de la manière suivante : j'ai taillé une lame transparente de cette substance, de manière que la facette artificielle, en partant de la grande diagonale EE' (*fig.* 95) du parallélogramme primitif, remplaçât un des triangles E'AE, EA'E', le premier, par exemple, et fît avec le second un angle obtus qui se trouva être de 160^d. Regardant alors une épingle à travers la facette artificielle et la base opposée à EA'E', je voyois deux images irisées, mais très-distinctes, de cette épingle, toutes les fois que sa direction étoit parallèle à la diagonale EE' ; et ces images se rapprochoient à mesure que je faisois ensuite tourner l'épingle, jusqu'à ce qu'enfin elles se confondissent sur une direction qui m'a paru être perpendiculaire à la diagonale EE'.

6. Macquer avoit remarqué que quand on exposoit la chaux sulfatée, par le plat de ses lames, au foyer d'un miroir ardent, elle ne faisoit que se calciner sans se fondre, au lieu que quand on tournoit le bord des lames vers le foyer, il y avoit fusion avec un bouillonnement sensible (1), c'est-à-dire, qu'alors le calorique luttoit avec beaucoup plus d'avantage contre l'affinité des molécules gypseuses, pour opérer leur désunion. Cette différence d'effet est conforme à la théorie qui, en partant des lois les plus simples de décroissement, donne à peu près le rapport de 13 à 32 pour celui du grand côté de la base de la molécule à

---

(1) Diction. de chimie, au mot *gyps.*

sa hauteur. Il en résulte un beaucoup plus grand nombre de points de contact entre les faces latérales qu'entre les bases des molécules, et, par une suite nécessaire, une force de cohésion beaucoup plus considérable ; et ce résultat peut servir encore à expliquer pourquoi les coupes qui ont lieu dans le sens des bases, sont incomparablement plus nettes et plus faciles à obtenir que celles qui se font latéralement.

La différence d'étendue entre les côtés C et B (*fig.* 94), et par suite entre les faces latérales M et T, en détermine aussi une entre les coupes correspondantes. En essayant de rompre certaines lames minces de chaux sulfatée, on s'aperçoit que, dans un sens, elles ont plus de roideur et se cassent plus net, en faisant entendre un petit craquement, tandis que dans l'autre sens elles commencent par fléchir et se cassent, en quelque sorte, mollement. De ces deux sens, le premier est relatif à la plus grande face latérale M, et le second à la plus petite T.

7. La chaux sulfatée compacte, d'une belle couleur blanche, est employée pour faire des statues et des vases d'ornemens ; mais les ouvrages dont elle fournit la matière, sont sensiblement plus tendres et plus susceptibles d'être altérés par les impressions de l'air, que ceux qui sont faits de marbre ou d'albâtre calcaire. Aussi ont-ils beaucoup moins de valeur dans le commerce.

8. Plusieurs statuaires font calciner des cristaux ou des lames de chaux sulfatée, qu'ils réduisent en une poudre à laquelle ils donnent le nom de *plâtre fin*. Ils mêlent ensuite cette poudre avec de l'eau gommée, et en forment une pâte qu'ils jettent en moule, et dont ils font des statues très-blanches et d'un aspect agréable (1). Mais ces ouvrages sont très-fragiles, parce que la pâte dont ils sont composés n'ayant point assez de liant, ne peut prendre qu'une foible consistance.

---

(1) Fourcroy, Elém. d'hist. natur. et de chimie, édit. 1789, t. II, p. 121.

9. La chaux sulfatée, mélangée de chaux carbonatée dans une certaine proportion, prend le nom de *pierre à plâtre*. Ce mélange, nécessaire pour que le plâtre soit d'un bon service, existe quelquefois naturellement, comme aux environs de Paris, et on le compose artificiellement dans les pays qui ne fournissent que la chaux sulfatée pure ou trop voisine de l'état de pureté. Nous ferons connoître plus particulièrement les avantages de ce mélange, en traitant de la pierre à plâtre dans l'appendice.

10. Il paroît que les anciens, qui connoissoient l'art de la verrerie, n'avoient pas conçu l'idée de réduire le verre en lames pour en garnir leurs fenêtres. Ce qu'il y a de certain, c'est qu'ils employoient fréquemment à cet usage la pierre spéculaire, c'est-à-dire, les lames de chaux sulfatée transparente. Ils en construisoient aussi quelquefois des ruches, pour être à portée d'observer le travail des abeilles (1). Ce qu'ils appeloient *phengite*, c'est-à-dire, corps brillant, étoit une variété de la même substance, translucide et d'une couleur blanche. Le temple de la fortune *Séia*, qui étoit bâti de cette pierre, n'avoit point de fenêtres, et n'étoit éclairé que par la lumière douce qui passoit à travers les murailles, mais de manière, dit Pline, qu'elle sembloit plutôt se répandre de l'intérieur que venir du dehors (2).

V^e. ESPÈCE.

CHAUX NITRATÉE.

Nitrate calcaire des chimistes.

Nitrum calcareum, *Waller*, t. *II*, p. 46 *et* 74. Nitre à base calcaire, *de Lisle*, t. *I*, p. 360. Chaux nitrée; nitrate calcaire; nitre calcaire, *de Born. t. II*, p. 61. Chaux nitrée, Sciagr., t. *I*,

---

(1) Pline, Hist. nat., l. XXI, c. 14.
(2) Pline, Hist. nat., l. XXXVI, c. 22.

p. 115. Nitre calcaire , *Daubenton* , *tabl.*, *p.* 27. Nitrated calx ,
or nitrous selenite , *Kirwan* , *t. II* , *p.* 29.

Caractère essentiel. Déliquescente , se liquéfiant au feu , et
détonant lentement à mesure qu'elle se dessèche.

Caractère physique. Saveur ; amère et désagréable.

Phophorescence. Calcinée et portée ensuite dans un lieu obscur, elle devient phosphorescente (1).

Caractère chimique. Soluble dans deux fois son poids d'eau
froide , et dans moins que son poids d'eau bouillante.

Tombant facilement en déliquescence.

Détonant lentement à mesure qu'elle se dessèche, après s'être
liquéfiée sur un charbon allumé.

Caractère distinctif , entre la chaux et la potasse nitratée.
Celle-ci n'est point déliquescente comme l'autre.

VARIÉTÉS.

1. Chaux nitratée *trihexaèdre*. Prisme à six pans terminé par
des pyramides à six faces, *de Lisle* , *t. I , p.* 360 , *note* 245.
Selon ce savant, l'angle que forment entre elles deux faces d'une
même pyramide , qui correspondent à deux côtés opposés de la
base, est de 110^d. Il paroît, d'après sa description, que la pyramide est souvent cunéiforme, c'est-à-dire, que deux de ses faces
sont des trapèzes, tandis que les quatre autres conservent la
figure triangulaire. Cette variété est toujours le résultat d'une
cristallisation aidée par l'art.

2. Chaux nitratée *aciculaire*. En aiguilles plus ou moins dé-
liées, souvent disposées sous la forme de petites houppes.

ANNOTATIONS.

1. La chaux nitratée se forme journellement, en même temps

---

(1) La chaux nitratée , dans cet état, forme ce qu'on a appelé le *phos-*
phore de Baudouin.

que la potasse nitratée , sur les parois des murs, et dans les caves, les étables, etc. La lessive des vieux plâtres en fournit une grande quantité. On l'a trouvée aussi dans quelques eaux minérales.

2. La chaux nitratée n'est guère employée d'une manière directe. Son principal usage est de concourir à la formation du salpêtre, en échangeant sa base contre la potasse contenue dans les cendres employées par les salpétriers. *Voyez* l'article de la potasse nitratée.

VIe. ESPÈCE.

CHAUX ARSENIATÉE.

Arseniate de chaux des chimistes.

Pharmacolith, *Karsten , minéralogische tabellen , p.* 36.

Caractère essentiel. Soluble sans effervescence dans l'acide nitrique ; odeur d'ail par le chalumeau.

Caractères physiques. Dureté ; facile à écraser.

Couleur, le blanc de lait.

Caractère chimique. Soluble sans effervescence dans l'acide nitrique.

Non soluble dans l'eau.

Odeur d'ail par le chalumeau.

Caractère distinctif. 1°. Entre la chaux arseniatée et la chaux carbonatée. La dissolution de la première, dans l'acide nitrique, n'est point accompagnée d'effervescence , comme celle de la seconde. L'action du chalumeau dégage de la chaux arseniatée une odeur d'ail, qui n'a point lieu avec la chaux carbonatée. 2°. Entre la même et l'arsenic oxydé blanc ; celui-ci est soluble dans l'eau, et non l'autre ; il se volatilise en entier par le chalumeau, au lieu que la chaux arseniatée y laisse seulement échapper son acide.

VARIÉTÉS.

VARIÉTÉS.

1. Chaux arseniatée mamelonée. En mamelons, dont l'intérieur est légérement nacré et strié du centre à la circonférence.

2. Chaux arseniatée capillaire.

ANNOTATIONS.

1. La chaux arseniatée se trouve à Wittichen, dans le Furstemberg, en Allemagne. Sa gangue est un granite à gros grains, qui est accompagné de chaux sulfatée et de baryte sulfatée. La surface de ses mamelons est colorée par du cobalt arseniaté d'un rouge de lilas. Mais si l'on enlève cet enduit superficiel, on voit paroître le blanc de lait, qui est la couleur naturelle.

2. M. Selb, après avoir reconnu que cette substance étoit de la chaux arseniatée, en remit à Klaproth, qui trouva que la chaux y étoit combinée avec une quantité considérable d'acide arsenique. M. Karsten a donné à ce composé le nom de *pharmacolithe*, qui signifie *pierre empoisonnée*. Ce célèbre naturaliste a bien voulu m'envoyer un très-bel échantillon de cette substance alors inconnue en France, avec un second présent encore plus précieux ; c'étoit un exemplaire du tableau de la méthode qu'il suit dans ses cours de minéralogie, et auquel il a joint des annotations qui le rendent doublement intéressant.

***

IIᵉ. GENRE.

BARYTE.

PREMIÈRE ESPÈCE.

BARYTE SULFATÉE.

Sulfate de baryte des chimistes.
Gypsum spathosum, *Waller*, t. *I*, *p.* 168. Marmor metal-

licum, *Cronstedt*, 20, 18. Spath pesant ou séléniteux, *de l'Isle*, *t. I, p.* 577. Baryte vitriolée, sulfate de baryte, *de Born, t. I, p.* 268. Terre pesante vitriolée, spath pesant ordinaire, Sciagr., *t. I, p.* 161. Schwer spath, *Emmerling, t. I, p.* 550. Spath pesant, *Daubenton, tabl., p.* 19. Barytes combined with the vitriolic acid, baroselenite, *Kirwan, t. I, p.* 136. Le spath pesant, *Brochant, t. I, p.* 617.

Caractère essentiel. Divisible en prisme droit rhomboïdal de 101$^{\rm d}$ ½, et 78$^{\rm d}$ ½.

Caract. phys. Pesant spécif., 4,2984 — 4,4712.

Dureté. Rayant la chaux carbonatée, rayée par la chaux fluatée.

Réfraction, double.

Caractères géomét. Forme primitive (*fig.* 107). Prisme droit à bases rhombes (*fig.* 107) *pl. XXXV*, dont les angles sont de 101$^{\rm d}$ 32' 13", et 78$^{\rm d}$ 27' 47". Les divisions parallèles aux bases sont très-nettes ; celles qui regardent les pans le sont un peu moins, et ne s'obtiennent pas aussi facilement. En faisant mouvoir les fragmens à une vive lumière, on aperçoit des joints situés parallélement aux plans qui passent par les deux diagonales des bases.

Molécule intégrante ; prisme droit triangulaire, à bases rectangles (1).

Caractères chimiques. Fusible au chalumeau, en émail blanc, solide, mais qui tombe en poudre au bout de quelques heures.

Un fragment exposé au feu du chalumeau, pendant un instant, et mis sur la langue, après le refroidissement, y produit un goût semblable à celui des œufs gâtés.

———————————

(1) Dans la molécule soustractive, qui est semblable à la forme primitive représentée fig. 1, la grande diagonale de la base est à la petite comme √3 à √2, et sa moitié est à la hauteur H, comme 2 : √7, d'où il résulte que les pans sont presque des carrés.

Réductible, par la calcination, en une poussière qui, présentée à la lumière, et portée ensuite dans les ténèbres, répand une lueur rougeâtre.

Analyse par Withering.

Baryte. . . . . 67,2.
Acide sulfurique. . . . . 32,8.
                                        ____
                                          100,0.

Caractères distinctifs. 1°. Entre la baryte sulfatée et la strontiane sulfatée. La division mécanique de celle-ci donne des coupes latérales moins nettes, et la base de sa forme primitive a ses angles d'environ 105^d et 75^d, au lieu de 101$^d\frac{1}{4}$ et 78$^d\frac{1}{2}$. Sa pesanteur spécifique est moindre dans le rapport, d'environ 8 à 9. Ses fragmens colorent légérement en rouge la flamme bleue de la lumière obtenue à l'aide du chalumeau; calcinés et refroidis, ils ne produisent sur la langue qu'une sensation un peu aigre, au lieu d'une impression vive et très-désagréable. 2°. Entre la baryte sulfatée et la baryte carbonatée. La première n'est nullement attaquée par les acides, et en particulier par le nitrique; la baryte carbonatée s'y résoud, au bout de quelques heures, en une espèce de bouillie. 3°. Entre la baryte sulfatée et la chaux fluatée; la première a une pesanteur spécifique plus considérable dans le rapport, d'environ 4 à 3. Sa division mécanique donne des lames dont les angles sont de 101$^d\frac{1}{2}$ et 78$^d\frac{1}{2}$, au lieu de 120^d et 60^d. Sa poussière, jetée sur un charbon ardent, n'est point phosphorescente comme celle de la chaux fluatée. 4°. Entre la baryte sulfatée bacillaire, et le plomb carbonaté de la même forme. La vapeur du sulfure ammoniacal noircit le plomb, et n'altère point la blancheur de la baryte sulfatée. Parmi les joints naturels de celle-ci, il n'y en a qu'un qui soit parallèle à l'axe; dans le plomb, il y en a trois qui sont inclinés entre eux sous différens angles.

V A R I É T É S.

F O R M E S.

Déterminables.

Geradschaaliger schwer spath, *Reuss, diction., p.* 18. Gemeiner schwer spath, *Emmerling, t. I, p.* 557.

1. Baryte sulfatée *primitive.* MP (*fig.* 107). Prisme droit à bases rhombes, ordinairement très-court. *De Lisle, t. I, p.* 601; var. 11. Incidence de M sur M, 101^d 32′ 13″; de M sur P, 90^d. Se trouve à Schemnitz, en Hongrie ; à Offenbanya et à Kapnick, en Transilvanie, etc.

2. Baryte sulfatée *binaire.* $\frac{\text{MA}}{\text{M}\,d}$ (*fig.* 108). En octaèdre ordinairement cunéiforme. *De Lisle, t. I, p.* 588, *pl. III, fig.* 62. Incidence de *d* sur *d*, 101^d 58′ 42″ ; de *d* sur la face de retour, 78^d 1′ 18″.

Je n'ai encore observé qu'un seul groupe de cristaux dans lequel toutes les faces des octaèdres fussent des triangles isocèles.

3. Baryte sulfatée *apophane.* $\frac{\text{M\,ÂP}}{\text{M}\,d\,\text{P}}$ (*fig.* 109). La forme primitive épointée aux angles solides obtus. L'incidence de *d* sur *d* étant à peu près égale à celle de M sur la face de retour, la position de la face P, qui est perpendiculaire sur M, M, fait connoître que ces dernières faces appartiennent au noyau. *De Lisle, t. I, p.* 607; var. 13. Incidence de *d* sur P, 140^d 59′ 21″. A Kapnick, en Transilvanie.

4. Baryte sulfatée *rétrécie.* $\frac{\text{M′H′P}}{\text{M}\,s\,\text{P}}$ (*fig.* 110). La forme primitive augmentée de deux faces verticales qui remplacent les deux arêtes longitudinales H les plus voisines. *De Lisle, t. I, p.* 605, *pl. III, fig.* 74. Incidence de M sur *s*, 140^d 46′ 6″. A Kapnick, en Transilvanie ; et à Felsobanya, en Hongrie.

5. Baryte sulfatée *raccourcie.* $\frac{M'G'P}{M\,k\,P}$ (*fig.* 111). La forme primitive augmentée de deux faces verticales qui remplacent les arêtes longitudinales G les plus éloignées. *De Lisle , t. I , p.* 605, *pl. III , fig.* 73. Incidence de *k* sur M, 129^d 13′ 54″. A Schemnitz, en Hongrie.

6. Baryte sulfatée *trapézienne.* $\frac{\overset{2}{A}\,\overset{1}{E}\,P}{d\,o\,P}$ (*fig.* 112), vulgairement *spath pesant en table. De Lisle , t. I , p.* 589, *pl. III , fig.* 64 , et *p.* 589 ; var. 2 , *pl. III , fig.* 57 et 65. Incidence de *o* sur P, 127^d 5′ 13″ ; de *o* sur la face de retour, 105^d 49′ 34′. Dans les mines du Hartz et de Saxe.

a. Alongée. C'est celle que représente la figure.

b. Elargie. Le rectangle P a ses plus grandes dimensions adjacentes aux faces *o , o.*

Les cristaux de cette variété , ainsi que ceux des suivantes, sont, en général, susceptibles d'une grande diversité dans le rapport de leurs dimensions. Tantôt les faces P se rapprochent en prenant une étendue considérable à proportion des autres faces, ce qui donne au cristal l'aspect d'une table à biseaux ; tantôt ces mêmes faces P , plus écartées l'une de l'autre, se rétrécissent , de manière que le cristal se rapproche davantage de la forme prismatique.

7. Baryte sulfatée *épointée.* $\frac{M\,\overset{2}{A}\,\overset{1}{E}\,P}{M\,d\,o\,P}$ (*fig.* 113). *De Lisle , t. I , p.* 594 et *suiv.* ; var. 5 , 6 , 7. Dans les mines de cinabre d'Espagne, du Palatinat et du duché des Deux-Ponts ; et à Roya , dans la ci-devant Auvergne.

8. Baryte sulfatée *quadridécimale.* $\frac{\overset{2}{A}\,\overset{5}{A}\,M\,P}{d\,r\,M\,P}$ (*fig.* 114). Quatre faces M dans le sens vertical, et dix en tournant dans le sens indiqué par les lettres *d , r* , P , etc. *De Lisle , t. I , p.* 598 ; var. 8 , en prisme décaèdre. Incidence de *r* sur P, 162^d 2′ 44″. Dans les mines du Hartz.

9. Baryte sulfatée *disjointe.* $\frac{\overset{2}{\text{A}}\;\overset{5}{\text{A}}\;\text{M}\;'\text{G}'\;\text{P}}{d\;\;r\;\;\text{M}\;\;k\;\;\text{P}}$ (*fig.* 115). La variété précédente augmentée de deux faces verticales *k*. Incidence de *k* sur P, 90ᵈ.

10. Baryte sulfatée *équivalente.* $\frac{\text{M}\;'\text{H}'\;\overset{2}{\text{A}}\;\overset{1}{\text{E}}\;\text{P}}{\text{M}\;\;s\;\;d\;\;o\;\;\text{P}}$ (*fig.* 116). La variété épointée augmentée de deux faces verticales *s*. Incidence de *s* sur P, 90ᵈ.

11. Baryte sulfatée *additive.* $\frac{\text{M}\;^5\text{H}^5\;'\text{H}'\;\overset{2}{\text{A}}\;\overset{1}{\text{E}}\;\text{P}}{\text{M}\;\;t\;\;s\;\;d\;\;o\;\;\text{P}}$ (*fig.* 117). La variété équivalente augmentée de quatre faces verticales *t*. Incidence de *t* sur *s*, 151ᵈ 26′ 21″ ; de *t* sur M, 169ᵈ 19′ 45″ 30‴.

12. Baryte sulfatée *pantogène.* $\frac{'\text{G}'\text{M}'\text{H}'\overset{2}{\text{A}}\overset{1}{\text{E}}\overset{\frac{1}{2}}{\text{B}}\text{P}}{k\;\;\text{M}\;\;s\;\;d\;o\;z\;\text{P}}$ (*fig.* 118). Huit faces verticales *k*, M, *s*, etc. Huit obliques de part et d'autre, *o*, *z*, *d*, etc., autour d'une face horizontale P. Incidence de *z* sur M, 154ᵈ 26′ 52″, et sur P, 115ᵈ 33′ 8″.

13. Baryte sulfatée *octotrigésimale.* $\frac{'\text{G}'\text{M}^3\text{H}^5\,'\text{H}\,\overset{1}{\text{E}}\;(\overset{\frac{2}{3}}{\text{E}}\text{B}^3\text{B}')\;\overset{\frac{1}{2}}{\text{B}}\overset{2}{\text{A}}\text{P}}{k\;\;\text{M}\;\;t\;\;s\;\;o\;\;\;\;y\;\;\;\;\;\;\;z\;d\;\text{P}}$ (*fig.* 119). Huit faces en tournant dans le sens des lettres *k*, *o*, P, etc., et quinze dans chacune des parties adjacentes. Cette variété a été trouvée à Roya, par le citoyen Lacoste, professeur d'histoire naturelle à l'école centrale de Clermont-Ferrand, qui m'en a envoyé un cristal d'une forme très-prononcée. Incidence de *y* sur *z*, 161ᵈ 42′ 7″ ; de *y* sur *o*, 153ᵈ 57′ 51″.

Indéterminables.

14. Baryte sulfatée *crétée*, vulg. spath pesant lenticulaire ou en crêtes de coq. *De Lisle*, *t. I, p.* 608 ; var. 15. Krumm-schaaliger schwer spath, *Reuss, diction., p.* 18. Blattriger schwer spath, *Emmerling, t. I, p.* 569. C'est une modification

de la baryte sulfatée trapézienne, dont les bords sont oblitérés et arrondis.

15. Baryte sulfatée *bacillaire*, c'est-à-dire, *en baguettes*. Stangen spath, *Emmerling*, t. I, p. 569. Le spath pesant en barres, *Brochant*, t. I, p. 631. Elle forme des prismes chargés de cannelures longitudinales, et dont la surface est comme nacrée. On la trouve à Freyberg.

16. Baryte sulfatée *radiée*. Bologneser stein, *Emmerling*, t. I, p. 572. Le spath de Bologne, ou la pierre de Bologne, *Brochant*, t. I, p. 633. En boules d'un diamètre plus ou moins considérable, dont l'intérieur est strié du centre à la circonférence, et dont la surface est toute hérissée de cristaux lenticulaires saillans par une portion de leurs bords. Le nom de pierre de Bologne a été donné à la variété dont il s'agit ici, parce qu'on la trouve au Mont Paterno, situé près de la ville de ce nom, en Italie. Une portie de ses masses sphéroïdales, sont engagées dans une terre marneuse; mais beaucoup d'autres ont été entraînées par les eaux, et usées par le frottement, qui a fait disparoître les saillies, dont leur surface étoit chargée originairement. Plusieurs sont laminaires à l'intérieur, mais de manière à présenter toujours des indices de structure rayonnée.

17. Baryte sulfatée *concrétionnée*. En dépôts mamelonés ou ondulés, dont les zones alternent quelquefois avec celles de la chaux fluatée.

On a nommé *pierre de trippes* une concrétion de baryte sulfatée, dont la forme contournée imite à peu près celle des intestins, et qui se trouve dans les salines de Wieliczka, entre des couches argileuses. *De Born, catal., t. I, p. 269.*

18. Baryte sulfatée *compacte*. Dichter schwer spath, *Emmerling*, t. I, p. 552.

ACCIDENS DE LUMIÉRE.

Couleurs.

1. Baryte sulfatée *limpide*. Les cristaux de baryte sulfatée pantogène du Derbishire.
2. Baryte sulfatée *jaunâtre*. A Roya.
3. Baryte sulfatée *rouge*.
4. Baryte sulfatée *olivâtre*.
5. Baryte sulfatée *bleuâtre*.
6. Baryte sulfatée *brunâtre*.
7. Baryte sulfatée *blanc - mate*. Quelques cristaux de baryte sulfatée primitive.
8. Baryte sulfatée *blanchâtre*.

Transparence.

1. Baryte sulfatée *transparente*.
2. Baryte sulfatée *translucide*.
3. Baryte sulfatée *opaque*.

APPENDICE.

Baryte sulfatée *fétide*. Lapis hepaticus, *Waller, t. I, p.* 172. Leberstein des allemands.

En masses laminaires, blanches, jaunâtres, brunes ou noirâtres, qui rendent une odeur fétide, par le frottement ou par l'action du feu. M. Manthey m'en a donné un morceau, qui vient de Kongsberg en Norwège, et qui sert de gangue à de l'argent natif.

ANNOTATIONS.

1. La baryte sulfatée accompagne souvent les mines métalliques, en particulier celles d'antimoine, de zinc, de mercure et de fer sulfurés. Dans les mines de Hongrie, ses cristaux sont

pénétrés

pénétrés par des aiguilles d'antimoine, et l'on en trouve, au duché des Deux-Ponts, de la variété épointée, à larges bases, dont la surface est incrustée et agréablement ornée de cinabre cristallisé d'un rouge de rubis. La mine de Saint-Étienne, près d'Offenbanya, en Transilvanie, fournit des cristaux de forme primitive, d'une transparence très-nette et d'une couleur bleuâtre, entremêlés de dodécaèdres de chaux carbonatée métastatique. Ils sont cités dans le voyage minéralogique du célèbre Esmark (1), qui a bien voulu m'en envoyer un groupe du plus beau choix.

Les cristaux de baryte sulfatée sont assez généralement d'un volume très-sensible. Les plus gros que j'aie vus venoient de Roya, département du Puy-de-Dôme, et avoient cinq centimètres d'épaisseur.

2. On a confondu, pendant long-temps, la baryte sulfatée avec la chaux sulfatée, parce qu'on regardoit la terre qui servoit de base à la première, comme une simple modification de la chaux. On distinguoit la baryte sulfatée de l'autre substance, par le nom de *gypse pesant*, *gypsum ponderosum*. Maregraff aperçut, le premier, des différences entre ce prétendu gypse et le véritable. Mais c'est aux travaux de Gahn, de Schéele et de Bergmann que l'on est redevable d'avoir reconnu enfin la baryte pour une terre toute particulière. Lavoisier soupçonna, depuis, d'après quelques expériences, que cette substance pourroit bien être d'une nature métallique; et Pelletier, pendant sa dernière maladie, confia à l'un de ses amis, le citoyen Dolomieu, que ce soupçon étoit devenu pour lui une certitude. Le temps lui a manqué pour faire connoître les résultats de ses recherches, qui ne pouvoient être que très-intéressantes, quand même elles n'eussent pas été décisives, et c'est un regret de plus ajouté à tant d'autres que sa perte a laissés.

____

(1) Freyberg, 1798., p. 99.

3. La forme primitive de la baryte sulfatée se rapproche sensiblement de celle de la chaux carbonatée par les angles de ses rhombes, qui sont d'environ $101^{\mathrm{d}} \frac{1}{2}$ et $78^{\mathrm{d}} \frac{1}{2}$. Mais elle en est très-distinguée par la position de ses faces latérales, qui sont perpendiculaires sur les bases, en sorte qu'on pourroit la considérer comme un rhomboïde calcaire redressé. En partant des lois de décroissement les plus simples, on trouve, par la théorie, que les pans de la molécule soustractive sont presque des carrés. Or, la surface du carré est plus grande que celle du rhombe de même contour. Le rapport entre l'un et l'autre, dans le cas présent, est à peu près celui de 23 à 22, ce qui peut servir à expliquer pourquoi les coupes parallèles aux bases des molécules, sont plus nettes et plus faciles à saisir que celles qui ont lieu dans le sens latéral, où le nombre des points de contact est plus considérable, à raison d'une plus grande étendue.

4. Pour observer la double réfraction de la baryte sulfatée, j'ai taillé un noyau transparent de cette substance, de manière à faire naître une facette artificielle qui, en partant de la grande diagonale E, E (*fig.* 107), faisoit, avec le résidu de la base, un angle d'environ 157^{d}. En regardant alors une épingle à travers cette même facette et la base opposée, et en tenant cette épingle dans une direction parallèle à la grande diagonale, je voyois deux images irisées. J'ai cherché aussi le sens où la réfraction devenoit simple, et j'ai trouvé que ce cas avoit lieu, quand je regardois l'épingle à travers un des pans M, M, et une face artificielle qui coïncidoit avec un plan mené par les deux petites diagonales des bases. Je ne voyois plus alors qu'une seule image, quelle que direction que je donnasse à l'épingle.

5. La variété de baryte sulfatée, connue sous le nom de *pierre de Bologne*, paroit avoir fourni le plus ancien exemple d'un phosphore produit par la calcination. Vers le commencement de ce siècle, un nommé Carasciolo, qui soupçonnoit,

d'après la grande pesanteur et l'éclat de cette pierre, qu'elle contenoit de l'argent, la soumit à l'épreuve du feu. Mais au lieu du brillant métallique qu'il cherchoit, il n'obtint qu'une lueur rougeâtre, que la pierre calcinée répandoit dans les ténèbres. Il en fut moins réservé à publier le résultat de son expérience, que les physiciens s'empressèrent de répéter. Le procédé qu'ils ont employé pour obtenir ce que l'on a nommé *phosphore de Bologne*, consistoit à calciner fortement la pierre, puis à agglutiner sa poussière, au moyen d'un mucilage de gomme, et à en former des espèces de petits gâteaux. On présentoit, pendant quelques secondes, un de ces gâteaux à la lumière, dont il s'imbiboit ; on le portoit ensuite dans l'obscurité, et on le voyoit luire comme un charbon allumé. Un phosphore étoit alors une espèce de merveille. Mais on a trouvé, depuis, un si grand nombre de substances qui, par différens procédés, produisoient des effets analogues, que suivant la remarque de Dufay, qui s'est beaucoup occupé de ce sujet, ce seroit plutôt aujourd'hui un phénomène singulier, qu'une matière qu'on ne pourroit rendre lumineuse, ni par calcination, ni par dissolution (1).

6. La baryte sulfatée n'est, parmi nous, d'aucun usage dans les arts. On prétend que les Chinois la font entrer dans la composition de leur porcelaine, et que la variété qu'ils emploient à cet usage, sous le nom de chekao, est semblable à la pierre de Bologne.

IIe. ESPÈCE.

BARYTE CARBONATÉE.

.Carbonate de baryte des chimistes.

Baryte aérée, carbonate de baryte naturel, *de Born, t. I,*

---

(1) Mém. de l'Acad. des Sc., 1730, p. 528.

p. 267. Spath pesant aéré, ou terre pesante aérée fossile : Sciagr.,
t. I, *p.* 160. Carbonate barytique, *Daubenton*, *tabl.*, *p.* 20.
Witherit, *Emmerling*, *t. I*, *p.* 546. Barolite or aërated barytes,
Kirwan, *t. I*, *p.* 134. La withérite, *Brochant*, *t. I*, *p.* 613.

Caractère essentiel. Formant un dépôt blanc dans l'acide
nitrique affoibli, avant de s'y dissoudre complétement.

Caract. physiq. Pesant. spécif. 4,2919.

Dureté. Rayant la chaux carbonatée, rayée par la chaux
fluatée.

Phosphorescence. Sa poussière, jetée sur un charbon ardent,
devient luisante dans l'obscurité.

Caract. géom. Les masses informes offrent des joints situés
dans le sens longitudinal, et l'on peut présumer, d'après la forme
des cristaux, que ces joints sont parallèles aux pans d'un prisme
hexaèdre régulier ; mais je n'ai, à cet égard, aucune observation
décisive.

Cassure, transversale, écailleuse, un peu ondulée, ayant un
aspect un peu gras.

Caract. chim. Infusible.

Dans l'acide nitrique affoibli, elle se dissout avec une légère
effervescence, en formant d'abord un dépôt d'une belle couleur
blanche.

Analyse par Vauquelin.

Baryte.................................... 74,5.
Acide carbonique......................... 25,5.

                                         ____
                                         100,0 (1).
                                         ____

----

(1) Cette analyse ne s'accorde pas avec celle qu'a donnée Pelletier (*Jour.
des Mines,* N°. 21, p. 26), et d'après laquelle la baryte carbonatée contien-
droit 62 de baryte, 22 d'acide carbonique et 16 d'eau. Mais Vauquelin ayant
répété plusieurs fois son opération, a trouvé constamment les quantités de
baryte et d'acide carbonique, indiquées ci-dessus, sans eau de cristallisation,
et Tenard est parvenu au même résultat.

Caractères distinctifs. 1°. Entre la baryte carbonatée et la baryte sulfatée. Celle-ci n'est point attaquée par les acides, et en particulier par le nitrique, qui dissout la baryte carbonatée. 2°. Entre la même et la strontiane sulfatée. Lorsque celle-ci fait effervescence avec l'acide nitrique, ce n'est que par accident, en sorte que la partie qui est de la strontiane sulfatée pure, reste intacte dans la liqueur, au lieu que la baryte carbonatée s'y dissout en entier; d'ailleurs, la pesanteur spécifique de la strontiane sulfatée est moindre dans le rapport, d'environ 6 à 7. 3°. Entre la même et la strontiane carbonatée. Celle-ci a une pesanteur spécifique plus foible, à peu près dans le rapport de 6 à 7. Elle se dissout dans l'acide nitrique avec une effervescence beaucoup plus vive, et sans former d'abord un dépôt blanc. Sa fusion au chalumeau, ou la combustion du papier trempé dans sa dissolution, donne une belle lueur purpurine, ce qui n'a pas lieu pour la baryte carbonatée.

VARIÉTES.

FORMES.

Déterminables.

1. Baryte carbonatée *annulaire.* Prisme hexaèdre régulier, terminé par des pyramides hexaèdres incomplètes. Cette forme est du genre de celle que représente la fig. 47, pl. XLV. Incidence des faces qui répondent à t, sur les pans du prisme, 146^d 18′ (1).

Indéterminables.

2. Baryte carbonatée *striée.*

---

(1) J'ai supposé que dans la pyramide censée complète, la perpendiculaire menée du centre de la base, sur un des côtés de cette base, étoit à la hauteur de la pyramide comme 2 à 3, ce qui ne doit passer que pour un à peu près.

ACCIDENS DE LUMIÈRE.

Couleurs.

Bar. carb. *blanchâtre.*

Transparence.

Bar. carb. *translucide.*

ANNOTATIONS.

1. La baryte carbonatée a été découverte par le docteur Withering, ce qui lui a fait donner le nom de *witherit* par le célèbre Werner. On la trouve en Angleterre, non pas à Aston-More, comme on l'avoit cru, mais à Anglesarck, comté de Lancashire, dans une mine de plomb. Elle y est accompagnée de baryte sulfatée.

Les cristaux de cette substance sont, jusqu'ici, très-rares. Le conseil des mines en a acquis récemment un groupe qui provenoit d'un envoi fait par le Cit. Launoy, et dont l'observation m'a procuré, sur la cristallisation de cette substance, des connoissances plus précises que celles qui résultent des descriptions que j'avois lues dans quelques auteurs. On a cité plusieurs autres formes de la même substance, entre autres celle du prisme hexaèdre terminé par des pyramides doubles, pareillement hexaèdres.

2. Diverses expériences prouvent que la baryte carbonatée est un poison pour les animaux. Aussi est-elle connue, dans le pays, sous le nom de *pierre contre les rats.* Deux chiens de petite taille auxquels Pelletier avoit fait avaler de celle qui se trouve à Anglesarck, à la dose de 15 grains, moururent au bout de quelques heures, après avoir éprouvé des vomissemens. Mais une égale quantité de baryte carbonatée artificielle, préparée avec de la baryte sulfatée de la ci-devant Auvergne, prise deux jours de suite par un autre chien, a seulement agi comme vomitif, et n'a point été mortelle (1).

____

(1) Journ. des mines, N°. 21, p. 36.

IIIe GENRE.

STRONTIANE.

PREMIÈRE ESPÈCE.

STRONTIANE SULFATÉE.

Sulfate de strontiane des chimistes.

Strontiane sulfatée, *Journ. de phys.*, 1798, mars, *p.* 203 ; idem , *Mém. de la Société d'Hist. Nat. de Paris*, prairial, an 7, *p.* 129. Schewefel saurer strontianit, *Emmerling*, *t. III*, *p.* 312. Cælestin, *Reuss, Dict.*, *p.* 19. Strontiane, *Daubenton*, *tabl.*, *p.* 19. Une partie des spaths séléniteux de *de Lisle*, *t. I*, *p.* 586 *et suiv.* La cælestine, *Brochant*, *t. I*, *p.* 640.

Caract. essentiel. Divisible en prime rhomboïdal , d'environ 105^d et 75^d ; colorant légérement en rouge la partie bleue du dard de flamme produit par le chalumeau.

Caract. phys. Pesant. spécif. 3,5827 — 3,9581.

Dureté. Rayant la chaux carbonatée , rayée par la chaux fluatée. Réfraction , double.

Caract. géom. Forme primitive. Prisme droit à bases rhombes (*fig.* 120) *pl. XXXVI* , dont les angles sont de 104^d 48' et 75^d 12'. Les divisions parallèles aux bases sont très-nettes. Celles qui regardent les pans le sont beaucoup moins. Le prisme se soudivise dans le sens de deux plans qui passent par les diagonales des bases. Ces dernières coupes ne sont bien sensibles qu'à une vive lumière.

Molécule intégrante. Prisme droit triangulaire à bases rectangles (1).

---

(1) Dans la molécule soustractive , la moitié de la grande diagonale , celle de la petite et la hauteur, sont entre elles comme les trois nombres 9 , 4$\sqrt{3}$ et 8$\sqrt{2}$.

Caract. chim. Mise sur la langue, après la calcination, elle y excite une saveur un peu aigre.

Colorant légèrement en rouge la partie bleue du dard de flamme produit par le chalumeau.

Analyse par Klaproth, de la strontiane sulfatée fibreuse de Pensilvanie.

    Strontiane.............................. 58.
    Acide sulfurique........................ 42.
    avec des traces de fer.

                                 100.

Analyse par Vauquelin, de la strontiane sulfatée de Sicile.
    Strontiane.............................. 54.
    Acide sulfurique........................ 46.

                                 100.

La variété amorphe trouvée près de Montmartre, est mélangée d'environ un $\frac{1}{15}$ de chaux carbonatée.

Caractères distinctifs. 1°. Entre la strontiane sulfatée et la baryte sulfatée. Les divisions latérales de la première sont sensiblement moins nettes, et les angles des bases de sa forme primitive sont d'environ 103^d et 75^d, au lieu de 101^d $\frac{1}{2}$ et 78^d $\frac{1}{2}$. Elle a une pesanteur spécifique plus petite dans le rapport, d'environ 9 à 10. Elle colore légèrement en rouge la flamme bleue produite par le chalumeau, ce que ne fait pas la baryte sulfatée. Mise sur la langue, après la calcination, elle n'y excite qu'une saveur légèrement acide, au lieu d'un goût très-désagréable. 2°. Entre la strontiane sulfatée fibreuse et la baryte carbonatée. La pesanteur spécifique de celle-ci est plus forte dans le rapport, d'environ 7 à 6. Elle forme un dépôt blanc dans l'acide nitrique, et finit par s'y dissoudre en entier, au lieu que la strontiane sulfatée y reste sans éprouver d'altération, à moins qu'elle ne soit mélangée de chaux carbonatée, auquel cas il se fait d'abord une effervescence qui s'arrête au bout d'un instant. 3°. Entre la même et la strontiane carbonatée. Celle-ci se dissout dans l'acide nitrique, et non l'autre.

VARIÉTÉS.

FORMES.

Déterminables.

1. Strontiane sulfatée *unitaire*. $\frac{M\overset{1}{E}}{M\,o}$ (*fig*. 121). En octaèdre le plus souvent cuneïforme. *De Lisle*, *t. I*, *p*. 587. Spath séléniteux à sommets cuneïformes, *pl. III*, *fig*. 53. Incidence de M sur M, 104^d 48′; de o sur o, 77^d 2′; de o sur la face de retour, 102^d 58′.

2. Strontiane sulfatée *émoussée*. $\frac{M\overset{1}{E}P}{M\,o\,P}$ (*fig*. 122). La forme primitive, dont les quatre angles solides aigus sont interceptés par des trapèzes o, o. Incidence de o sur P, 128^d 31^d.

3. Strontiane sulfatée *bisunitaire*. $\frac{'H'\overset{1}{E}P}{s\ o\,P}$ (*fig*. 123). Prisme hexaèdre ordinairement court, dont les bases s répondent aux arêtes latérales du noyau.

4. Strontiane sulfatée *dodécaèdre*. $\frac{M\overset{1}{E}\overset{2}{A}}{M\,o\,d}$ (*fig*. 124). *De Lisle*, *t. I*, *p*. 593. Spath séléniteux, var. 4. Incidence de d sur d, 78^d 28′.

5. Strontiane sulfatée *épointée*. $\frac{M\overset{1}{E}\overset{2}{A}P}{M\,o\,d\,P}$ (*fig*. 125). La variété précédente, émarginée sur les arêtes contiguës aux faces d, d. Incidence de d sur P, 140^d 46′.

6. Strontiane sulfatée *entourée*. $\frac{M\overset{\frac{1}{2}}{B}\overset{1}{E}\overset{2}{A}P}{M\,z\,o\,d\,P}$ (*fig*. 126). La variété précédente, dans laquelle chaque face M est comprise entre deux

nouvelles facettes *z, z'*. Incidence de *z* sur M, 154^d 6′ ; de *z* sur
z', 128^d 12′.

7. Strontiane sulfatée *anamorphique.* $\overset{}{'}\mathrm{H}\overset{2}{}\overset{1}{\mathrm{A}}\mathrm{E}\overset{\frac{1}{2}}{\mathrm{B}}\mathrm{P}$
$\underset{s\ \ d\ o\ z}{}\mathrm{P}$ (*fig.* 127),
pl. XXXVII. La variété précédente, dans laquelle les arêtes
comprises entre les faces M sont interceptées par des facettes *s*
qui masquent entièrement ces mêmes faces.

L'idée que fait naître la première vue des cristaux de cette
variété, est celle d'un prisme hexaèdre ayant pour bases les
faces *s*, avec des facettes *d, z* sur le contour de ces bases. Mais
dans cette position, qui est représentée fig. 128, le noyau est situé
à contre-sens, et engagé dans le cristal, de manière que ses bases
P ont une position verticale.

J'ai vu au Muséum d'histoire naturelle un très-beau groupe de
cristaux bleuâtres de cette variété, dont les plus considérables
ont environ 16 millimètres ou 7 lignes d'épaisseur. Ce sont ceux
que j'ai décrits dans les annales de chimie, janvier, 1792, *p.* 3
et suiv., sous le nom de *spath pesant sphalloïde.*

Indéterminables.

8. Strontiane sulfatée *fibreuse.* En masses composées d'aiguilles
situées parallélement entre elles. Fasriger schwer spath, *Reuss,*
Dict., p. 18 et 137.

9. Strontiane sulfatée *amorphe.* En masses grises et terreuses.

P S E U D O M O R P H O S E S.

10. Strontiane sulfatée *pseudomorphique lenticulaire.* Elle paroît
avoir remplacé des cristaux lenticulaires de chaux sulfatée. Nous
entrerons dans de plus grands détails sur ces sortes de rempla-
cemens, en parlant du quartz lenticulaire.

A C C I D E N S   D E   L U M I È R E.

Couleurs.

1. Strontiane sulfatée *limpide*.

2. Strontiane sulf. *blanchâtre*. La plupart des cristaux sont de cette couleur, qui a une apparence laiteuse.

3. Strontiane sulf. *bleuâtre.* Quelques cristaux d'Espagne de la variété dodécaèdre, et plusieurs de ceux de la variété fibreuse.

Transparence.

1. Strontiane sulf. *demi-transparente.*

2. Strontiane sulf. *translucide.*

3. Strontiane sulf. *opaque.*

A N N O T A T I O N S.

1. La strontiane sulfatée abonde en Sicile, où ses cristaux, qui ont quelquefois jusqu'à 27 millimètres ou un pouce de longueur, sur un centimètre de largeur, garnissent les cavités des couches de soufre des vals de Noto et de Mazara (1). Le citoyen Dolomieu en a fait détacher de superbes groupes, dont quelques-uns pèsent 25 kilomètres ou plus de 50 livres. Ils présentent ordinairement la forme de la variété épointée, et quelquefois celle de la dodécaèdre ou de l'unitaire. Le citoyen Gillet a trouvé des cristaux de la même substance, mais plus petits, et semblables à la variété épointée, dans une carrière de chaux sulfatée, près de la commune de Saint-Médard, département de la Meurthe. La variété unitaire et l'épointée ont été rapportées d'Espagne par le Cit. Launoy, en cristaux d'une couleur bleuâtre. La même substance se trouve en Pensilvanie, près de Frankstown (2);

---

(1) Voyez le journal de physique, mars, 1798, p. 203 et suiv.
(2) Voyez le journal de physique, mars, 1798, p. 214.

F f 2

sous la forme de masses fibreuses, d'un bleu céleste pâle. Le Cit. Matthieu, de Nanci, a envoyé au conseil des mines des morceaux qui avoient aussi le tissu fibreux, avec une nuance de bleuâtre, et qui avoient été retirés de la glaisière de la commune de Bouveron, près de Toul, département de la Meurthe. Enfin, il existe, près de Montmartre, une autre variété en masses informes, ayant un aspect terreux; et tout récemment les citoyens Ménard et Lavaux ont trouvé de ces masses, dont la surface étoit couverte de petits cristaux de la même substance, qui appartenoient à la variété épointée. Ils ont aussi observé, dans le même endroit, la strontiane sulfatée anamorphique lenticulaire.

Toutes ces différentes modifications parurent d'abord, dans les collections de minéralogie, sous des noms empruntés. La strontiane sulfatée de Pensilvanie avoit été prise, tantôt pour un gypse fibreux, et tantôt pour un spath pesant, avant que Klaproth déterminât sa véritable nature, à l'aide de l'analyse.

Les variétés cristallisées ou informes provenant des autres localités, ont été de même confondues d'abord avec la baryte sulfatée ou le spath pesant. Les beaux cristaux de Sicile, surtout, se faisoient remarquer dans les cabinets d'histoire naturelle parmi ceux de l'autre substance. Romé de Lisle et plusieurs minéralogistes, avoient indiqué ce rapprochement dans leurs ouvrages, et je m'étois conformé moi-même à leur opinion, dans un temps où je n'avois entre les mains que des cristaux trop petits pour se prêter à une détermination rigoureuse.

Mais depuis, ayant été à portée d'en observer d'autres d'un volume beaucoup plus sensible et d'une forme très-nette, je m'aperçus que l'angle obtus de leur forme primitive étoit plus ouvert d'environ $3^{\rm d}\frac{1}{2}$, que dans les cristaux de baryte sulfatée qui se trouvoient à Roya, dans la ci-devant Auvergne; en Hongrie, et au Derbishire, en Angleterre. Je ne pouvois supposer que cette différence fut l'effet de quelque loi de décroissement; car il auroit fallu en admettre une si rapide et si compliquée, qu'une pareille hypothèse eut pu être regardée, avec raison, comme un abus de la théorie. D'une autre part, j'étois loin de soupçonner que les cristaux qui faisoient l'objet de la difficulté, fussent autre chose que de la baryte sulfatée, et cela d'autant plus, que je connoissois à peine de nom la strontiane sulfatée, et que je ne voyois d'ailleurs aucune substance, parmi celles que j'avois observées, à laquelle les cristaux dont il s'agit pussent être ramenés; et plusieurs fois on m'avoit entendu, à l'école des mines, témoigner l'embarras où me jetoit une différence d'angles que je ne savois à quoi attribuer (1).

2. Les premières expériences qui aient attaqué la difficulté dans son véritable principe, ont été faites sur la variété en masses striées, qui se trouve près de Toul. L'examen d'un échantillon de cette substance fit reconnoître, au Cit. Lelièvre, que la terre qui en formoit la base étoit la strontiane.

Bientôt après, le Cit. Dolomieu, auquel Pelletier avoit dit que plusieurs spaths pesans pouvoient contenir de la strontiane mélangée avec la baryte, et qui avoit soupçonné que si ce mélange avoit lieu, ce devoit être surtout dans les cristaux de Sicile, en remit au Cit. Vauquelin, pour être analysés; et ce célèbre chimiste trouva que la strontiane, qu'on avoit cru n'y exister que secondairement, y étoit seule combinée avec l'acide sulfurique, dans les proportions indiquées ci-dessus.

3. Dès ce moment toutes les incertitudes se dissipèrent; et comme jusqu'alors aucun auteur, du moins que je sache, n'avoit décrit de formes cristallines comme appartenant à la strontiane sulfatée, je me servis de cette même différence dans les angles primitifs, qui avoit fait naître la difficulté, pour séparer les cristaux qu'on avoit associés, sans fondement, à la baryte sulfatée, de ceux qui devoient lui rester en partage.

---

(1) Voyez le bulletin des sciences de la société philomathique, ventôse, an 6, p. 90, et le journal de physique, mars, 1793, p. 205.

4. On sait, au reste, que la strontiane est si voisine de la baryte par ses propriétés, que d'habiles chimistes ont douté, pendant quelque temps, si c'étoient deux terres réellement différentes ; et il semble que la cristallisation, en travaillant sur les substances composées de ces terres, avec un acide commun, ait voulu représenter, par l'analogie des formes, celle des principes constituans. C'est presque le même noyau de part et d'autre, et les cristaux secondaires offrent à l'œil des rapports d'aspect, que l'on peut comparer à ce que les botanistes ont appelé l'*air de famille*. La strontiane sulfatée unitaire paroît n'être qu'une simple modification de la baryte sulfatée binaire, dans laquelle l'angle formé par les faces **M**, **M** (*fig.* 121) est obtus, au lieu d'être aigu. On croit retrouver dans la strontiane sulfatée bisunitaire, la variété de baryte sulfatée que nous nommons *raccourcie*. Les autres variétés se prêtent à de pareils rapprochemens ; ainsi, dans la variété entourée (*fig.* 126), il ne faut que supposer des facettes verticales à la place des arêtes x, pour avoir une forme analogue à celle de la baryte sulfatée pantogène, et qui aura le même signe représentatif.

Il est vrai que dans toutes ces comparaisons, il y aura quelques angles semblablement situés, surtout celui que forment entre elles les faces primitives **M**, **M**, qui différeront d'une quantité sensible : c'est comme la boussole, qu'il ne faut jamais perdre de vue, pour éviter de s'égarer. Mais on peut voir, dans la cristallographie de Romé de Lisle, de quelle manière cet habile naturaliste, en se guidant par la mesure même des angles, et en supposant que l'octaèdre, qu'il regardoit comme la forme primitive, s'allongeât tantôt dans un sens, et tantôt dans l'autre, étoit parvenu à établir, entre les formes originaires des deux substances, une relation qui faisoit disparoître, en partie, les différences extérieures qu'elles présentent, lorsqu'on a égard à la structure.

Ce n'est pas tout, et l'on pourroit avoir un rapprochement plus précis encore que celui de ce savant célèbre, en faisant toujours abstraction de la division mécanique, et en supposant que , dans la strontiane sulfatée , les faces latérales primitives fussent les faces *d* , *d* (*fig.* 124, 125 et 126), qui font entre elles un angle de 78^d ', sensiblement égal à l'incidence mutuelle des faces correspondantes sur le noyau de la baryte sulfatée.

Pour mieux concevoir ce rapprochement , substituons ce dernier noyau à celui de la strontiane sulfatée , et donnons-lui la position indiquée par la fig. 130, où l'on voit que l'angle aigu E se présente en avant (1). Choisissons maintenant la variété entourée qui renferme toutes les autres , et disposons-la comme on le voit fig. 129, de manière que les faces M, M, les mêmes qui sont marquées *d*, *d* (*fig.* 126), soient parallèles à M , M (*fig.* 130). Dans ce cas , *t* (*fig.* 129) représentera M (*fig.* 126), et *l* (*fig.* 129) représentera P (*fig.* 126). Quant aux faces *o*, *z* (*fig.* 129), nous leur conservons leurs lettres indicatives, parce qu'elles ne sont parallèles à aucunes faces primitives. Cela posé, le signe du cristal rapporté au noyau (*fig.* 130), deviendra

$$M\,(\overset{\frac{2}{3}}{\dot{E}}B^3B^1)\,\overset{1}{\dot{E}}{}^1H^1\overset{2}{\mathring{A}}.$$
$$M\quad z\qquad\quad t\;\;l\;\;o$$

Le tableau suivant fera connoître les mesures d'angles relatives aux deux hypothèses.

	Dans l'hypothèse de la strontiane sulfatée.	Dans l'hypothèse de la baryte sulfatée.
Incidence de M sur M	78^d 28'	78^d 28'.
de *t* sur *t*	104^d 48'	105^d 49'.
de *z* sur *t*	154^d 6'	153^d 57'.
de *o* sur *o*	102^d 58'	101^d 58'.

On voit que les différences entre les angles donnés par les deux hypothèses ne vont pas au-delà d'un degré, et que celle

---

(1) Cet angle paroit ici obtus, par une suite de la position sous laquelle le prisme a été projeté , et qui a été choisie de préférence , parce qu'il en résulte un aspect plus favorable, relativement à la figure 129 qui en dépend.

qui appartient à la troisième n'est que de 9′. Or, quoique ces différences résultent de mesures prises avec beaucoup de soin sur des cristaux d'une forme très-nette, il est possible, après tout, qu'une erreur due à l'observation en produise de semblables. Mais la division mécanique s'oppose au rapprochement que nous venons d'indiquer ; car je n'ai pu apercevoir de joints latéraux situés parallélement aux faces d, d (*fig.* 126), mais il y en a de sensibles qui sont parallèles aux faces M, M, dont l'inclinaison, ainsi que je l'ai dit, est plus forte que celle des faces analogues dans la baryte sulfatée, d'environ $3^d \frac{1}{4}$, c'est-à-dire, d'une quantité facile à apprécier. De plus, les coupes parallèles à P sont beaucoup plus nettes que celles qui soudivisent la forme primitive en quatre prismes triangulaires. Or, elles devroient avoir, au contraire, peu de netteté dans l'hypothèse représentée (*fig.* 129), où les faces l qui leur correspondent seroient parallèles au plan qui passe par les grandes diagonales des bases du noyau.

Nous sommes donc fondés, aujourd'hui, à tracer une limite entre les substances qui présentent ces différences. Mais il faut convenir que c'étoit une erreur excusable, que celle qui faisoit confondre deux espèces sur lesquelles la nature a répandu des traits de ressemblance si nombreux et si marqués, qu'il falloit y regarder de bien près pour trouver l'endroit où elle a attaché la marque distinctive qui peut empêcher de prendre l'une pour l'autre.

5. Le caractère qui se tire de la double réfraction, établit entre ces espèces une nouvelle analogie. J'ai observé cet effet, avec la strontiane sulfatée, en regardant une épingle à travers une des faces o, o (*fig.* 125), et la face opposée à P. Mais les images étoient simples, lorsque je regardois l'épingle à travers une des faces M, M, et une face artificielle perpendiculaire sur la face P et parallèle aux arêtes x, c'est-à-dire, dans le sens d'un plan qui passeroit par les petites diagonales des bases de la forme primitive, ce qui est conforme au résultat que présente la baryte

sulfatée.

sulfatée. J'ai remarqué, en taillant le cristal qui m'a servi pour cette dernière observation, que la strontiane sulfatée étoit plus difficile à polir que la baryte sulfatée, et que son poli étoit moins vif.

6. Lorsque l'on divise mécaniquement un cristal de strontiane sulfatée, pour en extraire la forme primitive, les coupes parallèles aux pans sont moins nettes que celles qui se font dans le sens des bases, et la différence même est sensiblement plus grande que dans la baryte sulfatée. Aussi le rapport donné par le calcul entre la surface des bases de la molécule soustractive et celle des pans, qui est celui de 18 à 19, dans la première de ces substances, surpasse-t-il le rapport 22 à 23, qui a lieu dans la seconde.

IIᵉ. ESPÈCE.

STRONTIANE CARBONATÉE.

Carbonate de strontiane des chimistes.

Strontion earth united to carbonic acid; strontionit, *Schmeisser, system of mineralogy*, t. *I*, *p*. 263. Stronite de Hope; strontianite de Klaproth; carbonate de strontiane, *Pelletier, journ. des Mines*, nᵒ. 21, *p*. 33 *et suiv*. Kohlen saurer strontianit, *Emmerling*, t. *III*, *p*. 310. Strontianit, *Reuss*, *dict.*, *p*. 19. Strontian earth combined with fixed air; strontianite, *Kirwan*, t. *I*, *p*. 332. La strontianite, *Brochant*, t. *I*, *p*. 637.

Caractère essentiel. Soluble avec effervescence dans l'acide nitrique. Le papier imbibé de sa dissolution et séché, brûle en répandant une flamme purpurine.

Caract. phys. Pesant. spécif. 3,6583.....3,675.

Dureté. Rayant la chaux carbonatée, rayée par la chaux fluatée.

Phosphorescence. Sa poussière, jetée sur un charbon ardent, luit dans l'obscurité.

Caract. géom. La division mécanique se fait parallélement aux pans d'un prisme hexaèdre régulier, et lorsqu'on fait mouvoir un fragment de la substance à une vive lumière, on aperçoit une espèce de luisant qui pourroit faire soupçonner d'autres joints naturels obliques à l'axe.

Caract. chim. Soluble avec effervescence dans l'acide nitrique.

Fusible au chalumeau, en répandant une belle lueur purpurine.

Si l'on plonge un papier dans la dissolution par l'acide nitrique, et qu'après l'avoir fait sécher on l'allume, il brûle avec une flamme d'une couleur purpurine.

Analyse par Pelletier (1).

Strontiane	62.
Acide carbonique	3o.
Eau	8.
	100.

Caract. distinct. 1°. Entre la strontiane carbonatée et la baryte carbonatée. Celle-ci a une pesanteur spécifique plus grande dans le rapport, d'environ 7 à 6 ; elle se dissout lentement, et avec peu d'effervescence, dans l'acide nitrique, en y formant d'abord un dépôt blanc ; la solution de la strontiane carbonatée est plus prompte et accompagnée d'une vive effervescence, sans aucun dépôt. La fusion de celle-ci, par le chalumeau, ou la combustion du papier qui a été imbibé de sa dissolution, donne une lueur purpurine. 2°. Entre la même et la chaux carbonatée. Celle-ci a une pesanteur spécifique moindre dans le rapport, d'environ 4 à 5; elle est rayée par la strontiane carbonatée ; sa division mécanique donne des rhomboïdes obtus, au lieu de se faire parallélement aux pans d'un prisme hexaèdre régulier.

(1) Journ. des mines, N°. 21 , p. 46.

VARIÉTÉS.

FORMES.

1. Strontiane carbonatée *prismatique*. M. Schmeisser a eu la complaisance de m'envoyer un groupe, dont quelques cristaux présentent, assez sensiblement, la forme du prisme hexaèdre régulier.

2. Strontiane carbonatée *aciculaire*. En aiguilles fasciculées et parallèles entre elles.

3. Strontiane carbonatée *striée*.

ACCIDENS DE LUMIÈRE.

Couleurs.

1. Stront. carbonatée *blanchâtre*.
2. Stront. carbonatée *verdâtre*.

Transparence.

Stront. carbonatée *translucide*.

ANNOTATIONS.

1. On trouve la strontiane carbonatée en Ecosse, près de Strontian, dont le nom a donné naissance à celui de la terre qui sert de base à cette substance. Suivant M. Schmeisser, elle est accompagnée de plomb sulfuré et de baryte carbonatée.

2. Nous avons vu la baryte sulfatée et la strontiane sulfatée se rapprocher de très-près par leurs caractères géométriques ; et d'après ce que nous connoissons des mêmes caractères, relativement à la baryte carbonatée et à la strontiane carbonatée, les formes primitives de ces deux substances ont aussi de l'analogie, du moins par la disposition de leurs faces latérales, qui paroissent tendre vers le prisme hexaèdre régulier, ce qui est déjà

remarquable ; mais les observations nous manquent jusqu'ici pour déterminer exactement les dimensions des deux molécules , et en saisir les différences. Il seroit curieux de savoir jusqu'à quel degré la comparaison se soutient , sous ce point de vue , entre les combinaisons de la baryte et de la strontiane avec les acides sulfurique et carbonique.

5. Au reste , la strontiane carbonatée a des caractères qui la font ressortir plus nettement à côté de la baryte carbonatée , que ceux qui distinguent la strontiane sulfatée de la baryte sulfatée ; et nous devons ajouter ici que les deux premières substances diffèrent encore l'une de l'autre , en ce que la baryte carbonatée, prise intérieurement, a une qualité venimeuse, au lieu que dans des expériences faites par Blumenbach et par Pelletier , la strontiane carbonatée n'a paru avoir aucune influence nuisible sur l'économie animale (1).

I V^e.   G E N R E.

M A G N É S I E.

P R E M I È R E   E S P È C E.

M A G N É S I E   S U L F A T É E.

Sulfate de magnésie des chimistes.

Sal neutrum acidulare, *Waller , t. II, p.* 71. Vitriol de magnésie : sel d'Angleterre ; sel d'Epsom ; sel de Sedlitz , *de Lisle* , *t. I , p.* 306. Magnésie vitriolée : sel amer, etc., *de Born, t. II,* *p.* 30. Magnésie vitriolée, Sciagr., *t. I , p.* 119. Naturliches bittersalz, *Emmerling , t. II, p.* 14. Sel d'Epsom, *Daubenton , tabl.,* *p.* 28. Epsom salt, *Kirwan , t. II.*

Caractère essentiel. Saveur très-amère. Non déliquescente.

---

(1) Journ. des mines, N°. 21 , p. 37.

Caract. phys. Saveur très-amère.

Réfraction , double.

Cassure , transversale et souvent longitudinale ; conchoïde.

Caract. géom. Forme primitive. Prisme droit tétraèdre (*fig.* 131) *pl. XXXVII*, dont les bases sont des carrés, divisible en deux moitiés par une des diagonales des bases , que nous supposerons être celle qui passe par l'arête H et par son opposée. Les divisions parallèles aux pans s'aperçoivent rarement et sont peu sensibles ; celles qui se font diagonalement sont très-nettes et faciles à obtenir.

Molécule intégr. Prisme droit triangulaire , dont les bases sont des triangles rectangles isocèles (1).

Caract. chim. Fusible à un léger degré de chaleur.

Soluble dans une quantité d'eau froide moindre que le double de son poids, et dans une quantité d'eau chaude qui excède à peine la moitié de son poids.

Analyse par Bergmann.

Magnésie	19.
Acide sulfurique.	33.
Eau de cristallisation.	48.
	100.

Caractères distinctifs. Entre la magnésie sulfatée et les autres substances acidifères nommées *sels.* Elle en diffère par sa saveur amère ; de plus , elle ne détone pas avec un corps combustible comme la potasse nitratée, ne décrépite point au feu comme la soude muriatée , ne finit point par s'y convertir en verre comme la soude boratée, n'est point soluble avec effervescence dans l'acide nitrique comme la soude carbonatée , ne se volatilise pas au feu comme l'ammoniaque muriaté , et ne cristallise point en octaèdres réguliers comme l'alumine sulfatée, dont les cristaux ne présentent d'ailleurs aucun joint bien sensible.

---

(1) Si l'on suppose que la fig. 131 représente la molécule soustractive , on aura B = C , et B ou C : H : : $\sqrt{6}$: 2.

V A R I É T É S.

F O R M E S.

(Les six premières variétés ont été décrites d'après des produits de la
cristallisation aidée par l'art).

Déterminables.

1. Magnésie sulfatée *bisalterne.* $\overset{}{\underset{}{\text{M}}}\,\overset{}{\underset{}{\text{T}}}\,\overset{1}{\text{C}}\,\overset{1\cdot0}{c}\,\overset{1}{b}\,\overset{1\cdot0}{\text{B}}$ / M T *l* — *l'* (*fig.* 132).
Prisme rectangulaire à sommets dièdres, situés en sens con-
traire, de manière que les arêtes auxquels ils correspondent *alternent* entre elles sur les deux bases. *De Lisle, t. I, p.* 3o8. Incidence de M sur T 90^d ; de *l* sur M, 129^d 14′.

2. Magnésie sulfatée *pyramidée.* $\overset{1}{\text{M T}}\,\overset{1}{\text{B}}\,\text{C}$ / MT *n l* (*fig.* 133). Prisme rectangulaire terminé par deux pyramides tétraèdres. *De Lisle,
t. I, p.* 3io ; var. 2, 3 et 4. Incidence de *n* sur T, 129^d 14′.
Cette forme est celle que prend le plus communément la magnésie sulfatée.

3. Magnésie sulfatée *triunitaire.* M T ′G′ $\overset{1}{\text{B}}\,\overset{1}{\text{C}}$ / M T *o n l* (*fig.* 134).
La variété précédente, dont deux arêtes verticales opposées sont
interceptées par des facettes. Incidence de *o* sur M, 133^d.

4. Magnésie sulfatée *trihexaèdre.* ′G′ M T $\overset{1}{\text{B}}\,\overset{1}{\text{C}}\,\overset{2}{\text{E}}$ / *o* M T *n l r* (*fig.* 135). La
variété précédente, dans laquelle les arêtes terminales qui répon-
dent aux deux nouvelles facettes verticales sont elles-mêmes
remplacées par des facettes. Incidence de *r* sur *o*, 120^d.

5. Magnésie sulfatée *équivalente.* M T ′G′ ^{3}G^3 $\overset{1}{\text{C}}\,\overset{1\cdot0}{c}\,\overset{1}{b}\,\overset{1\cdot0}{\text{B}}$ / M T *o s l l'* (*fig.*
136). La variété bisalterne (*fig.* 132), dont deux arêtes verticales
opposées sont interceptées par des facettes geminées. Incidence
de *s* sur M, 161^d 33′

6. Magnésie sulfatée *plagièdre.* $\mathrm{MT} \dfrac{\mathrm{MT}}{\mathrm{MT}} \left(\mathrm{A}^{\frac{3}{2}} \mathrm{B}^{2} \mathrm{H}^{1} \atop z \right) \overset{1}{\mathrm{B}} \overset{1}{\mathrm{C}} \atop n\; l$ (*fig.* 137).

La variété pyramidée, dont les angles solides à la base des pyramides sont interceptés par des facettes situées de biais. Incidence de z sur M, 104^{d} 28′; de z sur T, 138^{d} 35′

Indéterminables.

7. Magnésie sulfatée *concrétionnée.*
8. Magnésie sulfatée *fibreuse.*
9. Magnésie sulfatée *pulvérulente.*

ACCIDENS DE LUMIÈRE.

Couleurs.

1. Magnésie sulfatée *limpide.*
2. Magnésie sulfatée *blanchâtre.*

Transparence.

Magnésie sulfatée *translucide.*

APPENDICE.

1. La magnésie sulfatée a emprunté les noms sous lesquels on l'a connue d'abord, des lieux particuliers dont on la tiroit le plus abondamment, tels que la fontaine d'Epsom, en Angleterre, et les eaux de Sedlitz, village de Bohême. Elle existe aussi dans les eaux d'Egra, ville du même pays. M. Schmeisser dit qu'on la trouve dans les Alpes et en Suisse, sous une forme pulvérulente, et quelquefois en masses, ou à l'état d'incrustation, avec un tissu fibreux (1). On en a découvert à Montmartre qui étoit de même à l'état pulvérulent, et qui adhéroit aux parois d'une carrière de plâtre à ciel ouvert, située en face du Dôme des Invalides. Le citoyen Chaptal dit que ce sel existe dans toutes les eaux potables

---

(1) A system of mineralogy, t. I, p. 269.

des environs de Montpellier, et qu'il effleurit quelquefois sur les schistes, où l'on peut le recueillir. Il en a trouvé sur une montagne du ci-devant Rouergue, en assez grande quantité, pour en permettre l'exploitation, et il observe que les oiseaux de passage en étoient avides (1).

2. Les cristaux de cette substance, lorsqu'ils sont purs, et qu'on a soin de les tenir enfermés, se conservent très-bien. J'en ai de limpides qui, depuis plus de douze ans, n'ont encore éprouvé aucune altération sensible.

3. J'ai observé la double réfraction de la magnésie sulfatée, en regardant une épingle située horizontalement à travers une facette artificielle, dont la position étoit analogue à celle de la face *l* (*fig.* 132), et le pan opposé à M. Cette facette faisoit avec M un angle d'environ 150^d, d'où il suit que l'angle réfringent étoit de 30^d.

4. La magnésie sulfatée est un des purgatifs salins les plus employés en médecine.

A P P E N D I C E.

Magnésie sulfatée *cobaltifère*, concrétionnée, rougeâtre.

Cobalt vitriolé, vitriol de cobalt, sulfate de cobalt, *de Born, t. II, p.* 43.

On la trouve à Herrengrund, en Hongrie, dans les mines de cuivre gris et de cuivre pyriteux, où elle est accompagnée de quartz et de chaux sulfatée. Elle est d'un rouge de rose pâle, dû au mélange d'une petite quantité de cobalt oxydé. J'en ai reçu de M. Esmark (2) un échantillon, dont une partie, analysée par le citoyen Vauquelin, lui a présenté tous les caractères de la magnésie sulfatée. La présence du cobalt qu'elle contenoit a été indiquée par la couleur bleue qu'a prise le borax fondu au chalumeau avec un petit fragment de la substance dont il s'agit.

____

(1) Élémens de chimie.
(2) Voyez le voyage minéralogique de ce savant, p. 51.

IIᵉ. ESPÈCE.

MAGNÉSIE BORATÉE.

Borate magnésien des chimistes.

Quartz cubique. *Journ. de phys.*, *octob.*, 1788, *p.* 301. Spath boracique, *Sciagr.*, *t. I, p.* 190. Borate magnesio - calcaire, *Annales de chimie*, *t. II, p.* 101. Chaux boracique, *de Born*, *t. I, p.* 370. Borazit, *Emmerling*, *t. I, p.* 509. Spath boracique, *Daubenton*, *tabl.*, *p.* 10. Calx combined with the boracic acid, or boracited calx, *Kirwan*, *t. I, p.* 172. La boracite, *Brochant*, *t. I, p.* 589.

Caractère essentiel. Electrique par la chaleur en huit points opposés deux à deux.

Caract. phys. Pesant. spécif., 2,566.

Dureté. Rayant le verre.

Electricité. Electrique par la chaleur en huit points opposés deux à deux, dont quatre acquièrent l'électricité vitrée, et les quatre autres la résineuse.

Caract. géom. Forme primitive. Le cube (*fig.* 91) *pl. XXXIII.* Les joints naturels sont peu sensibles et seulement à une vive lumière.

Molécule intégr., *id.*

Cassure. Un peu ondulée.

Caract. chim. Fusible au chalumeau avec bouillonnement, en émail jaunâtre, hérissé de petites pointes, qui, par un feu prolongé, sont lancées comme des étincelles.

Analyse par Westrumb.

Acide boracique	68,00.
Magnésie	13,50.
Chaux	11,00.
Alumine	1,00.
Oxyde de fer	0,75.
Silice	2,00.
	96,25.

Cette substance, que j'avois d'abord nommée chaux boratée, d'après l'opinion de plusieurs chimistes célèbres, vient d'être analysée de nouveau par le Cit. Vauquelin et M. Schmit, savant de Philadelphie. Quoique les circonstances ne leur ayent pas permis de déterminer, avec une entière précision, le rapport de ses principes composans, il résulte de leur travail que l'acide boracique y est directement combiné avec la magnésie. Quant à la chaux, elle s'y trouvoit en quantité beaucoup moins sensible que dans le résultat de Westrumb, et l'on a jugé qu'elle y étoit à l'état de carbonate, d'après l'effervescence que la poudre des cristaux de borax excitoit dans l'acide nitrique. Ces cristaux étoient opaques, et l'on a présumé que si l'on en soumettoit de transparens à l'analyse, la chaux carbonatée y seroit nulle, comme étant étrangère au véritable type de l'espèce.

Caract. distinct. Les cristaux de magnésie boratée sont faciles à distinguer de ceux des autres substances qui prennent la forme cubique, par la propriété qu'ils ont de s'électriser à l'aide de la chaleur, et par le défaut de symétrie entre leurs parties correspondantes.

V A R I É T É S.

F O R M E S.

1. Magnésie boratée *défective.* $\overset{\,^{1}\;\,^{1}\;^{1.0}\,^{1}\,^{1.0}}{\underset{\text{P}\,n\;\,s\quad u}{\text{P B A}\,a\,e\,\text{E}}}$ (*fig.* 92). Les parties qui répondent aux angles solides E, *a* de la forme primitive (*fig.* 91), différent *par défaut* de celles qui répondent aux angles opposés. Cube incomplet dans ses douze arêtes et dans quatre seulement de ses angles solides. Incidence de *s* sur P, 125^{d} 15' 52"; de *n* sur P, 133.

2. Magnésie boratée *surabondante.* $\overset{\,^{1}\;^{1}\;^{2}\quad^{2.0}\;^{1}\;^{2}\quad^{2.0}}{\underset{\text{P}\,n\;s\;r\qquad s'\,r'}{\text{P B A}\,\text{A}^{2}\,a^{2}\,\text{E}\,e\,\text{E}^{2}}}$ (*fig.* 93). Les angles qui, dans la variété précédente, étoient intacts, *surabondent,* au contraire, en facettes, chacun étant

intercepté par quatre, tandis qu'il n'y en a toujours qu'une à
chacun des angles opposés. Les premières facettes, telles que
s, *r*, *r*, *r*, ont ordinairement un aspect terne et mat, au lieu
que les secondes ou celles qui sont solitaires, ont leur surface
lisse et brillante. Incidence de *s* sur P, 125ᵈ 15' 52"; de *r* sur
P, 144ᵈ 44' 8".

ACCIDENS DE LUMIÈRE.

Couleurs.

1. Magn. borat. *blanchâtre.*
2. Magn. borat. *grise.*
3. Magn. borat. *violâtre.* La teinte de violet est ordinairement
légère.

Transparence.

1. Magn. borat. *transparente.*
2. Magn. borat. *translucide.*
3. Magn. borat. *opaque.*

ANNOTATIONS.

1. On trouve les cristaux de magnésie boratée auprès de
Lunebourg, dans le duché de Brunswick, au haut d'une montagne appelée *Kalkberg*, où ils sont engagés dans des couches
de chaux sulfatée en masses opaques. La plupart ont entre quatre
et six millimètres d'épaisseur; mais il y en a de beaucoup plus
petits, et d'autres dont l'épaisseur va jusqu'à un centimètre. La
forme de ceux qui se sont bien conservés, a toute la perfection
à laquelle la cristallisation puisse atteindre; mais beaucoup sont
comme corrodés à leur surface.

2. Ces cristaux étoient connus depuis long-temps à Lunebourg,
mais seulement comme une de ces productions qui servent à
amuser un instant la curiosité, lorsque Lalius, en 1787, excita
sur cet objet l'attention des savans. Ils furent pris d'abord pour

du quartz cubique, en quoi les naturalistes firent moins bien que le peuple, qui les appeloit simplement *pierres cubiques*. Mais Westrumb en ayant entrepris l'analyse, quelque temps après, découvrit qu'ils étoient composés d'acide boracique uni à la magnésie et à la chaux (1), résultat d'autant plus intéressant, que l'existence de cet acide dans les corps naturels, avoit été plutôt soupçonnée que prouvée, puisqu'on doutoit si le borax n'étoit pas un produit de l'art.

3. Ayant reçu, en 1791, deux cristaux de magnésie boratée qui appartenoient à la première variété, et qui étoient les seuls que j'eusse encore vus, je les exposai au feu, et les présentai ensuite au petit appareil électrique, suivant l'usage où je suis de soumettre les nouvelles substances à toutes les épreuves capables d'en développer les propriétés. Je m'aperçus que la chaleur les avoit électrisés, et qu'ils avoient même plusieurs points sollicités par des électricités différentes (2). J'éprouvai d'abord de la difficulté à déterminer les positions précises de ces points, tant à cause de la petitesse des cristaux, que parce que ces sortes d'expériences sont délicates en elles-mêmes. Mais la comparaison de ces cristaux avec les tourmalines, me fit faire réflexion que, dans celles-ci, il n'y avoit qu'un seul axe qui se confondoit avec celui du noyau, et que, par une suite nécessaire, il ne devoit y avoir que deux pôles électriques, situés aux deux extrémités de cet axe, au lieu que dans le cube, qui étoit le noyau de la magnésie boratée, il y avoit quatre axes, dont chacun passoit par deux angles solides opposés, d'où il résultoit qu'il devoit y avoir huit pôles électriques, deux pour chaque axe. Cette remarque, que l'expérience vérifia aussitôt, en fit naître une autre qui ramenoit les cristaux dont il s'agit à l'analogie

---

(1) Annales de chimie, t. II, p. 101 et suiv.

(2) J'exposerai, à l'article de la tourmaline, les principes nécessaires pour bien concevoir les phénomènes que présentent les corps susceptibles de s'électriser par la chaleur.

des tourmalines, en ce qu'il y avoit une différence de conformation entre les parties dans lesquelles résidoit la vertu électrique, dont les unes présentoient des angles solides complets, et les autres des facettes qui interceptoient les angles opposés ; et cette différence, qui n'étoit relative qu'à deux points dans la tourmaline, se multiplioit ici à proportion du nombre des axes. J'observai aussi que l'électricité résineuse étoit à l'endroit des angles complets, et l'électricité vitrée à l'endroit des facettes opposées à ces angles (1).

Je ne sais si, au milieu de l'appareil imposant de nos machines artificielles, et de cette diversité de phénomènes qu'il offre à l'œil surpris, il y a quelque chose de plus propre à exciter l'intérêt des physiciens, que ces petits instrumens électriques exécutés par la cristallisation, que cette réunion d'actions distinctes et contraires resserrées dans un cristal qui peut n'avoir pas deux millimètres d'épaisseur ; et ici revient l'observation déjà faite tant de fois, que les productions de la nature, qui semblent vouloir se cacher à nos regards, sont quelquefois celles qui ont le plus de choses à nous montrer.

4. L'électricité des cristaux dont il s'agit est, en général, sensiblement plus foible que celle des tourmalines. Les expériences qui servent à la constater, exigent des soins de la part de l'observateur, surtout par rapport aux actions répulsives, qui n'ont lieu que dans un très-petit espace, en sorte que pour obtenir, par exemple, la répulsion d'un des pôles résineux sur un petit corps qui soit lui-même à l'état d'électricité résineuse, il faut diriger exactement ce corps vers le point répulsif, autrement il seroit attiré vers les points voisins, qui sont dans l'état naturel, ou à peu près (2).

(1) Annales de chimie, t. IX, p. 59 et suiv.

(2) Il en est, à cet égard, des cristaux de magnésie boratée comme de ceux de tourmaline, où les centres d'action sont très-voisins des extrémités, et où la densité électrique, diminuant ensuite rapidement, devient bientôt nulle ou presque nulle. *Voyez* l'article de la tourmaline.

5. Dans la suite, ayant reçu aussi des cristaux de la seconde variété, qui est beaucoup plus commune, je trouvai qu'ils avoient des facettes à la place des huit angles solides du cube primitif, ce qui eut fait, en totalité, seulement vingt-six faces, comme l'ont dit Westrumb et d'autres naturalistes, si les facettes dont il s'agit eussent toutes été solitaires. Mais les quatre qui avoient l'électricité résineuse et répondoient aux angles complets de la première variété, étoient accompagnées chacune de trois autres, ainsi que le représente la fig. 93 (1). Au reste, ces dernières facettes, outre que leur aspect est terne, sont, en général, si foiblement exprimées, qu'elles échapperoient à l'œil, ou qu'on seroit tenté de les négliger, si leur existence n'étoit liée à un point de physique qui appelât sur elles l'attention (2). On diroit que la cristallisation ne s'est prêtée qu'avec peine à l'action de la cause qui tendoit à l'écarter de sa symétrie ordinaire.

---

(1) On lit, dans la minéralogie de Del Rio, p. 139, le passage suivant : « Haüy a dit que ses cristaux (ceux de borate magnésien) étoient seulement tronqués dans leurs angles alternes, et que l'électricité de ceux-ci étoit positive, et celle des angles intacts négative. Cependant, dans ceux que Westrumb a décrits, et dans tous ceux que je possède, avec tous les angles tronqués, ils sont alternativement positifs et négatifs ». Le célèbre auteur, qui n'avoit lu que l'article des annales de chimie, où j'ai publié mes premiers résultats, raisonnoit d'après les observations qu'il avoit faites sur la seconde variété, et il ne paroît pas avoir tenu compte des facettes qui troublent la symétrie.

(2) M. Macie, de la société royale de Londres, l'un des savans qui se soit livré avec le plus de zèle et de succès à l'étude de la cristallographie, a vu, sur quelques cristaux, au moyen de la loupe, autour des faces *s'* (*fig.* 93) qui répondent au siége de l'électricité vitrée, les rudimens de trois nouvelles facettes autrement situées que celles qui accompagnent les faces opposées, mais dont il étoit impossible, à cause de leur extrême petitesse, d'estimer exactement les positions. Ainsi c'étoit bien de part et d'autre le même nombre de facettes ; mais le défaut de symétrie existoit toujours.

SECOND ORDRE.

SUBSTANCES ACIDIFÈRES ALKALINES,

Composées d'un acide uni à un alkali.

PREMIER GENRE.

POTASSE.

ESPÈCE UNIQUE.

POTASSE NITRATÉE.

Nitrate de potasse des chimistes.

Nitrum terrâ mineralisatum, *Waller.*, t. *II*, p. 45. Nitre ou salpêtre, *de Lisle*, t. *I*, p. 350. Alkali végétal nitré ; salpêtre ; nitrate de potasse, *de Born*, t. *II*, p. 57. Naturlicher salpeter, *Emmerling*, t. *II*, p. 16. Alkali végétal nitré, Sciagr., t. *I*, p. 84. Nitre ou salpêtre, *Daubenton*, *tabl.*, p. 27. Nitre, *Kirwan*, t. *II*, p. 25.

Caractère essentiel. Non déliquescente. Détonant avec un corps combustible.

Caractère phys. Réfraction, simple.

Saveur, d'abord un peu fraîche et ensuite désagréable.

Caractère géom. Forme primitive. Octaèdre rectangulaire (*fig.* 138) *pl. XXXVIII*, divisible parallélement à la base commune des deux pyramides, dont l'une a son sommet en I, et l'autre au point opposé.

Molécule intégrante. Tétraèdre irrégulier (1).

---

(1) Soit *an* (*fig.* 139) l'octaèdre primitif ; ayant mené l'axe *or* de la pyramide *adnho*, ensuite les hauteurs *ot*, *ox* des triangles *aod*, *aoh*, puis *tr* et *xr*, on aura *or* : *tr* : : $\sqrt{32}$: $\sqrt{15}$, et *or* : *rx* : : $\sqrt{3}$: 1.

Caract. chim. Soluble dans 3 ou 4 fois son poids d'eau froide, et dans la moitié de son poids d'eau bouillante.

Détonation par le feu, avec un corps combustible.

Analyse par Bergmann.

Potasse . . . . 49.
Acide nitrique . . . . 33.
Eau de cristallisation . . . . 18.
—————
100.

Caractères distinct. 1°. Entre la potasse nitratée et la chaux nitratée. La première n'est point déliquescente comme l'autre. 2°. Entre la potasse nitratée et les autres substances acidifères, dont l'acide n'est point le nitrique. Celles-ci ne détonent point, comme la potasse nitratée, avec un corps combustible.

V A R I É T É S.

F O R M E S.

(Les 7 premières variétés ont été décrites d'après des cristaux produits dans les manufactures de salpêtre).

Déterminables.

1. Potasse nitratée *primitive.* MP (*fig.* 138). *De Lisle, t. I,* *p.* 351. Incidence de M sur M, 60^d, et sur la face de retour, 120^d; de P sur P, 68^d 46′, et sur la face de retour, 111^d 14′.

2. Potasse nitratée *basée.* $\frac{M\ ^\prime I^\prime\ P}{M\ h\ P}$ (*fig.* 140). *De Lisle, t. I,* *p.* 351 ; var. 1. Incidence de *h* sur M, 120^d; de *h* sur P, 124^d 23′.

3. Potasse nitratée *triunitaire.* $\frac{^\prime F^\prime\ M\ ^\prime I^\prime\ P\ B}{l\ M\ h\ P\ o}$ (*fig.* 141). La variété précédente, émarginée à la jonction de ses trapèzes. *De Lisle, t. I,* var. 2. Incidence de *l* ou de *o* sur *h*, 90^d.

4. Potasse nitratée *trihexaèdre.* $\overset{}{M} {}^{.}I^{.} \overset{3}{\overset{.}{I}} \underset{\scriptscriptstyle{1}}{A}$ (*fig.* 142). Prisme
$M\ h\ s\ t$

hexaèdre régulier, terminé par des pyramides hexaèdres, dont l'incidence sur les pans diffère peu de celle qui a eu lieu dans les cristaux de quartz. *De Lisle, t. I, p.* 313; var. 6. Incidence de *s* sur *h*, ou de *t* sur M, 143^{d} 51'.

Ordinairement la pyramide se termine en arête horizontale.

5. Potasse nitratée *soustractive.* $M\ {}^{.}I^{.} \overset{3}{\overset{.}{I}} P\ B$ (*fig.* 143). La
$M\ h\ s\ P\ \underset{\scriptscriptstyle{3}}{x}$

variété basée, émarginée de part et d'autre des faces P. Incidence de *x* sur *h*, 108^{d} 53'.

6. Potasse nitratée *eptahexaèdre.* $\overset{}{M} {}^{.}I^{.} \overset{3}{\overset{.}{I}} A\ P\ A\ B\ A$
${}^{1}\quad \frac{1}{2}\quad {}^{3}\quad \frac{1}{4}$ (*fig.* 144). La
$M\ h\ s\ t\ P\ y\ x\ z$

variété trihexaèdre augmentée de part et d'autre de deux nouvelles rangées de facettes. Incidence de *t* sur M, 143^{d} 51', la même que celle de *s* sur *h*; de *y* sur M, 124^{d} 24', la même que celle de P sur *h*; de *z* sur M, 108^{d} 53', la même que celle de *x* sur *h*.

Cette variété est remarquable par les incidences égales des faces d'un même rang, quoique produites en vertu de différentes lois de décroissement.

Ce résultat qui est général pour tous les octaèdres, dont les faces M, M (*fig.* 138) font entre elles des angles de 120 et 60 degrés, dépend de ce qu'à une loi quelconque de décroissement, qui agit sur la face P, répond toujours une autre loi qui, ayant lieu sur la face M, donne une facette inclinée de la même quantité que celle qui naît du premier décroissement.

Le tableau suivant présente la série de ces lois simultanées, jusqu'à une certaine limite. Les lettres placées à la gauche de chaque colonne ont rapport aux décroissemens sur la face P, soit en montant de l'angle I vers l'arête B, soit en descendant de celle-ci vers l'angle I. On s'y est borné aux quatre lois les plus simples,

en ajoutant la lettre P, qui indique des faces parallèles à celles du
noyau. Les lettres à droite font connoître les décroissemens sur
la face M, en partant de l'angle A, lesquels correspondent aux
précédens.

$$
\begin{array}{ll}
\text{à }^{1}\text{I}^{1}\text{ répond M} & \text{à }\overset{1}{\text{B}}\text{ répond zéro.} \\[4pt]
\overset{2}{\text{I}} \ldots\ldots\ldots \text{A}_{\frac{3}{2}} & \overset{2}{\text{B}} \ldots\ldots\ldots \text{A}_{\frac{1}{6}} \\[6pt]
\overset{3}{\text{I}} \ldots\ldots\ldots \text{A}_{1} & \overset{3}{\text{B}} \ldots\ldots\ldots \text{A}_{\frac{1}{4}} \\[6pt]
\overset{4}{\text{I}} \ldots\ldots\ldots \text{A}_{\frac{5}{6}} & \overset{4}{\text{B}} \ldots\ldots\ldots \text{A}_{\frac{3}{10}} \\[6pt]
\text{P} \ldots\ldots\ldots \text{A}_{\frac{1}{2}} &
\end{array}
$$

On voit, par ce tableau, que les quatre signes ^{1}I^{1}, $\overset{5}{\text{I}}$, P et $\underset{3}{\text{B}}$
sont les seuls qui aient pour analogues des signes dont l'exposant
n'exprime aucune loi intermédiaire, et ne va pas au-delà du
nombre 4 (1). Or, ce sont précisément ceux qui expriment les
lois relatives au cristal dont il s'agit ici ; d'où il résulte que ces
lois sont les plus simples possibles, sinon en elles-mêmes, du
moins dans leur ensemble, ce qui m'a paru rendre cette variété
digne d'attention sous un nouveau point de vue (2).

Indéterminables.

7. Potasse nitratée *aciculaire*. C'est le produit de la cristallisation confuse de cette substance, qui se montre alors sous la

---

(1) A l'égard du signe $\underset{1}{\text{B}}$, qui exprime une face horizontale, il n'a point
d'analogue, parce qu'alors la face M se trouve masquée par l'effet du
décroissement qui agit sur B ; et ainsi ce cas n'appartient point à la question
présente.

(2) Voyez ci-dessus la partie géométr., p. 36 et suiv.

forme de prismes déliés, ou de petits cylindres striés suivant leur longueur, et irrégulièrement terminés de part et d'autre.

8. Potasse nitratée *fibreuse*, vulgairement *salpêtre de houssage*. Elle se trouve en filets soyeux sur les plâtres des vieux bâtimens, ou à la surface de la terre.

ACCIDENS DE LUMIÈRE.

Couleurs.

1. Potasse nitratée *limpide*.
2. Potasse nitratée *blanchâtre*.

Transparence.

1. Potasse nitratée *demi-transparente*.
2. Potasse nitratée *translucide*.

ANNOTATIONS.

1. La potasse nitratée, ou le salpêtre, se forme journellement dans les endroits qui, comme les écuries, les étables et les caves, renferment des matières animales et végétales en putréfaction, ou sont exposés aux émanations de ces substances. On sait que les végétaux donnent beaucoup de potasse par la dissolution, que l'azote et l'oxygène entrent dans la composition des substances animales, et forment seuls l'air atmosphérique. Or, de ces trois principes, le premier est la base du salpêtre, et l'acide nitrique naît de la combinaison des deux autres.

Ainsi, les endroits dont nous avons parlé réunissent les circonstances favorables au jeu d'affinités, d'où résulte la production du salpêtre. Indépendamment de la quantité de ce sel qui pénètre dans le sein de la terre jusqu'à une certaine profondeur, il s'en dépose à la surface des vieux murs et des décombres des bâtimens. Il y est en filamens, que l'on recueille avec des houssoirs, d'où lui est venu le nom de *salpêtre de houssage*.

D'autres substances salines, telles que la chaux nitratée et la magnésie nitratée se forment dans les mêmes circonstances. Ces sels étant déliquescens, se trouvent surtout à la surface du sol (1). Dans le traitement du salpêtre, qui est mélangé de ces sels, leur acide abandonne la chaux et la magnésie, pour s'emparer de la potasse fournie par les cendres, ce qui augmente la quantité de salpêtre provenue de l'opération. Enfin, le salpêtre contient aussi une portion de sel marin, que l'on en sépare à l'aide de la cristallisation.

3. L'observation de ce que la nature opère spontanément dans les endroits habités, a suggéré l'idée des nitrières artificielles, au moyen d'un mélange de matières animales et végétales, dont on favorise la disposition à produire du salpêtre, en les agitant, pour multiplier les points de contact avec l'air atmosphérique.

3. Quelques plantes donnent immédiatement du salpêtre par l'analyse; telles sont surtout celles qu'on appelle *borraginées*, le tournesol (helianthus annuus Lin.), le tabac, etc.

4. Les cristaux de potasse nitratée parviennent quelquefois jusqu'à huit centimètres ou 3 pouces de longueur et au-delà, sur une largeur proportionnée. J'en ai de cette dimension, qui n'ont subi aucune altération depuis plus de dix ans, moyennant des soins dirigés vers un but beaucoup plus intéressant que la conservation d'une belle suite de cristaux. Je les dois à l'amitié de l'illustre et infortuné Lavoisier.

5. Parmi les variétés que présente la cristallisation de la potasse nitratée, celle que nous nommons *trihexaèdre* se rapproche du quartz prismé, non-seulement par son aspect, mais aussi par la mesure de ses angles. Dans celui-ci, l'incidence des faces de la pyramide sur les pans du prisme, est de $141^d\ 40'$, et dans la potasse nitratée, elle est de $143^d\ 51'$. Linnæus, qui

---

(1) Leçons de chimie données à l'école normale, par Berthollet, t. IV, p. 121.

pensoit que les pierres cristallisées devoient leur forme à des sels faisant la fonction de principes sécondans, n'avoit pas manqué de saisir cette analogie, pour ranger le quartz dans l'espèce du nitre, sous le nom de *nitrum quartzosum* (1).

6. La poudre à canon est un mélange d'environ six parties de potasse nitratée bien purifiée, d'une partie de charbon et d'une partie de soufre. Les effets violens de ce mélange proviennent de la formation instantanée et de l'expansion subite de divers gaz qui se développent dans son inflammation. Ces gaz sont : 1°. le gaz azote provenant de la décomposition de l'acide nitrique ; 2°. l'acide carbonique formé par la combinaison de l'oxygène de l'acide nitrique avec le charbon ; 3°. l'eau vaporisée par la chaleur due à la décomposition du nitrate, et provenant en partie de celle que contient la poudre, et en partie de celle qui se forme dans l'instant même. Ces matières gazeuses, produites subitement, font effort contre les obstacles qui s'opposent à leur expansion, et leur effet doit être proportionné, 1°. à la résistance qu'elles ont à vaincre; 2°. à la rapidité plus ou moins grande avec laquelle la décomposition s'opère dans toute la masse; 3°. au volume des gaz produits.

Il suit de là, 1°. que l'effet de la poudre sera d'autant plus terrible que les grains en seront plus arrondis, parce que les vacuoles remplis d'air, qui restent alors entre les grains, étant plus nombreux et plus uniformément disséminés, cette disposition facilite l'inflammation instantanée de toute la masse ; 2°. que l'oxygène abandonnera plus aisément sa base, ce qui fait que le muriate oxygéné de potasse a de l'avantage sur le salpêtre dans la composition de la poudre ; 3°. que la résistance au développement des gaz sera plus énergique ; 4°. que le nitrate de potasse sera plus pur (2).

---

(1) *Systema naturæ*, *edit.* 1770, t. III, p. 84.

(2) Cette explication est du Cit. Chaptal.

8. La liqueur qu'on appelle communément *eau forte*, n'est autre chose que l'acide retiré de la potasse nitratée, et uni à une certaine quantité d'eau. Les arts emploient cette liqueur pour dissoudre les métaux, qui cèdent tous à son action, excepté le platine et l'or.

9. Le nitre a été regardé comme rafraîchissant, étant donné à petite dose. Il paroît provoquer spécialement, et plus que les autres, l'évacuation des urines. En grande dose, il purge, irrite, cause de l'altération et cesse d'être rafraîchissant (1).

IIe. GENRE.

SOUDE.

PREMIÈRE ESPÈCE.

SOUDE MURIATÉE.

Muriate de soude des chimistes.

Muria, sal commune, *Waller*, t. *II*, p. 53. Sel marin et sel gemme, *de Lisle*, t. *I*, p. 374 *et* 575. Alkali minéral muriatique; sel commun; muriate de soude, *de Born*, t. *II*, p. 46. Stein salz, *Emmerling*, t. *II*, p. 19. *Id.*, *Werner*, catal., t. *I*, p. 361. Alkali minéral muriatique, Sciagr., t. *I*, p. 92. Sel marin et sel gemme, *Daubenton, tabl.*, p. 28. Common salt, sal gem,' *Kirwan*, t. *II*, p. 31.

   Caractère essentiel. Soluble dans l'eau; divisible en cubes.
Caract. phys. Réfraction, simple.
Caract. géom. Forme primitive. Le cube, fig. 145, pl. XXXVIII. Molécule intégrante, *id.*
Caract. chym. Soluble dans une quantité d'eau froide qui

---

(1) Article communiqué par le Cit. Hallé.

n'excède pas trois fois son poids. L'eau bouillante n'en dissout pas sensiblement davantage ; elle hâte seulement un peu la solution.

Saveur, salée.

Décrépitation par le feu.

Analyse par Bergmann.

Soude............................... 42.
Acide muriatique....................... 52.
Eau.................................. 6.
                                      ————
                                     100.

Caract. distinctifs. Entre la soude muriatée et les autres substances appelées *sels*. Elle en diffère par sa saveur connue de tout le monde, par ses fragmens cubiques et par la propriété quelle a de décrépiter sur des charbons allumés.

VARIÉTÉS.

FORMES.

(Les 3 premières variétés ont été décrites d'après des cristaux obtenus avec le secours de l'art).

Déterminables.

1. Soude muriatée *primitive*. P (*fig.* 145) *pl. XXXVIII. De Lisle, t. I, p.* 377 *et* 378; var. 1, 2, 3.

2. Soude muriatée *cubo-octaèdre*. $\frac{P \overset{\iota}{A}}{P \, o}$ (*fig.* 146). *De Lisle, t. I, p.* 378 ; var. 4. Incidence de o sur P, 125^d 15' 52''.

3. Soude muriatée *octaèdre*. $\overset{\iota}{\underset{o}{A}}$ (*fig.* 147). En octaèdre régulier. *De Lisle, t. I, p.* 379, *note* 278. Incidence de o sur o, 109^d 28' 16''.

On obtient la soude muriatée sous cette forme, en la faisant cristalliser dans l'urine fraîche.

4. Soude muriatée *infundibuliforme*. Ayant la figure d'un entonnoir carré, ou d'une trémie, dont les faces tant intérieures qu'extérieures sont cannelées parallélement à leur base.

La formation de cette variété , qui est due à l'évaporation moyenne, ou à celle qui a lieu par une température un peu élevée , a été décrite, avec beaucoup de soin , par Rouelle (1). Elle commence par un cube qui s'enfonce en partie dans l'eau. De nouvelles molécules surviennent et s'arrangent à l'entour, en formant une espèce de cadre , qui adhère par le bas de ses faces intérieures aux bords supérieurs du cube initial. Cet assemblage s'accroit ensuite de la même manière, par de nouveaux cadres toujours plus larges , qui se placent les uns au-dessus des autres, à mesure que la partie déjà formée s'enfonce de plus en plus dans le liquide. Le corps prend ainsi la figure d'une trémie ou d'une pyramide quadrangulaire creuse renversée. Si l'on reprend en sens contraire, ou de bas en haut, la série des cadres qui la composent, on pourra la considérer comme produite par un décroissement qui auroit agi sur des lames évidées en carrés. L'inclinaison des faces sur la base varie de manière que sa limite paroît être l'angle de 45^d , ainsi que l'avoit observé Cappeller (2). Cette limite répond au résultat d'un décroissement par une simple rangée de molécules intégrantes.

Indéterminables.

5. Soude muriatée *fibreuse*. Se trouve dans les salines de Hallein, pays de Salzbourg, et dans celles de Halle, en Tyrol.

6. Soude muriatée *amorphe*. En masses plus ou moins considérables, ou en grains.

____

(1) Mém. de l'Acad. des Sc., an 1745.
(2) Prodr. Crist. , p. 32.

ACCIDENS DE LUMIÈRE.

Couleurs.

1. Soude muriatée *limpide*.

2. Soude muriatée *rouge*.

3. Soude muriatée *bleue*. La variété fibreuse est quelquefois de cette couleur:

4. Soude muriatée *brune*.

5. Soude muriatée *violette*.

6. Soude muriatée *blanchâtre*.

Transparence.

Soude muriatée *translucide*.

ANNOTATIONS.

1. La soude muriatée est répandue dans la nature avec une abondance proportionnée à son utilité. Elle forme des masses immenses dans le sein de la terre, en Pologne, en Hongrie, en Russie, en Allemagne, en Angleterre et en Espagne. On a donné à cette substance fossile le nom de *sel gemme*. Une des mines les plus célèbres dont on la retire, est celle de Wilisczka en Pologne (1). Le sel y est disposé par couches, sous des lits de sable et de terre argileuse. On le détache en blocs d'environ 26 décimètres ou 8 pieds de longueur, sur 13 décimètres de largeur, et 6 décimètres ½ d'épaisseur. Vers l'année 1780, la plus grande profondeur à laquelle on eut encore pénétré, étoit d'environ 293 mètres ou 900 pieds, ce qui fait une épaisseur de 228 mètres ou 700 pieds pour la masse de sel, qui commence à peu près à 65 mètres ou 200 pieds en dessous de la surface.

---

(1) Voyez la description qu'en a donnée Guettard, Mém. de l'Ac. des Sc., 1763, p. 203 et suiv.

TOME II.   Kk

On a dit, et peut-être a-t-on exagéré, que cette mine avoit environ trois lieues d'étendue en tout sens. Mais il y a lieu de croire qu'elle communique avec celle de Bochnia, où l'on exploite le même sel, et qui est située à cinq milles au levant de Wilisczka (1).

2. Toutes les mines de sel gemme occupent des terrains secondaires. On trouve dans celle de Wilisczka des coquilles et des madrépores. De Born cite un fragment de défense d'éléphant retiré de cette mine, et ajoute qu'on y rencontre aussi des dents molaires et autres ossemens de ce quadrupède (2). Le même sel est souvent accompagné de chaux sulfatée.

3. Une autre quantité très-considérable de soude muriatée est tenue en dissolution par les eaux de la mer. Ce sel, après son extraction, se nomme *sel marin ;* mais il ne diffère point du sel gemme. Enfin, les eaux de plusieurs lacs et de quelques fontaines sont chargées aussi de soude muriatée. Elle entre, en proportion très-sensible, dans les eaux de Balaruc, de Bourbonne, de Bourbon-Lancy et Larchambaut, de la Motte, etc.

4. On emploie divers procédés pour retirer le sel marin, et l'obtenir à l'état concret. Le premier est l'évaporation spontanée par la chaleur du soleil. La marée montante amène l'eau dans des fosses enduites d'argile bien battue, et partagées par de petits murs en divers compartimens, qui communiquent entre eux : on a soin de ne laisser entrer dans ces fosses qu'une couche d'eau assez mince, pour que l'évaporation soit prompte et facile. A mesure que le sel se forme, on le ramasse avec des rateaux, et on le met en tas pour le faire sécher.

Le second procédé est l'évaporation artificielle à l'aide du feu, qu'on entretient sous des chaudières remplies d'eau salée.

______

(1) Observations sur les mines de sel gemme de Wilisczka, par Berniard, Journ. de phys., 1780, p. 159 et suiv.

(2) Catal., t. I, p. 463.

Dans certains pays, l'évaporation spontanée précède l'artificielle. On fait d'abord tomber l'eau sur des fagots d'épines, où elle se divise en une pluie très-fine qui, présentant beaucoup de surface à l'air, s'évapore en grande partie, de sorte que celle qui arrive au fond se trouve très-chargée de soude muriatée. Cette eau est ensuite portée dans de grandes chaudières qu'on expose à l'action du feu, pour achever l'évaporation.

Dans quelques contrées du nord, on profite du degré de froid de l'atmosphère, comme d'un moyen préparatoire. On fait entrer une couche d'eau peu épaisse dans des fosses pratiquées à cet effet. Une partie de cette eau, en se congelant, abandonne les molécules salines, qui se concentrent dans la portion encore fluide, en sorte que celle-ci n'a plus besoin que d'être exposée à une médiocre chaleur, pour que son évaporation permette au sel dont elle est chargée de se cristalliser.

5. La décomposition de la soude muriatée fournit l'acide muriatique qui se débite dans le commerce. Cet acide, distillé sur de l'oxyde de manganèse, enlève à celui-ci son oxygène, et prend alors le nom d'*acide muriatique oxygené*. Bertholet, qui a découvert la vraie cause du changement d'état que l'acide éprouve dans cette opération, en a déduit des conséquences importantes pour l'art de la teinture. Il a fait voir que les étoffes et autres tissus employés à nos usages ne se décoloroient au bout d'un certain temps, que parce que leurs principes colorans se combinoient avec l'oxygène de l'atmosphère, surtout lorsque la lumière favorisoit cette combinaison (1). Or, l'acide muriatique oxygené produit, en un instant, ou tout au plus en quelques heures, par la cession prompte et abondante de son oxygène, le même effet que l'air n'opère qu'avec lenteur et

---

(1) Il n'est personne qui n'ait observé les effets de cette altération sur les rideaux de taffetas coloré, placés aux fenêtres des appartemens où le soleil donne.

comme par nuances. Il suffisoit donc d'exposer les toiles et les étoffes à l'action de cet acide, pour juger du plus ou moins de résistance qu'elles devoient opposer à l'action de l'air, par le plus ou moins de facilité qu'avoit l'acide à les décolorer, et discerner ainsi les matières colorantes qui méritoient la préférence, par leur solidité.

6. Mais la plus belle application que Bertholet ait faite de sa découverte, est celle qui est relative au blanchîment des fils et des toiles. Ces substances sortent de la main qui les a fabriquées avec une teinte sale et désagréable, que l'on a cherché à leur enlever. Jusqu'alors on les exposoit à l'air pendant un temps plus ou moins considérable. L'oxygène de l'atmosphère en s'unissant aux parties colorantes qui adhèrent à ces substances, les rendoit solubles par la liqueur des lessives, dans laquelle on les passoit à plusieurs reprises. Bertholet a substitué à l'action lente de cet oxygène, l'énergie de l'acide muriatique oxygené; et ce procédé est devenu le fondement d'un art nouveau pratiqué dans nos manufactures, porté jusqu'en Angleterre, et reconnu par tout pour être supérieur de beaucoup à l'ancienne méthode, par l'avantage qu'il a de ménager le temps et la main d'œuvre. Il fait plus, il met en liberté les terrains où l'on étoit obligé d'exposer les fils et les toiles, et les rend à l'agriculture, qui sembloit les redemander.

7. Le sel de cuisine, qui n'est pas de la soude muriatée pure, est employé, en petite dose, comme stimulant de l'estomac, et excitant les forces digestives. A forte dose, il sert à conserver les viandes. Mais Hippocrate prétend que, de cette manière, il diminue leur propriété nutritive, et finit par l'anéantir.

Les eaux minérales citées plus haut, dont la soude muriatée fait, en quelque sorte, la base, sont regardées comme toniques et apéritives; elles sont purgatives; on les administre en bains, douches et boissons. La chaleur naturelle de ces eaux est aussi regardée comme contribuant à leur activité.

On a employé le sel de cuisine et le sel marin pour le traite-

ment des écrouelles, et en général des engorgemens lympha-
tiques, mais la soude muriatée, dans ce cas, se trouve mêlée
de chaux muriatée et de magnésie muriatée (1).

A P P E N D I C E.

Soude muriatée gypsifère.

Muriacite, ou muriate de chaux. Fichtel, nouveaux mém. de
minéralogie; Vienne, 1794, p. 228.

Cette substance présente l'aspect du sel gemme, et se divise,
comme lui, parallélement aux faces d'un cube. Elle s'en rapproche aussi par sa saveur, qui est seulement plus foible, et
se développe beaucoup plus lentement. Suivant Fichtel, elle
n'est soluble que dans une quantité d'eau chaude qui égale
4300 fois son poids. Le même auteur ajoute que les mineurs près
de Halle, dans le Tyrol, lui donnent le nom de *gypse écailleux*.
L'abbé Poda l'avoit appelée *muriacite* ou *muriate de chaux*,
parce qu'il la croyoit une combinaison de chaux et d'acide
muriatique. Mais d'après l'analyse qu'en a faite Klaproth, elle
contient :

Muriate de Soude.....................	31,2.
Sulfate de chaux......................	57,8.
Carbonate de chaux...................	11,0.
	100,0.

Nous rapportons ici ce mélange, parce qu'il emprunte ses
caractères dominans de la soude muriatée.

---

(1) Article communiqué par le Cit. Hallé.

II. ESPÈCE.

SOUDE BORATÉE.

Borate de soude des chimistes.

Borax, *Waller*, t. *II*, p. 82. Borax, *de Lisle*, t. *I*, p. 241. Alkali minéral boracique; tincal, *de Born*, t. *II*, p. 63. Tinkal et borax, Sciagr., t. *I*, p. 98. Tinkal, *Emmerling*, t. *II*, p. 27. Borax; tincal, *Kirwan*, t. *II*, p. 37. Borax, *Daubenton*, *tabl.*, p. 26.

Caractère essentiel. Saveur douceâtre; fusible avec un boursouflement considérable, en un globule vitreux.

Caractère phys. Réfraction, double à un haut degré.

Saveur, tirant sur celle du savon.

Cassure, transversale et assez souvent longitudinale, ondulée et brillante.

Caract. géom. Forme primitive. Prisme rectangulaire oblique (*fig.* 148) *pl. XXXVIII*, dans lequel les faces M, P sont des rectangles, et la face T un parallélogramme obliquangle. Les coupes parallèles à M, T sont les seules sensibles. La position de la face P n'est que présumée. Molécule intégr., *id.* (1).

Caract. chim. Soluble dans douze fois son poids d'eau froide, et six fois son poids d'eau chaude.

Fusible à un feu modéré en une masse boursouflée et très-poreuse.

Au chalumeau, elle se boursoufle d'abord, et finit par se convertir en verre.

---

(1) Soit Ae (*fig.* 154) *pl. XXIX* cette molécule. Si l'on mène Ey, Ex perpendiculaires, l'une sur Aa, l'autre sur ae, on pourra faire E$y = \sqrt{48}$, A$y = 2$, E$x = \sqrt{14}$, EE' $= \sqrt{45}$.

Analyse.

Acide boracique...................... 36.

Soude .... 17.

Eau de cristallisation .... 47.

100.

Caractères distinctifs. 1°. Entre la soude boratée et l'alumine sulfatée. La première se divise par deux coupes perpendiculaires l'une sur l'autre, au lieu qu'on n'aperçoit aucun joint naturel bien sensible dans l'alumine sulfatée. Les cristaux de soude boratée s'éloignent totalement de la forme de l'octaèdre ou du cube, que l'alumine sulfatée présente toujours, soit simple, soit modifiée par des facettes angulaires, et quelquefois marginales. 2°. Entre la même et la magnésie sulfatée. La saveur de celle-ci est amère et celle de l'autre savonneuse. Ses cristaux ont des joints nets situés diagonalement, que l'on n'observe point dans ceux de soude boratée. 3°. Entre la soude boratée et la potasse nitratée. La première ne détone pas comme l'autre sur un charbon ardent. 4°. Entre la même et la soude muriatée. Celle-ci décrépite au feu ; la soude boratée s'y boursoufle. La saveur de la première est salée, et celle de l'autre savonneuse. La soude boratée est d'ailleurs la seule des substances sapides et solubles qui se convertisse en verre au chalumeau.

V A R I É T É S.

F O R M E S.

(Les 5 premières variétés ont été décrites d'après des cristaux obtenus avec le secours de l'art).

Déterminables.

1. Soude boratée *perihexaèdre.* $\frac{'G'\,\text{MP}}{r\,\text{MP}}$ (*fig.* 149). Prisme oblique à bases hexagones symétriques. *De Lisle, t. I, p.* 245 :

var. 2. Incidence de P sur M, 106^d 7′; de r sur r, 91^d 50′; de r sur M, 134^d 5′.

2. Soude boratée *perioctaèdre.* $\begin{smallmatrix} 'G^{\iota} & M & T & P \\ r & M & T & P \end{smallmatrix}$ (*fig.* 150). *De Lisle, t. I, p.* 245 ; var. 3. Incidence de r sur T, 135^d 55′.

3. Soude boratée *émoussée.* $\begin{smallmatrix} M & T & P & \overset{1}{A} \\ M & T & P & o \end{smallmatrix}$ (*fig.* 151). La forme primitive dont les angles solides aigus A, A (*fig.* 148) sont interceptés par des facettes o, o (*fig.* 151). Incidence de o sur T, 118^d 52′, et sur P, 138^d 46′.

4. Soude boratée *dihexaèdre.* $\begin{smallmatrix} 'G^{\iota} & M P \overset{1}{A} \\ r & M P\, o \end{smallmatrix}$ (*fig.* 152). Six pans au prisme et trois faces à chaque sommet. *De Lisle, t. I, p.* 246 ; var. 4. Incidence de o sur le pan adjacent r à la droite du cristal, 120^d 6′. C'est une des formes qu'affecte le plus communément la soude boratée.

5. Soude boratée *sexdécimale.* $\begin{smallmatrix} 'G^{\iota} & M & P & \overset{1}{A} & \overset{\frac{1}{2}}{A} \\ r & M & P & o & z \end{smallmatrix}$ (*fig.* 153). *De Lisle, t. I, p.* 247; var. 6. La var. précédente augmentée des facettes z, entre les facettes o et les pans r à la droite du cristal (*fig.* 152). Incidence de z sur P, 115^d 17′, et sur le pan r à la droite du cristal, 143^d 35′.

Indéterminables.

6. Soude boratée *amorphe.*

A C C I D E N S   D E   L U M I È R E.

Couleurs.

1. Soude boratée *limpide.*
2. Soude boratée *verdâtre.* Cette teinte est légère.
3. Soude boratée *blanchâtre.*

Transparence.

Transparence.

Soude boratée *translucide*, avec un aspect gélatineux.

A N N O T A T I O N S.

1. L'origine de la soude boratée n'est pas encore bien connue, quoiqu'il y ait long-temps que l'on emploie ce sel dans les arts. Il nous vient des Indes orientales par le commerce, et quelques auteurs prétendent qu'on le fait artificiellement à la Chine, en mêlant, dans une fosse, de la graisse, de l'argile et du fumier, par couches successives, en arrosant ce mélange avec de l'eau, et en le laissant séjourner dans la fosse pendant plusieurs années (1). Mais divers autres témoignages se réunissent en faveur de l'opinion que le borax est aussi un produit de la nature, et qu'on le trouve dans la terre au royaume de Thibet (2), dans le lac Necbal, dans quelques cavernes de Perse, dans l'île de Ceylan, dans la grande Tartarie, et même dans l'électorat de Saxe (3).

2. La soude boratée, telle qu'on nous l'apporte des Indes, est plus ou moins mêlée de matières hétérogènes. Celle de Perse est en cristaux d'un volume assez considérable, revêtus d'un enduit gras, d'une couleur grise avec une teinte de verdâtre. Les Indiens l'appellent *Tinckal*, et les Arabes *Baurach*, d'où l'on a formé le nom de *Borax*. Celui de la Chine est un peu moins impur, et sa couleur est d'un blanc sale. Les Hollandais ont eu seuls, pendant long-temps, le secret de raffiner le borax. Mais on y est parvenu depuis en France, au moins avec un égal succès. Le borax ainsi purifié et exposé à l'air, s'altère avec le temps, et se couvre d'une poussière farineuse, au lieu que le tinckal est

---

(1) Fourcroy, élém. d'hist. nat. et de chimie, t. II, p. 68.
(2) Acta Stockolm, 1772.
(3) Journ. de phys., 1779, p. 437.

garanti de cette altération par la matière grasse dont il est mélangé.

3. Le Cit. Vauquelin a obtenu de petits cristaux limpides de borax épuré, qui présentoient la forme de la variété émoussée (*fig.* 151). C'est au moyen de ces cristaux que j'ai reconnu la double réfraction du borax, en observant une épingle à travers une des faces terminales, telle que *o* et la face opposée à P sur l'autre sommet.

4. L'acide du borax s'obtient sous forme concrète, et cristallise en petites paillettes blanches, très-minces et très-légères, ce qui l'avoit fait prendre par Homberg pour un sel particulier, qu'il nommoit *sel sédatif*, parce qu'il lui avoit reconnu une vertu calmante. On a trouvé quelquefois cet acide libre, dans les eaux de certains lacs, tels que ceux de Cherchiaio (1), de Castelnuovo et de Monterotondo (2) en Italie.

5. La soude boratée est employée comme flux dans beaucoup d'épreuves docimastiques. Bergmann, Kirwan et Mongès l'ont fait servir à cet usage pour l'examen de presque toutes les substances minérales, par le chalumeau.

Elle sert encore dans quelques verreries à déterminer la fonte de la matière. On n'en ajoute qu'environ une livre par pot de mélange. Elle donne assez constamment une couleur plus ou moins jaune aux substances fondues, ce qui ne permet pas de l'employer à grande dose.

Le borax est surtout utile pour les soudures, dans les ouvrages d'orfévrerie ou d'horlogerie, et même dans les travaux grossiers des ferblantiers et des chaudronniers. Sa vertu fondante ramollit les points de contact des métaux qu'on veut réunir, et facilite ainsi leur adhésion ou leur alliage. C'est encore par son intermède qu'on applique les ors de couleur sur les bijoux. On

---

(1) Lavoisier, traité élément. de chimie, t. I, p. 266.
(2) Fourcroy, élém. de minér. et de chimie, t. I, p. 500.

emploie ordinairement le jet de flamme dirigé par le chalumeau, pour fondre le borax dont on a saupoudré les surfaces métalliques qu'on veut unir.

Le défaut qu'a le borax de se boursoufler par la chaleur, nécessite un grand soin de la part de l'artiste qui l'emploie, parce qu'en se boursouflant il déplace les métaux, et dérange très-souvent la symétrie des dessins en relief que les horlogers exécutent sur certains ouvrages délicats. C'est pour cela que quelques artistes préfèrent le verre de borax, qui n'a pas le même inconvénient (1).

IIIe. ESPÈCE.

SOUDE CARBONATÉE.

Carbonate de soude des chimistes.

Alkali minérale, natron, *Waller*, *t. II*, *p.* 61. Alkali fixe minéral, *de Lisle*, *t. I*, *p.* 146. Alkali minéral aéré ; natron ; carbonate de soude, *de Born*, *t. II*, *p.* 69. Naturliches minéral-alkali, *Emmerling*, *t. II*, *p.* 31. Alkali fixe minéral (combiné avec l'acide aérien), Sciagr., *t. I*, *p.* 77 *et* 78. Alkali minéral, *Daubenton*, *tabl.*, *p.* 26.

Caractère essentiel. Soluble dans l'eau ; faisant effervescence avec l'acide nitrique.

Caract. phys. Saveur, urineuse.

Caract. chim. Soluble dans le double de son poids d'eau froide, et dans un poids égal d'eau bouillante.

Effervescent par l'acide nitrique.

Très-efflorescent par l'action de l'air.

Verdissant le sirop de violettes.

---

(1) Détails communiqués par le Cit. Chaptal.

Analyse par Bergmann.

Soude.. 20.
Acide carbonique.............................. 16.
Eau de cristallisation........................ 64.
____
100.

Caractères distinctifs. La soude carbonatée est suffisamment distinguée des autres substances salines qui se trouvent dans la nature , par son effervescence avec l'acide nitrique, jointe à la propriété qu'elle a de verdir le sirop de violettes.

V A R I É T É S.

F O R M E S.

Déterminables (obtenues avec le secours de l'art).

1. Soude carbonatée *primitive*. P (*fig.* 155) *pl. XXXIX.* Octaèdre à bases rhombes , dans lequel l'incidence de l'arête D sur l'arête D', est de 120^d, suivant Romé de Lisle ; et celle de P sur P', de 76^d. *De Lisle, t. I, p.* 149; var. 1. Je n'ai encore été à portée d'observer aucuns cristaux de cette espèce , et la forme primitive que je lui assigne ici n'est que présumée.

Var. *a.* Cunéiforme. L'angle solide A s'étend en forme d'arête.

2. Soude carbonatée *basée.* $\frac{P \ A}{P \ o}$ (*fig.* 156). *De Lisle, t. I, p.* 149; var. 2. Incidence de *o* sur P , 142^d. Ordinairement cette variété dérive de l'octaèdre primitif cunéiforme , dont l'arête terminale est remplacée par un rhombe alongé.

Var. *a.* Segminiforme. En segment semblable à celui que l'on obtiendroit par une coupe parallèle à la face *o.*

Indéterminables.

3. Soude carbonatée *amorphe.*

ACCIDENS DE LUMIÈRE.

Couleurs.

Soude carbonatée *blanchâtre.*

Transparence.

Soude carbonatée *translucide.*

ANNOTATIONS.

1. La soude carbonatée abonde en Egypte, dans une vallée que l'on appelle *la Vallée des Lacs de Natron.* Elle cristallise dans l'eau de ces lacs, à l'aide de l'évaporation naturelle. On y trouve aussi de la soude muriatée ; et lorsqu'une même masse d'eau contient à la fois l'un et l'autre sel, c'est la soude muriatée qui cristallise d'abord, et ensuite la soude carbonatée, en sorte qu'il se forme des couches successives de ces deux substances. Quelquefois dans un même lac, qui est divisé en deux parties, dont les eaux n'ont entre elles presqu'aucune communication, l'une de ces parties ne renferme guère que de la soude muriatée, et l'autre que de la soude carbonatée. Le terrain qui sépare les lacs est, en général, couvert d'incrustations salines, dont la plupart sont composées de soude carbonatée plus ou moins pure, et les autres de soude muriatée.

Nous devons ces détails à Bertholet (1), auquel ce vaste laboratoire de la nature a offert un sujet digne d'exercer sa sagacité, pendant son séjour en Egypte, et qui, de l'observation exacte des faits, est remonté jusqu'à la cause qui détermine la formation de la soude carbonatée. Il l'attribue à la décomposition de la soude muriatée, par l'intermède de la chaux carbonatée,

---

(1) Journ. de phys., messidor, an 8, p. 5 et suiv.

qui est en contact avec elle, et dont l'action est aidée par l'humidité du terrain et par la chaleur du climat. Il se fait, dans cette opération, un échange d'acides entre les deux sels ; la soude carbonatée reste à la surface, et la chaux muriatée, qui est très-déliquescente, doit s'infiltrer profondément dans le sol. Berlholet se fonde : 1°. sur ce que les portions de terrain où l'on trouve des incrustations de soude carbonatée, sont en même-temps imprégnées de soude muriatée ; 2°. sur ce que quand le sol est trop argileux, on ne rencontre, à la surface, que de la soude muriatée, ou du moins très-peu de soude carbonatée, au lieu que les endroits où les deux sels sont associés en proportion sensible, contiennent toujours une quantité considérable de chaux carbonatée, et de plus, sont chargés d'humidité. A l'égard des terrains trop siliceux, on n'y observe aucun sel, parce que les eaux de pluie ont, sans doute, entraîné avec elles tout ce qui étoit soluble.

On conçoit, d'après ce qui vient d'être dit, que la soude carbonatée d'Egypte doit toujours être plus ou moins mélangée de soude muriatée, d'où résulte une grande variation dans les qualités des différentes parties de ce sel, qui est d'autant plus précieux pour le commerce, qu'il approche davantage de l'état de pureté.

De Born dit que les plaines de Debreczin, en Hongrie, fournissent une grande quantité de soude carbonatée, sous la forme d'une efflorescence répandue à la surface de la terre (1). Ce sel existe aussi, en divers autres endroits de l'Europe, dans les lacs et les eaux minérales. Il tapisse quelquefois les parois des murailles, et dans cet état on l'a confondu avec le salpêtre de houssage. On a donné le nom d'aphronatron au même sel mélangé de matière calcaire.

2. On retrouve la soude carbonatée dans les cendres de plusieurs

____

(1) Catal., t. II, p. 69.

végétaux, mais avec excès de base, particulièrement dans celles des plantes qui appartiennent au *salsola* et au *salicornia* de Linnæus. On distingue parmi les premières le *salsola soda*, ainsi que le *salsola sativa*, d'où provient la soude d'Alicante (1), qui est très-estimée.

3. On a regardé la soude carbonatée, pendant long-temps, comme un simple alkali, c'est-à-dire, comme n'étant autre chose que la soude à l'état de pureté, parce qu'on lui avoit reconnu plusieurs propriétés des alkalis, entre autres celle de verdir le sirop de violettes. Mais il est bien prouvé, aujourd'hui, que la soude y est combinée avec l'acide carbonique ; et c'est à la présence de cet acide qu'est due l'effervescence que produit, dans l'acide nitrique, le sel dont il s'agit.

4. La facilité avec laquelle la soude carbonatée entre en fusion, l'a fait adopter, de préférence, dans beaucoup de verreries, pour la mêler au sable qui forme la base du verre. Mais l'usage le plus intéressant de ce sel est de concourir, avec l'huile d'olive et la chaux, à la composition du savon solide. La chaux n'est employée ici que pour enlever à la soude l'acide qui la neutralise, et amener cet alkali au degré de pureté nécessaire, pour qu'il puisse agir sur l'huile et s'unir intimement avec elle (2).

5. Il paroît, par plusieurs passages des anciens, que la soude carbonatée étoit le sel qu'ils nommoient *nitrum* et *natrum*. Tacite dit qu'on ramassoit, de son temps, sur les bords du fleuve Belus, un sable qui, mêlé avec le nitrum, produisoit du verre par la coction (3). Selon Pline, on trouvoit le nitrum dans des lacs; l'Egypte surtout en fournissoit abondamment, mais d'une couleur grise et mêlé de parties pierreuses (4). Ce sel étoit d'un grand

---

(1) Mém. de l'Acad. des Sc., an 1715, p. 14.

(2) Voyez le rapport sur la fabrication des savons, etc. Mém. et observ. de chimie, de B. Pelletier, t. II, p. 249 et suiv.

(3) Histor, l. V, c. 5.

(4) Hist. nat., l. XXXI, c. 10.

usage dans le même pays, pour saler les cadavres, avant de les embaumer (1).

6. Les anciens attribuoient une grande vertu fécondante à leur *nitrum*. Virgile dit qu'il a vu les cultivateurs arroser les semences des légumes, avec de l'eau nitrée et du marc d'huile, avant de les confier à la terre, afin que les graines prissent plus d'accroissement dans leurs enveloppes (2).

7. La soude carbonatée est regardée comme apéritive, et facilitant le dégorgement des viscères abdominaux, et du foie en particulier. Elle fait la base des eaux de Vichy qui, en outre, contiennent, quoique chaudes, du gaz acide carbonique à leur source. Le même sel dissous dans l'eau surchargée d'acide carbonique, a été vanté par Ingenhouz, comme très-utile dans les affections calculeuses des reins (3).

IIIe. GENRE.

AMMONIAQUE.

ESPÈCE UNIQUE.

AMMONIAQUE MURIATÉ.

Muriate ammoniacal des chimistes.

Sal ammoniacum, *Waller*, t. I, p. 77. Sel ammoniac, *de Lisle*, t. I, p. 382. Alkali volatil muriatique; muriate ammoniacal; sel ammoniac, *de Born*, t. II, p. 54. Alkali volatil

---

(1) Hérodote, l. II, c. 85.

(2) *Semina vidi equidem multos medicare serentes,*
    Et nitro priùs et nigrâ perfundere amurcâ,
    Grandior ut fœtus siliquis fallacibus esset.
                GÉORG., l. I, vers 193 et suiv.

(3) Article communiqué par le Cit. Hallé.

combiné

combiné avec l'acide muriatique, Sciagr., *t. I*, *p.* 80. Naturlicher
salmiak, *Emmerling*, *t. II*, *p.* 24. Sel ammoniac, *Daubenton*,
tabl., *p.* 27. Sal ammoniac, *Kirwan*, *t. II*, *p.* 33. Sel armoniac
de quelques auteurs.

Caractère essentiel. Volatil en entier, par le feu.

Caract. phys. Saveur, urineuse et piquante.

Elasticité. Ses cristaux en plumes ont une certaine flexibilité,
et sautent sous le marteau.

Caract. géom. Forme primitive. L'octaèdre régulier.

Molécule intégrante. Le tétraèdre régulier.

Caract. chim. Volatil en fumée, lorsqu'on le jette sur un
charbon allumé.

Soluble dans six fois son poids d'eau froide, et à peu près
dans son poids d'eau bouillante. Il refroidit très-sensiblement
l'eau dans laquelle il se dissout.

Analyse.

Ammoniaque............................	40.
Acide muriatique.......................	52.
Eau de cristallisation	08.
	100.

Caractère distinctif. Entre l'ammoniaque muriaté et les autres
substances salines. Il en diffère par sa saveur urineuse et par
sa volatilité.

VARIÉTES.

FORMES.

(Elles ont été décrites d'après des produits de la cristallisation aidée par
l'art).

Déterminables.

1. Ammoniaque muriaté *primitif.* P (*fig.* 157) *pl. XXXIX.*
En octaèdre régulier. Incidence de deux faces quelconques
adjacentes l'une sur l'autre, 109ᵈ 28' 16".

TOME II.   M m

Le Cit. Pelletier paroît être le premier qui ait obtenu l'ammoniaque muriaté en octaèdres bien prononcés et d'un volume sensible.

2. Ammoniaque muriaté *cubique*. $A\,^1A^1$.

3. Ammoniaque muriaté *trapézoïdal.* $A\,{}_z^3A^3$ (*fig.* 158). Incidence de z sur z, $146^d\ 26'\ 53''$; de z sur z', $131^d\ 48'\ 36''$. Cette variété a été obtenue par le Cit. Pluvinet.

Indéterminables.

4. Ammoniaque muriaté *plumeux*. En ramifications semblables à des barbes de plume, et qui, examinées à la loupe, paroissent composées de petits octaèdres implantés les uns dans les autres.

5. Ammoniaque muriaté *amorphe*. En masse informe, striée à l'intérieur.

A C C I D E N S D E L U M I È R E.

Couleurs.

1. Ammoniaque muriaté *grisâtre*.
2. Ammoniaque muriaté *blanc*.

Transparence.

Ammoniaque muriaté *translucide*.

A N N O T A T I O N S.

1. On trouve l'ammoniaque muriaté, suivant Wallerius (1), dans la Perse et au pays de Calmouks, tantôt mêlé avec de l'argile, ou avec d'autres terres, tantôt à la surface, en efflo-

---

(1) *Systema mineral.*, t. II, p. 77.

rescence ou sous forme pulvérulente. On le trouve aussi en petites masses, autour des volcans de Sicile et d'Italie, où il s'est formé par sublimation.

2. C'est de l'Egypte que nous vient la plus grande partie de l'ammoniaque muriaté du commerce. Dans ce pays, où l'on manque de bois, on ramasse, avec soin, la fiente des animaux, et en particulier celle du chameau. On la mêle avec un peu de paille séchée, pour lui donner de la consistance, puis on la fait sécher au soleil, et on l'emploie comme combustible. On recueille la suie que cette combustion produit avec abondance, et on la renferme dans des vaisseaux de verre que l'on échauffe par degrés, et où l'ammoniaque muriaté se sublime. Les pains de ce sel, qu'on nous envoie de l'Egypte, sont plus ou moins noircis par le mélange d'une matière fuligineuse qui monte dans la sublimation. Mais on parvient aisément à le purifier, en le faisant dissoudre, puis en le filtrant, pour le laisser cristalliser une seconde fois.

On fabrique de ce même sel, dans la Belgique, en faisant brûler à la fois de la suie, des ossemens, de la houille et de la soude muriatée. On obtient un dépôt de fumée, chargé d'ammoniaque muriaté, de suie et de bitume. Ensuite, au moyen de la sublimation, on sépare le sel des matières hétérogènes qui altèrent sa pureté (1).

3. Le refroidissement produit par l'ammoniaque muriaté dans l'eau qui dissout ce sel, va, suivant Macquer, jusqu'à 18 degrés de Réaumur au-dessous de la température qu'avoit d'abord le liquide. Aussi obtient-on un froid artificiel considérable, en mêlant de l'ammoniaque muriaté avec de la glace pilée. On parvient de cette manière à faire congeler l'eau renfermée dans un vase entouré de ce mélange.

---

(1) Voyez le mémoire du Cit. Baillet, sur cet objet; Journal des mines, N°. 10, p. 5 et suiv.

4. Ce même sel a deux principaux usages dans les arts, l'un pour l'étamage, et l'autre pour la teinture. Dans le premier cas, il sert à décaper les métaux, et a de plus l'avantage de prévenir l'oxydation de la surface métallique, par le principe huileux et charbonneux qu'il contient. On l'emploie en vapeur, pour décaper les lames de fer que l'on se propose de convertir en fer blanc.

Dans les teintures, il sert à convertir l'acide nitrique en acide nitro-muriatique. On en dissout, pour cet effet, dans le premier de ces acides, une quantité qui varie entre un huitième et un seizième.

On a remarqué que l'ammoniaque muriaté avoit la propriété de rendre le plomb aigre, lorsqu'on le méloit avec ce métal fondu ; et c'est d'après cette observation qu'on l'emploie dans quelques ateliers, où l'on convertit le plomb en grenaille (1).

5. La cristallisation ordinaire de l'ammoniaque muriaté en petits cristaux plumeux, a été décrite, avec beaucoup de soin, par le Cit. Monge, dans le mémoire très-intéressant qu'il a publié sur la météorologie (2). Si l'on remplit un vase de verre, profond et chaud, d'une dissolution de ce sel saturée à chaud, et qu'on laisse ensuite refroidir lentement celle-ci dans un air calme, la surface du liquide est la première qui arrive à la supersaturation, tant à cause du refroidissement direct auquel elle est exposée, qu'à cause de la concentration que lui fait éprouver l'évaporation ; et c'est à la surface que les premiers cristaux se forment. Ces cristaux, d'une extrême petitesse, sont aussitôt submergés que formés ; et parce que leur pesanteur spécifique est un peu plus grande que celle du liquide qui les contient, ils descendent avec lenteur : en même temps leur volume augmente, par une addition de cristaux semblables qui se forment

____

(1) Détails communiqués par le Cit. Chaptal.

(2) Annales de chimie, par Morveau, Lavoisier, Monge, etc.; t. V, p. 2

sur leur passage, en sorte qu'ils arrivent au fond du vase en flocons blancs, nombreux et volumineux.

Ce que le Cit. Monge trouve surtout de plus remarquable dans ce phénomène, c'est le progrès rapide de la cristallisation dans un liquide dont la supersaturation n'est pas assez avancée pour lui donner naissance par elle-même. Mais il se passe ici un effet analogue à ce qu'on observe, lorsqu'on place un petit cristal salin dans une dissolution du même sel, où l'on ne voyoit encore rien paroître : la présence de ce cristal sollicite à l'instant les molécules disséminées dans le liquide, à des mouvemens qui leur font vaincre les petits obstacles que ce liquide opposoit à leur réunion, et de nouveaux cristaux naissent de toutes parts. De même, dans le cas dont il s'agit, le passage des petits cristaux d'ammoniaque muriaté qui descendent dans le liquide, devient comme le signe de ralliement de toutes les molécules qui avoient une tendance prochaine à se réunir, en vertu de leur affinité mutuelle.

Le Cit. Monge compare, avec beaucoup de justesse, à ce phénomène, la formation de la neige, dont les premiers cristaux, qui ont pris naissance au haut de l'atmosphère, déterminent, à mesure qu'ils descendent, par l'excès de leur pesanteur spécifique, la cristallisation des molécules aqueuses, que l'air environnant auroit retenues en dissolution, sans leur présence. Il en résulte des étoiles à six rayons, lorsque le temps est calme, et que la température n'est pas assez élevée pour déformer les cristaux, en occasionnant la fusion de leurs angles, ou des flocons irréguliers, lorsque l'atmosphère est agitée, et que les cristaux tombant de trop haut, se heurtent et se réunissent en groupes.

T R O I S I È M E   O R D R E.

S U B S T A N C E S   A C I D I F È R E S
A L K A L I N O - T E R R E U S E S.

G E N R E   U N I Q U E.

A L U M I N E.

P R E M I È R E   E S P È C E.

ALUMINE SULFATÉE ALKALINE.

Sulfate alkalin d'alumine des chimistes.

Alumen, *Waller, t. I, p.* 31. Alun, *de Lisle, t. I, p.* 313. Alumine vitriolée; alun; sulfate d'alumine, *de Born, t. II, p.* 32. Argile vitriolée; alun, Sciagr., *t. I, p.* 124. Natürlicher alaun, *Emmerling, t. II, p.* 9. Alun, *Daubenton, tabl., p.* 28. Allum, *Kirwan, t. II, p.* 13.

Caractère essentiel. Non volatile par le feu; cristallisée ordinairement en octaèdre régulier.

Caract. phys. Réfraction, simple. Saveur, douceâtre et astringente.

Caract. géom. Forme primitive. L'octaèdre régulier. On aperçoit quelquefois de légers indices de lames parallélement aux faces de cet octaèdre.

Molécule intégrante. Le tétraèdre régulier.

Cassure, indéfinie, vitreuse.

Caract. chim. Soluble dans environ neuf fois son poids d'eau froide, et dans une quantité d'eau bouillante moindre que la moitié de son poids.

A une chaleur modérée, elle se liquéfie et se boursoufle considérablement.

Analyse par Vauquelin.

Sulfate d'alumine........................... 49.
Sulfate de potasse.......................... 7.
Eau de cristallisation....................... 44.
                                            ———
                                            100.

Caractères distinctifs. 1°. Entre l'alumine sulfatée alkaline et la magnésie sulfatée. La saveur de la première est douceâtre, et celle de l'autre très-amère. La magnésie sulfatée affecte des formes toutes différentes de celles de l'alumine sulfatée, qui sont l'octaèdre régulier et ses modifications. 2°. Entre la même et la soude boratée. Celle-ci se réduit en verre au chalumeau, ce qui n'a pas lieu pour l'autre. Ses cristaux ont des formes prismatiques, au lieu que ceux de l'alumine sulfatée présentent l'octaèdre régulier simple ou modifié. 3°. Entre l'alumine sulfatée fibreuse et le fer sulfaté sous la même forme. Celui-ci a une saveur beaucoup plus forte et plus astringente; sa dissolution dans l'eau colore en noir l'écorce de chêne et l'infusion de noix de galle, ce qui n'a pas lieu pour l'alumine sulfatée. 4°. Entre la même variété et la chaux sulfatée fibreuse. Celle-ci n'a point de saveur sensible, comme l'alumine sulfatée ; elle est très-peu soluble; elle blanchit et devient pulvérulente sur un charbon allumé, au lieu de s'y liquéfier avec boursouflement, comme l'alumine sulfatée.

VARIÉTÉS.

FORMES.

Déterminables.

1. Alumine sulfatée *primitive.* P (*fig.* 159) *pl. XXXIX. De Lisle, t. I, p.* 314. Incidence de deux faces voisines quelconques l'une sur l'autre, 109ᵈ 28′ 16″.

a. Alumine sulf. prim. cunéiforme. *De Lisle, t. I, p.* 314: var. 1.

b. Alumine sulf. prim. segminiforme. Semblable à un segment extrait d'un octaèdre coupé parallélement à deux de ses faces opposées. *De Lisle*, *t. I*, *p.* 316; var. 6 et 7.

2. Alumine sulfatée *cubique.* $\overset{A}{\underset{r}{{}_{1}}}\overset{{}^{\prime}A^{\prime}}{\underset{r'}{}}$ (*fig.* 160).

3. Alumine sulfatée *cubo-octaèdre.* $\overset{P\ A\ {}^{\prime}A^{\prime}}{P\ \underset{r}{{}_{1}}\ r'}$ (*fig.* 161). *De Lisle*, *t. I*, *p.* 315; var. 3. Incidence de *r* sur P, 125^d 15′ 54″.

4. Alumine sulfatée *triforme.* $\overset{P\ \overset{1}{B}\ A\ {}^{\prime}A^{\prime}}{P\ o\ r\ r'}$ (*fig.* 162). Dérivée de l'octaèdre régulier par les faces P, du dodécaèdre rhomboïdal par les faces *o, o'*, et du cube par les faces *r, r'. De Lisle, t. I, p.* 315; var. 5. Incidence de *o* sur P, 144^d 44′ 8″.

5. Alumine sulfatée *transposée.* En octaèdre, dont une moitié est censée avoir tourné sur l'autre, d'une quantité égale à un 6e. de circonférence. Voyez l'article relatif à la 5e. variété du spinelle, où ce jeu de cristallisation se trouve expliqué dans un plus grand détail.

Indéterminables.

6. Alumine sulfatée *fibreuse.* Alun de plume, *Tournefort, relation d'un Voyage au Levant, t. I, p.* 141. Halotrichum, *Scopoli* de hydrargyro Idriensi tentamen ; Venet., 1761, *p.* 68. Haarsalz, *Emmerling, t. II, p.* 10. En Filamens réunis par faisceaux, et quelquefois disposés confusément. Celle que Scopoli a nommée halotrichum, et qui se trouve à Idria, en Carniole, contient, accidentellement, un peu de chaux et de fer.

7. Alumine sulfatée *concrétionnée.*

8. Alumine sulfatée *amorphe.*

A C C I D E N S   D E   L U M I È R E.

Couleurs.

1. Alumine sulfatée *limpide*.
2. Alumine sulfatée *blanchâtre*.

Transparence.

Alumine sulfatée *translucide*.

A N N O T A T I O N S.

1. L'alumine sulfatée alkaline ne se trouve isolée, dans la nature, qu'en petite quantité. Elle se présente alors ordinairement sous la forme de filamens auxquels on a donné le nom d'*alun de plume*. On a confondu cette variété avec l'asbeste flexible, dit *amiante*, et avec le fer sulfaté fibreux; celui-ci prêtoit d'autant plus à la méprise qu'on le trouve quelquefois, en même temps que l'alun, dans les manufactures de ce dernier sel.

Le plus bel alun de plume qui soit connu, est celui que le célèbre Tournefort a découvert dans la grotte de l'île de Milo. On voit par la description qu'il en donne, dans la relation de son voyage, qu'il en avoit très-bien saisi les caractères, et avoit évité de le confondre avec une autre substance filamenteuse, qui se rencontre au même endroit, et qu'il dit être insipide et pierreuse.

Le Cit. Olivier a rapporté, récemment, des morceaux de ces deux substances qu'il avoit trouvés dans la même grotte, et qu'il a bien voulu partager avec moi. J'ai reconnu que la seconde étoit une chaux sulfatée fibreuse. On conserve encore, dans quelques cabinets, de l'alun de plume rapporté par Tournefort. J'ai eu la satisfaction de le comparer avec celui du Cit. Olivier,

Tome II.   N n

et je la dois au Cit. Lucas, fils (1), qui m'en a donné une petite touffe, composée de fibres, dont la longueur est d'environ quatre centimètres.

2. L'alumine sulfatée qui se débite dans le commerce, est retirée des substances qui en sont imprégnées, ou qui en contiennent seulement les principes.

Les premières n'ont besoin que d'être lessivées pour fournir l'alun. Telle est surtout la terre qui se trouve à la Solfatare, près de Pouzzole. Les chaudières où l'on met cette terre, pour en extraire le sel, sont enfoncées dans le sol, dont la chaleur naturelle est d'environ $37^{d}\frac{1}{2}$ de Réaumur, ou 46,9 du thermomètre décimal; et ce sol a ainsi le double avantage d'offrir la matière de l'alun toute préparée, jointe à une température qui fournit un moyen économique de retirer le sel sans employer aucun combustible, et de l'amener, par des cristallisations réitérées, à un degré suffisant de pureté.

On a appelé d'abord *alun de Rome*, celui qu'on extrayoit d'une pierre dure, située près de la Tolpha, à environ 14 lieues de Rome. Mais on a étendu depuis cette acception à l'alun qu'on retire en général de toutes les pierres et terres dans lesquelles ce sel existe tout formé.

Quant aux substances qui renferment seulement les principes de l'alun, ce sont particulièrement des schistes argileux pénétrés de fer sulfuré ou de pyrite ferrugineuse, dont la décomposition donne lieu à la combinaison de l'acide sulfurique avec l'alumine. On a nommé *alun de roche* ou *alun de glace*, celui qu'on obtient par le traitement des substances dont nous venons de parler. La première de ces dénominations, suivant Leibnitz, tire son origine du nom de la ville de Roche, en Syrie, d'où l'art de fabriquer l'alun a été apporté en Europe (2).

---

(1) Adjoint au Cit. son père, garde des galeries du muséum d'histoire naturelle.

(2) Leibnitz, protog.. p. 47.

3. L'alun du commerce a été regardé, pendant long-temps, comme uniquement composé d'alumine et d'acide sulfurique. Mais Vauquelin, en l'examinant plus particulière-ment, est parvenu à ce résultat également important pour la chimie et pour les arts, que le sel dont il s'agit renferme toujours une certaine quantité d'alkali, qui est tantôt la potasse, et tantôt l'ammoniaque, ou même l'un et l'autre à la fois ; il a trouvé, de plus, que les deux alkalis se remplaçoient mutuelle-ment, c'est-à-dire, qu'à mesure que la proportion de l'un étoit plus forte, celle de l'autre se trouvoit diminuée, en sorte que la masse des deux étoit constamment la même (1). Cette identité de fonctions, qui permet de substituer un alkali à l'autre, offre aux chimistes un nouveau sujet de recherches intéressantes.

4. On a observé que l'alun prenoit la forme de l'octaèdre régulier, lorsque sa base étoit saturée d'acide ; mais qu'il cristal-lisoit en cubes, lorsqu'il y avoit excès de base jusqu'à un certain degré, et que, quand elle dominoit trop, la cristallisation de-venoit confuse, et ne produisoit plus qu'une espèce de magma.

Le Cit. Leblanc, qui a beaucoup perfectionné l'art de faire cristalliser les sels, a obtenu des cristaux d'alun octaèdres, cubo-octaèdres et cubiques, également remarquables par la netteté des formes et par la grosseur du volume : il est parvenu à maîtriser, pour ainsi dire, la cristallisation, en amenant, à vo-lonté, telle forme particulière, ou le passage d'une forme à une autre, et en faisant prendre aux cristaux un accroissement illimité, sans nuire à leur régularité. Il a tiré surtout un grand parti de l'influence que pouvoit avoir la diversité des propor-tions entre les acides et leurs bases, pour faire varier les formes (2). Mais on ne doit pas en conclure que cette diversité entraîne aucun changement dans la forme des molécules inté-

---

(1) Voyez le Journ. des mines, N°. 28, p. 320.
(2) Voyez le Journ. de phys., nov., 1788, p. 374 et suiv.

grantes. Il paroît que quand la quantité de base dépasse le point qui détermine l'octaèdre régulier, la portion de cette base, qui se combine directement avec l'acide, reste la même, et que la portion additionnelle s'unit au sel résultant de cette combinaison, sans en altérer les caractères essentiels. Mais quand même cette manière de voir ne seroit pas la véritable, il faudroit en chercher une qui ne portât aucune atteinte à la constance des molécules intégrantes, si bien démontrée pour tous ceux qui ont étudié, avec soin, la théorie des lois auxquelles est soumise la structure des cristaux.

J'ajouterai une observation qui en offre une nouvelle preuve. Il arrive souvent qu'une forme cristalline a des facettes qui lui sont communes avec une autre forme originaire de la même substance, plus des facettes qui lui sont particulières. Or, les facettes communes ayant absolument les mêmes inclinaisons dans la variété plus composée, que dans celle qui est plus simple, on doit en conclure qu'elles résultent des mêmes lois de décroissement ; ce qui suppose qu'il ne s'est fait aucun changement dans les molécules. Donc, puisqu'il est impossible que la nature soit en contradiction avec elle-même, on ne peut pas dire que la portion surabondante de base à laquelle on attribue la production des facettes particulières à la variété plus composée, ait déterminé un changement dans les molécules, surtout si l'on considère que les positions de ces facettes s'accordent toujours parfaitement avec d'autres lois de décroissement dépendantes de la même forme de molécule.

5. Les cristaux d'alun, dont la formation n'a pas été conduite avec les précautions nécessaires pour les avoir isolés, forment souvent des suites d'octaèdres implantés les uns dans les autres. On dispose quelquefois, dans la capsule où l'alun est tenu en dissolution, une petite charpente que ce sel recouvre en se cristallisant, de manière à imiter des espèces de guirlandes composées de ces octaèdres implantés, et qui produisent un assez bel effet. J'en ai vu que l'on faisoit passer, vis-à-vis des per-

sonnes peu instruites, pour des stalactites calcaires en nappes.

6. Ce sel est une des substances les plus précieuses pour l'art de la teinture, où il fait l'office de mordant. On appele ainsi un corps qui, fixé sur une étoffe, facilite la combinaison du principe colorant avec elle. Un mordant est donc un intermède d'union entre le principe colorant et l'étoffe. Tout mordant doit avoir les qualités suivantes: 1°. être blanc, afin de ne pas altérer la nuance du principe colorant ; 2°. être à l'abri des changemens que pourroit occasionner l'action de l'air ou celle des lessives, pour que la couleur soit inaltérable ; 3°. n'être point corrosif, pour ne point endommager l'étoffe. L'alumine et l'oxyde d'étain réunissent plus ou moins ces avantages.

L'alumine a une telle affinité avec la plupart des étoffes, qu'elle se sépare de son acide pour se fixer sur elles, de manière qu'il suffit de les aluner, et d'y porter ensuite le principe colorant, pour obtenir une couleur fixe. D'autres fois on commence par déposer sur l'étoffe un principe astringent, après quoi on alune, et alors le mordant est formé du principe astringent et de l'alumine combinés ensemble (1).

On croyoit autrefois que l'adhérence des parties colorantes avec les étoffes étoit l'effet d'une cause mécanique, et l'on considéroit le mordant comme une espèce de mastic, qui tenoit ces parties enchatonnées dans les pores de l'étoffe, d'abord ouverts par la chaleur, et ensuite resserrés par le froid. Une chimie plus éclairée a prouvé que l'adhérence dont il s'agit, dépendoit des affinités réciproques de ces trois agens, les parties colorantes, les filamens de l'étoffe, et les mordans (2).

7. On a remarqué que le bois imprégné d'une dissolution d'alun, brûloit avec difficulté. Lorsqu'on veut empêcher l'encre de couler sur le papier qui boit, on le plonge dans la même liqueur.

---

(1) Détails communiqués par le Cit. Chaptal.
(2) Voyez le traité de la teinture, par Bertholet.

8. L'alun est employé particulièrement à l'extérieur, pour restreindre les chairs qui se boursouflent, et pour arrêter les hémorragies des petits vaisseaux. Mais, dans le premier cas, on s'en sert surtout après l'avoir privé de son eau de cristallisation, et sous la forme de ce qu'on appelle *alun calciné* (1).

I Iᵉ.   E S P È C E.

ALUMINE FLUATÉE ALKALINE.

Fluate d'alumine et de soude des chimistes.

Cryolithe d'Abildgaard. Kryolith, *Karsten, mineral. tabellen,* p. 28.

Caractère essentiel. Insoluble dans l'eau; éprouvant un commencement de fusion, à la simple flamme d'une bougie.

Caract. phys. Pesant. spécif., 2,949.

Dureté. Rayée par la chaux fluatée; rayant la chaux sulfatée.

Imbibition. Réduite en petits fragmens, et mise dans l'eau, elle y acquiert de la transparence, et présente l'aspect d'une espèce de gelée.

Caract. géom. Elle se soudivise en prismes droits, qui paroissent rectangulaires, et dont les bases sont assez nettes. On ne distingue bien les divisions latérales qu'en faisant mouvoir les fragmens à la lumière d'une bougie. On aperçoit de plus, dans ce même cas, une multitude de petites lames situées parallélement à des plans, qui, en partant des deux diagonales de chaque base, intercepteroient les angles solides du prisme. Ces dernières divisions conduisent à un octaèdre rectangulaire surbaissé, et en les combinant avec les premières, on concevra que celles-ci soudivisent l'octaèdre suivant trois plans perpendiculaires entre eux, dont l'un coïncide avec la base commune des deux pyra-

---

(1) Article communiqué par le Cit. Hallé.

mides qui composent l'octaèdre, et les deux autres passent par les arêtes terminales et en même temps par l'axe. Mais il seroit plus simple d'adopter, pour forme primitive, le prisme rectangulaire au lieu de l'octaèdre.

Caract. chim. Au chalumeau, elle se fond d'abord très-facilement, en coulant sur la pince ; elle se couvre ensuite d'une croûte blanche, et devient plus difficile à fondre.

1ère. analyse par Klaproth.

Soude	36,0.
Alumine	23,5.
Acide fluorique et eau	40,5.
	100,0.

2de. analyse par Vauquelin.

Soude	32.
Alumine...............................	21.
Acide fluorique et eau.................	47.
	100.

Caract. distinct. 1°. Entre l'alumine fluatée et la chaux sulfatée laminaire blanchâtre. Celle-ci se divise en prismes rhomboïdaux de 113^d et 67^d, et l'autre en prismes rectangulaires. La chaux sulfatée, exposée à la flamme d'une bougie, s'exfolie, et blanchit sans se fondre ; l'alumine fluatée y entre en fusion. La pesanteur spécifique de la chaux sulfatée est plus petite, dans le rapport d'environ 4 à 5. 2°. Entre la même et la baryte sulfatée en masses blanchâtres. Celle-ci se divise en prismes rhomboïdaux de $101^d \frac{1}{2}$ et $78^d \frac{1}{2}$; et l'autre en prismes rectangulaires. La baryte sulfatée a une pesanteur spécifique plus grande, dans le rapport d'environ 11 à 7. Exposée à la flamme d'une bougie, elle y décrépite ; l'autre y éprouve un commencement de fusion.

VARIÉTÉ.

FORME.

Alumine fluatée alkaline *laminaire*.

Couleur.

Alumine fluatée alkaline *blanchâtre*.

Transparence.

Alumine fluatée alkaline *translucide*.

ANNOTATIONS.

1. Les seuls morceaux d'alumine fluatée alkaline qui soient encore connus, ont été trouvés dans le Groenland, par un missionnaire, qui les porta à Copenhague, où ils restèrent dans l'oubli pendant plusieurs années. Enfin, ils fixèrent l'attention de M. Abildgaard, qui entreprit de les examiner chimiquement, et y reconnut la présence de l'acide fluorique et de l'alumine, résultat d'autant plus intéressant, que l'acide fluorique n'avoit encore été retiré que de la chaux fluatée, désignée anciennement sous le nom de *spath fluor*, qui a donné naissance à celui de cet acide. Mais le même résultat offroit un déficit considérable, qui avoit d'abord fait soupçonner que quand on décomposoit le minéral par l'acide sulfurique, une partie de l'alumine étoit emportée par l'acide fluorique, à mesure que celui-ci se dégageoit. Klaproth a découvert, depuis, le véritable complément de l'analyse, qui consiste dans une quantité de soude égale à environ un tiers de la masse ; et le résultat de ce savant célèbre se trouve confirmé par celui de Vauquelin, qui, sans connoître le procédé du chimiste de Berlin, a obtenu, à quelque chose près, les mêmes quantités relatives d'acide, d'alumine et

de

de soude. C'est à la générosité de MM. Abildgaard et Manthey que nous sommes redevables, le Cit. Vauquelin et moi, des morceaux de ce précieux minéral, qui nous ont mis à portée, lui d'en répéter l'analyse, et moi d'en étudier les caractères minéralogiques.

2. La grande fusibilité de ce minéral qui, exposé au feu, *coule presque comme la glace*, suivant l'expression de M. Abildgaard, lui a fait donner, par ce savant, le nom de cryolithe, dérivé de κρυος, *froid* ou *glace*, et de λιθος, *pierre*.

SECONDE CLASSE.

SUBSTANCES TERREUSES,

Dans la composition desquelles il n'entre que des terres, unies quelquefois avec un alkali.

CETTE seconde classe présente des diversités très-sensibles dans les caractères des substances qui la composent. La pesanteur spécifique y varie entre 4,4, qui est celle du zircon, et environ 0,7, qui est celle de l'asbeste, dit *liége fossile*. Plus des deux cinquièmes des espèces ont une dureté assez grande pour étinceler par le choc du briquet, tandis qu'une partie des asbestes ont la souplesse du fil. Quatre espèces sont électriques par la chaleur, en deux points opposés, savoir : la topaze, la tourmaline, la mésotype et la prehnite. Les couleurs vives sont beaucoup plus communes dans cette classe que dans la précédente, et elle est la seule, jusqu'ici, où l'on trouve des corps qui lancent de leur intérieur des reflets chatoyans. Quelques substances, telles que le mica et la diallage, ont, dans certaines circonstances, un faux brillant métallique.

Les formes primitives sont aussi très-diversifiées. Elles offrent plusieurs polyèdres réguliers ou remarquables par leur symétrie, comme le cube dans l'analcime, l'octaèdre régulier dans le spinelle et le pléonaste, le prisme hexaèdre régulier dans la télésie , l'émeraude , la népheline , et peut-être aussi dans la pycnite et le dipyre. Cinq espèces ont pour noyau un rhomboïde, savoir : le quartz, la tourmaline, le corindon, la dioptase et la chabasie. Plusieurs autres, telles que la topaze, la cymophane, l'euclase, le pyroxène, la staurotide, l'épidote, la mésotype, la stilbite, le péridot, la grammatite, le mica, ont leurs cristaux originaires d'un prisme tétraèdre, droit ou oblique, dont les divisions latérales sont ordinairement les plus nettes. Il faut en excepter surtout la topaze et le mica, où c'est le contraire qui a lieu.

La même classe réunit à plusieurs substances infusibles par un feu très-actif, telles que le quartz, la télésie, la cymophane, des substances qui se fondent aisément au chalumeau, les unes en émail blanc, comme le feld-spath, d'autres en une masse spongieuse, comme la mésotype, la stilbite, la prehnite, etc. Aucune espèce n'est soluble ni dans l'eau, ni dans les acides ; deux seulement se résolvent dans ceux - ci en une espèce de gelée , savoir, la gadolinite et la mésotype.

Si nous considérons maintenant les caractères relatifs à la seconde classe, par exclusion à ceux de la première, nous pouvons dire qu'elle est distinguée de celle-ci, en ce qu'aucun des corps qu'elle comprend,

1°. N'est soluble ni dans les acides ni dans l'eau.

2°. N'est électrique par la chaleur en plus de deux points opposés, (ce qui exclud la magnésie boratée, qui s'électrise en huit points différens).

3°. N'est divisible en octaèdre régulier, à moins qu'en même temps il ne raye facilement le verre ; (ce qui établit une distinction entre le spinelle et le pléonaste d'une part, et la chaux fluatée de l'autre).

4°. N'est divisible en prisme hexaèdre régulier, à moins qu'en même temps il ne soit susceptible ou de rayer facilement le verre , ou de se fondre au chalumeau. (Ceci regarde l'émeraude et la népheline, dont l'une raye aisément le verre, et l'autre est fusible, tandis que la chaux phosphatée est infusible et ne raye point le verre) (1).

5°. N'a une pesanteur spécifique au-dessus de 3,5 , à moins qu'il ne raye aisément le verre , (ce qui sépare la baryte sulfatée, la strontiane sulfatée et la baryte carbonatée du zircon et de la télésie).

La classe des substances terreuses diffère de la troisième et de la quatrième, en ce qu'aucun des corps qui y sont compris n'est combustible, n'a le brillant métallique, ou n'est susceptible de l'acquérir par la réduction.

On a reconnu, depuis quelque temps, dans plusieurs substances terreuses, la présence de la potasse, nommée anciennement *alkali végétal*. Si tous les corps de cette classe avoient été complétement analysés, on pourroit en distinguer deux ordres, dont l'un continueroit de porter le nom de *substances terreuses*, et l'autre porteroit celui de *substances alkalino-terreuses*.

Non-seulement l'art de la chimie a été plus tardif dans ses progrès, relativement à l'analyse des substances de cette classe, que de celles de la précédente ; mais il n'a pas même fait le premier pas vers leur synthèse. Il parvient souvent à imiter la nature dans les combinaisons des acides avec les alkalis et les terres, et même à créer des produits dont elle ne lui avoit pas fourni le modèle. Mais à l'égard des substances terreuses, il s'est borné, jusqu'à présent, à rompre l'affinité mutuelle de leurs molécules, sans pouvoir en retrouver le lien.

Dans les méthodes publiées précédemment, les substances terreuses formoient la plus grande partie de la classe des pierres ; le reste étoit composé des substances acidifères insolubles dans l'eau.

---

(1) La télésie n'ayant de joints bien sensibles que dans un sens perpendiculaire à l'axe, n'est pas proprement divisible en prisme hexaèdre.

PREMIÈRE ESPÈCE.

QUARTZ.

Caractère essentiel. Divisible en rhomboïde légérement obtus. Infusible.

Caract. phys. Pesanteur spécifique du quartz-hyalin , 2,5813 ..... 2,6701 ; du quartz - agathe, 2,4835 ..... 2,667 ; du quartz - résinite, 2,0499 ..... 2,6695 ; du quartz-jaspe, 2,3587 ..... 2,816.

Dureté. Rayant le verre ; étincelant sous le briquet.

Réfraction , double.

Phosphorescence. Les morceaux blanchâtres en produisent une sensible, par leur frottement mutuel.

Caract. géom. Forme primitive. Rhomboïde légérement obtus (*fig.* 4) *pl. XL ,* de 94ᵈ 4′ et 85ᵈ 56′ (1). Les coupes à l'aide desquelles on extrait ce rhomboïde des cristaux secondaires , sont quelquefois assez nettes. Mais il y en a de moins faciles à obtenir dans d'autres sens, que nous ferons bientôt connoître.

Molécule intégrante ; tétraèdre irrégulier.

Molécule soustractive ; rhomboïde semblable au noyau.

Caract. chim. Infusible.

Caract. dist. 1°. Entre le quartz-hyalin prismé , var. 2, et la chaux phosphatée pyramidée. Le premier a les faces de ses pyramides inclinées de 141ᵈ 40′ sur les pans adjacens, et la seconde seulement de 129ᵈ 13′. 2°. Entre le quartz-hyalin bleu taillé et la télésie bleue. Celle-ci a une pesanteur spécifique plus grande, dans le rapport d'environ 3 à 2 ; elle n'a point la double réfraction, comme le quartz. 3°. Entre le quartz-hyalin limpide et la télésie , dite *saphir blanc , id.* 4°. Entre le quartz-agathe

---

(1) Le rapport entre les deux diagonales est celui de $\sqrt{15}$ à $\sqrt{13}$.

chatoyant et le feld-spath nacré. Le premier n'a point le tissu très-lamelleux comme l'autre. La couleur du fond est brune, grise ou verdâtre, dans le quartz chatoyant ; elle est blanchâtre dans le feld-spath.

I. QUARTZ-HYALIN.

C'est-à-dire, ayant une apparence vitreuse. Cassure ondulée et brillante, sans avoir le luisant de la résine ; corps souvent cristallisés.

VARIÉTES.

FORMES.

Déterminables.

1. Quartz-hyalin *dodécaèdre.* $\overset{\frac{1}{2}}{\underset{P}{P}}\,\overset{e}{\underset{z}{}}$ (*fig.* 1).

Cristal de roche *dodécaèdre. De Lisle, t. II, p.* 70. Incidence de P sur z', ou de z sur P', 103^d 20' ; de P sur z, 133^d 48' (1).

Pour mieux concevoir la structure de cette variété, rappelons-nous que quand les lames de superposition décroissent par deux rangées en largeur sur les angles inférieurs osx, tos, sxz, etc. (*fig.* 2), d'un rhomboïde quelconque, le décroissement donne six faces parallèles à l'axe. (*Voyez* t. I, p. 42). Si la loi avoit une action plus rapide, comme dans le cas où elle auroit lieu par trois ou par quatre rangées, les faces produites s'inclineroient de manière que celle qui proviendroit, par exemple, du décroissement sur l'angle osx, iroit couper en dessus du sommet f le prolongement de l'axe.

----

(1) La perpendiculaire menée du centre de la base d'une des pyramides sur un des côtés de cette base, est à l'axe de la même pyramide dans le rapport de $\sqrt{5}$ à $\sqrt{8}$.

Supposons, d'une autre part, une loi de décroissement par deux rangées en hauteur, laquelle sera nécessairement moins rapide que celle par deux rangées en largeur, puisque son expression est $\frac{1}{2}$, tandis que celle de l'autre est 2 ; alors les faces produites se rejetteront en sens contraire, c'est-à-dire, par exemple, que celle qui résultera du décroissement sur l'angle osx, deviendra parallèle au triangle hmk, et ira couper en dessous du sommet m le prolongement de l'axe.

Si les décroissemens atteignoient leur limite, la forme à laquelle ils donneroient naissance auroit cela de remarquable, qu'elle ressembleroit entièrement au noyau, excepté qu'elle auroit de plus grandes dimensions. Mais si l'on suppose qu'ils s'arrêtent à un certain terme, il restera six triangles parallèles aux faces du noyau, et le résultat sera semblable à celui qui est représenté fig. 3, où l'on voit le noyau $f'm'$ enfermé dans le cristal secondaire ; en sorte, par exemple, que le triangle hfk est parallèle au rhombe $f'o's'x'$, et que le triangle hmk est le produit d'un décroissement exprimé par $\frac{1}{2}$ sur l'angle $o's'x'$.

Les petits rhomboïdes que nous venons de considérer comme élémens de la structure, ne représentent ici que les molécules soustractives et non pas les molécules intégrantes, qui sont, comme nous l'avons dit, des tétraèdres. Pour déterminer la forme de ces tétraèdres et leurs positions dans l'intérieur des cristaux, supposons que les molécules soustractives, dont l'une est représentée fig. 2, soient soudivisées suivant des plans hmk, hfg, lmk, etc., qui passent par les sommets f, m, et par les milieux des bords inférieurs os, xs, ot, xz, etc. Le rhomboïde se trouvera transformé en un dodécaèdre semblable à celui de la fig. 1. Concevons, d'une autre part, que le dodécaèdre soit divisible à son tour dans le sens de six plans, dont les sections coïncident avec les arêtes fg, fh, fk, etc., et en même temps par l'axe. Il en résultera six tétraèdres, dont l'un, par exemple, aura pour faces, d'une part, les triangles hfk, hmk, et de l'autre, ceux qui ont pour côtés extérieurs fh, hm, fk, km, avec un côté commun intérieur , qui est l'axe du dodécaèdre.

Si nous supprimons maintenant les autres tétraèdres, tels que *shmk* (*fig.* 2), etc., interceptés par les premières divisions, le dodécaèdre (*fig.* 1) se trouvera uniquement composé de tétraèdres semblables à ceux que nous avons obtenus en second lieu, et qui représenteront les molécules intégrantes. Par une suite nécessaire, il y aura dans l'intérieur du cristal des vacuoles produits par l'absence des tétraèdres semblables à *shmk* (*fig.* 2) ; mais les molécules soustractives seront toujours, au moins équivalemment, des rhomboïdes que l'on se représentera , en complétant, par la pensée, les petits dodécaèdres qui en forment la partie solide ; et ainsi la structure se trouve ramenée au résultat que nous avons dit être général pour toutes les espèces de formes primitives. (*Voyez* t. I, p. 61).

Dans cette même hypothèse, les cristaux de quartz, outre les coupes parallèles aux faces *hfk* , *lmk* , *gmh* , etc. (*fig.* 1), qui correspondent aux rhombes du noyau, en admettront d'autres qui seront parallèles aux faces intermédiaires *kfl*, *gfh*, etc. (1), et d'autres encore dans le sens des plans verticaux *fgm* , *fkm* , *flm* , etc. Mais les unes et les autres de ces dernières coupes seront moins nettes et moins faciles à obtenir que les premières. La raison en est que les joints situés aux endroits de ces mêmes coupes ne sont pas exactement sur un même plan, ainsi que le démontre la théorie ; mais nous nous bornons à indiquer ici ce résultat , qui a été développé dans la partie géométrique (2). D'ailleurs, si l'on s'en tient aux molécules soustractives, dont la considération suffit pour concevoir les effets des décroissemens, tout se simplifie et rentre dans les lois des cristallisations ordinaires.

---

(1) Dans ce cas , les faces dont il s'agit ne sont plus composées de pointes de rhomboïdes , comme dans la supposition que nous avons faite d'abord ; elles sont, au contraire, des assemblages de facettes triangulaires , mais leur inclinaison reste la même.

(2) *Voyez* t. I , l'article du dodécaèdre bipyramidal.

2. Quartz-hyalin *prismé.* $\overset{2}{e}\overset{\frac{1}{2}}{P}e \atop r\,P\,z$ (*fig.* 5). *De Lisle , t. II ,*
p. 71 et suiv. ; var. 1 jusqu'à 9 inclusivement. Incidence de
P sur *r*, ou de *z* sur *r'*, 141^{d} 40'.

Les pans du prisme sont souvent sillonnés par des stries perpendiculaires aux arêtes longitudinales, qui indiquent les bords
des lames décroissantes d'où résulte le même prisme. Souvent
aussi les faces des pyramides sont chargées de saillies très-légères,
qui forment des espèces d'ondulations, et quelquefois ressemblent
à de petits triangles isocèles arrondis par le bas. .

a. Alterne. Les faces de chaque pyramide sont alternativement
grandes et petites, de manière que les unes et les autres se
correspondent sur les deux pyramides. Les petites conservent la
figure triangulaire, et les grandes sont des pentagones.

b. Bisalterne. Les faces de chaque pyramide sont alternativement grandes et petites, de manière que les unes et les autres
alternent aussi entre elles sur les deux pyramides, chacune des
grandes étant parallèle à une petite prise vers le sommet opposé.

Dans certains cristaux isolés, où le prisme est presque nul,
les plus petites faces elles-mêmes sont à peine sensibles, de
manière que le solide offre à peu près l'aspect d'un rhomboïde
(*fig.* 4) peu différent du cube, l'angle au sommet étant, comme
nous l'avons dit, de 94^{d} $\frac{1}{2}$. Il y a aussi de ces cristaux réunis
en groupes, et tellement serrés les uns contre les autres, qu'on
ne voit que leurs sommets; en sorte qu'on seroit tenté de les
prendre pour un assemblage de cubes. C'est ce qui a fait croire
à quelques naturalistes qu'il y avoit du quartz cubique.

c. Comprimé. Prisme aplati, de manière que deux de ses
pans opposés étant beaucoup plus larges que les quatre autres,
le cristal ressemble à une table oblongue , dont les bords sont en
biseaux.

3. Quartz-hyalin *rhombifère.* $\overset{2}{e}\overset{\frac{1}{2}}{P}e \atop r\,P\,z$ ($\mathrm{E}^{4}\,\mathrm{B}^{1}\,\underset{s}{\mathrm{D}^{2}}$) (*fig.* 6). Six

des

des angles solides latéraux de la var. 2 remplacés par des facettes rhombes *s* bisalternes, dont les angles sont de 108^d 32′ et 71^d 28′. Valeur de l'angle plan *y*, 137^d 36′. Incidence de *s* sur *r*, 142^d. La figure du rhombe dépend de ce que les deux côtés supérieurs sont parallèles aux arêtes *n*, *t* de la pyramide. Dans ce cas, les deux intersections du plan *s* avec les faces de la pyramide, forment entre elles le même angle que celles qui se font sur les pans du prisme; et il est remarquable que ce résultat ait toujours lieu, quelle que soit l'inclinaison des faces de la pyramide.

Il est rare que les six rhombes existent à la fois sur le cristal. Le plus souvent il n'y en a que deux ou trois.

4. Quartz-hyalin *plagièdre.* $\overset{2}{e} \overset{\frac{1}{2}}{P} \overset{}{e} \left(\begin{matrix} E^4\,D^2\,D^1 \\ x \end{matrix} \right) \left(\begin{matrix} \overset{4}{^5E}\,D^2\,B^1 \\ x' \end{matrix} \right)$
$\underset{r}{}\,\underset{P}{}\,\underset{z}{}$
(*fig.* 7). Les angles solides latéraux de la var. 2 interceptés par autant de facettes trapézoïdales, situées de biais. Incidence de *x* sur P, ou de *x'* sur *z*, 148^d 42′; valeur de l'angle *g'* ou *g*, 162^d 46′; valeur de l'angle *y* ou *y'*, 137^d 36′. Les facettes *x*, *x'*, quoique situées semblablement par rapport au cristal, ont des positions différentes relativement au noyau, (*fig.* 4), d'où il suit qu'elles doivent résulter de deux lois différentes de décroissement (1).

Quelquefois les facettes du plagièdre se combinent sur un même cristal avec celles du rhombifère; et parce que l'angle *y* ou *y'* (*fig.* 7) est égal à l'angle *y* (*fig.* 6), les bords qui, dans les deux facettes, correspondent au plan *r*, sont parallèles entre eux.

5. Quartz *penta-hexaèdre.* $\overset{2}{e}\,\overset{3}{e}\,\overset{}{P}\,\overset{\frac{1}{2}}{e}$ / $\underset{r}{}\underset{m}{}\underset{P}{}\underset{z}{}$ (*fig.* 8). Les arêtes horizontales du quartz prismé remplacées par des trapèzes *m*, *m*.

---

(1) Voyez l'article du quartz, partie géom. ci-dessus, p. 60 et suiv.

Incidence de *m* sur P, 152ᵈ 51′ ; de *m* sur *r*, 168ᵈ 49′. Cette variété a été déterminée par le Cit. Tremery, ingénieur des mines.

Il y a aussi des cristaux qui sont à la fois rhombifères, plagièdres et penta-hexaèdres, mais seulement sur quelques-uns de leurs angles ou de leurs bords, en sorte que les lois de la symétrie ne sont pas observées.

Indéterminables.

6. Quartz-hyalin *laminaire*. Cette variété, considérée relativement aux jeux de lumière, est un quartz gras. Ses lames sont quelquefois assez distinctes pour permettre d'extraire, sans beaucoup de difficulté, le rhomboïde qui représente la molécule soustractive.

7. Quartz-hyalin *amorphe*. Gemeiner quartz, *Emmerling*, t. *I*, p. 125. *Id.*, *Werner*, *catal.*, p. 241. Le quartz commun, *Brochant*, t. *I*, p. 248. En masses vitreuses, plus ou moins considérables.

8. Quartz-hyalin *roulé*. En petites masses arrondies par le frottement, vulgairement caillou du Rhin, de Cayenne, de Medoc, etc. Cristalli aqueæ ; silices cristallini, *Waller*, *t. I*, p. 229. Kaystein, *de Born*, *t. I*, p. 44.

9. Quartz-hyalin *arénacé*. Grains arrondis ou anguleux, sans cohésion, ayant une surface vitreuse, vulgairement, sable ou sablon. Arena, *Waller*, *t. I*, p. 103 *et suiv.*, Nᵒˢ. 1, 2, 5 *et* 5. Sable quartzeux pur, *de Lisle*, *t. II*, p. 152. Quartz grenu, *de Born*, *t. I*, p. 7. Quartz en grains détachés ; sables, *Daubenton*, *tabl.*, p. 2.

a. Mobile. *Sable mouvant.* Grains fins, arrondis, susceptibles de voltiger au gré du vent.

b. Anguleux. *Gravier* ou *gros sable.* Grains grossiers, irréguliers, anguleux.

Nota. Le grès quartzeux n'est autre chose que du quartz

arénacé, dont les grains ont été réunis par un ciment. Il ne
diffère des pouddings et des brèches quartzeuses, que par la
petitesse des fragmens agglutinés ; il doit être placé, en conséquence, dans l'appendice général, à la suite de ces agrégats.

10. Quartz-hyalin *concrétionné*. Fiorite de *Thomson, bibl.
britan., t. I, janv.* 1796, 2e. *quinzaine*, N°. 2, *p.* 185. Hyalite,
Kirwan, t. I, p. 296. Muller glass ou lavaglass des allemands.
Cylindrique, conique, mameloné, rameux, etc. ; tantôt limpide
et tantôt d'un blanc de lait joint à un aspect émaillé.

Le célèbre Thomson a trouvé de ces concrétions dans les
cavités d'une lave dure de la montagne de Sancta-Fiora. On
en a observé, depuis, à la Solfatare, à l'isle d'Ischia et dans
d'autres endroits. Celles qui sont diaphanes deviennent opaques,
et prennent une apparence perlée, par une légère action du feu.
Mais il s'en trouve aussi qui ont naturellement cette apparence.
Telle est celle que m'a donnée M. Léopold de Buch, et que
ce savant naturaliste avoit prise à Sancta-Fiora. Elle est, de plus,
légère et fragile. Thomson attribue la formation de ces stalactites
à une dissolution de la silice par la soude, à l'aide de la haute
température des vapeurs qui s'exhalent du sein de la terre, dans
les endroits volcaniques, par des espèces de soupiraux naturels,
nommés *fumaroli*.

Le Muller glass des allemands a été trouvé aux environs de
Francfort sur le Mein, dans une substance que l'on a regardée
comme une lave. Les morceaux que j'en ai vus étoient mamelonés,
translucides, et d'une couleur grisâtre ; leur fracture étoit un
peu conchoïde, et avoit un luisant qui m'a paru rapprocher
davantage ces concrétions du quartz-hyalin que du quartz-
agathe calcédoine, avec lequel plusieurs minéralogistes les ont
réunies.

TRAITÉ

ACCIDENS DE LUMIÈRE.

Couleurs.

1. Quartz-hyalin *limpide*. Quartzum cristallinum colore aqueo, *Waller*, *t. I*, *p.* 222. Cristallus montana, *id.*, *p.* 226. Cristal de roche, *de Lisle*, *t. II*, *p.* 70. *Id.*, *de Born*, *t. I*, *p.* 13. Berg kristall, *Emmerling*, *t. I*, *p.* 117. *Id.*, *Werner*, *catal.*, *p.* 235. Cristal de roche, Sciagr., *t. I*, *p.* 317. Cristal de roche blanc, *Daubenton*, *tabl.*, *p.* 2. Le cristal de roche, *Brochant*, *t. I*, *p.* 245. Le Cit. Rochon en a trouvé, à Madagascar, des morceaux qui étoient d'une si belle eau, et d'une densité si égale, « qu'à peine, dit-il, les meilleures glaces pouvoient-elles » soutenir la comparaison avec ce cristal » (1).

2. Quartz-hyalin *violet*. Crystallus colorata violacea, *Waller*, *t. I*, *p.* 231. Amethyste, *de Lisle*, *t. II*, *p.* 115. *Id.*, *de Born*, *t. I*, *p.* 16. Amethyst, *Emmerling*, *t. I*, *p.* 111. Cristal de roche violet, *Daubenton*, *tabl.*, *p.* 2. Amethyst, *Kirwan*, *t. I*, *p.* 246. L'amethyste, *Brochant*, *t. I*, *p.* 240.

Rarement la couleur violette s'étend uniformément dans la pierre; elle est plus foncée à certains endroits, plus foible dans d'autres, et il y a des parties où elle disparoît.

Le mot *amethyste* signifie, dans la langue grecque, *un être qui n'est pas ivre*. On avoit donné ce nom à certaines pierres, dans lesquelles le rouge du vin étoit tempéré par un mélange de violet, en sorte qu'elles n'usoient, pour ainsi dire, que sobrement de cette liqueur (2).

3. Quartz-hyalin *bleu*. Cristallus colorata cærulea, *Waller*, *t. I*, *p.* 231. Cristal bleu ou saphir d'eau, *de Lisle*, *t. II*, *p.* 119. Cristal de roche bleu; saphir d'eau, *Daubenton*, *tabl.*, *p.* 2. Faux saphir et saphir occidental de quelques auteurs.

---

(1) Recueil de mém. sur la physiq. et la mécan., p. 155.
(2) Pline, hist. nat., l. XXXVII, c. 9.

4. Quartz-hyalin *bleu-grisâtre*. Rapporté d'Espagne par Launoy, en cristaux dodécaèdres.

5. Quartz-hyalin *rose*. Cristallus colorata rubra, *Waller*, t. I, p. 230. Cristal de roche, couleur de rubis, *de Lisle*, t. II, p. 119. Rosenrother-quartz, *Emmerling*, t. I, p. 136. Cristal de roche rouge, *Daubenton*, *tabl.*, p. 2. Quartz laiteux ou quartz rose, *Brochant*, t. I, p. 246. Rubis de Bohême, rubis de Silésie, prime de rubis de quelques auteurs. Sa couleur rouge est ordinairement peu intense.

6. Quartz-hyalin *jaune*. Cristallus colorata flava, *Waller*, t. I, p 231. Cristal d'un jaune clair, *de Lisle*, t. II, p. 118. Cristal de roche jaune; topaze occidentale, *Daubenton*, *tabl.*, p. 2. Fausse topaze; topaze de Bohême; cristal citrin de quelques auteurs.

7. Quartz-hyalin *orangé*. Rapporté d'Espagne par Launoy, en cristaux prismés.

8. Quartz-hyalin *enfumé*. Cristallus colorata fusca, *Waller*, t. I, p. 232. Cristal de roche d'un brun foncé, *de Lisle*, t. II, p. 119. Quartz brun, *de Born*, t. I, p. 25. Cristal de roche roux ou noirâtre; topaze enfumée, *Daubenton*, *tableau*, p. 2. Diamant d'Alençon de quelques auteurs.

9. Quartz-hyalin *vert-obscur*. Quartzum coloratum viride, *Waller*, t. I, p. 223. Quartz informe, gras, vert, demi-transparent, *de Born*, t. I, p. 9. Prasem, *Emmerling*, t. I, p. 133. Id., *Werner*, *catal.*, t. I, p. 235. La prase, *Brochant*, t. I, p. 252. Prasium, *Kirwan*, t. I, p. 249. Il ne faut pas le confondre avec le quartz mélangé de chlorite, laquelle forme une espèce de nuage comme suspendu dans l'intérieur de la pierre, ou une simple croûte appliquée à l'extérieur, au lieu qu'ici la couleur verte est distribuée uniformément dans la masse. C'est à ce quartz coloré par la chlorite que se rapportent les phrases suivantes : cristallus colorata viridis, *Waller*, t. I, p. 232. Quartz cristallisé vert, *de Born*, t. I, p. 28. Cristal de roche vert, *Daubenton*, *tabl.*, p. 2.

10. Quartz-hyalin *hématoïde*. D'un rouge sombre, quelquefois jaunâtre, qui provient d'un mélange de fer oxydé, semblable à celui dont est composé le fer hématite.

a. Cristallisé. Cristal de roche d'un rouge plus ou moins foncé. *De Lisle*, *t. II*, *p.* 78. Crystallus colorata flavè rubens, *Waller*, *t. I*, *p.* 231. Quartz cristallisé d'un rouge de cornaline, *de Born*, *t. I*, *p.* 14. Vulgairement hyacinthe de Compostelle, et, selon d'autres, hyacinthe occidentale. On en trouve en cristaux isolés, ordinairement prismés, quelquefois dodécaèdres, et d'une régularité parfaite.

b. Massif. Jaspis opaca, particulis distinctis, sinopel, *Waller*, *t. I*, *p.* 318. Sinope ou zinopel, *de Lisle*, *t. II*, *p.* 166. Jaspe à cassure sèche, rouge, ferrugineux, *de Born*, *t. I*, *p.* 124. Sinople, Sciagr., *t. I*, *p.* 346. *Id.*, *Kirwan*, *t. I*, *p.* 313. On l'avoit rangé parmi les jaspes ; mais Dolomieu a reconnu qu'il appartenoit plutôt au quartz hématoïde. Il contient différentes substances métalliques, et quelquefois de l'or.

11. Quartz - hyalin *laiteux*. D'un blanc mat, quelquefois en cristaux isolés.

12. Quartz-hyalin *noir*. Cristallus colorata nigra, *Waller*, *t. I*, *p.* 232. Cristal noir, *de Lisle*, *t. II*, *p.* 122.

Observ. Wallerius cite un quartz-hyalin d'un rouge noirâtre, qu'il regarde comme étant l'alabandine d'Aldrovande (1). Il ajoute que d'autres le rapportent au grenat, dont il diffère cependant par sa forme. Selon l'auteur de l'article diamantaire, Encyclopédie Méthodiq. (2), l'alabandine, qu'il nomme aussi *almandine*, est une pierre d'un rouge foncé, que l'on classe entre le rubis et l'amethyste, quoiqu'elle n'en ait pas la dureté. Une pareille indication laisse trop à deviner, pour donner matière à aucune conjecture.

____

(1) T. I, p. 232, *i.*
(2) Arts et Métiers, Ire. partie, t. II, p. 148.

Reflets particuliers.

13. Quartz - hyalin *gras*. Quartzum solidum, attactu pingue, facie nitente. Quartzum pingue, *Waller*, *t. I*, *p.* 221. Quartz gras, *de Lisle*, *t. II*, *p.* 154. Quartz informe, gras, *de Born*, *t. I*, *p.* 8. Il a un aspect gras et onctueux, comme s'il eût été frotté d'huile.

14. Quartz-hyalin *aventuriné*. Quartz informe aventuriné, *de Born*, *t. I*, *p.* 10. Aventurine naturelle, ou quartz aventuriné, *de Lisle*, *t. II*, *p.* 154. Il est, suivant les morceaux, d'une couleur rouge-foncée, ou grise, verdâtre, noirâtre, etc., brillantée par les reflets, tantôt jaunâtres et tantôt argentins, que lancent des parcelles très - minces de quartz pur, disséminées dans la masse. Il faut éviter de le confondre avec le quartz mélangé de mica, ou quartz micacé, qui appartient aux roches.

Un ouvrier ayant laissé tomber, par hasard, ou, comme l'on dit, *par aventure*, de la limaille de laiton dans une matière vitreuse en fusion, donna le nom d'*aventurine* à ce mélange, dont on a fait, depuis, des vases et autres objets d'ornement. Les minéralogistes ont appliqué le même nom aux substances naturelles dont ce produit de l'art offroit une imitation apparente.

15. Quartz - hyalin *irisé*. Iris par fêlures, *de Lisle*, *t. II*, *p.* 113. Cristal de roche diaphane, irisé, *de Born*, *t. I*, *p.* 40.

a. Irisé intérieurement. Il sort de son intérieur des reflets diversement colorés, semblables à ceux de l'arc-en-ciel. Nous en exposerons la cause physique à l'article du quartz - résinite opalin.

Le quartz-hyalin irisé à l'intérieur est ce que plusieurs auteurs ont appelé *iris*. Mais on a donné aussi ce nom aux cristaux de quartz limpide d'un poli assez égal, pour que deux de leurs plans inclinés entre eux fassent l'office de l'angle réfringent d'un prisme triangulaire, en sorte qu'étant exposés au soleil, ils projettent l'image colorée de cet astre sur une muraille située à une distance convenable. Pline a parlé de cette sorte d'iris, et il dit qu'elle est hexagonale comme le cristal (1).

b. Irisé superficiellement.

Transparence.

1. Quartz‑hyalin *transparent.* Les variétés violette, bleue, jaune, orangée et enfumée.

2. Quartz‑hyalin *translucide.* Le quartz rose, le vert obscur, le gras et quelquefois l'hématoïde.

3. Quartz‑hyalin *opaque.*

A P P E N D I C E.

Quartz‑hyalin *aëro‑hydre.* Quartz renfermant des bulles d'air et d'eau. *De Lisle, t. II, p.* 110. Cristal de roche diaphane, renfermant une goutte d'eau mobile, *de Born, t. I, p.* 41. L'accident dont il s'agit ici est surtout sensible lorsque la goutte d'eau occupe une cavité tubulée, en sorte que la bulle d'air qu'elle contient monte et descend pendant les mouvemens de la pierre, comme dans le niveau d'eau.

I I. Q U A R T Z ‑ A G A T H E.

Cassure plus ou moins terne, quelquefois écailleuse. Corps ordinairement concrétionnés.

Silices, petrosilices, achatæ (à l'exception de quelques variétés de petrosilex), *Waller, t. I, p.* 269. Quartz, espèce II, *de Lisle, t. II, p.* 133. Silex, *de Born, t. I, p.* 126. Terre siliceuse unie à l'argileuse, Sciagr., *t. I, p.* 325.

---

(1) Hist. nat., l. XXXVII, c. 9.

FORMES.

1 Quartz-agathe *stalactite*. Quartz en stalactites, *de Lisle*, *t. II*, *p.* 133. Calcédoine mamelonée et calcédoine stalactite, *de Born*, *t. II*, *p.* 92 *et suiv.* Calcédoine en stalactites, *Daubenton*, *tabl.*, *p.* 3.

a. Cylindrique.

b. Conique.

c. Mameloné.

2. Quartz-agathe *sphéroïdal*.

a. Solide. En boule pleine, dont le centre est quelquefois occupé par du quartz - hyalin. Géode ou boule d'agathe, *de Lisle*, *t. II*, *p.* 138.

b. Creux. Tantôt tapissé de cristaux de quartz violet, ou d'une autre couleur, tantôt renfermant une poussière ou un noyau solide de craie. Œtites siliceus, cavitate interdum vacuâ, interdum gravidâ, etc., *Waller*, *t. II*, *p.* 614.

c. Enhydre. Creux et renfermant de l'eau. Quelquefois la cavité est en outre tapissée de petits cristaux de quartz-hyalin. Enhydre, *de Lisle*, *t. II*, *p.* 37, *note* 12, *et p.* 142. Calcédoine grise transparente, ronde, renfermant une goutte d'eau mobile, *de Born*, *t. I*, *p.* 96. Calcédoine arrondie et creuse, enhydre, *Daubenton*, *tabl.*, *p.* 3.

3. Quartz-agathe *roulé*. Galets, *de Lisle*, *t. II*, *p.* 581.

4. Quartz-agathe *amorphe*.

QUALITÉS DE LA PATE ET ACCIDENS DE LUMIÈRE.

Pâte fine. Couleurs vives et agréables, surtout après le poli ; corps souvent translucides.

1. Quartz-agathe *calcédoine*. D'une transparence nébuleuse. Achates vix pellucidus, nebulosus, colore grisco mixtus, calcedonius, *Waller*, *t. 1*, *p.* 287. Calcédoine, *de Lisle*, *t. II*,

p. 145. *Id.*, *de Born*, *t. I*, *p.* 89. Kalzedou, *Emmerling*, *t. I*, *p.* 252. *Id.*, *Werner*, *catal.*, *t. I*, *p.* 252. Calcédoine, *Sciagr.*, *t. I*, *p.* 325. CXXVI. B. *Idem*, *Daubenton*, *tabl.*, *p.* 5, n⁰ˢ. 1, 2, 3. Calcédony, *Kirwan*, *t. I*, *p.* 297. La calcédoine, *Brochant*, *t. I*, *p.* 268.

a. Blanchâtre.

b. Bleuâtre.

Les cristaux de quartz-hyalin sont quelquefois revêtus d'une croûte de quartz-agathe calcédoine.

2. Quartz-agathe *cornaline.* Le plus beau a la couleur rouge et la demi-transparence de la cerise. Quelquefois le rouge tempéré par une teinte d'orangé, approche de la belle couleur de chair. Achates ferè pellucidus, colore rubente, carneolus, *Waller*, *t. I*, *p.* 285. Cornaline, *de Lisle*, *t. II*, *p.* 146. Calcédoine rouge ou cornaline, *de Born*, *t. I*, *p.* 105. Cornaline, *Sciagr.*, *t. I*, *p.* 330. Karniol, *Emmerling*, *t. I*, *p.* 157. *Id.*, *Werner*, *catal.*, *t. I*, *p.* 155. *Id.*, *Daubenton*, *tabl.*, *p.* 3. Carnelian, *Kirwan*, *t. II*, *p.* 300. La cornaline, *Brochant*, *t. I*, *p.* 272.

3. Quartz-agathe *sardoine.* Couleur orangée, qui est sujette à être offusquée par une teinte de brun sombre ou de noirâtre. Carneolus flavescens, colore croci vel aurantiorum, *Waller*, *t. I*, *p.* 28, 6, d. Carneoius fuscus, *ibid.*, e. Calcédoine jaune ou orangée; cornaline sarde, *de Born*, *t. I*, *p.* 100. Sardoine, Sciagr., *t. I*, *p.* 331. *Id.*, *Daubenton*, *tabl.*, *p.* 3, nᵒˢ. 1 et 2.

Le *sardonyx* des anciens étoit une pierre de différentes couleurs. *Voyez* les annotations, n°. 19.

4. Quartz-agathe *prase.* D'un vert clair et tendre. Achates pellucidus, nebulosus, viridescens; prasius, *Waller*, *t. I*, *p.* 292. Prase ou chrysoprase, *de Lisle*, *t. II*, *p.* 167. Agathe vert de pomme, compacte, demi-transparente; chrysoprase, *de Born*, *t. I*, *p.* 111. Krisopras, *Emmerling*, *t. I*, *p.* 74. *Id.*, *Werner*, *catal.*, *p.* 164. Chrysoprase et prase, Sciagr., *t. I*, *p.* 326. Prase, *Daubenton*, *tabl.*, *p.* 3. Chrysoprasium, *Kirwan*, *t. I*, *p.* 284. La chrysoprase, *Brochant*, *t. I*, *p.* 260.

Klaproth a prouvé que sa couleur étoit due à l'oxyde de nickel.

5. Quartz - agathe *vert - obscur*. Il est translucide et souvent marqueté de points rouges : dans ce dernier état, il appartient au quartz-agathe ponctué, dont nous parlerons plus bas.

6. Quartz-agathe *chatoyant*. Des reflets blanchâtres qui partent d'un fond brun, gris ou verdâtre. Pseudopalus opacus radios ad superficiem emittens viridescentes et flavescentes, oculus cati, *Waller*, *t. I*, *p.* 296. Œil de chat, *de Lisle*, *t. II*, *p.* 145, *note* 68. Feld-spath informe, chatoyant, gris ; œil de chat, *de Born*, *t. I*, *p.* 148. Katzen ange, *Emmerling*, *t. I*, *p.* 188. Quartz à reflets diversement colorés; œil de chat, *Daubenton*, *tabl.*, *p.* 2. Chatoyante des lapidaires. L'œil de chat, *Brochant*, *t. I*, *p.* 292. On l'avoit regardé comme une variété de feld-spath ; mais d'après l'analyse que Klaproth en a faite, il est presqu'entièrement composé de silice (1).

PATE MOINS FINE OU GROSSIÈRE.

Couleurs sans vivacité ; corps rarement translucides, si ce n'est sur les bords.

7. Quartz-agathe pyromaque, c'est-à-dire, *qui fait feu pour le combat*. Divisible, par la percussion, en fragmens convexes, à bords tranchans, qui, frappés par l'acier, en tirent de vives étincelles. Couleur noirâtre, grisâtre ou blonde. Silex opacus, fracturâ nitens, cretaceus, durus ; silex igniarius, *Waller*, *t. I*, *p.* 275. Pierre à feu, *de Born*, *t. I*, *p.* 127 *et suiv.* Feuer stein, *Emmerling*, *t. I*, *p.* 143. *Id.*, *Werner*, *catal.*, *t. I*, *p.* 250. Silex ou pierre à fusil, Sciagr., *t. I*, *p.* 331. Pierre à fusil, *Daubenton*, *tabl.*, *p.* 3. Flint, *Kirwan*, *t. I*, *p.* 301. La pierre à feu, ou pierre à fusil, *Brochant*, *t. I*, *p.* 263.

8. Quartz - agathe *molaire*, c'est-à-dire, *propre à faire des*

---

(1) Journ. des mines, N°. 23, p. 9.

meules. En masses, en partie solides et en partie caverneuses, ou comme cariées. Couleur blanchâtre ou jaunâtre. Petrosilex opacus, variis foraminibus inordinatè distinctus; petrosilex molaris, *Waller*, *t. I*, *p.* 282. Pierre meulière, *de Lisle*, *t. II*, *p.* 156. Quartz carié ; pierre meulière, *Daubenton*, *tabl.*, *p.* 1.

9. Quartz-agathe *grossier.* Donnant difficilement des étincelles par le choc du briquet. Silex opacus, gregarius, æquabilis, parum squamosus, mollior, *Waller*, *t. I*, *p.* 272. Caillou, *Daubenton*, *tabl.*, *p.* 4.

P R E M I E R   A P P E N D I C E.

Mélanges de matières diversement colorées, qui deviennent sensibles surtout à l'aide du poli.

1. Quartz-agathe *onyx*, c'est-à-dire, *semblable à un ongle* (1). Des bandes parallèles de différentes couleurs, dont les bords sont nettement tranchés. Achates vix semi - pellucidus, fasciis aut stratis diversè coloratis ornatus, onyx, *Waller*, *t. I*, *p.* 289. Achates semi-pellucidus, nebulosus, stratis..... donatus rubentibus aut nigrescentibus, sardonyx, *ibid.*, *p.* 291. Carneolus oculatus et onychiticus, *ibid.*, *p.* 285, *b*, *c*. Agathe onyx; cornaline onyx ; sardonyx, *de Lisle*, *t. II*, *p.* 150. Calcédoine rouge ou cornaline onyx, orientale, *de Born*, *t. I*, *p.* 108. III, B, *h* 2 *et suiv.* Agathe rubanée, *ibid.*, *p.* 291. Agathe onyx ; agathe œillée, Sciagr., *t. I*, *p.* 329. Onyx, *ibid.*, *p.* 330. Agathe, calcédoine, cornaline, sardoine, caillou onyx, *Daubenton*, *tabl.*, *p.* 2 *et suiv.*

Exemples. *a.* Bandes d'un blanc de lait, sur un fond de quartz calcédoine ordinaire.

b. Bandes alternatives de quartz calcédoine et de quartz sardoine.

---

(1) Cette étymologie sera expliquée dans les annotations, N°. 19.

c. Bandes alternatives de quartz opaque, les unes d'un brun noirâtre, les autres d'un brun jaunâtre. Cet aspect est celui que présente souvent le quartz, connu sous le nom de *caillou d'Égypte.*

8. Quartz - agathe *panaché.* Orné de veines ou de taches distribuées sans ordre. Carneolus rubescens, maculis, vel lineis ornatus. *Waller, t. I, p.* 286, 9. Calcedonius lineis et maculis ornatus, *ibid., p.* 288, e. Agathe tachée, Sciagr., *t. I, p.* 329. Agathe, calcédoine, sardoine, prase, caillou, veinés ou tachés, *Daubenton, tabl., p.* 2 *et suiv.*

9. Quartz-agathe *ponctué.* Carneolus albescens, punctulis rubris; stigmites, gemma Sancti-Stephani, *Waller, t. I, p.* 286. Calcédoine grise, transparente, tachetée de petits points rouges; gemme de Saint - Etienne, *de Born, t. I, p.* 104. Agathe ponctuée, Sciagr., *t. I, p.* 328. *Id., Daubenton, tabl., p.* 2.

Exemples. *a.* Points rouges sur un fond de quartz - agathe calcédoine.

b. Points rouges sur un fond de quartz-agathe vert-obscur. C'est le véritable *heliotropius* des anciens. *Voyez* Boëce de Boot, de lapid. ac gemmis, lib. II, c. 103, p. 255. Heliotrop? *Emmerling, t. I, p.* 171. On l'a rangé, mal à propos, parmi les jaspes, puisqu'il est translucide (1).

10. Quartz - agathe *arborisé.* Achates figuratus; achates mochoënsis, mochus, dendrachates, pierre de moche, *Waller, t. I, p.* 299. Carneolus dendriticus, *ibid., p.* 287. Agathe herborisée, *de Lisle, t. II, p.* 148. Calcédoine grise herbée ou mousseuse, avec des herborisations brunes; pierre de mocka, *de Born, t. I, p.* 105. La même, avec des herborisations rouges, blanches ou roussâtres, *ibid., p.* 106. Agathe herborisée, Sciagr., *t. I, p.* 329. Agathe, cornaline, sardoine herborisée, *Daubenton, tabl., p.* 2 *et* 3.

---

(1) Boëce de Boot observe que les plus habiles lapidaires l'en séparent, pour cette raison. *Ibid., p.* 257.

Exemples. *a*. Dendrites noirâtres , sur un fond de quartz-agathe calcédoine. Ces dendrites sont composées d'une multitude de petits grains ferrugineux , rangés sur différentes files , qui se ramifient en partant d'un tronc commun.

b. Dendrites rougeâtres sur le même fond. Le dessin en est ordinairement moins fini que celui de la variété *a*.

L'agathe mousseuse des naturalistes est un quartz-agathe demi-transparent, dont la substance enveloppe des matières hétérogènes, qui ressemblent souvent à des brins de petites plantes. Daubenton a cru y reconnoître des *conferva*, des *byssus*, des *bryum*, et autres plantes cryptogames (1).

S E C O N D   A P P E N D I C E.

Aspect entièrement terreux.

1. Quartz *nectique*, c'est - à - dire , *disposé à nager*, vulgairement *pierre légère*. En masses tuberculeuses, ordinairement blanches ou grises , à cassure raboteuse, quelquefois cellulaires et cariées à l'intérieur. Leur poussière est aride au toucher. Le centre de la masse est assez souvent occupé par un noyau de quartz-agathe pyromaque.

Cette substance, mise sur l'eau, y nage plus ou moins long-temps , après quoi elle se précipite par l'effet de l'imbibition. Vauquelin en ayant analysé un morceau, y a trouvé 98 pour 100 de silice, et 2 de chaux carbonatée ; il en résulte qu'elle n'est autre chose qu'une modification du quartz pyromaque , dont les molécules ont éprouvé, dans leur aggrégation, un relâchement considérable, ce qui modifie tellement l'aspect de la masse, qu'on la prendroit pour une pierre calcaire à grain fin.

2. Quartz-agathe *cacholong*. Achates opalinus, tenax, fracturâ inæqualis, cacholonius, *Waller, t. I, p.* 285. Cacholong, *de*

---

(1) Mém. de l'Acad. des Sc. , 1782 , p. 668.

Lisle, *t. II*, *p.* 146, *note* 169. Calcédoine blanche , opaque , cacholong , *de Born* , *t. I*, *p.* 101. Cacholong, Sciagr. , *t. I*, *p.* 330.

D'un blanc mat , opaque ou légèrement translucide aux bords , à cassure très-unie , et largement conchoïde ; happant à la langue , lorsqu'il est tendre à un certain degré. Il sert souvent d'enveloppe an quartz-agathe calcédoine. Il paroît devoir sa couleur blanche à un mélange d'argile semblable à celle qu'on appelle *kaolin*. Sa cassure est quelquefois luisante ; et , dans ce cas, il peut être regardé comme une variété du quartz-résinite.

3. Quartz-agathe *calcifère*. Silici-calce , *Saussure* , *Voyage dans les Alpes* , n°. 1524. Gris ou roux , à cassure lisse , terne et largement conchoïde , donnant rarement et difficilement des étincelles par le choc du briquet ; faisant une lente et légère effervescence dans l'acide nitrique ; fusible au chalumeau, en scorie blanche et bulleuse. Il renferme souvent, dans son intérieur, des nœuds de quartz-agathe pyromaque , en sorte qu'il n'est autre chose qu'un mélange de cette variété et de chaux carbonatée.

III. Quartz-résinite.

Luisant semblable à celui de la résine nouvellement cassée. Cassure largement conchoïde ; corps qui étincellent difficilement par le choc du briquet.

Opal edler and semi-opal, *Kirwan* , *t. I* , *p.* 289 *et* 290.

1. Quartz-résinite *hydrophane* , c'est-à-dire, *qui devient transparent par imbibition*. Adhérent fortement à la langue ; blanc , et quelquefois jaunâtre ou rougeâtre ; légèrement translucide. Achates unguium colore, in aëre opacus, aquâ pellucens, oculus mundi, *Waller* , *t. I* , *p.* 296. Hydrophane, Sciagr. , *t. I* , *p.* 325 *et* 326. Halbopal, *Emmerling* , *t. I* , *p.* 256. *Id.* , *Werner* , *catal.* , *t. I* , *p.* 278. Calcédoines argileuses hydrophanes, *Daubenton* , *tabl.* , *p.* 3. On donne souvent pour hydrophanes des pierres qui se rapprochent beaucoup du quartz-agathe cacholong ;

mais l'effet en est très-lent et peu sensible. Les bons hydrophanes ont l'aspect moins terreux et plus luisant que le cacholong.

2. Quartz-résinite *opalin*. Laiteux et répandant de beaux reflets d'iris. Achates ferè pellucidus, colores sub refractione et reflectione varians; opalus, *Waller*, *t. I*, *p.* 293. Opale, *de Lisle*, *t. II*, *p.* 145. *Id.*, *de Born*, *t. I*, *p.* 81. Edler opal, *Emmerling*, *t. I*, *p.* 248. *Id.*, *Werner*, *catal.*, *t. I*, *p.* 277. Calcédoine irisée, opale, *Daubenton*, *tabl.*, *p.* 3.

3. Quartz - résinite *girasol*, c'est-à-dire, *qui tourne au soleil*. Fond d'un blanc bleuâtre, d'où sortent des reflets rougeâtres lorsqu'on fait mouvoir le corps à une vive lumière. Les plus beaux ont l'aspect d'une gelée fortement translucide. An pseudopalus opacus, lucem dum circumvertitur ostendens quasi mobilem ? *Waller*, *t. I*, *p.* 296. Asteria, aut solis gemma, *Boëce*, *de lapid. ac gem.*, *lib. II*, *cap.* 76. Gyrasol, *de Lisle*, *t. II*, *p.* 145, *note* 168. Girasol, Sciagr., *t. I*, *p.* 327. Gemeiner opal, *Emmerling*, *t. I*, *p.* 251. *Id.*, *Werner*, *catal.*, *t. I*, *p.* 277. Calcédoine arrondie et solide, *Daubenton*, *tabl.*, *p.* 3. Pierre du soleil suivant quelques auteurs, asterie selon d'autres.

4. Quartz-résinite *commun*. Ne s'imbibant pas sensiblement, et n'ayant aucuns reflets particuliers ; souvent opaque, et quelquefois translucide ; blanc, gris, rouge, jaune, brun, olivâtre, noir, etc., et quelquefois veiné ; tantôt très-luisant, et tantôt presque pas. Pierre de colophane, *de Lisle*, *t. II*, *p.* 639. Halbopal, *Emmerling*, *t. I*, *p.* 256. *Id.*, *Werner*, *catal.*, *t. I*, *p.* 278. Pierre de poix, *Daubenton*, *mém. de l'Acad. des Sc.*, 1787, *p.* 86.

La sous - variété, qu'on a appelée *pechstein de Ménil-le-Montant*, ou *ménilite* (1), est en masses tuberculeuses, opaques, légérement luisantes dans leur cassure, grisâtres ou d'un gris livide, quelquefois nuancées de bleuâtre à l'extérieur. Il y en

____

(1) Journ. de phys., 1787, sept., p. 219.

a qui sont feuilletées, ce qui paroît provenir de ce qu'elles ont été formées par infiltration dans une argile schisteuse. On en trouve aussi à Saint-Ouen, près de Paris, dans les environs du Mans, et dans quelques autres endroits de la France.

IV. QUARTZ-JASPE.

Cassure terne et compacte, jointe à l'opacité. Couleurs plus ou moins persistantes par l'action du feu. Substances qui, mises en communication avec un conducteur électrisé, étincellent souvent à l'approche du doigt. Elles sont composées de quartz-agathe empâté d'argile ferrugineuse. Jaspis, *Waller*, t. *I*, p. 310. Jaspe, *de Lisle*, t. *II*, p. 164. *Id.*, *de Born*, t. *I*, p. 122. Gemeiner jaspis, *Emmerling*, t. *I*, p. 243. *Id.*, *Werner*, *catal.*, t. *I*, p. 273. Jaspe, Sciagr., t. *I*, p. 345. *Id.*, *Daubenton*, *tabl.*, p. 4. Jasper, *Kirwan*, t. *I*, p. 309.

Couleurs.

1. Quartz-jaspe *rouge*.

2. Quartz-jaspe *vert*. Jaspe vert; pierre à Lancette, *Daubenton*, *tabl.*, *p.* 4.

3. Quartz-jaspe *jaune*.

4. Quartz-jaspe *bleu de lavande*.

5. Quartz-jaspe *violet*.

6. Quartz-jaspe *noir*. Jaspis unicolor nigra; paragone, *Waller*, t. *I*, p. 313, *g.*

La substance appelée *jaspe blanc*, se rapporte au quartz-agathe, attendu qu'elle ne contient pas la quantité de fer suffisante pour caractériser le quartz-jaspe.

APPENDICE.

Mélanges de divers principes colorans.

1. Quartz-jaspe *onyx*. Band jaspis, *Emmerling*, t. *I*, p. 237.

Id., *Werner*, *catal.*, *t. I*, *p.* 271. Jaspe onyx, *Daubenton*, *tabl.*, *p.* 4.

2. Quartz-jaspe *sanguin.* Des points d'un rouge de sang, sur un fond d'un vert-foncé. Jaspis variegata obscurè viridis, punctulis rubris ; heliotropius, *Waller*, *t. I*, *p.* 315. Jaspe héliotrope ou sanguin, *de Lisle*, *t. II*, *p.* 166. Heliotrop, *Emmerling*, *t. I*, *p.* 171. Son opacité le distingue du quartz-agathe vert-obscur ponctué de rouge, qui est translucide.

3. Quartz-jaspe *panaché.* Jaspis particulis subtilissimis, solida, opaca, variegata ; jaspis variegata, *Waller*, *t. I*, *p.* 313. Jaspe fleuri ou panaché, *de Lisle*, *t. II*, *p.* 165. Jaspe veiné et jaspe onyx, *Daubenton*, *tabl.*, *p.* 4.

Nota. La substance du quartz-jaspe est quelquefois interrompue par des portions de quartz-agathe. On a donné à ces corps mixtes le nom de *jaspe - agathé*, ou *d'agathe - jaspée*, suivant que la quantité de jaspe l'emportoit sur celle d'agathe, ou réciproquement.

V. Quartz-pseudomorphique.

1. Quartz - hyalin en chaux sulfatée lenticulaire. Quartz en crêtes de coq, *de Lisle*, *t. I*, *p.* 130. Quartz figuré en crêtes de coq, *de Born*, *t. I*, *p.* 49. Se trouve à Passy, près de Paris. Il forme des groupes de cristaux lenticulaires qui ont succédé à des cristaux de chaux sulfatée de la même figure, soit que la cavité fût déjà libre, lorsque la matière quartzeuse y est arrivée, en sorte qu'elle n'ait fait que s'y modeler ; soit que les molécules quartzeuses ayent remplacé successivement celles de la chaux sulfatée, à mesure que les cristaux de cette dernière substance se détruisoient. La netteté des saillies que forment les bords des lentilles, en se relevant les unes au-dessus des autres à certains endroits, rend cette seconde explication plus plausible, parce qu'il est difficile de croire que la terre qui composoit le

moule eût conservé aussi fidellement les empreintes de ces reliefs délicats.

2. Quartz - hyalin en chaux carbonatée *métastatique*. Le Cit. Guyton a observé cette pseudomorphose, dont il a donné la description dans les annales de chimie (1), avec le résultat de l'analyse, par laquelle il s'est assuré que la substance dont il s'agit étoit réellement un quartz.

3. Quartz-agathe en chaux carbonatée *prismatique*.

4. Quartz-agathe en chaux carbonatée *équiaxe*. Cette variété et la précédente ont été observées par le Cit. Dupuget. La pâte des cristaux étoit opaque et d'une couleur brune. Quelques-uns présentoient, dans leur cassure, des couches concentriques, et formoient des espèces de géodes, dont l'intérieur étoit garni de quartz-agathe mameloné.

5. Quartz-agathe en chaux carbonatée *dodécaèdre*.

6. Quartz-agathe *conchylioïde*. En oursin, en corne d'ammon, en turbinite, etc.

7. Quartz-agathe *xyloïde*. Bois agathifié. *De Lisle*, *t. II*, *p.* 166. Dendrolithe, *de Born*, *t. I*, *p.* 496. Holzstein, *Emmerling*, *t. I*, *p.* 168.

8. Quartz - résinite *xyloïde*. Holzopal, *Emmerling*, *t. I*, *p.* 260. *Id.*, *Werner*, *catal.*, *t. I*, *p.* 280.

Le quartz forme quelquefois des incrustations sur des cristaux d'une espèce étrangère, et en particulier sur la chaux carbonatée *métastatique*.

A N N O T A T I O N S.

Raisons qui ont déterminé la réunion du quartz et du silex dans une même espèce.

1. Lorsque j'ai séparé le silex du quartz, pour en faire une espèce particulière, dans l'extrait qui a paru de ce Traité, je

_____

(1) 30 germinal, an 7, p. 107.

R r 2

me suis laissé entraîner par l'autorité de plusieurs naturalistes célèbres ; et en réunissant aujourd'hui ces deux substances sous un même nom spécifique, je reviens à l'opinion que j'avois déjà énoncée, plusieurs fois, dans mes cours sur la minéralogie. Ce qui m'a surtout confirmé dans cette opinion, c'est que plus j'ai réfléchi sur les distributions méthodiques des minéraux, et plus j'ai senti l'avantage dont j'ai déjà parlé ailleurs, d'en avoir une où les espèces se trouvassent resserrées dans leurs véritables limites, où les différences, qui servent à tracer ces limites, fussent prises dans le fonds même des êtres, plutôt que dans leurs caractères extérieurs. Or, en examinant attentivement la chose sous ce rapport, on n'aperçoit plus aucune ligne nette de séparation entre le quartz et le silex.

D'une part, l'analyse du silex pyromaque (pierre à fusil), par le célèbre Klaproth, a donné 98 de silice sur cent, avec 0,50 de chaux, 0,25 d'alumine, 0,25 d'oxyde de fer, et 1 de matière volatile; d'où l'on peut inférer que le silex n'est essentiellement composé que de silice, comme le quartz lui-même, du moins à en juger par ce que nous connoissons de mieux avéré, en fait d'analyse. D'une autre part, le silex considéré minéralogiquement, paroît n'être autre chose que du quartz concrétionné. Dans cet état, il diffère du quartz proprement dit, par une cassure plus ou moins terne. Mais on remarque la même différence entre l'albâtre calcaire et la chaux carbonatée cristallisée; et lorsque l'on compare avec celle-ci certains morceaux de chaux carbonatée amorphe, à grain fin et serré, qui cependant se dissolvent en entier avec une vive effervescence dans l'acide nitrique, on seroit tenté de croire que l'on a sous les yeux deux espèces distinctes. Et si l'on objecte que le quartz cristallisé se trouve souvent associé au silex, de manière qu'il semble que les circonstances ayant été également favorables à la cristallisation de tous les deux, il n'y a qu'une diversité de nature qui ait pu déterminer des états si opposés ; cette considération s'appliquera également à la chaux carbonatée et à d'autres substances, qui offrent des contrastes analogues, sans qu'on ait cru devoir pour cela multiplier les noms spécifiques. Et l'on doit plutôt inférer de ces contrastes, que les circonstances n'ont pas été les mêmes, mais qu'il y a eu ici deux époques distinctes, l'une où la cristallisation a été gênée ou précipitée par l'effet de quelque cause accidentelle ; l'autre, où rien ne s'opposoit à l'aggrégation régulière des molécules.

Ce que je viens de dire à l'égard du silex, s'étend au quartz-résinite et au quartz-jaspe, qui ne sont que des modifications de la substance quartzeuse, dues à des mélanges de principes hétérogènes.

Mais l'espèce du quartz se trouvant alors compliquée d'une multitude de variétés de formes et d'aspects, c'est une raison de la soudiviser, ainsi que je l'ai fait, en plusieurs variétés principales, qui rendent plus facile l'étude des détails, sans nuire à l'unité de l'ensemble.

Gisemens.

QUARTZ-HYALIN.

2. Le quartz-hyalin, sans former jamais à lui seul aucune montagne, est cependant une des substances les plus abondantes du règne minéral. Il appartient aux terrains de toutes les époques, et de tous les modes de formation.

Sol primordial. A l'état de cristallisation régulière, et plus ordinairement en grains informes de différentes grosseurs, il est une des parties intégrantes de beaucoup d'espèces de roches granitiques. En grains cristallisés, il entre dans la pâte de plusieurs roches porphyritiques. Il forme la base ou la matière prédominante d'un grand nombre de roches micacées fissiles.

Ses cristaux occupent les cavités accidentelles de presque toutes les masses considérables de roches, même de celles qui sont d'une nature calcaire, telles que les *marbres primitifs*. Celui de Carrare, entre autres, en renferme de très-parfaits, soit par leur limpidité, soit par la régularité de leur forme.

Mais c'est principalement dans les filons qui traversent les montagnes primordiales, que le quartz - hyalin est dominant ; tantôt il remplit seul ces filons ; tantôt il y est associé à d'autres substances, les unes terreuses acidifères, les autres métalliques, et auxquelles il sert de gangue. Ces filons, en se dilatant, laissent des cavités plus ou moins considérables, dont les parois sont revêtues ou hérissées de cristaux transparens de quartz prismé, qui ont quelquefois jusqu'à trois décimètres ou environ un pied de diamètre. On nomme ces cavités *poches* ou *fours à cristaux*, et c'est sans doute de cette localité que le quartz transparent cristallisé a emprunté le nom de *cristal de roche*. Les montagnes de la Tarentaise, dans le département du Mont-Blanc, les Alpes Dauphinoises et les montagnes de Madagascar, sont particulièrement renommées pour la beauté, la limpidité et le volume des cristaux quartzeux que l'on en retire.

Plusieurs parties de la chaîne des Alpes fournissent la variété apelée *quartz enfumé*, et les montagnes de Murcie, en Espagne, sont riches en quartz violet, dit *amethyste*.

Dans certains lieux, des filons quartzeux de plusieurs mètres de puissance, mis à découvert et devenus saillans par la dégradation des roches dans lesquelles ils étoient comme encaissés, ont pu faire naître l'opinion qu'il existoit des montagnes uniquement composées de quartz.

Sol secondaire. On trouve assez fréquemment du quartz informe, en veines et en filons, ainsi que des cristaux limpides et réguliers de la même substance, dans les couches de pierres argilo - ferrugineuses et argilo - calcaires fissiles des montagnes secondaires. Plusieurs carrières d'ardoises, beaucoup de géodes argilo - calcaires, en particulier celles de Meillant, près de Grenoble ; les collines d'argile adossées aux Apennins, et celles de la Sicile, certaines masses gypseuses, les cavités des couches de marne et de craie qui forment les collines situées le long de la Seine, servent également d'habitation à des cristaux quartzeux, les uns prismés, les autres simplement dodécaèdres, groupés ou solitaires.

Sol de transport. Les couches de quartz arénacé sont très-communes dans les terrains de cet ordre. Il couvre, en Afrique, des plaines immenses, et s'y amoncelle en collines qui changent continuellement de place, par l'action des vents. Les eaux qui descendent des montagnes primitives, charrient dans les vallées une grande quantité de ce quartz, provenant de la destruction des roches.

Sol volcanique. L'infiltration dépose continuellement, dans les cavités des laves, et dans les amas de divers produits volcaniques, des molécules quartzeuses, qui se réunissent ensuite conformément aux lois de l'affinité (1).

Ainsi, la cristallisation du quartz-hyalin agit de toutes parts avec une énergie toujours nouvelle. Elle remplit, pour ainsi dire, toute la nature de ses produits, comme elle correspond à toutes les parties de la durée.

QUARTZ-AGATHE.

3. Le Quartz-agathe ne se rencontre point en général dans les terrains de première formation. Celui dont la pâte est plus fine, et que l'on nomme plus particulièrement *agathe*, est commun dans le duché des Deux-Ponts, et à Oberstein dans le Palatinat. La pierre dont il occupe les cavités a été regardée comme une lave par différens naturalistes. Mais, suivant le Cit. Faujas-Saint-Fonds, qui a examiné les lieux avec beaucoup d'attention, cette matière enveloppante est une roche à base de trapp.

Les masses sphéroïdales de ce même quartz-agathe, à pâte fine, ont le plus souvent une enveloppe brune, rougeâtre ou jaunâtre, dont la couleur est due au fer. Quelques-unes sont

____

(1) Tout ce qui précéde, sur les gisemens du quartz, a été rédigé d'après des notes fournies par le Cit. Dolomieu.

recouvertes de pyramides de quartz, dont les pointes sont tournées en dehors. Souvent leur milieu est occupé par une portion de matière quartzeuse , plus raffinée et plus transparente que le reste , ou même par une substance vraiment cristalline , disposée comme en rayons qui convergent vers un même centre. L'intérieur de celles qui forment de vraies géodes est tantôt mameloné et tantôt tapissé de quartz blanc ou violet.

A l'égard des géodes enhydres, leur demi-transparence permet d'apercevoir, à travers leur coque, le liquide aqueux qu'elles contiennent. Mais elles sont sujettes à laisser échapper cette eau par des fissures imperceptibles qui en favorisent l'évaporation. Elles abondent sur une colline volcanique, près de Vicence, dans l'Etat de Venise.

Les quartz-agathes pyromaque et grossier sont enchatonnés dans des carrières de marne blanche, où ils forment des espèces de bancs situés les uns au-dessus des autres, à des intervalles à peu près égaux (1). Ils sont recouverts d'une croûte de cette même marne, et souvent ils en renferment des portions empâtées dans leur substance. La résonnance que quelques - uns font entendre lorsqu'on les agite , provient de la poussière marneuse ou du noyau dur de la même substance qui joue dans leur intérieur. Quelquefois ce noyau est adhérent. De plus, il n'est pas rare , en brisant ces silex, d'y apercevoir une ou plusieurs cavités garnies de petites pointes de quartz cristallisé.

Q U A R T Z - R É S I N I T E.

4. Le quartz - résinite se trouve en filons , et quelquefois en masses sphéroïdales ou tuberculeuses, dans une terre argileuse,

____

(1) Voyez un mémoire intéressant du Cit. Lefebvre , intitulé : *Observations sur une variété des roches primitives ou granits* , lu à la société d'histoire naturelle, le 29 avril 1791, où l'on trouve plusieurs détails sur le caractère et sur le gissement du quartz pyromaque.

dont

dont la couleur varie suivant les localités. Les opales et les hydrophanes sont disposés par veines ou en grains dans des roches primitives altérées, en sorte que les fentes et autres cavités provenues de cette altération, ont été dans la suite occupées par un liquide qui y a déposé une matière siliceuse. Il y a, dans la haute Hongrie, des opales très-estimées par la richesse de leurs couleurs; et il seroit difficile de voir des hydrophanes d'un plus bel effet, que ceux qui se trouvent à Hubertusbourg en Saxe. On en a découvert à Chatellaudren, en France, qui ne le cèdent pas de beaucoup aux précédens. Mais on donne souvent pour hydrophanes des fragmens de calcédoine, qui approchent de la nature du cacholong, et dont l'effet est lent et à peine sensible.

QUARTZ-JASPE.

5. Lorsque l'on regardoit la pâte de certains porphyres comme un jaspe, on ne pouvoit se dispenser d'attribuer aux terrains primitifs une partie des corps originaires de cette dernière substance. Mais les naturalistes ayant reconnu, depuis, que cette pâte étoit composée des ingrédiens du granite, le jaspe n'est plus qu'un quartz-agathe empâté d'argile ferrugineuse, et paroît appartenir exclusivement au sol secondaire. On observe même une succession de nuances non interrompues, à l'aide desquelles la matière siliceuse passe du quartz-agathe à pâte fine au quartz-agathe grossier, et de celui-ci au quartz-jaspe. Il existe une gradation semblable entre le quartz-agathe et le quartz-résinite. Ici, comme dans beaucoup d'autres cas, la méthode ne saisit que les êtres placés à une certaine distance entre les points de contact, par lesquels les soudivisions voisines se tiennent et semblent se confondre.

QUARTZ-PSEUDOMORPHIQUE.

6. Les pseudomorphoses de quartz-agathe, moulées en cristaux semblables à ceux de la chaux carbonatée, se trouvent

particulièrement à Schnéeberg en Saxe. Les oursins siliceux sont assez fréquens dans les mêmes carrières de marne, où se rencontrent les silex ordinaires. Il y a près de Soissons, en France, des turbinites quartzeuses translucides et à pâte fine, qui ont parfaitement conservé l'empreinte de leur moule.

Partie théorique.

FORMES CRISTALLINES DU QUARTZ.

7. Le quartz transparent, sous forme régulière, portoit, chez les anciens, le nom de cristal, dérivé d'un mot grec qui signifie *glace* ou *eau congelée*. Ils s'imaginoient que le quartz provenoit d'une eau qui avoit subi une forte congélation ; et Pline, qui n'est quelquefois que bel esprit lorsqu'il croit être physicien, remarque que c'est par une suite de cette origine, que le cristal ne peut soutenir l'action de la chaleur, et ne sympathise qu'avec les liqueurs froides (1). Or, comme on avoit été frappé d'abord de cette forme géométrique qu'affectoit la substance que l'on appeloit *cristal*, on a transporté ensuite, par extension, la même dénomination à tous les corps naturels pierreux, salins ou métalliques, dont la figure avoit aussi un caractère marqué de symétrie et de régularité.

8. La cristallisation du quartz est une des moins variées qu'il y ait, si l'on ne considère que le nombre de formes réellement distinctes qu'elle produit. La plupart des cristaux présentent celle du prisme terminé par deux pyramides. Rarement observe-t-on le dodécaèdre simple, sans aucun indice de prisme. Les facettes qui modifient quelquefois la première de ces formes sont, pour l'ordinaire, en nombre incomplet, et c'est probablement ce qui les aura fait négliger jusqu'à présent par la plupart des cristallographes. Il semble que la nature ne dispense

--

(1) Hist. nat. l. XXXVII, c. 2.

ici qu'avec réserve ces accessoires, dont elle est si prodigue dans d'autres substances, et en particulier dans la chaux carbonatée.

Mais ces mêmes formes, si limitées dans leurs diversités essentielles, se multiplient, pour ainsi dire, à l'infini, par des anomalies purement accidentelles, qui proviennent de ce que les faces, en conservant toujours leurs incidences mutuelles, varient dans leurs distances relativement au centre. Tantôt une face de la pyramide prenant un accroissement démesuré, semble servir de base à un prisme oblique. Tantôt les différentes faces de la pyramide se perdent dans les pans du prisme, en sorte qu'il n'est pas facile de démêler ce qui appartient à l'un ou à l'autre, et de placer le polyèdre dans sa véritable attitude. Les cristaux les plus limpides, et dont la surface jette le plus vif éclat, sont ceux qui donnent le plus d'exercice aux observateurs, par cet aspect énigmatique. La symétrie et la régularité sont plus spécialement le partage de certains cristaux opaques et mélangés, tels que ceux d'une couleur noire, et les rouges qu'on a nommés *hyacinthes de Compostelle*. Ici, comme dans beaucoup d'autres espèces, la présence d'une substance hétérogène semble déterminer une aggrégation de molécules plus conforme aux lois d'une cristallisation parfaite ; ce que l'artiste rejetteroit, pour la taille, est ce que la nature affecte d'élaborer d'une manière plus finie.

Indépendamment de ces accidens, qui n'altèrent point la mesure des angles, mais seulement les figures des faces, les cristaux de quartz sont susceptibles d'une multitude d'irrégularités, qui influent sur le type même de la forme, et qui sont dues soit à l'amincissement du prisme en forme d'obélisque, soit à des articulations produites comme par plusieurs prismes emboîtés les uns dans les autres, soit à des excavations ou à des renflemens que subissent certaines parties, etc. Nous nous bornons à indiquer, en général, toutes ces altérations d'une forme unique, que quelques auteurs ont classées, décrites et

figurées avec le même soin que si elles constituoient autant
d'espèces distinctes (1).

9. Le noyau du quartz est, en général, difficile à obtenir.
J'ai reçu du Citoyen Fraissinet, des cristaux de quartz noir,
que ce naturaliste a recueillis dans les montagnes de Toscane,
qui se délitent assez bien, suivant les directions de leurs joints
naturels : et ce qu'il y a de plus remarquable, c'est que dans
ceux qui ont été divisés parallélement à l'axe, on voit, vers
le centre, un quadrilatère d'une couleur grisâtre, peu différent
d'un carré, et qui présente la coupe du noyau. Quant aux
cristaux ordinaires, on peut, après les avoir fait chauffer
fortement, les jeter aussitôt dans l'eau froide. Les fissures qui
s'y forment permettent d'en détacher des fragmens, dont les
faces lisses se réunissent de manière à offrir un ou plusieurs
angles solides du rhomboïde presque cubique, et quelquefois
le rhomboïde entier. Les lapidaires emploient un procédé analogue dans une autre vue : après avoir fait chauffer un morceau
de quartz-limpide, ils le plongent dans une liqueur colorée,
ordinairement en rouge, qui s'introduit, sous la forme de veines,
dans les fissures occasionnées par la rapidité du refroidissement.
Le quartz, dans cet état, porte le nom de *rubasse*.

Double réfraction.

10. Pour observer la double réfraction du quartz, au moyen
d'un cristal diaphane de cette substance, il faut regarder une
épingle que l'on tient horizontalement, à travers une des faces
de la pyramide et le pan opposé à celui qui est contigu à
cette même face, par exemple, à travers la face P (*fig.* 5),
et le pan opposé à R. L'effet de la réfraction sera de rejeter,

___

(1) Voyez, entre autres, le *cristallographia hungarica de Scopoli*,
p. 101 *et suiv.*, où ce savant célèbre a décrit 122 variétés de quartz, tant
cristallisé qu'informe.

de bas en haut, les deux images qui seront irisées. Si l'on fait ensuite tourner l'épingle jusqu'à ce qu'elle prenne la position verticale, les deux images se rapprocheront peu à peu, et finiront par se confondre, excepté que l'une dépassera l'autre vers la tête de l'épingle. Pour faire cette observation, il faut avoir un prisme dont les pans soient naturellement lisses, ou du moins peu chargés de stries. On réussira encore à apercevoir la double image, quoique moins facilement, en regardant à travers deux pans du prisme qui fassent entre eux un angle de 60^d, et en tenant l'épingle dans une direction parallèle à l'axe.

Pour faire en sorte que les deux réfractions se réduisent à une seule, il faut tailler un cristal prismé de quartz, par un plan perpendiculaire à l'axe, ou, ce qui revient au même, parallèle aux bases des pyramides ; alors, en regardant les objets à travers l'une des faces terminales et la face produite artificiellement, on verra les images simples, quoique dans ce cas l'angle réfringent soit de 51^d 40', au lieu que dans le cas indiqué plus haut, où les images paroissent doubles, l'angle réfringent n'est que de 38^d 20'.

Prétendue combustibilité du quartz.

11. Lamanon avoit annoncé (1) que le quartz étoit, ainsi que le diamant, une substance combustible. Il se fondoit sur ce que, pendant la collision mutuelle de deux morceaux de cristal de roche, les parcelles que l'on recevoit sur un papier blanc, étoient enduites d'une matière fuligineuse ; en sorte qu'étant froissées contre le papier, elles y laissoient une trace semblable à celle que produit le charbon. Mais d'après les observations du Cit. Monge, la matière fuligineuse provient de ce que les fragmens détachés du quartz se trouvant élevés à une très-haute

____

(1) Journ. de phys., 1785, juillet, p. 66.

température par la violence du choc imprimé à leurs petites masses, embrasent quelques-uns de ces corpuscules qui flottent dans l'air, et que l'on aperçoit dans un appartement obscur où l'on introduit un rayon solaire : ces corpuscules, en s'attachant au quartz, le couvrent de leur charbon.

Explication du phénomène de l'hydrophane.

12. Le quartz-agathe hydrophane, plongé dans l'eau, pendant quelques instans, s'imbibe de ce liquide, et en même temps acquiert de la transparence. Pendant l'imbibition, on voit s'élever de la pierre des files de bulles d'air, qui en sortent pour faire place à l'eau. Un hydrophane du poids de 178 centigrammes, après avoir séjourné dans l'eau pendant environ 4 minutes, pesoit 212 centigrammes, ce qui faisoit une augmentation de poids de 34 centigrammes. L'eau dont l'hydrophane s'est imbibé, s'échappe par le desséchement, et la pierre retourne à son premier état. La cause physique de cet effet est facile à concevoir.

Lorsque la lumière, après avoir traversé un milieu quelconque, en rencontre un autre d'une densité différente, elle ne passe pas toute entière dans celui-ci ; mais une partie des rayons est réfléchie au contact des deux milieux. C'est en conséquence de ces derniers rayons que la surface d'une eau tranquille fait l'office de miroir. Or, cette portion de rayons qui se réfléchissent au lieu de se réfracter, est plus grande, sous une incidence donnée, lorsque les densités des deux milieux diffèrent davantage entre elles, et plus petite, lorsqu'elles diffèrent moins ; en sorte que si elles étoient égales, tous les rayons passeroient du premier milieu dans le second.

Maintenant l'hydrophane, dans son état naturel, est un corps spongieux, parsemé de vacuoles qui sont occupés par des molécules d'air en contact avec les molécules propres de la pierre. Les rayons qui entrent dans celle-ci, rencontrant successivement deux milieux de densités très-inégales, savoir, l'air et la matière de l'hydrophane, subissent aux points de contact des réflections qui en détournent une grande partie ; et ceux qui ont passé outre, éprouvant, à leur tour, de nouvelles réflections, il n'y en a que très-peu qui arrivent à la surface opposée. Substituez l'eau à l'air, c'est-à-dire, un liquide dont la densité approche incomparablement davantage d'être égale à celle de la pierre ; le nombre des réflections diminuera d'autant, et il y aura beaucoup plus de rayons qui pénétreront l'hydrophane de part en part ; en sorte que la transparence qui dépend de ces rayons transmis d'une surface à l'autre, sera sensiblement augmentée.

Explication des couleurs de l'opale.

13. Le quartz-agathe opalin doit sa beauté à ses imperfections. Les reflets si agréablement colorés qu'il lance dans son intérieur, proviennent d'une multitude de fentes et de gerçures qui interrompent la continuité de sa matière propre, et laissent entre ses lames des intervalles qui réfléchissent diversement les rayons de la lumière. Toute cette variété de couleurs disparoît dès qu'on brise l'opale (1). La cause physique dont elle dépend est la même que celle du phénomène des anneaux colorés, observé par Newton avec une sagacité digne de son génie (2). Nous nous bornerons à l'exposition de ce qui est essentiel pour notre objet.

Si l'on applique un verre de télescope légèrement convexe sur un verre plan, en les pressant l'un contre l'autre, la lumière réfléchie par la lame d'air dont l'épaisseur s'accroît graduellement dans l'espace intermédiaire, offrira plusieurs séries de couleurs disposées par bandes annulaires autour d'une tache

---

(1) *Boetius de Boot, gemmar. et lapid. hist., lib. II , cap.* 46*, p.* 191.
(2) *Optice lucis, lib. II , pars I*^e*.*

noire qui répond au point de contact. Les couleurs des différentes séries, prises en partant de ce même point, sont, pour
la première, *bleu*, *blanc*, *jaune* et *rouge ;* pour la seconde,
violet, *bleu*, *vert*, *jaune* et *rouge ;* pour la troisième, *pourpre*,
bleu, *vert*, *jaune* et *rouge ;* pour la quatrième, *vert* et *rouge.* Il
y a encore d'autres séries au-delà des précédentes, mais dont les
couleurs sont plus pâles, et finissent par s'effacer entièrement.

Newton fit une seconde expérience, qui offre comme l'analyse
du phénomène. Elle consistoit à ne laisser réfléchir à la lame
d'air qu'une seule couleur homogène à la fois, savoir, le *violet*
en premier lieu, puis successivement le *bleu*, le *vert*, le *jaune* et
le *rouge* (1). Chaque couleur produisoit alors uniquement des
cercles de son espèce, tellement espacés, que les degrés d'épaisseur de la lame d'air, aux endroits correspondans, suivoient
une certaine loi (2). A mesure qu'une nouvelle couleur paroissoit à son tour, chacun des cercles concentriques qu'elle formoit,
étoit un peu plus loin du contact des deux verres, que le cercle
du même rang, donné par la couleur précédente.

De là il suivoit que chacune des séries que présentoit le phénomène, quand la lame d'air recevoit l'ensemble de tous les
rayons de la lumière, étoit une espèce de combinaison des
diverses couleurs dont nous venons de parler, et que si elle
n'en offroit pas la succession distincte, c'est parce que les cercles
produits par chaque couleur particulière ayant une certaine
largeur, et anticipant plus ou moins sur ceux d'une autre couleur à certains endroits, y formoient des couleurs mixtes, comme
le pourpre, qui commençoit la troisième série, ou même repro-

---

(1) Les couleurs sont ici rapportées à leurs termes les plus généraux.

(2) Cette loi est telle, que les différens degrés d'épaisseur qui donnent les
anneaux successifs d'une même couleur, sont entre eux comme les nombres
impairs 1, 3, 5, 7, 9, etc. Newton a reconnu aussi que chaque couleur étoit
transmise à travers la lame d'air, par les degrés d'épaisseur intermédiaires,
savoir ceux qui suivoient le rapport des nombres pairs 2, 4, 6, 8, etc.

duisoient

duisoient la lumière blanche, en se confondant tous ensemble, comme cela avoit lieu sur un petit espace de la première série.

Les bulles de savon que soufflent les enfans, présentent des effets analogues ; et, en général, l'expérience prouve que toute matière fluide ou solide, ayant un certain degré de ténuité, et renfermée entre deux milieux d'une densité différente de la sienne, réfléchira, si son épaisseur varie, une suite de couleurs diversifiées, et si elle est constante, une couleur uniforme assortie au pouvoir réfléchissant qui résulte de cette épaisseur. Newton étend ensuite cette explication à la coloration de tous les corps naturels, dont chacun fait, pour ainsi dire, le triage des rayons que ses lames composantes ont la faculté de réfléchir par une suite de leur degré de ténuité. C'est principalement de la finesse de la toile que dépend ici le coloris du tableau.

L'opale étant remplie de fissures occupées par quelque matière subtile, telle que l'air, chaque lamelle de cette matière peut être assimilée à la lame d'air comprise entre les deux verres, dans l'expérience de Newton ; et parce que les fissures sont nombreuses et situées en différens sens, les reflets ont des positions mobiles, et paroissent se jouer dans l'opale, à mesure que l'on fait tourner celle-ci à la lumière.

Il y a des hydrophanes qui deviennent opalins en acquérant de la transparence, ce qui provient aussi de certaines fissures, dans lesquelles il s'introduit des lamelles d'eau qui font l'office de la lame d'air dont nous avons parlé. Tel est, entre autres, un hydrophane d'Huberstusbourg, dont je suis redevable au Cit. Dupuget, et qui est un des plus parfaits que j'aie vus.

USAGES.

14. On emploie le quartz limpide pour la garniture des lustres. On en fait des vases de différentes formes. On le taille à facettes pour en orner les ouvrages communs de joaillerie. On estime beaucoup plus le quartz violet, dit *amethyste*,

surtout lorsque le pourpre domine dans sa couleur ; et les morceaux taillés de cette substance, qui sont en même temps d'un certain volume, tiennent leur rang parmi les gemmes. Le quartz bleu, dit *saphir d'eau*, n'a pas, à beaucoup près, la même valeur.

15. On voit à l'intérieur de certains morceaux de quartz limpide, des glaces ou des nuages qui s'étendent comme une espèce de voile, ce qui peut empêcher de confondre le quartz travaillé avec le verre, dans lequel on n'aperçoit que des bulles isolées. Cette observation est due au Cit. Gillet-Laumont.

16. Le mélange du quartz arénacé avec la chaux, est la matière du mortier qui lie les pierres de nos bâtimens. La chaux étant soluble dans l'eau, devient par là susceptible de s'unir intimement aux grains quartzeux qu'elle empâte, et avec lesquels elle forme une espèce de gluten capable de faire corps après le desséchement.

17. Un autre usage très-intéressant du quartz, est celui qu'on en fait dans la vitrification. Ce minéral étant infusible par lui-même, on est obligé d'y mêler des fondans, c'est-à-dire, des substances dont les molécules, en attirant à elles, par leur affinité, les molécules quartzeuses déjà disposées à se séparer par la force élastique du calorique, conspirent avec cette force, pour produire leur séparation totale, dans laquelle consiste la fusion. A l'aide de ces fondans, nous formons un verre qui le cède sensiblement en dureté au quartz diaphane, mais qui, dans son état de perfection, jouit d'une égale transparence, reçoit, comme lui, un très-beau poli, et auquel nous sommes redevables de tant de vases d'une utilité aussi générale que variée, des vitres qui donnent accès à la lumière dans nos appartemens, des glaces qui multiplient tout ce qui se présente devant elles, et des instrumens d'optique, qui ont dévoilé un nouveau ciel à l'astronomie, et ouvert un nouveau champ à l'histoire naturelle.

18. Les variétés du quartz-agathe s'emploient à différens usages, dont les uns sont pour le besoin, et les autres pour

l'agrément. Le Cit. Dolomieu a décrit, dans un mémoire lu à la classe des sciences mathématiques et physiques de l'Institut national, l'art très-simple, mais peu connu, de tailler les pierres à fusil. Tout le monde sait que lorsqu'on emploie un fragment de ce quartz, pour *allumer du feu*, suivant le langage ordinaire, les bords vifs et acérés de ce fragment détachent de l'acier des particules métalliques, qui, éprouvant un choc violent, à raison de leur extrême petitesse, sont par là même disposées à entrer en combustion, par leur union avec l'oxygène de l'atmosphère. Et ainsi cette expression vulgaire, *battre le briquet*, est très-juste, quoique sans doute elle n'ait pas été raisonnée.

19. On se sert avantageusement du quartz molaire pour la maçonnerie en moellons. La solidité des murs, dont il fournit les matériaux, dépend de sa dureté, et de ce que le ciment, en se logeant dans les interstices de son tissu caverneux, lie fortement les pierres entre elles.

Mais l'usage le plus intéressant de ce quartz, est celui d'où il a emprunté le nom de *pierre meulière*, qu'on lui donne communément. On pique les endroits pleins, et l'on remplit, en partie, les cavités trop profondes avec une espèce de pâte qui, par le desséchement, prend une forte consistance. La surface de la meule se trouve ainsi criblée d'une multitude de petits trous, dans lesquels le grain s'accroche, de manière à être plus exactement broyé par la force du frottement.

19. On taille les morceaux de quartz-agathe à pâte fine, et dont les couleurs sont vives et agréables, pour en faire des boîtes, des vases, ou des plaques d'ornement. Le quartz-agathe onyx est surtout recherché pour cette destination. Le nom d'*onyx*, qui signifie *ongle*, avoit été donné originairement à une pierre, dont la couleur blanchâtre tiroit sur celle de l'ongle séparé de la chair. D'une autre part, on appeloit *sarde* une variété de la même pierre, qui étoit d'une couleur de chair. Dans la suite, on appela *sardonyx* un composé de l'une et de l'autre, dans lequel une couche blanchâtre recouvroit une autre couche

d'un rouge incarnat, dont la couleur perçoit à travers la première, comme celle de la chair à travers l'ongle (1). On a fini par appliquer le nom d'*onyx* à toutes les pierres formées de couches différemment colorées.

On appelle *silex œillés*, ou *agathes œillées*, les morceaux dont la coupe présente des bandes circulaires étroites, rapprochées autour d'une tache ronde. L'artiste donne à ces morceaux, en les arrondissant, une forme qui favorise leur ressemblance avec un œil.

L'*agathe orientale* du commerce est un silex fortement translucide, dont l'intérieur paroît comme bouillonné ou pommelé, par l'effet des ondulations que forment les couches comprises dans son épaisseur.

On taille le quartz girasol et le quartz opalin en cabochon, pour favoriser le développement des reflets. L'auteur de l'article diamantaire de l'Encyclopédie méthodique (2), dit qu'une belle opale orientale est estimée le double d'un saphir oriental de la même grosseur.

20. Les anciens qui avoient cultivé, avec beaucoup de succès, l'art de travailler les pierres, y employoient souvent le quartz-agathe à pâte fine, et le quartz-jaspe. Ils s'étoient attachés surtout à la gravure, tant en creux qu'en relief, sur ces substances; et l'on voit encore, dans différentes collections, une foule de productions de leur industrie en ce genre, qui présentent des sujets relatifs à la mythologie ou à l'histoire, les copies en raccourci des chefs - d'œuvres de peinture et de sculpture, les caractères des écritures les plus anciennes, etc. Ces petits monumens deviennent ainsi doublement intéressans sous le rapport de l'art et sous celui de l'érudition (3).

------

(1) Pline, hist. nat., l. XXXVII, c. 6. Boëtius de Boot, cap. 84. a.

(2) Arts et Métiers, t. II, Ire. partie, p. 154.

(3) Voyez l'introduction à l'étude des pierres gravées, par Millin.

21. Tous ces différens usages que l'on fait du quartz-agathe,
ont donné lieu de distinguer plusieurs variétés de cette substance,
qui dépendent, en grande partie, de l'aspect que présentent les
morceaux travaillés par la main de l'artiste. Ainsi, ce qu'on
appelle *silex onyx* ou *œillé*, n'est autre chose qu'une portion
de silex stalactite, dont les couches concentriques ont été mises
à découvert par la taille. Mais les naturalistes ayant admis,
dans leurs collections, ces silex travaillés, qui en font un des
principaux ornemens, les méthodes se sont prêtées à cette espèce
d'adoption, en fournissant des dénominations assorties au point
de vue sous lequel l'art nous offre ici les productions de la
nature.

IIᵉ. ESPÈCE.

ZIRCON,

Dérivé du mot ZIRCONE, *qui désigne la terre particulière
renfermée dans cette substance.*

Topazius flavè rubens ; hyacinthus, *Waller*, t. *I*, p. 252, *i.*
Topazius clarus, hyalinus ; jargon , *ibid.*, *f.* Hyacinthe, *de
Lisle*, t. *II*, p. 281. Diamant brut ou jargon de Ceilan , *ibid.*,
p. 229, *note* 100, et *p.* 282. Hyacinthe, *de Born*, t. *I*, *p.* 77.
Jargon de diamant ; jargon de Ceilan, *ibid.*, *p.* 58. Hyacinthe,
Sciagr., t. *I*, p. 252. Jargon de Ceilan, *ibid.*, *p.* 270. Hya-
cinth, *Emmerling*, t. *I*, p. 22. Zircon, *ibid.*, *p.* 3. Hyacinth,
Kirwan, t. *I*, p. 257. Jargon, *ibid.*, *p.* 333. Hyacinthe et
jargon, *Daubenton*, *tabl.*, p. 5 *et suiv.* Le zircon, *Brochant*,
t. *I*, p. 159. L'hyacinthe, *ibid.*, *p.* 163.

Caract. essentiel. Pesant. spécifique, d'environ 4,4 ; joints
naturels, les uns parallèles, les autres obliques à l'axe des
cristaux.

Caract. phys. Pesant. spécif. , 4,3858....4,4161 (1).

Dureté. Rayant difficilement le quartz.

Réfraction, double à un très-haut degré.

Eclat de la surface extérieure, ordinairement un peu gras.

Caract. géomét. Forme primitive. Octaèdre à triangles isocèles (*fig.* 9 *et* 11) *pl. XLI* , qui se soudivise parallélement à des plans qui passeroient par les sommets A*a* (*fig.* 11), et par les apothèmes A*z*, *az*, etc., des faces. Ces dernières coupes sont les plus nettes (2).

Molécule intégrante. Tétraèdre irrégulier.

Cassure , transversale, ondulée, éclatante.

Caract. chim. Infusible au chalumeau ; il y perd seulement sa couleur, ce qui a souvent lieu, même lorsqu'on se borne à en exposer un fragment à la flamme d'une bougie.

Analyse par Klaproth, de la variété dite *jargon de Ceilan.*

Zircone	70.
Silice	26.
Fer	1.
Perte	3.
	100 (3).

Analyse par Vauquelin, de la variété dite *hyacinthe de France.*

Zircone	64,5.
Silice	32,0.
Fer	2,0.
Perte	1,5.
	100,0 (4).

---

(1) Le Cit. Brisson indique 3,6873 pour la pesanteur spécifique de l'hyacinthe. Mais la pierre que ce savant physicien a soumise à l'expérience lui avoit été fournie par un joaillier, qui, sans doute, la nommoit hyacinthe, à raison de sa seule couleur.

(2) Soit *rst* (*fig.* 10) une des faces de l'octaèdre. Si l'on mène l'apothème *ry*, les lignes *rs*, *ry*, *sy* seront sensiblement entre elles dans le rapport des nombres 5, 4, 3.

(3) Connoissance chimique des minéraux, t. I, p. 219.

(4) Journ. des mines, N°. 26, p. 106.

Caractères distinctifs. 1°. Entre le zircon dodécaèdre et le grenat primitif. Dans celui-ci, toutes les incidences des faces adjacentes sont de 120^d ; dans le zircon, les unes sont de 124^d 12′, et les autres de 117^d 54′. 2°. Entre le zircon et l'idocrase. La pesanteur spécifique de celle-ci est moindre, dans le rapport de 7 à 9 ; ses fragmens ne perdent pas leur couleur à la flamme d'une bougie, comme ceux du zircon. Sa division mécanique ne donne point de coupes obliques à l'axe. L'incidence des faces de ses sommets sur les pans adjacens, est de 127^d au lieu de 131. Sa double réfraction est beaucoup moins forte. 3°. Entre le zircon et la topaze. La pesanteur spécifique du premier est plus grande dans le rapport, d'environ 9 à 7 ; il ne se divise point, comme la topaze, dans un sens perpendiculaire à l'axe des cristaux. 4°. Entre le zircon et l'harmotome. Les cristaux dodécaèdres de zircon (var. 2) se divisent parallélement à leurs arêtes verticales, et ceux d'harmotome parallélement à leurs pans. Les incidences respectives des faces du sommet sont de 124^d 12′ dans le zircon, et de 121^d 57′ dans l'harmotome ; le zircon est infusible, et l'harmotome facile à fondre. 5°. Entre le zircon taillé et les autres pierres appelées *gemmes*. Il en diffère sensiblement par la force de sa double réfraction.

V A R I É T É S.

F O R M E S.

Déterminables.

1. Zircon *primitif.* P (*fig.* 9). Incidence des faces d'une même pyramide qui se réunissent sur chaque arête oblique B , 124^d 12′ ; des faces de chaque pyramide sur celles qui leur sont adjacentes dans l'autre pyramide, 82^d 50′. Valeur de l'angle plan A , 73^d 44′. Se trouve en France, près la ville du Puy.

Si l'on suppose que l'octaèdre soit divisé d'abord parallélement à ses huit faces, et que l'on fasse passer les coupes, pour plus grande simplicité, par les lignes rx, zx; etc. (*fig.* 11), qui partagent en deux moitiés les bords de l'octaèdre, la division donnera six octaèdres partiels, dont les sommets se confondront avec ceux du solide primitif, et huit tétraèdres interposés entre les octaèdres (1).

Concevons maintenant d'autres coupes dirigées suivant les apothèmes Az, az de l'octaèdre total, et qui passent par le centre. Ces coupes diviseront chaque octaèdre partiel en deux solides hexaèdres très-irréguliers, et chaque tétraèdre en deux nouveaux tétraèdres. C'est ce que l'on comprendra, en considérant, par exemple, l'effet de la coupe qui passe par az, à l'égard du tétraèdre dont elle soudivise la face extérieure en deux moitiés : car ce tétraèdre pouvant être regardé comme une pyramide triangulaire qui a pour base le triangle rxz, et dont le sommet se confond avec le centre de l'octaèdre total, la coupe qui passe par ce sommet et en même temps par le milieu de la base, doit diviser la pyramide elle-même en deux parties égales, dont chacune sera aussi un tétraèdre.

Or, si l'octaèdre total n'étoit divisible que parallélement à ses faces, comme celui de la chaux fluatée, on auroit déjà un motif de vraisemblance pour exclure les octaèdres partiels, et préférer les tétraèdres, comme représentant les molécules intégrantes ; mais dans le cas présent, où la soudivision de l'octaèdre donne des solides dont la figure s'écarte encore plus de la simplicité que celle de l'octaèdre lui-même, tandis que les coupes faites dans le tétraèdre le partagent en deux solides de la même espèce, on a une nouvelle raison de préférence en faveur du tétraèdre.

Dans cette hypothèse, les cristaux de zircon sont composés primitivement de petits tétraèdres appliqués deux à deux par

----

(1) On peut appliquer ici ce que nous avons dit au sujet de la division mécanique de l'octaèdre régulier, à l'article de la chaux fluatée, p. 175.

une

une de leurs faces, et secondairement de tétraèdres réunis par leurs bords, comme ceux dont la chaux fluatée est l'assemblage.

Ici revient l'observation que nous avons déjà faite ailleurs (t. I, p. 61); savoir, que les octaèdres et les tétraèdres sont tellement assortis entre eux, que leur assemblage compose des parallélipipèdes, et que les décroissemens ont toujours lieu par des rangées de ces mêmes parallélipipèdes.

2. Zircon *dodécaèdre.* $\frac{{}^{\iota}E^{\iota}\,P}{s\,P}$ (*fig.* 12). *De Lisle, t. II, p.* 284.

Ibid., p. 287; var. 1. Les faces *s, s* sont communément des hexagones alongés, et quelquefois des rhombes. Incidence de P sur P, 124^d 12'; de *s* sur *s*, 90^d. Valeur de l'angle *o*, 73^d 44', et de l'angle *n*, 116^d 6'. Se trouve à Ceilan et en France.

C'est la forme la plus ordinaire sous laquelle se présentent les cristaux qu'on nommoit *hyacinthes.* Lorsque les pans *s, s* sont des rhombes, ce qui est assez rare, le dodécaèdre a de la ressemblance avec celui du grenat primitif. Mais il sera facile à un œil un peu exercé de l'en distinguer; car si on le place de manière que deux de ses angles solides, composés de trois plans, soient sur une même verticale, on s'apercevra qu'il n'est pas, si je puis ainsi parler, dans sa véritable attitude, parce que les plans dont il s'agit ne font pas entre eux les mêmes angles. Pour qu'il soit dans cette attitude, il faut que la verticale passe, au contraire, par deux des angles solides composés de quatre plans, tandis que le dodécaèdre du grenat est susceptible de prendre l'une et l'autre position, de manière à s'offrir toujours sous un aspect symétrique.

3. Zircon *prismé.* $\frac{\overset{\iota}{D}\,P}{{}^{\iota}l\,P}$ (*fig.* 13). Diamant brut ou jargon de Ceilan, *de Lisle, t. II, p.* 229. Incidence de P sur *l*, 131^d 25'. Se trouve à Ceilan.

4. Zircon *dioctaèdre.* $\frac{\overset{\iota}{D}\,{}^{\iota}E^{\iota}\,P}{{}^{\iota}l\,s\,P}$ (*fig.* 14). Hyacinthe, *de Lisle, t. II, p.* 289; var. 2. Incidence de *l* sur *s*, 135^d.

Tome II.   V v

J'ai dans ma collection des cristaux de cette variété, dont le prisme est très-court, en sorte que l'on pourroit les considérer comme des octaèdres épointés et émarginés latéralement. Ces cristaux sont diaphanes, et ont une couleur d'un jaune-verdâtre. Il y a apparence que de Born en a décrit un semblable sous le nom de *chrysolite de Ceilan* (1).

5. Zircon *unibinaire.* $\dfrac{^{1}\mathrm{E}^{1}\ ^{2}\mathrm{E}^{2}\mathrm{P}}{s\quad x\quad \mathrm{P}}$ (*fig.* 15). La variété dodécaèdre émarginée entre les faces du sommet et les pans. Incidence de x sur P, 150ᵈ 5′.

6. Zircon *plagièdre.* $\dfrac{\overset{1}{\mathrm{D}}\ ^{2}\mathrm{E}^{2}\,\mathrm{P}}{^{1}l\quad x\quad \mathrm{P}}$ (*fig.* 16). La variété prismée bis-épointée aux angles solides latéraux. Incidence de x sur l, 142ᵈ 55′. Valeur de l'angle a, 138ᵈ 36′. Se trouve à Ceilan.

7. Zircon *équivalent.* $\dfrac{\overset{1}{\mathrm{D}}\ ^{2}\mathrm{E}^{2}\,\mathrm{P}}{^{1}l\quad x\quad \mathrm{P}}$ (*fig.* 17). La variété 5 , émarginée verticalement. Dans certains cristaux, les faces l prennent beaucoup plus d'étendue que les faces s.

8. Zircon *soustractif.* $\dfrac{\overset{1}{\mathrm{D}}\ \overset{2}{\mathrm{D}}\ ^{2}\mathrm{E}^{1}\,\mathrm{P}}{^{1}l\quad u\quad x\,\mathrm{P}}$ (*fig.* 18). Incidence de u sur l, 159ᵈ 17′; de u sur P, 152ᵈ 8′. Se trouve en Norwège, dans une roche feld-spathique.

Indéterminables.

9. Zircon *granuliforme.*

---

(1) Catal., t. I, p. 67.

A C C I D E N S   D E   L U M I È R E.

Couleurs.

1. Zircon *orangé - brunâtre.* Hyacinthe orientale, *Cappeller, prodr. crist.*, *p.* 29.

2. Zircon *rougeâtre.*

3. Zircon *jaunâtre.*

4. Zircon *verdâtre.*

5. Zircon *jaune-verdâtre.*

6. Zircon *blanchâtre.* On le nommoit *jargon d'hyacinthe* lorsqu'il avoit la forme de la variété dodécaèdre.

Transparence.

1. Zircon *transparent.* Tel est surtout le zircon jaunâtre qui se débite sous le nom de *jargon de Ce ilan.*

2. Zircon *translucide.*

Substances étrangères à cette espèce, auxquelles on a donné le nom d'hyacinthe.

1. Hyacinthe orientale. La télésie d'une couleur orangée, *de Lisle, t. II, p.* 282.

2. Hyacinthe occidentale. La topaze d'un jaune safrané, *Dutens, des pierres préc., p.* 62. J'ai examiné de ces prétendues hyacinthes, qui étoient électriques par la chaleur, et avoient la double réfraction dans un degré beaucoup plus foible que le zircon, deux propriétés dont la réunion ne peut convenir qu'à une topaze.

3. Hyacinthe miellée. La topaze d'un jaune de miel.

4. Hyacinthe la belle. Probablement le grenat d'un rouge saturé d'orangé.

5. Hyacinthe cruciforme. L'harmotome.

6. Hyacinthe brune des volcans. L'idocrase.

7. Hyacinthe blanche de la Somma. La meïonite.

8. Hyacinthe de Compostelle. Le quartz hématoïde.

V v 2

9. Hyacinthe de Disentis, *Saussure, voyage dans les Alpes,* n°. 1902; une variété du grenat.

A N N O T A T I O N S.

1. On trouve le zircon, avec des cristaux de spinelle, de tourmaline, de pléonaste, etc., à Ceilan, dans une rivière qui vient des hautes montagnes situées vers le milieu de cette île (1). On le trouve aussi en France, dans un ruisseau nommé Rioupezzouliou (2), près du village d'Expailli, à un quart de lieue du Puy, dans le ci-devant Vélay, où ses cristaux sont disséminés dans un sable volcanique rempli de petits octaèdres et de grains de fer, qui contient aussi des télésies bleues. Une autre localité du zircon, citée par le Cit. Faujas, est le territoire de Vicence, où ses cristaux accompagnent un sable semblable au précédent (3). M. Henri Umâna, savant minéralogiste espagnol, a eu la complaisance de me donner de petits cristaux de la même substance qui avoient été recueillis dans le lit des rivières de la province d'Antioquia, au royaume de Santa-Fé de Bogota. On distinguoit parmi eux des fragmens noirâtres, qui paroissoient appartenir à des pyroxènes, et de très-petits cubes de fer sulfuré. Le sable dans lequel on les trouve, contient aussi des paillettes d'or.

Mais aucuns de ces cristaux n'étoient originaires de la localité qui les renfermoit; ils y avoient été conduits par les eaux, et nous n'avons, jusqu'ici, aucune indication de leur lieu natal, ni des substances qui leur y servent d'enveloppe ou de support : mais nous avons acquis, depuis peu, des connoissances plus précises relativement à d'autres cristaux de la même espèce, qui faisoient partie de l'intéressante collection que le Cit. Lasterie

---

(1) De Lisle, t. II, p. 230.
(2) Faujas, recherches sur les volcans éteints du Vivarais, p. 186.
(3) Faujas, minéralogie des volcans, p. 222.

a rapportée de son voyage en Suède et en Norwège, et dans laquelle ce naturaliste m'a permis obligeamment de choisir ce qui pourroit servir à mes observations. Ces cristaux étoient engagés dans une roche composée de feld-spath rougeâtre et d'amphibole, trouvée à Fridischsvern en Norwège. On leur avoit donné dans le pays le nom de *vésuvienne* (idocrase de notre méthode); mais leur structure et leurs autres caractères me les ont fait reconnoître pour une nouvelle variété de zircon, qui est la soustractive (1). La longueur du plus volumineux, prise entre les sommets des deux pyramides, est de 18 millimètres, et son épaisseur est de 8 millimètres. M. Manthey a depuis apporté ici d'autres cristaux provenant de cette même localité, renfermés aussi dans leur gangue, et j'en ai plusieurs échantillons dont je suis redevable à son amitié.

2. Le zircon a formé, pendant long-temps, deux espèces de pierres, dont l'une se nommoit *hyacinthe* et l'autre *jargon*. On les distinguoit principalement par les formes extérieures des cristaux. Tous ceux qui avoient l'aspect du dodécaèdre (*fig.* 12), ou pouvoient y être facilement ramenés, passoient pour hyacinthes. La variété prismée, représentée (*fig.* 13), étoit comme le type des cristaux de jargon. D'après cette distinction, la France ne possédoit que des hyacinthes; mais on trouvoit à Ceilan l'hyacinthe avec le jargon.

Cependant Romé de Lisle, dans son ouvrage sur les caractères des minéraux, imprimé en 1784, avoit supprimé le jargon, sur le tableau qui termine cet ouvrage; et à côté du nom de l'hyacinthe, on lisoit cette phrase: *soupçonnée d'être identique avec le jargon de Ceilan.* Il ne dit pas sur quoi il se fondoit pour présumer cette identité; mais il étoit trop attentif et trop exact pour jeter une conjecture au hasard, et c'est à lui qu'appartient l'initiative d'un rapprochement que l'analyse, entre les

---

(1) Bulletin des sciences de la société philomatique, prairial, an 8, p. 116.

mains du célèbre Klaproth, a mis depuis en évidence, d'une manière d'autant plus intéressante, qu'elle a conduit en même temps à la découverte de la nouvelle terre nommée *terre zirconienne* ou *zircône*.

3. Le nom d'*hyacinthe* paroît devoir son origine à la ressemblance de couleur qu'avoient les pierres, ainsi appelées, avec la fleur qui, au rapport de la fable, provenoit de la métamorphose du jeune Hyacinthe tué par Apollon, et sur laquelle le dieu avoit tracé l'expression de sa plainte (1). L'hyacinthe des anciens, colorée d'un violet assez agréable, mais seulement au premier aspect, sembloit être *plus prompte à se flétrir*, dit Pline, *que la fleur du même nom* (2). Les modernes ont appelé *hyacinthes* des pierres d'un rouge - orangé, souvent avec une teinte de brun. La couleur étoit ici, comme par rapport aux autres gemmes, une source d'équivoques et de méprises. Mais il est remarquable que cet accident lui - même devienne, pour ceux dont l'attention va au - delà de ce qui frappe les yeux, un moyen prompt et facile de distinguer la véritable hyacinthe, par la volatilité du principe dont il dépend, et que la simple flamme d'une bougie enlève en un instant à cette pierre.

A l'égard du nom de *jargon*, on le donnoit, en général, aux gemmes sans couleur, qui, après la taille, en imposoient aux yeux par un faux air de ressemblance avec le diamant, quoiqu'elles lui cédassent très-sensiblement en éclat et en dureté. Ce nom feroit-il allusion à l'idée qu'on y attache, lorsqu'on l'emploie pour désigner un langage affecté, qui n'est qu'une imitation vicieuse de la bonne éloquence ? Quoi qu'il en soit, le zircon étant la pierre qui, dans certains cas, jouoit le mieux le

---

(1) La plante qui portoit cette fleur, bien différente de notre jacinthe, étoit une espèce de lis, qui avoit sa corolle marquée intérieurement de deux caractères, dans lesquels, l'œil aidé par l'imagination, voyoit le mot AI, qui est le cri de la douleur.

(2) Hist. nat., l. XXXVII, chap. 9.

diamant (1), le nom de jargon lui sera resté, comme nom propre et spécifique. On a pu remarquer que la nomenclature, qui indiquoit les hyacinthes sans couleur sous le nom de *jargons d'hyacinthe*, avoit prévenu, comme par accident, la réunion des deux espèces en une seule.

4. La double réfraction du zircon est telle, que, dans tous les cas où elle peut être observée, son intensité seule peut servir de caractère distinctif à cette substance. J'ai soumis à l'observation des cristaux intacts et des morceaux taillés. L'un de ceux-ci étoit en forme de prisme, ayant son angle réfringent de 22^d. Les deux images d'une épingle, vues à travers ce prisme, à la distance de 5 décimètres, étoient écartées l'une de l'autre d'environ 14 millimètres.

5. La pierre que les lapidaires nomment communément *jargon de Ceilan*, est un véritable zircon, d'un jaune-pâle, qui prend un assez beau poli. C'est cette même pierre que l'on fait quelquefois passer pour un diamant d'une qualité inférieure. Son éclat a effectivement quelque rapport avec celui du diamant ; mais ses reflets sont incomparablement moins vifs ; aussi est-elle peu estimée. A l'égard des zircons dont la couleur est l'orangé-brunâtre, et que l'on appelle *hyacinthes*, il y en a qui ne prennent qu'imparfaitement le poli, surtout parmi ceux que l'on trouve en France. J'ai cependant vu de ces zircons qui, après avoir été taillés, avoient un éclat assez vif ; je les reconnoissois surtout à l'intensité de leur double réfraction. Mais il m'a paru que les gemmes qui se vendoient sous le nom d'*hyacinthes*, appartenoient le plus souvent à des espèces différentes de celles-ci, et étoient des grenats ou des topazes.

---

(1) *Inter adamantes connumerari solet ;* Waller, t. I, p. 252.

IIIᵉ. E S P È C E.

T É L É S I E, c'est-à-dire, *corps parfait*.

Rubinus vividè rubro colore; rubinus orientalis, *Waller, t. I*, *p.* 247, *a*. Topazius flavus, topazius orientalis, *ibid., p.* 251 , *a*. Gemma pellucidissima, duritie tertia , colore cæruleo, in igne fugaci, saphirus, *ibid., p.* 248. Rubis d'Orient, *de Lisle, t. II*, *p.* 212. Saphir, *Emmerling, t. I, p.* 67. Saphir, Sciagr., *t. I, p.* 259. Pierre orientale, *Daubenton, tabl., p.* 7. Oriental rubis; oriental topaz; oriental saphire, *Kirwan, t. I, p.* 250 *et suiv*. Le saphir, *Brochant, t. I, p.* 207.

Caractère essentiel. Pesanteur spécifique , d'environ 4 ; joints naturels très-sensibles perpendiculaires à l'axe des cristaux.

Caract. phys. Pesant. spécif., 3,9911 . . . . 4,2833.

Dureté. Rayant toutes les autres substances terreuses.

Réfraction, unique.

Cassure, longitudinale, conchoïde, éclatante.

Caract. géom. Forme primitive. Prisme hexaèdre régulier (*fig.*19) *pl. XLII*. Les coupes parallèles aux bases sont seules sensibles. La position des pans n'est que présumée (1).

Molécule intégr. Prisme triangulaire équilatéral (*fig.* 20) (2).

Caract. chim. Infusible. La variété bleue , exposée à un feu actif, perd sa couleur.

(1) Il se pourroit que cette forme primitive que j'assigne à la télésie fut simplement hypothétique , et que les joints nécessaires pour compléter la structure , eussent des positions obliques à l'axe. Mais je n'ai encore , à cet égard , que de légères indications, que je me propose de vérifier. Je reviendrai sur ce sujet en comparant la télésie avec le corindon , à l'article de cette dernière substance.

(2) La hauteur A*l* du triangle de la base est à la hauteur A*a* du prisme comme 2 à √30.

Analyse

Analyse par Klaproth.

Alumine............................... 98.

Fer................................... 2.

100.

Caract. distinctifs. 1°. Entre la télésie et la cymophane. La première se divise nettement dans un sens parallèle à la base de son prisme hexaèdre ; dans l'autre, les coupes les plus nettes sont parallèles à deux faces latérales opposées. La réfraction de la télésie est simple ; celle de la cymophane est double. 2°. Entre la télésie rouge taillée et le spinelle. La première est plus dure, et a une pesanteur spécifique plus grande, dans le rapport d'environ 20 à 19. 3°. Entre la même de couleur jaune et la topaze. Celle-ci a la double réfraction ; la télésie l'a simple ; elle est plus dure, plus pesante, dans le rapport d'environ 8 à 7, et n'est jamais électrique par la chaleur, comme certaines topazes. 4°. Entre la télésie taillée et le quartz-hyalin. La télésie raye le quartz ; sa pesanteur spécifique est plus grande, dans le rapport d'environ 3 à 2. Sa réfraction est simple ; celle du quartz est double. 5°. Entre la télésie sans couleur, dite *saphir blanc,* et le diamant. Celui-ci raye la télésie ; son éclat est plus vif ; sa pesanteur spécifique est moindre, dans le rapport d'environ 7 à 8.

VARIÉTÉS.

FORMES.

Déterminables.

1. Télésie *primitive.* MP (*fig.* 19).

2. Télésie *unitaire.* $\overset{1}{\underset{h}{B}}$ (*fig.* 21). En dodécaèdre pyramidal.

Incidence de h sur h', 139^d 54' ; de h sur h, 123^d 58'. Valeur de l'angle au sommet du triangle h, 22^d 24'. Valeur de chaque angle latéral, 78^d 48'.

Tome II.   X x

3. Télésie *mixte.* $\overset{\frac{3}{2}}{\underset{n}{\mathrm{B}}}$ (*fig.* 22). En dodécaèdre pyramidal ; moins alongé. Incidence de *n* sur *n'*, 122^d 36′ ; de *n* sur *n*, 127^d 58′. Valeur de l'angle au sommet du triangle *n*, 31^d. Valeur de chaque angle latéral, 74^d 3o′.

4. Télésie *bisalterne.* $\overset{\scriptscriptstyle 1}{\underset{h}{\mathrm{B}}}\,\overset{}{\underset{\mathrm{P}}{\mathrm{P}}}\,\overset{\scriptscriptstyle 3}{\underset{r}{\mathrm{A}}}\,\overset{\scriptscriptstyle 3.0}{\underset{}{a}}\,\overset{\scriptscriptstyle 3}{\underset{}{e}}\,\overset{\scriptscriptstyle 3.0}{\underset{r'}{\mathrm{E}}}$ (*fig.* 23). La var. unitaire dont les deux sommets sont remplacés par des bases entourées de facettes bisalternes. Incidence de *r* sur **P**, 122^d 18′.

5. Télésie *didodécaèdre.* $\overset{\frac{1}{2}}{\underset{l}{\mathrm{B}}}\,\overset{\frac{3}{2}}{\underset{n}{\mathrm{B}}}$ (*fig.* 24). Incidence de *l* sur *l'*, 159^d 18′ ; de *l* sur *l*, 121^d 4′ ; de *n* sur *l*, 161^d 38′.

Indéterminables.

6. Télésie *amorphe.*

A C C I D E N S   D E   L U M I È R E.

Couleurs.

1. Télésie *limpide.* Saphir blanc des lapidaires. Leuco-saphir, *Mercure indien, ch. V.*

2. Télésie *rouge.* D'un rouge très-intense. Rubis d'Orient des lapidaires.

3. Télésie *rouge - aurore.* Vermeille orientale, *Buffon, hist. nat. des min., édit. in-*12*, t. VII, p.* 406.

4. Télésie *jaune.* C'est le jaune pur. Topaze orientale des lapidaires.

5. Télésie *bleue.* D'un bleu d'azur. Saphir oriental des lapidaires. Saphir femelle de quelques auteurs. La télésie d'un blanc bleuâtre porte, en Allemagne, le nom de luchsaphir (1).

---

(1) Brochant, traité élément. de minér., p. 207.

6. Télésie *indigo*. Saphir mâle de quelques auteurs.

7. Télésie *verte*. Emeraude orientale? Sciagr., *t. I, p.* 25o.

8. Télésie *violette*. Amethyste orientale des lapidaires, *Encycl. méthod., arts et métiers, t. I, première partie, p.* 15o.

Parmi les télésies, quelques-unes sont en partie colorées et en partie limpides. D'autres réunissent deux couleurs et quelquefois trois couleurs situées dans différentes parties.

Reflets particuliers.

9. Télésie *girasol*. Des reflets d'une légère teinte de rouge et de bleu, sortant d'un fond sans couleur. *Brisson, pesant. spécif.,* n°. 122.

10. Télésie *bleue chatoyante*. A reflets blanchâtres, nacrés, quelquefois très-vifs. Saphir de chat de quelques minéralogistes.

11. Télésie *rouge chatoyante*.

12. Télésie *astérie*. Astérie saphir et astérie rubis, *Saussure, Voyage dans les Alpes,* n°. 1891. A reflets disposés en étoile à 6 rayons.

Transparence.

1. Télésie *transparente*.
2. Télésie *translucide*.

Substances étrangères à la télésie bleue, auxquelles on a donné le nom de saphir (1).

Saphir d'eau. Le quartz-hyalin bleu.
Saphir du Brésil. La tourmaline bleue.
Saphir (faux). La chaux fluatée bleue.

---

(1) On trouvera aux articles du spinelle et de la topaze les noms des substances qui ont été confondues avec la télésie rouge ou la jaune, sous le nom de *rubis* ou de *topaze*.

A N N O T A T I O N S.

1. Les cristaux de télésie les plus anciennement connus, ont été apportés du royaume de Pégu et de l'île de Ceilan. On en a trouvé, depuis, en Bohême, entre Meronitz et Bilin; et en France, à une lieue de la ville du Puy, dans le sable d'un ruisseau voisin du village d'Expailly, où ils sont mêlés avec des grenats, des zircons et des grains de fer. On a donné à ces derniers le nom de *saphirs du Puy*. Mais il ne paroît pas que, jusqu'ici, on ait encore observé la télésie dans les lieux où elle a pris naissance, et accompagnée des substances qui lui ont servi de gangue.

2. La télésie a rarement une forme bien prononcée; ses cristaux sont souvent ternes et ont leurs angles oblitérés. Souvent aussi les faces des pyramides présentent des interruptions, des espèces d'escaliers, qui annoncent une cristallisation précipitée. Plusieurs s'amincissent insensiblement en pyramides, dont les faces sont à peine inclinées sur les bases. J'ai été très-long-temps sans pouvoir m'en procurer d'assez caractérisés, pour se prêter à l'application de la théorie des décroissemens.

3. On voit dans la collection du muséum d'histoire naturelle, une télésie bleue d'un volume considérable, qui y a été transportée du garde-meuble de la couronne. Elle pèse, suivant le Cit. Brisson (1), 7 gros, 7 grains ½, qui reviennent à peu près à 272 décigrammes. Elle a la forme d'un parallélipipède obliquangle. Mais son aspect décèle visiblement le poli de l'art, et n'est point fait pour donner une véritable idée de sa véritable forme originaire. On peut seulement présumer que celle-ci avoit, avec le rhomboïde, un certain rapport que l'artiste aura conservé, du moins en gros, pour ménager le volume de la pierre.

4. Le surnom d'*oriental* a été donné à la télésie, parce qu'on

---

(1) Pesant. spécif., N°. 110.

l'avoit trouvée d'abord dans l'Inde, et l'on appeloit *occidentales* d'autres pierres, telles que la topaze de Saxe, qui se trouvoient dans les pays occidentaux. Les variétés de la télésie étant plus estimées que ces dernières pierres, à raison de leur dureté, de leurs vives couleurs, du beau poli dont elles étoient susceptibles, les mots d'*oriental* et d'*occidental* emportoient en même temps avec eux l'idée d'une plus grande ou d'une moindre perfection; et ils ont fini par n'être plus que les signes de cette idée, lorsque des observations plus récentes eurent fait rencontrer dans les pays occidentaux des pierres qui ne le cédoient en rien aux premières. C'est dans ce sens que le saphir du Puy peut être appelé *oriental*. La même acception a été étendue, depuis, aux *agathes*, aux *albâtres*, etc. Ce sont les qualités qui plaisent à l'œil, et non pas les localités qui, dans l'usage du commerce, décident de l'application des mots *oriental* et *occidental*.

5. L'usage qui s'étoit introduit de distribuer les gemmes d'après les couleurs, a jeté une grande confusion dans cette partie de la lithologie. Si nous rapportons ces couleurs à celles du spectre solaire, comme à des termes généraux de comparaison, nous aurons le tableau suivant.

Rouge. Rubis.

Rouge mêlé d'un peu d'orangé. Vermeille.

Rouge chargé d'orangé. Hyacinthe la belle.

Orangé. Hyacinthe.

Jaune. Topaze.

Jaune-verdâtre. Chrysolite.

Vert-jaunâtre. Péridot.

Vert. Emeraude.

Vert-bleuâtre. Aigue-marine. Beril.

Bleu. Saphir.

Indigo. Saphir indigo.

Violet. Amethyste.

Il résultoit de cette adoption de la couleur, comme caractère spécifique, que les télésies rouges, les télésies jaunes et les télésies bleues, dont l'identité est prouvée par l'ensemble de leurs propriétés vraiment caractéristiques, appartenoient à trois espèces différentes, et que la topaze de Saxe et la télésie jaune, qui ont des différences très-marquées relativement aux mêmes caractères, étoient deux variétés d'une même espèce; et ainsi de beaucoup d'autres séparations ou réunions pareillement désavouées par la nature.

La télésie bleue a quelquefois des parties sans couleur. Les lapidaires, comme nous l'avons dit, nommoient ces parties *saphirs blancs*. Dans une nomenclature fondée sur la coloration, on étoit conduit à faire un accident de ce défaut de couleur, tandis que le véritable accident étoit la couleur elle-même. On trouve aussi des télésies dont une partie est rouge et l'autre bleue. Dans quelques-unes, c'est le jaune qui est associé au bleu. Il y auroit donc alors deux espèces réunies dans un même individu.

Les naturels de l'Inde, guidés par les faits qui viennent d'être cités, comprenoient les variétés de la télésie sous la dénomination commune de *rubis*, et nommoient *rubis rouge, rubis jaune, rubis bleu*, ce qu'on appeloit ici *rubis, topaze* et *saphir* d'*Orient*. Mais leur théorie ne répondoit pas à la justesse de leur observation. Ils s'imaginoient que le cristal, d'abord sans couleur, mûrissoit, pour ainsi dire, dans sa mine, en passant successivement par différentes teintes, jusqu'à ce qu'il fut parvenu au rouge, qui annonçoit le point de sa maturité (1).

Aujourd'hui, ceux qui parmi nous mettent une certaine méthode dans l'étude des pierres fines, comme objet d'agrément, désignent assez communément les rubis, saphir et topaze d'Orient des anciens minéralogistes, sous la dénomination commune de *pierre gemme orientale ;* et à ne considérer même la chose qu'en qualité d'amateur, peut-être est-ce un motif de plus pour admirer ici le pinceau de la nature, que de la voir partager

______

(1) De Lisle, t. II, p. 220; Mercure indien, chap. 2,

entre les individus d'une seule et même gemme, les trois couleurs dominantes, celles qui, par leurs mélanges artificiels, produisent toutes les autres (1), et donner à ces couleurs des tons à la fois élevés et gracieux, susceptibles de s'embellir encore par les reflets étincelans qui naissent de la vivacité et de la perfection du poli. Et lorsqu'une portion de la gemme est privée de cette parure, lorsqu'elle se présente pure et limpide, c'est pour acquérir, entre les mains de l'art, un mérite d'un autre genre, celui d'être le seul corps capable de soutenir la comparaison avec le diamant, si quelque chose pouvoit lui être comparé.

6. Plusieurs des lapidaires qui ont écrit sur les objets de leur art, placent la télésie rouge, dite *rubis oriental*, au premier rang, parmi les variétés de couleur de cette gemme. Suivant l'auteur du Mercure indien (2), elle ne le cède pas même au diamant, du côté du prix; et l'auteur de l'article diamantaire, dans l'encyclopédie méthodique (3), cite un rubis du poids de 6 carats, qu'il met au-dessus d'un diamant de même poids. L'un et l'autre s'accordent à donner le second rang au saphir ou à la télésie bleue, et le troisième à la télésie jaune ou à la topaze. Mais Robert de Berquen, l'un des descendans de celui qui inventa l'art de tailler le diamant, donne la préférence au saphir, parce qu'étant susceptible de perdre sa couleur au feu, il peut ensuite, au moyen de la taille, approcher de la beauté du diamant (4).

---

(1) Les anciens peintres se sont bornés, pendant long-temps, à employer ces trois couleurs, dont ils formoient, en les mélangeant, des couleurs intermédiaires assorties à celles des objets qu'ils se proposoient de rendre sur la toile. Encycl. méth., beaux arts, t. Ier., Ire. part., p. 160.

(2) Chap. 5 et 6.

(3) Arts et Métiers, t. II, Ire. part., p. 148.

(4) Merveilles des Indes orientales, ch. 3 et 4.

I Vᵉ. E S P È C E.

CYMOPHANE, c'est-à-dire, *lumière flottante.*

Chrysolithus colores reflectens varios ; chrysoberillus, *Waller*, t. *I*, *p.* 216. Chrysoberill, *Emmerling*, t. *I*, *p.* 19. Cymophane, *Journal des mines*, N°. 21, *p.* 5. Chrysoberil, *ib.*, *p.* 17. Cymophane, *Daubenton*, *tabl.*, *p.* 7. Chrysolithe orientale ; chrysolithe chatoyante ; chrysolithe opaline de quelques naturalistes. Chrysoberil, *Kirwan*, t. *I*, *p.* 261. Le chrysoberil, *Brochant*, t. *I*, *p.* 167.

Caractère essentiel. Pesanteur spécifique d'environ 3,8. Joints naturels parallèles seulement à l'axe des cristaux.

Caract. phys. Pesant. spécif., 3,7961.

Dureté. Rayant fortement le quartz.

Réfraction, double (1).

Jeux de lumière. Des reflets d'une couleur laiteuse bleuâtre ; qui semblent flotter dans l'intérieur des cristaux. Ils n'existent pas toujours.

Caract. géom. Forme primitive. Parallélipipède rectangle (*fig.* 25) *pl. XLII.* Les joints parallèles à T sont plus sensibles que ceux qui ont lieu dans le sens de M. La position des bases n'est que présumée.

Molécule intégrante. *Id.* (2).

Cassure, transversale, conchoïde, éclatante.

Caract. chim. Infusible.

---

(1) Je l'avois jugée d'abord simple, d'après des observations faites avec un fragment de cristal taillé, qui étoit nébuleux. Mais depuis, j'ai trouvé des morceaux qui faisoient apercevoir très-sensiblement la double image.

(2) Le côté C de la base est au côté B comme $\sqrt{2}$ à 1 ; et le même côté C est à la hauteur G comme $\sqrt{3}$ à 1.

Analyse

Analyse par Klaproth.

Alumine. . . . . 71,5.
Chaux . . . . 6,0.
Silice . . . . 18,0.
Oxyde de fer. . . . . .3. . . . . 1,5.
Perte . . . . 3,0.

Total . . . . 100,0.

Carac. distinct. 1°. Entre la cymophane et la télésie. Celle-ci
se divise très-nettement dans un sens parallèle à la base de son
prisme ; les divisions les plus apparentes de la cymophane sont
parallèles à deux faces latérales opposées ; la télésie est plus dure,
sa réfraction est simple, et celle de la cymophane est double.
2°. Entre la même et l'émeraude vert-jaunâtre. Celle-ci se divise
parallélement à ses six pans et à ses bases ; sa pesanteur spécifique est moindre, dans le rapport d'environ 3 à 4. 3°. Entre la
cymophane informe et la chaux phosphatée, nommée *chrysolite*,
par les Français. La première raye fortement le quartz ; l'autre
raye à peine le verre ; la pesanteur spécifique de la cymophane
est plus grande, dans le rapport d'environ 5 à 4. 4°. Entre la
même et la topaze jaune-verdâtre. La cymophane n'est point
électrique par la chaleur comme plusieurs topazes. Elle est sensiblement plus dure et plus pesante ; ses divisions parallélc-
ment à l'axe de ses cristaux sont beaucoup moins nettes que
dans la topaze, où elles se font d'ailleurs perpendiculairement à
l'axe. 5°. Entre la cymophane et le feld-spath, dit *pierre de lune*,
taillés tous deux en cabochon. Le feld-spath est moins pesant,
dans le rapport d'environ 5 à 7 ; il s'électrise difficilement par
le frottement, et la cymophane avec beaucoup de facilité.

TRAITÉ

VARIÉTÉS.

FORMES.

Déterminables.

1. Cymophane *anamorphique.* $\frac{M\,T\,\overset{\scriptscriptstyle 1}{B}}{M\,T\,i}$ (*fig.* 26). En prisme hexaèdre régulier, ordinairement court, qui pour être dans la position relative à son noyau, doit avoir ses bases verticales. Incidence de M sur T, 90^d ; de i sur M, 90^d ; de i sur i et sur T, 120^d.

2. Cymophane *annulaire.* $\frac{M\,T\,^2G\,G^2\,\overset{\scriptscriptstyle 1}{B}\,A^{\frac{3}{2}\frac{3}{2}}A}{M\,T\quad s\quad i\quad\ o}$ (*fig.* 27). Incidence de s sur M, 125^d 16$'$; de s sur T, 144^d 44$'$; de o sur M, 136^d 41$'$; de o sur i, 133^d 19$'$; de o sur T, 110^d 3$'$.

3. Cymophane *isogone.* $\frac{M\,T\,^2G\,G^2\,G^{\frac{3}{2}\frac{3}{2}}G\,\overset{\scriptscriptstyle 1}{B}\,A^{\frac{3}{2}\frac{3}{2}}A}{M\,T\quad s\quad z\quad\ i\quad\ o}$ (*fig.* 28) *pl. XLIII.* La variété précédente augmentée de quatre facettes verticales. Incidence de z sur M, 136^d 41$'$, la même que celle de o sur M ; de z sur T, 133^d 19$'$; la même que celle de o sur i.

4. Cymophane *octorigésimale.* $\frac{M\,T\,^2G\,G^2}{M\,T\quad s}\left(\frac{A^{\frac{3}{2}\frac{3}{2}}A\,C^1\,G^2}{n}\right)$ $A^{\frac{3}{2}\frac{3}{2}}_{\ o}A\,\overset{\scriptscriptstyle 1}{\underset{i}{B}}$ (*fig.* 29). Huit pans au prisme, et vingt faces pour l'ensemble des deux sommets. Incidence de n sur M, 128^d 43$'$; de n sur T, 126^d 8$'$; de n sur o, 163^d 53$'$. Les arêtes y, l sont parallèles.

Indéterminables.

5. Cymophane *roulée.*

A C C I D E N S   D E   L U M I È R E.

Couleurs.

Cymophane *vert-jaunâtre.*

Transparence.

1. Cymophane *transparente.*
2. Cymophane *translucide.*

A N N O T A T I O N S.

1. Plusieurs naturalistes indiquent le Brésil comme lieu natal des cymophanes, et il n'est pas douteux qu'il n'en vienne de ce pays. J'en ai vu une très-grande quantité, qui avoient été acquises en Portugal, avec des topazes du Brésil. Quelques-unes présentoient des formes régulières ; mais la plupart étoient arrondies, et paroissoient avoir été roulées. On a dit aussi qu'il y avoit des cymophanes dans l'ile de Ceilan, et à Nertschinsk en Sibérie.

2. La cymophane approche de la télésie par sa pesanteur spécifique et par sa dureté. Sa cristallisation jointe aux deux caractères précédens, pourroit même la faire confondre avec la télésie, lorsque l'une et l'autre se présentent sous la forme du prisme hexaèdre régulier. Il est rare qu'il existe un pareil accord entre trois caractères aussi marquans. Le plus souvent ils se croisent dans les substances de nature différente. Mais il resteroit alors la division mécanique et la double réfraction pour lever l'équivoque.

3. Si l'on a égard aux différences individuelles, la cymophane est assez facile à reconnoitre, lorsqu'elle a un chatoyement sensible. Ces reflets d'un bleu tendre, qui se jouent dans l'intérieur de cette gemme, produisent un effet dont l'œil est flatté ; mais souvent ils dégénèrent en une légère teinte de laiteux, qui ne sert qu'à offusquer la transparence ; et de là vient qu'en général

les morceaux taillés de cette substance , quoique d'un ton de couleur assez agréable , perdent beaucoup dans l'estime des lapidaires.

4. Le nom de chrysoberil que la cymophane porte en Allemagne , a été donné aussi par quelques auteurs à la topaze dite *de Saxe*.

Vᵉ. ESPÈCE.

SPINELLE.

Rubinus, colore incarnato subcæruleo mixto, balassus. *Waller*, *t. I*, *p.* 247. *b.* Rubinus colore rubro subalbo, spinellus , *ibid.*, 247. Rubis spinelle octaèdre , *de Lisle*, *t. II* , *p.* 224. Rubis balais octaèdre, *de Born*, *t. I*, *p.* 62 et 63. II. B. *b.* 1. *b.* 2... *b.* 6. Rubis spinelle octaèdre , *ib.*, *p.* 63, *c.* 1. *c.* 2. Spinel, *Emmerling*, *t. I* , *p.* 56. Rubis, *Werner*, *catal.*, *t. I*, *p.* 225. Rubis, Sciagr., *t. I*, *p.* 260. Rubis balais, et rubis balais, dit *spinelle*, *Daubenton*, *tabl.* , *p.* 5. Spinell and balass rubies, *Kirwan* , *t. I*, *p.* 202.

Caractère essentiel. Rayant fortement le quartz. Forme primitive et forme ordinaire , l'octaèdre régulier.

Caract. phys. Pes. spécifique , 3,6458 .... 3,76.

Dureté. Rayant fortement le quartz , rayé par la télésie.

Réfraction , simple.

Caract. géom. Forme primitive. L'octaèdre régulier (*fig.* 30) *pl. XLIII.* Les joints naturels ne sont pas toujours sensibles.

Molécule intégrante. Le tétraèdre régulier.

Cassure , vitreuse.

Caract. chim. Infusible au chalumeau.

Analyse du spinelle , par Klaproth.

Alumine...	76.
Silice...	16.
Magnésie..	8.
Oxyde de fer..	1, 5.
	101, 5.

Analyse de la même substance, par Vauquelin (1).

Alumine.................................... 82,47.
Magnésie .... 8,78.
Acide chromique............................ 6,18.
　Perte..................................... 2,57.
　　　　　　　　　　　　　　　　　　　　——————
　　　　　　　　　　　　　　　　　　　　100,00.

Caractères distinctifs. 1°. Entre le spinelle primitif et le zircon primitif. Le premier a tous ses triangles équilatéraux ; ceux de l'autre sont isocèles. 2°. Entre le spinelle primitif et le pléonaste primitif. Le spinelle raye fortement le quartz ; le pléonaste ne le raye que légérement. Le spinelle a une structure plus sensiblement lamelleuse ; et lorsqu'il présente une cassure, celle-ci est inégalement conchoïde, au lieu que dans le pléonaste elle est à larges évasures, parfaitement lisses. 3°. Entre le *spinelle* d'un beau rouge taillé, et la télésie rouge taillée. Celle-ci est plus dure, et a une pesanteur spécifique plus grande, dans le rapport d'environ 20 à 19. 4°. Entre le spinelle, dit *rubis balais*, taillé, et la topaze rouge taillée. Le premier n'a ni l'électricité par la chaleur, ni la double réfraction, comme la topaze.

VARIÉTES.

FORMES.

Déterminables.

1°. Spinelle *primitif.* P (*fig.* 30). Octaèdre régulier, *de Lisle*, *t. II*, *p.* 226 ; var. 1. Incidence de deux faces voisines quelconques l'une sur l'autre, 109ᵈ 28′ 16″.

a. Spinelle primitif cunéiforme.

b. Spinelle primitif segminiforme ; semblable à un segment

———————————————————————————————

(1) Journ. des mines, N°. 38, p. 89.

extrait d'un octaèdre, coupé parallélement à deux de ses faces opposées, *de Lisle*, *t. II*, *p.* 227 ; var. 6.

2. Spinelle *émarginé.* $\frac{P\,B\,\overset{\scriptscriptstyle 1}{B}}{P\,\overset{\scriptscriptstyle 1}{\underset{o}{}}\,o}$ (*fig.* 31). *De Lisle*, *t. II*, *p.* 226 ; var. 2. Incidence de *o* sur P, 144^d 44′ 8″.

3. Spinelle *transposé* (*fig.* 34). *De Lisle*, *t. II*, *p.* 227 ; var. 7.

Concevons un plan *knxcoh* (*fig.* 32) qui coupe l'octaèdre primitif parallélement aux deux triangles *beg*, *pfd*, en passant à égale distance entre l'un et l'autre. Chaque moitié de l'octaèdre, par exemple, la moitié supérieure aura pour base d'une part un hexagone régulier *knxcoh*, qui se confondra avec la section ; et de l'autre, un triangle équilatéral *bcg* ; et pour faces latérales, trois trapèzes *ebcx*, *genk*, *gboh*, et trois triangles équilatéraux *nex*, *cbo*, *kgh*, qui alterneront avec les trapèzes (1). On voit (*fig.* 33) les deux moitiés de l'octaèdre séparées l'une de l'autre.

Imaginons maintenant que la moitié supérieure tourne sur l'inférieure d'un sixième de circonférence. On aura l'assortiment représenté par la fig. 34, dans laquelle *k'n'x'c'o'h'* indique l'hexagone qui appartient à la moitié inférieure (*fig.* 33), et qui est resté fixe ; et *hknxco* (*fig.* 34) indique la position de l'hexagone qui appartient à la moitié supérieure (*fig.* 33), et qui a tourné de manière que le point *k* qui répondoit au point *k'* répond maintenant au point *n'* ; et ainsi des autres. Par une suite nécessaire, les trois triangles supérieurs *nex*, *cbo*, *hgk* font des angles rentrans avec les triangles inférieurs *x'dc'*, *o'fh'*, *n'pk'* ; et les trois trapèzes supérieurs *enkg*, *excb*, *bohg* font, au contraire, des angles saillans avec les trapèzes inférieurs *dx'n'p*, *dc'o'f*, *fh'k'p*.

---

(1) La fig. 35 représente la même coupe faite dans l'octaèdre situé comme celui de la fig. 30.

Cette supposition est la plus simple possible. Mais l'assortiment sera le même, si l'on conçoit que la moitié supérieure ait tourné d'une moitié de circonférence, ce qui feroit rentrer le cas présent dans celui des hémitropies. Au reste, de quelque manière que l'on envisage la chose, il est singulier de voir à quel point l'aspect de l'octaèdre se trouve changé par le simple déplacement d'une de ses moitiés, et il a fallu la sagacité de Romé de Lisle, pour démêler le solide générateur à travers ces dehors énigmatiques.

Indéterminables.

4. Spinelle *amorphe*. En petites masses roulées.

Accidens de lumière.

Couleurs.

1. Spinelle *rouge-écarlate*. Rubis spinelle des lapidaires; et quelquefois rubis oriental. On l'appelle aussi *vermeille*, lorsque le rouge y est mêlé d'une forte teinte d'orangé.

2. Sp. *rouge de rose* (ordinairement un peu foible). Rubis balais des lapidaires.

3. Sp. *violet*.

4. Sp. *rouge-jaunâtre*. Rubicelle ou rubacelle.

5. Sp. *noirâtre*.

Transparence.

1. Sp. *transparent*.

2. Sp. *translucide*.

3. Sp. *opaque*.

Substances étrangères à l'espèce du spinelle, auxquelles on a donné le nom de rubis.

1. Rubis d'Orient. La télésie rouge.

2. Rubis du Brésil. La topaze rouge.

3. Rubis balais. *Id.* (1).

4. Rubis de Bohême. Le quartz d'un rouge de rose.

5. Rubis de Barbarie. Le grenat (2).

6. Rubis de roche. Rubino di rocca des Italiens. Le grenat d'un rouge mêlé de violet.

7. Rubis (faux). La chaux fluatée rouge.

8. Rubis de soufre, ou rubine d'arsenic. Les cristaux d'arsenic sulfuré rouge.

A N N O T A T I O N S.

1. Les cristaux de spinelle se trouvent à Ceilan , dans une rivière qui vient des hautes montagnes situées vers le milieu de cette île (3). Ils sont entremêlés de zircons, de tourmalines et de diverses autres pierres. Je n'en ai jamais vu que d'isolés. On les confondoit avec la télésie rouge , dite *rubis oriental*, avant que la forme cristalline de celle-ci fût connue, et l'on supposoit, en conséquence , qu'ils avoient le même lieu natal, qui étoit le royaume de Pégu (4).

2. L'espèce de déplacement que subit une des moitiés de l'octaèdre primitif, dans le spinelle transposé, et en général les renversemens qui produisent dans les cristaux des angles rentrans d'une part, et saillans de l'autre , semblent dépendre d'une sorte de polarité qui agit sur les molécules intégrantes.

Dans les cas ordinaires , cette polarité détermine les petits rhomboïdes ou autres parallélipipèdes, qui forment ces molécules, à s'accoler de manière que les faces voisines de celles de jonction soient de part et d'autre sur un même plan. Mais il

---

(1) Encycl. méthod., arts et mét. , t. II , Ire. part., p. 148.

(2) Mercure indien, livre I , chap. 17.

(3) De Lisle, t. II , p. 230.

(4) Voyez la 1re. édit. de la cristallogr. du même auteur, p. 219.

y

y a une seconde position, dans laquelle les deux rhombes de jonction ayant toujours une coïncidence parfaite, les faces voisines feroient ensemble un angle rentrant d'un côté, et un angle saillant du côté opposé. Il ne s'agit, pour arriver de la première position à la seconde, que de faire faire à l'un des rhombes de jonction un demi-tour sur l'autre. Or, lorsque ce dernier cas a lieu dans la nature, on peut concevoir que c'est en vertu d'un renversement de pôles analogue à celui des pôles de deux aimans; et il suffit même que, par une cause quelconque, les premières molécules qui se réunissent pour faire naître un cristal, ayent pris des positions renversées, pour que celles qui viennent ensuite s'y juxta-poser, s'arrangent à leur imitation; d'où il résultera que toutes les molécules d'une moitié seront situées en sens contraire de celles de la moitié opposée. Au reste, le peu de connoissances que nous avons sur l'action intime des forces qui déterminent la cristallisation, ne nous permet que de simples aperçus relativement aux accidens de ce genre.

3. Quoique le spinelle soit moins estimé par les lapidaires que la télésie rouge, qui est sensiblement plus dure, et a plus de jeu, ces artistes ne laissent pas d'y attacher beaucoup de prix, lorsqu'il est d'un certain volume et d'un rouge vif. On le fait même quelquefois passer alors pour le vrai rubis oriental. L'auteur de l'article diamantaire-lapidaire, *Encyclop.*, *méthod.*, *arts et mét.*, *t. II, première partie, p.* 148, dit qu'un beau rubis spinelle, dont le poids passe quatre carats, vaut la moitié du prix d'un diamant de même poids.

VIe. ESPÉCE.

TOPAZE (du nom d'une île où se trouvoit la pierre ainsi appelée par les anciens).

Topazius octoëdricus prismaticus, *Waller*, *t. I*, *p.* 252. In descriptione. Topaze, rubis, saphir du Brésil, *de Lisle*, *t. II*, *p.* 230. Topaze de Saxe, *ib.*, *p.* 260. Topaze du Brésil et topaze de Saxe, *de Born*, *t. I*, *p.* 74 *et suiv.* Topaze du Brésil, Sciagr., *t. I*, *p.* 251 *et* 253. Chrysoberil ou topaze de Saxe, *ib.* Topaz, *Emmerling*, *t. I, p.* 73. *Id.*, *Werner*, *catal.*, *t. I*, *p.* 225. Topaze de Saxe, *Daubenton*, *tabl.*, *p.* 5. Rubis et topaze du Brésil, *ib.*, *p.* 8. Occidental topaz, *Kirwan*, *t. I*, *p.* 234. La topaze, *Brochant*, *t. I*, *p.* 212.

Caractère essentiel. Double réfraction ; joints très-sensibles, perpendiculaires seulement à l'axe des cristaux.

Caract. phys. Pesant. spécif., 3,5311......3,564.

Dureté. Rayant le quartz, rayée par le rubis.

Réfraction, double.

Électricité ; vitrée d'un côté, et résineuse de l'autre, par la chaleur, dans les topazes dites *du Brésil et de Sibérie.*

Caractère géom. Forme primitive (*fig.* 36) *pl.* **XLIV.** Prisme droit à bases rhombes, ayant leur grand angle de 124^d 22′. Les coupes parallèles aux bases sont seules bien sensibles, et ont une grande netteté.

Molécule intégrante. *Id.* (1).

---

(1) Si l'on suppose une perpendiculaire p menée de l'angle A sur l'arête B, et que l'on désigne par g la moitié de la grande diagonale, on pourra faire $p = 14$, $g = 15$. De plus, d'après l'observation qu'une face produite par un décroissement de deux rangées sur l'arête B fait avec le pan adjacent un angle égal à celui que fait avec la face P, fig. 39, une autre face produite par un décroissement de deux rangées sur l'angle E, on aura, en désignant la hauteur par h, $2p : h, : h : 2g$, d'où il est facile de conclure tout le reste.

Cassure, longitudinale, chonchoïde et brillante.

Caract. chim. Infusible au chalumeau. La topaze dite *du Brésil*, mise dans un creuset, et exposée à un feu capable de faire rougir ce creuset, prend une couleur d'un rouge de rose. La topaze dite *de Saxe*, blanchit entièrement dans le même cas.

Analyse de la topaze de Saxe, par Vauquelin.

Silice. . . . . 3r.
Alumine. . . . . 68.
Perte. . . . . r.
                                                                             ————
                                                                             roo.

Caractères distinctifs. 1°. Entre la topaze jaune et la télésie de même couleur. La topaze a la double réfraction ; celle de la télésie est simple : cette dernière est beaucoup plus dure et plus pesante ; elle ne s'électrise point par la chaleur, comme plusieurs topazes. 2°. Entre la topaze jaune-verdâtre et la cymophane. La topaze se divise beaucoup plus nettement ; elle est moins dure et moins pesante ; une partie de ses cristaux s'électrisent par la chaleur, ce qui n'a jamais lieu pour la cymophane. 3°. Entre la même et l'émeraude jaune ou vert-jaunâtre. La topaze est plus pesante, dans le rapport d'environ 9 à 7 ; elle n'a point de joints naturels sensibles, parallélement à l'axe, comme l'émeraude : ses formes s'écartent beaucoup de celle du prisme hexaèdre régulier qui domine dans l'émeraude. 4°. Entre la topaze rouge et le spinelle. La première, dans ce cas, est toujours électrique par la chaleur ; elle a la double réfraction ; deux propriétés qui manquent au spinelle.

V A R I É T É S.

F O R M E S (1).

Déterminables.

1. Topaze *dioctaèdre.* $\overset{}{\underset{M}{M}} \overset{}{\underset{L}{^3G^3}} \overset{2}{\underset{o}{B}}$ (*fig.* 37) (2). Prisme octaèdre à sommets tétraèdres. *De Lisle*, t. *II*, p. 233 *et suiv.* 1, 2, 3. Incidence de M sur M, 124ᵈ 22′ ; de M sur *l*, 161ᵈ 16′, de *l* sur le pan de retour adjacent à l'arête *z*, 93ᵈ 6′ ; de *o* sur *o*, 140ᵈ 46′ ; de *o* sur M, 135ᵈ 59′.

On voit (*fig.* 37, A) la coupe transversale *atrt'a't'rt* du prisme octogone, dans laquelle l'effet du décroissement $^3G^3$ est rendu sensible, au moyen des petits rhombes ou des bases de molécules dont est composé le rhombe *aca'e*, qui représenteroit la coupe, dans le cas où le décroissement seroit nul.

2. Topaze *soustractive.* $\overset{}{\underset{M}{M}} \overset{}{\underset{l}{^3G^3}} \overset{2}{\underset{o}{B}} \overset{2}{\underset{n}{E}}$ (*fig.* 38). La variété précédente augmentée à chaque sommet de deux faces *n*, qui naissent sur les arêtes *z*. Incidence de *n* sur *n*, 91ᵈ 58′ ; de *n* sur l'arête *z*, 134ᵈ 1′.

---

(1) L'analogie semble indiquer que dans les topazes électriques par la chaleur, les sommets, s'ils existoient tous les deux, devroient différer par leur configuration. Dans l'incertitude où je suis encore à cet égard, n'ayant observé jusqu'ici que des cristaux terminés d'un seul côté, j'ai supposé que tout étoit égal de part et d'autre. On pourra trouver, dans la suite, des topazes complètes, et il sera curieux d'examiner si la propriété de s'électriser par la chaleur y est jointe, comme dans la tourmaline et la magnésie boratée, à des différences entre les formes des deux parties dans lesquelles résident les centres d'actions des électricités contraires, et si les cristaux dépourvus de cette même propriété, conservent l'analogie des formes ordinaires.

(2) On a représenté séparément, sous chaque figure, le sommet du cristal, en projection horizontale.

Dans les topazes de Sibérie, le sommet est cunéiforme, ainsi que le représente la figure; dans celles du Brésil, les six faces se réunissent souvent en pointe.

3 Topaze *monostique.* $\dfrac{\mathrm{M}\ {}^{\prime}\mathrm{G}^{3}\ \overset{2}{\mathrm{B}}\ \overset{2}{\mathrm{E}}\ \mathrm{P}}{\mathrm{M}\ l\ o\ n\ \mathrm{P}}$ (*fig.* 39). La variété précédente baséc. *De Lisle*, *t. II*, *p.* 264; var. 2. Incidence de o sur P, 134^{d} 1′; de n sur P, 135^{d} 59′ : la même que celle de o sur M.

4. Topaze *soudouble.* $\dfrac{\mathrm{M}\ {}^{2}\mathrm{G}^{1}\ {}^{3}\mathrm{G}^{3}\ \overset{2}{\mathrm{B}}\ \overset{2}{\mathrm{E}}\ \mathrm{P}}{\mathrm{M}\ u\ l\ o\ n\ \mathrm{P}}$ (*fig.* 40). La variété précédente à prisme dodécaèdre. Incidence de u sur M, 150^{d} 6′. *Voyez* fig. 40, A, la coupe transversale *atuz*, etc., du prisme, tracée d'après le même principe que celle qui est représentée fig. 37, A.

Cette variété a été déterminée à l'aide du calcul théorique, par le Cit. Cordier, ingénieur des mines.

5. Topaze *distique.* $\dfrac{\mathrm{M}\ {}^{3}\mathrm{G}^{3}\ \overset{2}{\mathrm{B}}\ \overset{3}{\mathrm{B}}\ \overset{1}{\mathrm{E}}\ \overset{2}{\mathrm{E}}\ \mathrm{P}}{\mathrm{M}\ l\ o\ s\ c\ n\ \mathrm{P}}$ (*fig.* 41). La variété monostique augmentée à chaque sommet de six nouvelles facettes, dont quatre sont situées au-dessus des facettes o, et deux au-dessous des facettes n. Incidence de s sur P, 145^{d} 24′; de s sur M, 124^{d} 36; de c sur P, 117^{d} 21′.

6. Topaze *dissimilaire.* $\dfrac{\mathrm{M}\ {}^{3}\mathrm{G}^{3}\ \overset{2}{\mathrm{B}}\ \overset{3}{\mathrm{B}}\ \overset{2}{\mathrm{E}}\left(\overset{2}{\mathrm{E}}\ \mathrm{B}^{1}\ \mathrm{B}^{3}\right)\mathrm{P}}{\mathrm{M}\ l\ o\ s\ n\ \left(\ x\ \right)\mathrm{P}}$ (*fig.* 42). La précédente, dans laquelle les nouvelles facettes x troublent la ressemblance entre les deux rangées de faces obliques. Incidence de x sur l, 131^{d} 34′; de x sur P, 138^{d} 26′.

7. Topaze *cylindroïde.* Prisme déformé par des arrondissemens et des cannelures longitudinales, qui empêchent de compter le nombre des pans.

Les cristaux de topaze sont, en général, plus ou moins sujets à ces accidens, qui ont lieu surtout par rapport aux pans l, l, produits en vertu du décroissement ${}^{3}\mathrm{G}^{3}$.

8. Topaze *roulée.*

A C C I D E N S   D E   L U M I È R E.

Couleurs.

1. Topaze *limpide*. La topaze de Sibérie.

2. Topaze *jaune*. La topaze de Saxe et celle du Brésil. Chrysoprase d'Orient, *Baillou, cat., p.* 137.

3. Topaze *jaune-pâle*. La topaze de Saxe.

4. Topaze *jaune-roussâtre*. La topaze du Brésil.

5. Topaze *jaune-safranée*. Topaze d'Inde de quelques auteurs.

6. Topaze *jaune - rougeâtre*. Rubicelle , ou rubacelle selon quelques-uns.

7. Topaze *jaune - verdâtre*. Chrysolite de Saxe , *de Lisle ,* t. *II , p.* 267, et probablement une partie des gemmes que l'on nomme *chrysolites des lapidaires*.

8. Topaze *bleu - verdâtre*. Aigue - marine orientale, *Brisson,* *pesant. spécif., p.* 68. Saphir du Brésil, *de Lisle, t.* II *, p.* 239, *note* 109. Beril , *Buffon , hist. nat. des min. , édit. in*-12 *,* t. *VI , p.* 229.

9. Topaze *rouge*. Rubis du Brésil des lapidaires ; rubis balais, *Encyclop. méth. , arts et mét. , t.* II *,* I ͬᵉ. *partie ,p.* 148.

10. Topaze *laiteuse*. D'un blanc mat.

Transparence.

1. Topaze *transparente*. Une grande partie des topazes de Saxe et de Sibérie.

2. Topaze *translucide*. Dans les topazes du Brésil , le défaut de transparence parfaite est souvent occasionné par des glaces et autres accidens semblables.

3. Topaze *opaque*. Cette opacité est une suite nécessaire de la couleur laiteuse dans certaines topazes de Saxe.

Substances étrangères à l'espèce de la topaze, auxquelles on a donné son nom.

Télésie jaune. Topaze orientale.
Zircon. Topaze hyaline, *Waller, édit.* 1778, *t. I, p.* 252.
Topaze rouge-jaunâtre, *ibid.*
Péridot. Topaze jaune-verdâtre, *ibid.*
Emeraude jaune. Topaze de Sibérie.
Quartz-hyalin jaune. Topaze de Bohême ; topaze *occidentale.*
Quartz-hyalin brun. Topaze enfumée.
Chaux fluatée jaune. Fausse topaze.

A N N O T A T I O N S.

1. Les topazes dites *de Saxe*, se trouvent à Schnéekenstein, dans une roche mélangée de quartz, d'argile lithomarge et de la substance même de la topaze. C'est à ce dernier mélange que la roche, selon de Born (1), doit la faculté de servir à donner le poli aux topazes. La mine de Schlackenwald, en Bohême, fournit aussi des topazes entremêlées de cristaux d'étain noir et de fer arsenical. Celles qui sont d'un blanc mat ont été prises pour des cristaux de la substance métallique, appelée *tungstène*, et qui est le schéelin calcaire de ce traité.

Les topazes de Sibérie se trouvent à deux endroits différens, situés à une grande distance l'un de l'autre. L'un est dans les Monts Oural, à 25 lieues au nord d'Ecatherinbourg. Les topazes y ont pour gangue la variété de granite que l'on a nommée *granite graphique.* Elles sont groupées avec des cristaux de quartz noirâtre, et accompagnent quelquefois les émeraudes dites *berils* et *aigues-marines de Sibérie.* L'autre endroit est une montagne de la Daourie, appelée Odon-téhélon, située près du

---

(1) Catal., t. I, p. 77.

fleuve Amour. Les topazes y sont presque limpides; et quelquefois d'un bleu légérement verdâtre. Elles ont, en général, la forme de la variété soustractive. On trouve dans une autre partie de la même montagne, des topazes qui sont aussi quelquefois groupées avec des émeraudes dites *aigues-marines*. Elles ont une assez belle transparence jointe à une teinte foible de bleu-verdâtre, excepté à la partie supérieure qui, étant formée d'une matière blanchâtre et opaque, tranche fortement sur le reste du cristal, ce qui a fait donner à ces topazes, dans le pays, le nom de *dent de cheval*. Celles que j'ai vues présentoient la forme de la variété dissimilaire (1).

Quant aux topazes de Sibérie, nous n'avons, jusqu'ici, que peu de connoissances sur leur gisement. Romé de Lisle dit qu'elles sont implantées dans des roches argileuses, spathiques ou quartzeuses (2).

2. La topaze des anciens étoit une pierre verte, qui avoit pour pays natal une île de même nom, située dans la **Mer Rouge.** Ce nom, dérivé d'un mot grec, qui signifioit *chercher une chose, la poursuivre par conjecture,* avoit été donné à l'île dont il s'agit, parce qu'étant nébuleuse, elle se faisoit chercher par les navigateurs (3).

3. Le volume et les dimensions des topazes sont susceptibles d'une grande variation. Il y en a de très-petites, surtout parmi celles de Sibérie, et d'autres dont l'épaisseur surpasse trois centimètres. Celles du Brésil sont, en général, les plus alongées; et quelques-unes, telles qu'on nous les apporte, avec leur prisme fracturé dans la partie qui tenoit à la gangue, ont encore quatre ou cinq centimètres dans le sens de leur axe. Le cristal de cette

---

(1) Voyez, pour plus amples détails, l'histoire naturelle des minéraux, par le Cit. Patrin, t. II, p. 10 et suiv.

(2) Cristal., t. II, p. 233.

(3) Pline, hist. nat., l. XXXVII, c. 8, et Boëce de Boot, gemmar. et lapid. hist., lib. II, c. 62.

espèce

espèce le plus volumineux que j'aie vu, étoit une topaze distique d'un bleu-verdâtre, ayant environ 35 millimètres ou 16 lignes en épaisseur et en longueur. Son poids absolu est de 13 décagrammes ou 4 onces 2 gros. Le Cit. Brisson, qui en a pris la pesanteur spécifique, la désigne sous le nom d'*aigue-marine orientale*, et c'est à elle que se raporte la synonymie citée plus haut, à l'article des variétés de couleur, N°. 8. Cette topaze fait partie de la collection du muséum d'histoire naturelle.

4. A juger des topazes du Brésil et de celles de Saxe, d'après les diversités que présente leur aspect, on ne seroit pas tenté de les regarder comme de simples variétés d'une même substance. Aussi plusieurs minéralogistes en ont-ils fait deux espèces séparées. Romé de Lisle avoit même cru apercevoir, entre des angles qui se correspondent sur les cristaux des deux substances, une différence que j'ai trouvée nulle, dans ceux de ces cristaux qui ont une forme nettement prononcée. Le même accord règne entre tous les autres caractères. Il en faut excepter celui de l'électricité par la chaleur, qui manque à la topaze de Saxe. Mais cette propriété, déjà très-foible dans certaines topazes du Brésil, pourroit bien n'être ici qu'une modification accidentelle qui ne tînt pas au fond de la substance. J'ajoute que j'ai observé des topazes du Brésil terminées naturellement par une face horizontale, et qui offroient les mêmes variétés de forme que les topazes de Saxe.

La topaze de Sibérie, qui semble être un moyen terme entre les topazes du Brésil et celles de Saxe, en ce que sa partie supérieure, tantôt se termine en pyramide, comme dans la plupart des premières, et tantôt présente un plan horizontal, comme dans les secondes, partage avec celles du Brésil la propriété de s'électriser par la chaleur. Je remarquerai, à ce sujet, qu'il y a de l'inexactitude dans certains auteurs, relativement à l'application de ce caractère, qu'ils refusent aux topazes du Brésil et de Sibérie, pour l'attribuer à celles de Saxe, les seules qui, au contraire, en soient privées.

TOME II.   A a a

5. Quant à l'électricité acquise par le frottement, elle est si sensible, surtout dans certaines topazes de Saxe, que le léger frottement exercé par le doigt sur cette substance, lorsqu'on la prend sans attention, suffit pour la disposer à attirer sensiblement la petite aiguille de cuivre ; et comme chaque fois qu'on la reprend, on ranime sa vertu électrique, on seroit tenté de croire qu'elle est dans un état habituel d'électricité. Elle conserve, de plus, cette vertu pendant une demi-heure ou davantage, lorsque le temps est favorable. Il a fallu des précautions pour s'assurer que ses cristaux n'étoient point électriques par la chaleur.

6. J'ai vu distinctement l'effet de la double réfraction de la topaze, en regardant une ligne ou une épingle située horizontalement, à travers une des facettes naturelles *n,n* (*fig.* 38), et une face artificielle qui remplaçoit l'arête verticale opposée, ce qui donnoit un angle réfringent de 46ᵈ. Mais l'écartement des images ne commençoit à devenir sensible qu'à une distance d'environ quatre travers de doigt. J'ai observé, de plus, que le cas où l'on ne voyoit plus qu'une seule image avoit lieu, lorsque l'une des deux faces qui formoient l'angle réfringent étoit parallèle aux bases P (*fig.* 36) de la forme primitive.

7. On assure que la plupart des pierres que l'on débite sous le nom de *rubis du Brésil*, ne sont autre chose que des topazes du même pays, que l'on a exposées au feu, pour remplacer, par une teinte plus agréable, le jaune-roussâtre qui étoit leur couleur naturelle. Beaucoup de topazes de Saxe ont le défaut contraire, de ne réfléchir qu'un jaune-pâle et languissant ; de sorte qu'en général les morceaux taillés de cette espèce de gemme ne sont pas d'un grand prix dans le commerce.

VIIe. ESPÈCE.

ÉMERAUDE, c'est-à-dire, *corps brillant*.

Gemma pellucidissima, duritie quinta, colore viridi in igne permanente ; smaragdus, *Waller, t. I, p.* 253. Émeraude du Pérou, *de Lisle, t. II, p.* 245. Chrysolite du Brésil et aiguemarine de Sibérie, *ibid., p.* 252. Emeraude, *de Born, t. I, p.* 66. Aigue-marine, *ibid., p.* 71. Schmaragd, *Emmerling, t. I, p.* 80. Edler ou gemeiner Berill, *id., t. I, p.* 85. Émeraude, Sciagr., *t. I, p.* 261. Aigue-marine, *ibid.* Émeraude, *Daubenton, tabl.*, *p.* 6. Aigue-marine, *ibid.* Emerald, *Kirwan, t. II, p.* 247. Beryl, *ibid., p.* 248. L'émeraude, *Brochant, t. I, p.* 217. Le béril, *id., p.* 220.

Caractère essentiel. Rayant facilement le verre ; divisible parallélement aux pans et aux bases d'un prisme hexaèdre régulier.

Caract. phys. Pesant. spécif., 2,7227............2,7755.

Dureté. Rayant aisément le verre, et difficilement le quartz.

Réfraction, double à un degré médiocre. Le cas où les images des objets paroissent simples, a lieu lorsque l'une des deux faces, à travers lesquelles on les regarde, est perpendiculaire à l'axe de la forme primitive.

Caract. géom. Forme primitive. Le prisme hexaèdre régulier (*fig.* 43) *pl. XLV*. Dans les variétés connues sous les noms de *beril* et d'*aigue-marine*, les joints naturels sont communément plus sensibles que dans celles qu'on a appelées *émeraudes*.

Molécule intégr. Le prisme triangulaire équilatéral (*fig.* 44), dont les pans sont des carrés (1).

Cassure, ondulée, brillante.

---

(1) L'apothème du triangle P de la base est à la hauteur du prisme comme $\sqrt{3}$ à 2.

Caract. chim. Fusible au chalumeau, en verre blanc un peu écumant.

Analyse de l'émeraude du Pérou, par Vauquelin (1).

Silice . . . . 64,50.
Alumine. . . . . 16,00.
Glucyne. . . . . 13,00.
Oxyde de chrome. . . . . 3,25.
Chaux. . . . . 1,60.
Matières volatiles (eau). . . . . 2,00.

                                                    100,35.

Analyse de l'émeraude, dite beril ou aigue-marine de Sibérie, par le même (2).

Silice . . . . 68.
Alumine. . . . . 15.
Glucyne. . . . . 14.
Chaux. . . . . 2.
Oxyde de fer. . . . . 1.

                                                    100.

Caract. distinctifs. 1°. Entre l'émeraude verte et la tourmaline, dite *émeraude du Brésil.* Celle-ci est fortement électrique par la chaleur ; l'émeraude ne l'est que par le frottement. La pesanteur spécifique de la tourmaline est plus considérable, dans le rapport d'environ 8 à 7. La tourmaline a souvent des stries longitudinales qu'on ne voit point sur l'émeraude verte. Sa couleur est moins vive et a quelque chose de sombre. 2°. Entre l'émeraude bleuâtre et la tourmaline de la même teinte. *Id.*, pour l'électricité et la pesanteur spécifique. 3°. Entre l'émeraude verdâtre ou bleuâtre et la chaux phosphatée, connue sous le nom

---

(1) Journal des mines , N°. 58 , p. 97.
(2) *Idem* , N°. 43 , p. 563.

d'*apatite*. L'émeraude raye le quartz, et l'apatite ne raye pas même le verre. La poussière de celui-ci est phosphorescente sur un charbon ardent, et non celle de l'émeraude. 4°. Entre l'émeraude verdâtre informe et le silex prase. L'émeraude a une cassure ondulée et brillante ; celle de la prase est un peu terne et le plus souvent écailleuse : l'émeraude offre des indices de lames, tandis qu'on n'en aperçoit aucun dans la prase. 5°. Entre l'émeraude dite *beril* et la pycnite. La pesanteur spécifique du beril est moindre, dans le rapport d'environ 4 à 5. Sa cassure est ondulée et brillante ; celle de la pycnite est compacte et presque terne. Les joints naturels sont, sans comparaison, plus sensibles dans le beril. Celui-ci n'est point facile à racler avec le couteau comme la pycnite.

VARIÉTÉS.

FORMES.

Déterminables.

1. Emeraude *primitive*. M P (*fig.* 43). *De Lisle , t. II, p.* 250 ; var. 1. Les pans sont lisses sur les cristaux verts, et souvent chargés de stries longitudinales sur ceux qui sont d'un vert-bleuâtre, d'un jaune-verdâtre, etc.

2. Emeraude *péridodécaèdre.* $\frac{M' \, G' \, P}{M \, n \, P}$ (*fig.* 45). *De Lisle , t. II, p.* 254 ; var. 2. Incidence de n sur M, 150$^\mathrm{d}$.

3. Emeraude *épointée.* $\frac{MP\overset{a}{A}}{MP \, s}$ (*fig.* 46). *De Lisle , t. II, p.* 254 ; var. 3. Incidence de s sur P, 135$^\mathrm{d}$.

4. Emeraude *annulaire.* $\frac{MP\overset{a}{B}}{MP \, t}$ (*fig.* 47). Incidence de t sur M, 120$^\mathrm{d}$, et sur P, 150$^\mathrm{d}$.

5. Emeraude *rhombifère.* $\frac{MP\overset{a}{B}\overset{a}{A}}{MP \, t \, s}$ (*fig.* 48). De petits rhombes

entre les facettes de l'annulaire. Il est remarquable que les facettes s, s soient de véritables rhombes, plutôt que des trapézoïdes. Ces rhombes ont par accident leur angle obtus de 101^d 32' 13", comme dans la chaux carbonatée primitive.

6. Emeraude *unibinaire.* $\dfrac{MP\overset{1}{B}\overset{2}{A}}{MP\,u\,s}$ (*fig.* 49). *De Lisle, t. II,* p. 257, *pl. IV, fig.* 101. Incidence de u sur M, 139^d 6' 23", et sur P, 130^d 53' 37".

7. Emeraude *soustractive.* $\dfrac{MP\overset{1}{B}\overset{2}{B}\overset{2}{A}}{MP\,u\,t\,s}$ (*fig.* 50). Des hexagones symétriques entre des facettes disposées sur deux rangs autour des bases. Valeur des angles a, a' 101^d 32' 13"; et des quatre autres angles, 129^d 13' 52" 30'''.

Indéterminables.

8. Emeraude *cylindroïde.* En prisme arrondi, et chargé de cannelures longitudinales.

9. Emeraude *amorphe.*

A C C I D E N S D E L U M I É R E.

Couleur.

1. Emeraude *limpide.*

2. Emeraude *verte.* D'un vert très-pur, vulg. émeraude du Pérou.

3. Emeraude *vert-blanchâtre.*

4. Emeraude *vert-bleuâtre.* Vulg. aigue-marine ou beril.

5. Emeraude *jaune - verdâtre.* Chrysolite de plusieurs naturalistes.

6. Emeraude *vert-jaunâtre.*

7. Emeraude *bleue.*

8. Emeraude *miellée.* D'un jaune-roussâtre.

Transparence.

1. Emeraude *transparente*.
2. Emeraude *translucide*.

Substances étrangères à cette espèce, auxquelles on a donné les noms d'émeraude, d'aigue-marine, de beril, ou des noms analogues à quelqu'un des précédens.

1. La tourmaline *verte*. Emeraude du Brésil.
2. La télésie verte. Emeraude orientale.
3. La dioptase. Emeraude de forme primitive, *Journ. de Phys.*, 1793, *p.* 154.
4. La chaux fluatée verte. Fausse émeraude ; prime d'émeraude.
5. La même, en octaèdre régulier. Emeraude morillon ; émeraude de Carthagène.
6. Le quartz-agathe prase. Prime d'émeraude.
7. La diallage. Saussure lui a donné le nom de *smaragdite*.
8. La chaux phosphatée, connue sous le nom d'*apatite*. Beril.
9. Le quartz verdâtre. Beril.
10. Le disthène. Beril bleu.
11. La pycnite. Beril schorlacé.
12. La topaze bleu-verdâtre. Aigue-marine orientale. *Brisson, pes. spécif.*
13. L'épidote. Schorl aigue-marine. Voyez *Saussure, voyage dans les Alpes*, n°. 1918.

ANNOTATIONS.

1. Les émeraudes reconnues jusqu'ici pour telles dans le commerce, c'est-à-dire, celles qui sont d'une belle couleur verte, viennent du Pérou ; et parmi les endroits qui en fournissent aujourd'hui le plus abondamment, on désigne la juridiction de Santa-Fé et la vallée de Tunca, entre les montagnes de la nouvelle Grenade et de Pompayan. Ces émeraudes occupent

tantôt des filons stériles qui traversent les roches composées ou les schistes argileux , et tantôt des cavités accidentelles qui interrompent les masses de quelques granites (1). Elles sont quelquefois groupées avec des cristaux de quartz, de feld-spath, de mica , etc. Plusieurs ont leur surface parsemée de cristaux de fer sulfuré. On en voit aussi qui sont enveloppées de chaux sulfatée et de chaux carbonatée. Mais Dolomieu pense que ces matières sont venues, après coup , occuper les cavités où l'émeraude existoit depuis long-temps (2).

Le même naturaliste a rapporté de l'ile d'Elbe un morceau de granite , qui renferme une émeraude limpide ayant la forme de la variété rhombifère (3).

A l'égard des cristaux de la même espèce , connus sous les noms de *berils* ou d'aigues-marines, on les trouve en Daourie, principalement vers le sommet d'une montagne granitique, nommée Odon-Téhélon, la même que nous avons indiquée comme étant aussi le lieu natal des topazes de Sibérie. Ils y occupent différens filons, dans chacun desquels ils sont distingués par une teinte particulière , soit de vert, soit de jaune-verdâtre, soit de bleu-verdâtre (4).

2. On a découvert dans les montagnes granitiques du Forèz et de la ci-devant Bourgogne, des cristaux en prismes hexaèdres réguliers, que l'on a pris pour des émeraudes. Mais nous n'avons jusqu'ici aucune preuve certaine qu'ils appartiennent à cette espèce, et nous croyons, en conséquence, devoir les renvoyer à l'appendice, dans lequel nous parlerons des substances dont la nature n'est pas encore assez connue pour permettre de les classer.

---

(1) Dolomieu , description de l'émeraude , magasin encyclopéd. ou journal des sciences, lettres et arts , t. II, N°. 6, p. 149.

(2) *Ibid.*, p. 150.

(3) *Ibid.*, p. 149.

(4) Voyez l'hist. nat. des min. par Patrin, t. II, p. 22 et suiv.

3. Les anciens ont cité des émeraudes qui avoient jusqu'à dix
coudées de longueur. Ils ont parlé de colonnes, de statues colos-
sales, etc., faites d'une seule pierre de cette nature. Ces récits se
sentent du temps où tout ce qui étoit vert, étoit émeraude.
Les plus gros cristaux connus chez les modernes sous ce nom,
et qui viennent du Pérou, peuvent avoir, au plus, 16 centimètres, ou environ 6 pouces de longueur, sur une épaisseur de
54 millimètres, ou 2 pouces. La plupart des émeraudes sont
beaucoup plus petites, et il y en a dont l'épaisseur est à peine
d'un millimètre. Le volume des cristaux de Sibérie, dits *aigues-
marines* et *berils*, varie entre des limites plus étendues. On en
trouve qui sont presqu'aussi déliés qu'un fil, tandis que d'autres
se sont accrus jusqu'à 32 centimètres, ou à peu près un pied de
longueur, sur une épaisseur d'un décimètre, ou environ 44 lignes.
On observe aussi que ceux surtout d'un petit volume, sont souvent d'une longueur considérable relativement à leur diamètre.

4. Ces mêmes cristaux, appelés *berils* et *aigues-marines*, sont
sujets à des accidens singuliers de configuration. A l'aspect de
certains prismes, on diroit qu'ils ont été cassés en deux tron-
çons, qui auroient été ensuite mal soudés, de manière à former
un coude. D'autres prismes, au lieu d'avoir une face plane à
chacune de leurs extrémités, forment en cet endroit, tantôt une
saillie arrondie, tantôt une concavité, comme dans les basaltes
articulés. Les cristaux qui présentent ces accidens, ont fixé particulièrement l'attention du citoyen Patrin, parmi les différens objets
qui ont fourni matière aux observations intéressantes, qui ont été
le fruit de son voyage en Sibérie (1).

5. Romé de Lisle est le premier qui ait conçu l'idée de réunir
dans une même espèce l'aigue-marine de Sibérie avec l'émeraude.
Il avoit observé la première sous la forme du prisme péridodécaèdre
qu'affecte souvent la seconde ; et en combinant cette analogie

______

(1) Voyez l'ouvrage cité plus haut, t. II, p. 28 et 39.

de forme, qui, par elle-même, n'étoit pas assez décisive (1), avec la dureté et la gravité spécifique, il avoit jugé que les deux substances devoient être identiques. Néanmoins elles ont été, depuis, regardées par tous les minéralogistes comme formant deux espèces distinctes. Je n'avois pas encore été à portée d'en faire une comparaison exacte, lorsqu'ayant aperçu des facettes terminales sur quelques cristaux entrelacés dans un groupe d'aigues-marines de Sibérie, je parvins à en dégager, dont les uns avoient la forme de l'émeraude annulaire, et les autres celle de la rhombifère. Il résultoit de la mesure des angles combinée avec les lois de structure, que les deux substances avoient une molécule semblable, qui étoit le prisme triangulaire équilatéral, ayant pour pans des carrés. Cependant, comme cette forme est la limite des prismes triangulaires, et pouvoit absolument, par cette raison, être commune à différens minéraux, je cherchai un nouveau terme de comparaison dans la réfraction ; mais il se présentoit ici un obstacle à la réunion des deux substances, qui, après m'en avoir imposé pendant quelque temps, a produit enfin cet avantage, que les recherches qui ont servi à le lever, ont avancé d'un pas la physique des minéraux.

J'avois observé que l'émeraude avoit la double réfraction, et, pour éprouver si l'aigue-marine jouissoit de la même propriété, je fis tailler un prisme limpide de cette dernière substance, dans un premier sens perpendiculaire à l'axe, et dans un second incliné sur le même axe d'environ 60^d, en sorte que l'angle réfringent étoit de 30^d. Ce prisme, essayé de toutes les manières, ne laissoit voir qu'une seule image de chaque objet ; et le Cit. Charles en ayant présenté l'angle réfringent à un rayon de lumière introduit par le trou d'une chambre obscure, le spectre solaire projeté sur un carton blanc, à vingt-cinq pieds de

______

(1) On connoît beaucoup d'autres minéraux qui se présentent sous cette même forme.

distance, fut également simple. C'est d'après ces observations que j'ai cru pouvoir dire dans l'extrait de mon Traité de Minéralogie, que le caractère le plus tranché pour distinguer le beril de l'émeraude, consistoit dans sa réfraction, qui étoit simple, au lieu que celle de l'émeraude étoit double (1).

Cependant j'étois toujours frappé de l'accord qui régnoit entre les autres caractères de ces deux minéraux, et qui s'étendoit jusqu'à la ressemblance des formes secondaires ; et, enfin, ayant fait réflexion que l'une des deux faces produites artificiellement sur le prisme d'aigue-marine, celle qui étoit perpendiculaire à l'axe, avoit une position qui offroit comme la limite de toutes les autres, et que les limites avoient cette propriété, que certaines quantités devenoient nulles en les atteignant, je soupçonnai que tous les cristaux à double réfraction pourroient bien avoir un sens où ils ne doubleroient pas les images des objets, comme cela avoit lieu par rapport au cristal de roche, d'après les observations du père Beccaria. Je fis donc tailler un second prisme d'aigue-marine, de manière que les deux faces produites artificiellement fussent inclinées à l'axe en même temps qu'elles l'étoient l'une à l'autre, et dès-lors les images des objets vus à travers ce prisme, parurent doubles. Des expériences analogues, faites sur d'autres cristaux, présentèrent des résultats semblables. Ainsi, tous les caractères physiques et géométriques s'accordoient à solliciter entre l'émeraude et l'aigue-marine, un rapprochement auquel je désirois cependant que la chimie donnât encore sa sanction (2).

Les premières analyses de l'une et l'autre substance, faites par le citoyen Vauquelin, semblèrent prouver que cette restriction étoit non-seulement sage, mais même nécessaire (3). La

____

(1) Journ. des mines, N°. 28, p. 257.

(2) Supplément à l'extrait du traité, journ. des mines, N°. 33.

(3) Voyez le journ. des mines, N°. 38, p. 96 et 97.

Bbb 2

différence entre les résultats tenoit à ce que ce célèbre chimiste trouvoit dans le beril ou l'aigue-marine une terre d'une
nature jusqu'alors inconnue, que l'émeraude ne lui avoit point
offerte. Mais ayant recommencé l'analyse de celle-ci, il parvint
à y retrouver cette même terre, et consomma ainsi une réunion,
qui, pour avoir été tardive, n'en est que mieux cimentée.

Vauquelin, en traitant l'émeraude, avoit reconnu que le
principe colorant de cette gemme étoit ce même chrome qu'il
venoit de découvrir dans le plomb rouge, à l'état d'acide, tandis
que, dans l'émeraude, il n'étoit qu'oxydé ; et l'on doit remarquer comme une circonstance heureuse, que la première analyse
entreprise par ce savant, après celle du plomb rouge, ait
doublé, pour lui, le plaisir de la découverte, en lui en offrant
de nouveau l'objet sous une forme différente.

6. M. Kirwan dit que le beril devient électrique par le frottement (1), et c'est à quoi l'on devoit s'attendre d'avance ; mais
il ajoute, ce qui seroit singulier, qu'un des pôles est attractif,
tandis que l'autre est répulsif, c'est-à-dire, sans doute, que ces
pôles acquièrent des électricités contraires. Je m'y suis pris de
toutes les manières, et j'ai constamment observé que les deux
pôles avoient l'un et l'autre la même espèce d'électricité, qui étoit
vitrée ou positive.

7. L'émeraude, inférieure en dureté à plusieurs autres gemmes,
rachète ce qui lui manque de ce côté, par le charme de sa
couleur. Le pourpre étincelant du rubis, le jaune doré de la
topaze, le bleu céleste du saphir, sont de ces teintes qu'on se
plaît à considérer successivement, et dont l'une nous distrait sur
les beautés de l'autre. Mais le vert de l'émeraude est la couleur
amie de l'œil, celle sur laquelle il semble se fixer, après avoir
joui un instant des autres ; la seule qui, selon le langage de
Pline (2), *le remplisse sans le rassasier ;* celle qui, enfin,

---

(1) Eléments of mineralogy, t. I, p. 249.
(2) Hist. nat., l. XXXIV, c. 5.

attache si agréablement notre vue sur le fond du tableau riant que
nous offre la nature, lorsque la végétation est dans toute sa
force. Mais cette perfection est souvent altérée par des glaces,
des nuages, etc., qui interrompent ou offusquent la transparence
de la pierre; en sorte que les émeraudes d'un beau vert, diaphanes et exemptes de défauts, empruntent un surcroit de prix
de leur seule rareté.

La foiblesse et le peu d'agrément des teintes, dans la plupart des émeraudes connues sous les noms de *beril* et d'*aigue-
marine*, où le fer est substitué au chrome, comme principe colorant, placent ces variétés, dans l'estime des lapidaires, fort au-
dessous des émeraudes vertes; et l'on doit s'attendre que ceux
qui ne cherchent dans les gemmes que ce qui flatte l'œil, ne
conviendront pas facilement que l'émeraude et le beril soient
une même chose.

VIIIe. ESPÈCE.

EUCLASE, c'est-à-dire, *facile à briser.*

Euclase, *journal des mines*, n°. 28, *p.* 258. Euclasius, *Lin.*,
syst. nat., *édit.* 13, Lipsiæ, 1793, *t. III, p.* 442. Euclase,
Daubenton, tabl., p. 6.

Caractère essentiel. Divisible par deux coupes longitudinales,
perpendiculaires entre elles, dont l'une est extrêmement nette.

Caract. phys. Pesant. spécif., 3,0625.

Consistance. Rayant le quartz, et en même temps fragile, et
réductible en lames par une légère percussion.

Réfraction, double à un degré très-marqué.

Caract. géom. Forme primitive. Prisme droit à bases rectangles (*fig.* 51) *pl. XLV.* Les divisions parallèles à T sont
d'une extrême netteté, très-éclatantes et très-faciles à obtenir;
celles qui répondent à M sont moins nettes, et s'obtiennent plus
difficilement. La position des bases n'est que présumée.

Molécule intégrante, *id.* (1).

Cassure, transversale, conchoïde.

Caract. chim. Au chalumeau, l'euclase perd d'abord sa transparence, ce qui indique la présence d'une certaine quantité d'eau de cristallisation. Elle se fond ensuite en émail blanc.

Analyse par Vauquelin (2).

Silice	35 à 36.
Alumine	18 à 19.
Glucyne	14 à 15.
Fer	2 à 3.
	69…73.
Perte	31…27.

La perte est due en partie à l'eau de cristallisation, et en partie à une autre substance, que l'on soupçonne être un alkali.

Caract. distinctifs. 1°. Entre l'euclase et la topaze couleur d'aigue-marine. Celle-ci résiste beaucoup plus à la percussion, et ses divisions se font perpendiculairement à l'axe de ses cristaux, tandis que celles de l'euclase ont lieu dans le sens longitudinal. 2°. Entre la même et la tourmaline du Brésil. Celle-ci est électrique par la chaleur et non l'autre. Elle n'offre aucuns joints naturels qui soient bien sensibles.

V A R I É T É S.

F O R M E S.

Euclase *surcomposée.* $\,{}^{1}G^{1}\,\underset{s}{G^{\frac{3}{2}}}\,\underset{l}{{}^{\frac{3}{2}}G}\,G^{\frac{12}{5}}\,\underset{h}{{}^{\frac{12}{5}}G}\,\underset{T}{T}\left(\underset{c}{A^{\frac{5}{12}}}{}^{\frac{5}{12}}A\,C^{3}\,G^{4}\right)$

$\underset{i}{{}^{\frac{5}{2}}AA^{\frac{5}{3}}}\,\underset{u}{{}^{\frac{5}{6}}AA^{\frac{5}{6}}}\,\underset{r}{{}^{\frac{5}{12}}AA^{\frac{5}{12}}}\left(\underset{f}{{}^{\frac{3}{5}}AA^{\frac{3}{5}}}B^{3}\,G^{2}\right)\left(\underset{d}{{}^{\frac{1}{5}}AA^{\frac{1}{5}}}B^{3}\,G^{2}\right)\left(\underset{o}{{}^{\frac{5}{6}}AA^{\frac{5}{6}}}B^{h}\,G^{1}\right)$

---

(1) Le rapport entre les trois dimensions B, C, G est celui de $\sqrt{5}$, $\sqrt{12}$ et $\sqrt{8}$.

(2) Cette analyse a été faite sur une quantité de 36 grains.

$\left(\frac{5}{12}AA^{\frac{5}{12}}_{\ n}B^6\,G^1\right)$ (*fig.* 52). 78 faces, 14 pour le prisme et 32 pour chacun des deux sommets.

Incidence de s sur s', 114^d $18'$; de s sur le pan de retour, 65^d $42'$; de s sur T, 122^d $51'$.

Incid. de l sur l', 133^d $24'$; de l sur le pan de retour, 46^d $36'$; de l sur T, 113^d $18'$.

Incid. de h sur h', 149^d $52'$; de h sur le pan de retour, 30^d $8'$; de h sur T, 105^d $4'$.

Incid. de l'arête x sur e, 154^d $37'$; de c sur c', 129^d $58'$.

Incid. de i sur i', 99^d $40'$; de i sur T, 130^d $10'$; de i sur s, 148^d $36'$.

Incid. de u sur u', 134^d $14'$; de u sur s, 144^d $54'$; de u sur i, 162^d $43'$.

Incid. de r sur r', 156^d $10'$; de r sur T, 101^d $55'$; de r sur h, 142^d $38'$; de l'arête z sur l'arête e, 141^d $40'$.

Incid. de f sur f', 106^d $18'$; de f sur T, 126^d $51'$; de f sur s, 139^d $21'$.

Incid. de d sur d', 151^d $56'$; de d sur T, 104^d $2'$; de l'arête k sur l'arête e, 130^d $9'$.

Incid. de o sur o', 112^d $40'$; de o sur T, 123^d $40'$.

Incid. de n sur n', 143^d $10'$; de n sur T, 108^d $25'$; de l'arête y sur l'arête e, 101^d $55'$.

ACCIDENS DE LUMIÈRE.

Couleurs.

Euclase *verdâtre*.

Transparence.

Euclase *transparente*.

ANNOTATIONS.

1. L'euclase a été rapportée du Pérou par Dombey, et c'est

de lui que proviennent tous les cristaux de cette substance qui
sont dans différentes collections. Mais ce naturaliste n'avoit conservé aucune note relative à cet objet ; et sur les questions que
je lui fis avant son départ pour son dernier voyage, il m'avoua
qu'il avoit entièrement oublié en quel endroit il avoit fait la découverte dont je lui parlois.

2. Il n'est point de minéral qui soit plus facile à réduire en
lames que celui-ci, ni dont les coupes présentent un poli plus
vif. Avec des précautions on obtient de ces lames, qui sont d'une
grande ténuité, et pourroient seules faire reconnoître la substance dont elles auroient été détachées. Il n'y a guère que le
mica et la chaux sulfatée que l'on puisse diviser en lames auss**i**
minces ; mais l'élasticité de celles du mica, la faculté qu'ont celles
de la chaux sulfatée de se diviser en rhombes, et l'aspect terne
et mat que présentent les bords des unes et des autres, suffi-
roient pour les faire distinguer de celles de l'euclase, qui se
cassent net au lieu de plier, ne donnent point de rhombes
par la soudivision, et ont leurs bords luisans et vitreux.

3. Le plus beau cristal d'euclase que j'aie vu, est celui qui
se trouve dans la collection du Cit. Dré, et que ce naturaliste
a bien voulu me confier, pour en déterminer la structure (1).
Il a environ un centimètre d'épaisseur entre les arêtes qui terminent extérieurement les facettes i, i', sur 6 millimètres entre
l'arête x et le point opposé. Ce cristal, qui n'est terminé que
d'un côté, auroit 78 faces s'il étoit complet, et si de plus ses
faces avoient une disposition symétrique. Mais il s'en faut de
beaucoup qu'on y remarque cette symétrie, et il y a même
quelque chose d'assez singulier dans la manière dont il s'en

---

(1) Dans ce cristal, les pans désignés par T (*fig.* 52), sont l'effet d'une
fracture. J'ai supposé qu'originairement il y en avoit aux mêmes endroits
qui étoient produits par la cristallisation, parce que j'en ai vu sur d'autres
cristaux.

écarte.

écarte. Car si l'on partage, par la pensée, la surface de son sommet en deux portions, l'une antérieure et tournée comme celle que présente la figure, l'autre qui est censée être derrière le cristal, on trouve qu'il n'y a aucune des faces situées sur chaque portion qui se répète sur l'autre ; ainsi l'on ne voit d'un côté que les faces f, f', d, d', c, c', tandis que les faces n, n', o, o', i, i', u, u', r, r', sont seules du côté opposé, en sorte qu'il a fallu doubler le tout, pour restituer à chaque portion de surface ce qui lui manquoit, et les rendre semblables l'une à l'autre.

En examinant attentivement les positions respectives de toutes ces diverses facettes, je m'aperçus qu'elles s'élevoient comme par étages les unes au-dessus des autres, de manière qu'en prenant successivement, d'abord c, c', puis i, u, r, r', u', i', ensuite f, d, d', f', et enfin o, n, n', o', on avoit quatre ordres de facettes. De plus, les arêtes qui joignoient entre elles les facettes d'un même ordre, telles que b, g, z, etc., qui forment la jonction des facettes i, u, r, etc., du second ordre, étoient sensiblement parallèles, d'où je conclus que les décroissemens qui produisoient les facettes de chaque ordre, étant considérés par rapport à la face T (*fig.* 51), et à son opposée, avoient la même ligne de départ ; et comme les arêtes dont il s'agit avoient quatre inclinaisons différentes, en nombre égal à celui des ordres, si l'on supposoit que l'une d'elles, par exemple l'arête z, fût parallèle à la diagonale de T, auquel cas les faces de l'ordre correspondant devoient résulter d'un décroissement ordinaire sur l'angle A de la face T, il falloit que les lignes de départ relatives aux décroissemens qui donnoient les facettes des trois autres ordres, fussent dirigées d'après des lois intermédiaires. Il en est tout autrement de la topaze, du péridot, de l'épidote et de plusieurs substances qui ont aussi pour forme primitive un prisme quadrangulaire, et où les arêtes parallèles entre elles ont ordinairement des positions horizontales, et servent à joindre les facettes d'un ordre avec celles

de l'ordre suivant ; en sorte que c'est presque toujours une loi
ordinaire de décroissement, soit sur les bords, soit sur les
angles, qui varie d'un ordre à l'autre, par une, deux, trois
rangées, etc.

D'après ces observations préliminaires, je supposai que les
arétes parallèles à la diagonale de T (*fig.* 51), étoient celles
que j'ai déjà indiquées, savoir : b, g, z, etc., qui appartenoient à l'ordre le plus nombreux. Je supposai de plus, que
les pans s, s' résultoient d'un décroissement par une seule rangée
sur les arétes G (*fig.* 51); et d'après ces deux hypothèses suffi-
santes pour déterminer les dimensions de la forme primitive, je
cherchai les décroissemens qui devoient avoir lieu, pour que
les résultats de la théorie s'accordassent avec l'observation. Mais
toutes les lois auxquelles je fus conduit, relativement aux autres
pans du prisme et aux facettes terminales du second ordre se
trouvèrent mixtes, et celles qui donnoient les facettes des autres
ordres étoient à la fois intermédiaires et mixtes ; et de quelque
manière que je me retournasse, en faisant varier les données
fondamentales, je ne pouvois éviter un genre de complication,
sans tomber dans un autre. Ce qui peut cependant faire paroître ces lois moins extraordinaires, c'est qu'elles rentrent dans
les approximations dont j'ai parlé ailleurs, et qui sont telles,
que si l'on augmente d'une unité l'un des deux termes de l'ex-
posant fractionnaire, tel que $\frac{5}{5}$, $\frac{5}{6}$, etc., qui accompagne la lettre
initiale, le rapport devient très-simple. On remarquera aussi
que les exposans qui concernent les facettes d'un même ordre,
comme $\frac{5}{3}$, $\frac{5}{6}$, $\frac{5}{12}$, mesurent des décroissemens qui sont en pro-
gression, de sorte qu'il y a, en général, dans la marche du
signe, quelque chose de méthodique et de régulier.

Au reste, malgré les tentatives que j'ai faites, pour retourner ce sujet de toutes les manières, la complication que présente le résultat auquel je me suis arrêté, m'avertit de ne
le donner qu'avec réserve. Il se pourroit que le véritable fil,
pour sortir de cette espèce de dédale, m'eût échappé, et peut-

être qu'entre des mains plus heureuses, le signe représentatif
du cristal prendra une expression plus simple et plus conforme
à la marche des décroissemens ordinaires.

4. Quoique l'euclase soit restée long-temps sans être analysée, j'ai toujours été persuadé qu'elle devoit former une
espèce à part. L'analyse que Vauquelin en a faite récemment,
et pour laquelle il eut desiré pouvoir se procurer une plus
grande quantité de cette substance, lui a offert de nouveau la
glucyne unie avec la silice et l'alumine, comme dans l'émeraude. Mais la proportion de silice y est beaucoup plus forte.
On a vu d'ailleurs, que cette analyse avoit laissé un déficit de
27 à 31 pour 100, qui doit être attribué, au moins en grande
partie, à un principe volatile ; et c'est sans doute la combinaison
de ce principe avec les trois autres qui influe le plus dans la
différence très-marquée entre les deux substances, relativement
à la figure des molécules intégrantes, qui sont d'une part des
prismes triangulaires équilatéraux, et de l'autre des prismes à
bases rectangles.

5. La double réfraction de l'euclase est une des plus fortes
qui ait lieu dans les substances terreuses. Je l'ai observée, en
regardant une épingle située horizontalement, à travers un des
pans T (*fig.* 52), qui sont dans le sens des joints les plus nets,
et une facette artificielle qui remplaçoit le pan opposé, en s'in-
clinant d'environ 20^d vers le premier, de manière que son arête
de jonction avec celui-ci, étoit perpendiculaire à l'axe du
cristal.

6. La grande facilité avec laquelle l'euclase se divise, s'oppose à ce qu'elle puisse être travaillée, comme objet d'ornement.
Du reste, cette substance prend bien le poli. Elle est d'un vert
assez agréable, quoique peu intense. Tous les morceaux que
j'ai vus avoient une belle transparence, et étoient exempts de
glaces et de nuages. Ces différentes qualités, jointes à une forme
cristalline qui a quelques rapports avec celles de la topaze, du
péridot, etc., semblent, au premier aspect, annoncer une vé-

ritable gemme, dans le sens que les artistes attachent à ce mot ;
et l'on est étonné de l'excessive fragilité qui rend cette apparence si trompeuse.

IXe. E S P È C E.

G R E N A T , c'est - à - dire, *qui a la couleur des grains de grenade.*

Granatus, *Waller*, t. *I*, p. 262 *et suiv.* Grenat, *de Lisle*,
t. *II*, p. 316. Id., *de Born*, t. *I*, p. 147. Granat, *Emmerling*,
t. *I*, p. 43, *et* t. *III*, p. 246 *et suiv.* Grenat, Sciagr., t. *I*,
p. 272. Id., *Daubenton*, tabl., p. 5. Garnet, *Kirwan*, t. *I*,
p. 258. Le grenat, *Brochant*, t. *I*, p. 193.

Caractère essentiel. Pes. spécif. , au moins de 3,5. Formes
dérivées du dodécaèdre rhomboïdal.

Caract. phys. Pesant. spécif., 3,5578 ... 4,1888.

Dureté. Rayant le quartz.

Réfraction, simple.

Caract. géom. Forme primitive. Le dodécaèdre rhomboïdal
(*fig.* 53) *pl. XLVI.* Les joints naturels ne sont sensibles que
dans certains cristaux.

Molécule intégrante. Le tétraèdre à faces triangulaires isocèles,
égales et semblables (*fig.* 55).

Molécule soustractive. Le rhomboïde obtus, dont les angles
plans sont de 109^d 28′ 16″, et 78^d 31′ 44″ (1).

Caract. chim. Fusible au chalumeau.

____

(1) Le rapport entre les diagonales est celui de $\sqrt{2}$ à 1.

Analyses :

1°. Du grenat de Bohême , par Klaproth ; (pes. spécif. , 3,718).

Silice	40,00.
Alumine	28,50.
Chaux	3,50.
Magnésie	10,00.
Oxyde de fer	16,50.
Oxyde de manganèse	0,25.
Perte	1,25.
	100,00 (1).

2°. Du grenat oriental ou de Syrie , par le même ; (pes. spécif. , 4,085).

Silice	35,75.
Alumine	27,25.
Oxyde de fer	36,00.
Oxyde de manganèse	0,25.
Perte	0,75.
	100,00 (2).

3°. D'un grenat rouge , transparent , trapézoïdal , venant de Bohême , par Vauquelin ; (pes. spécif. , 4,1554).

Silice	36.
Alumine	22.
Chaux	3.
Oxyde de fer	41.
	102.

----

(1) Journ. de phys. , mars, 1798 , p. 209. C'est par erreur que cette analyse a été citée , depuis , dans le même journal (pluviôse , an 8, p. 94) comme étant celle de la mélanite de Klaproth.

(2) *Ibid.* , p. 210.

4°. D'un grenat rouge du Pic d'Eres-Lids, en petits cristaux dodécaèdres, par le même.

Silice. . . . . 52,0.
Alumine . . . .' . . . . 20,0.
Carbonate de chaux, 14 grains, ce qui fait à peu
près de chaux. . . . . 7,7.
Oxyde de fer. . . . . 17,0.
Perte. . . . • . . . . 3,3.
                                                          ————
                                                          100,0 (1).

5°. D'un grenat noir du même endroit, en petits cristaux dodé-caèdres, par le même.

Silice. . . . . 43.
Alumine . . . . 16.
Chaux. . . . . 20.
Oxyde de fer. . . . . 16.
Eau de matière volatile. 4.
Perte. . . . . 1.
                                                          ————
                                                          100 (2).

6°. D'un grenat jaune amorphe, de Corse, par le même; (pes. spécif., 3,5578).

Silice. . . . . 38.
Alumine . . . . 20.
Chaux . . . . 31.
Oxyde de fer. . . . . 10.
Perte . . . . 1.
                                                          ————
                                                          100.

————————————————————————————————

(1) Journ. des mines, N°. 44, p. 574.
(2) *Ibid.*, p. 573.

7°. Du grenat noir émarginé de Frascati , (mélanite de Klaproth), par le même ; (pes. spécif. , 3,7916).

Silice . . . . 34,0.
Alumine. . . . . 6,4.
Chaux . . . . 33,0.
Oxyde de fer. . . . . 25,5.
Perte. . . . . 1,1.

100,0 (1).

Caract. distinct. 1°. Entre le grenat et le zircon , l'un et l'autre dodécaèdres. Dans le grenat , toutes les incidences des faces l'une sur l'autre , sont de 120^d. Dans le zircon , les unes sont de 124^d 12', et les autres de 117^d 54'. 2°. Entre le même et l'amphibole dodécaèdre. Le prisme de celui-ci a deux angles saillans d'environ 124^d $\frac{1}{2}$, et les quatre autres de 117^d 15' ; il se divise par des coupes très-nettes parallèles aux pans les plus inclinés ; dans le grenat , toutes les incidences sont de 120^d, et les divisions sont peu sensibles. 3°. Entre le même et la staurotide unibinaire. Le prisme de celle-ci a deux angles saillans de 129^d $\frac{1}{2}$, et les quatre autres de 115^d $\frac{1}{4}$; et les sommets ont deux faces obliques et une horizontale ; dans le grenat , le prisme est régulier , et les sommets ont trois faces obliques. 4°. Entre le grenat trapézoïdal et l'amphigène. Celui-ci est infusible au chalumeau, et le grenat fusible ; la pesanteur spécifique de l'amphigène est moindre , dans le rapport de 2 à 3. 5°. Entre le grenat taillé et d'autres gemmes rouges , telles que la télésie et le spinelle. Le rouge du grenat a une teinte sombre , dont celui de la télésie et celui du spinelle sont exempts.

-----

(1) Journ. de phys., pluviôse , an 8 , p. 97.

V A R I É T É S.

F O R M E S.

Déterminables.

1. Grenat *primitif.* P (*fig.* 53). *De Lisle, t. II, p.* 322 ; var. 1. Incidence de chaque rhombe sur les deux adjacens, 120^d. Angles plans, 109^d 28′ 16″ ; 70^d 31′ 44″.

a. Alongé. Cet alongement se fait dans le sens d'un axe qui passeroit par deux angles solides opposés, formés de trois plans, tels que *o* et *a* (*fig.* 54). Dans ce cas, les faces latérales *stqy*, *utqz*, etc., sont des parallélogrammes obliquangles, tandis que celles des sommets conservent la figure du rhombe.

Le dodécaèdre rhomboïdal, considéré comme forme primitive, présente un des résultats les plus remarquables de la théorie relative à la structure des cristaux, soit que l'on considère la simplicité des molécules intégrantes dont il est l'assemblage, ou la manière dont ces molécules, par leur assortiment, produisent les molécules soustractives.

Soit *lq* (*fig.* 54) le même dodécaèdre que fig. 53. Supposons que ce solide soit divisé parallélement à ses différentes faces, et faisons passer, pour plus grande simplicité, les coupes par le centre. L'une de ces coupes, par exemple, celle qui est parallèle à *rsyx* et à *phzu*, passera par les six points *l*, *o*, *t*, *q*, *a*, *g*, c'est-à-dire, qu'elle coïncidera tantôt avec une arête telle que *lo*, tantôt avec une petite diagonale, telle que celle qui va de *o* en *t*, etc. Il en sera de même de toute autre coupe, d'où il suit que le dodécaèdre se trouvera coupé sur toutes ses arêtes, et sur toutes les petites diagonales de ses rhombes, ou, ce qui revient au même, les coupes circonscriront sur chaque rhombe deux triangles isocèles, qui seront les moitiés de ce rhombe. Or, il y a douze rhombes. Donc les coupes partageront la surface en vingt-quatre triangles isocèles. Mais les

mêmes

mêmes coupes passent aussi par le centre. Donc elles soudivi-
seront le dodécaèdre en vingt-quatre tétraèdres ou pyramides
triangulaires, dont les bases seront les moitiés des rhombes, et
dont les sommets coïncideront avec le centre. Ces tétraèdres
représentent la molécule intégrante. On voit séparément (*fg.* 55)
celui dont la base *ost* répond au triangle indiqué par les mêmes
points (*fig.* 54).

Remarquez que le dodécaèdre peut être conçu aussi comme
étant composé de quatre rhomboïdes égaux et semblables, dont
chacun a l'un de ses sommets situé à l'extérieur, et l'autre à
l'endroit du centre. Par exemple, le sommet extérieur d'un des
rhomboïdes sera en *o*, et les trois rhombes qui lui appartiennent seront *lrso*, *plou*, *sout*. On concevra de même, qu'il
y a un second sommet en *y*, un troisième en *z*, et un quatrième
en *g*. Chacun de ces rhomboïdes sera composé de six tétraèdres
réunis par leur faces, comme dans celui qui a été cité (t. I,
p. 20); et la géométrie fait voir que dans le cas présent, les
quatre faces de chaque tétraèdre sont des triangles isocèles,
égaux et semblables (1).

Les décroissemens qui donnent les formes secondaires, ont
lieu par des rangées de petits rhomboïdes, dont chacun est aussi
l'assemblage de six petits tétraèdres, ou de six molécules intégrantes, (t. I, p. 61).

2. Grenat *trapézoïdal.* $\overset{\scriptscriptstyle 1}{\underset{\scriptscriptstyle 1}{B}}_{n}$ (*fig.* 56). Vingt - quatre trapézoïdes
égaux et semblables. *De Lisle*, t. *II*, *p.* 327. Incidence de *n*
sur *n*, ou de *n'* sur *n'*, 131ᵈ 48' 36" ; de *n* sur *n'*, 146ᵈ 26' 33".
Les stries dont les trapézoïdes sont souvent sillonnées dans le
sens de leurs grandes diagonales, indiquent à l'œil la série des

---

(1) C'est une suite de ce que l'axe du rhomboïde est égal à chacune
de ses arètes. Voyez la partie géométrique.

rhombes décroissans qui s'élèvent au-dessus des différentes faces du noyau.

3. Grenat *émarginé.* $\frac{P \overset{1}{B}}{P \; n}$ (*fig.* 57). Trente-six faces, savoir :
12 rhombes et 24 hexagones alongés. *De Lisle, t. II, p.* 324 *et suiv.;* var. 2 et 3. Incidence de n ou de n' sur P, 150^d. Dans certains cristaux, et en particulier dans les grenats verdâtres de Sibérie, les rhombes P sont beaucoup plus petits que les hexagones *m*.

4. Grenat *triémarginé.* $\frac{P \overset{1}{B} \overset{2}{B}}{P \; \overset{1}{n} \; \overset{2}{s}}$ (*fig.* 58). La variété précédente augmentée de quarante-huit facettes comprises entre les rhombes et les hexagones. Hyacinthe de Disentis, dans les Grisons, *Saussure, voyage dans les Alpes,* n°. 1902 *et suiv.* (1). On trouve aussi de ces cristaux qui sont semblables à la troisième variété. Incidence de s sur P, 160^d 53′ 36″ ; de s sur n, 169^d 6′ 24″. J'ai un groupe de cristaux bruns opaques, de cette variété, qui reposent sur une roche ferrugineuse, empâtée de la substance des mêmes cristaux. Il m'a été donné par le Cit. Hassenfratz, qui l'avoit trouvé en Hongrie, dans le bannat de Temeswar.

5. Grenat *uniternaire.* $\frac{P \; B \; {}^3E^3}{P \; \overset{1}{n} \; c}$ (*fig.* 59). La variété 3, dans laquelle les arêtes adjacentes aux angles aigus des rhombes P (*fig.* 57) sont interceptées par des facettes étroites, ce qui fait

---

(1) On a peine à reconnoître la forme dont il s'agit ici dans la description que ce célèbre naturaliste a donnée de son hyacinthe de Disentis, dont la cristallisation lui a paru avoir plutôt de l'analogie avec celle de l'hyacinthe du Vésuve, (idocrase de ce Traité). Mais le Cit. Cordier, ingénieur des mines, a eu occasion, dans le cours de ses voyages, de s'assurer que la substance décrite par Saussure ressembloit au grenat triémarginé ou à celui qui est simplement émarginé.

en tout soixante faces. Incidence de *c* sur *n'*, 155^d 54' 48''. J'ai cette variété en cristaux bruns, avec des cristaux en dodécaèdres primitifs, d'un jaune verdâtre, situés sur la partie opposée du même morceau, ce qui semble prouver que la modification de forme qu'ont subie les cristaux bruns, est due à l'influence de leur matière colorante sur l'affinité des molécules. Ce groupe intéressant est encore un présent du Cit. Hassenfratz, qui l'avoit trouvé dans le même endroit.

Indéterminables.

6. Grenat *sphéroïdal.* La variété 2, dans laquelle les faces sont devenues curvilignes, par l'effet d'une cristallisation précipitée.

7. Grenat *amorphe.*

ACCIDENS DE LUMIÈRE.

Couleurs.

1. Grenat *rouge de coquelicot.* Grenat de Bohême. Edler granat. *Emmerling, t. III, p.* 246.

2. Grenat *rouge-foncé jaunâtre.* Grenat syrien, suivant Boëce (1).

3. Grenat *vermeil.* Vermeille des lapidaires.

4. Grenat *violet-pourpré.* Grenat syrien ordinaire (2).

5. Grenat *rouge-orangé.* Grenat-hyacinthe, hyacinthe la belle des Italiens (3).

6. Grenat *jaunâtre.*

7. Grenat *verdâtre.*

8. Grenat *brun.* On l'a appelé *grenat d'étain*, peut-être à

---

(1) Gemmar. ac lapid. hist., lib. II, cap. 24.
(2) Mercure indien, liv. II, ch. 17.
(3) Boëce, *ibid.*

cause de la ressemblance de sa couleur avec celle des cristaux d'étain oxydé qu'il accompagne quelquefois (1).

9. Grenat *blanchâtre*.

10. Grenat *noir*.

a. Grenat noir de Frascati, aux environs de Rome, ordinairement émarginé. Melanit de Klaproth. *Id.*, *Karsten*, *mineral. tabellen*, *p.* 20.

Transparence.

1. Grenat *transparent*.

2. Grenat *translucide*. Presque tous les grenats qui ont une certaine épaisseur.

3. Grenat *opaque*. Les cristaux bruns et noirs.

Substances étrangères à l'espèce du grenat, auxquelles on a donné son nom.

1. Grenat du Puy. Le zircon de France.

2. Grenat blanc, et grenat volcanique. L'amphigène.

3. Grenats d'étain. On a aussi appelé de ce nom, les cristaux mêmes d'étain brun (2).

A N N O T A T I O N S.

1. On trouve des grenats dans une infinité d'endroits, parmi lesquels la Bohême tient un rang distingué, à cause de la perfection de ceux qu'elle fournit. Les cristaux de cette substance ont une multitude de gangues différentes qui appartiennent aux terrains primitifs. Telles sont le quartz, le feld-spath, les serpentines, le talc, le mica, l'amiante, même la chaux carbonatée, etc. Il y a de ces cristaux entièrement recouverts de talc verdâtre, dont les lames se sont moulées sur leur superficie. Le

____

(1) De Lisle, t. II, p. 318, note 21.
(2) Henckel, pyritol., traduct. franç., p. 192.

grenat abonde tellement dans certaines roches, qu'il peut en être regardé comme la base. On en rencontre aussi au Vésuve et ailleurs, dans des matières qui ont été rejetées par l'action des volcans. Enfin, les grenats accompagnent quelquefois les substances métalliques. Il y en a qui sont engagés dans du fer sulfuré. Quelques-uns ont des parcelles d'or attachées à leur superficie (1).

2. Le fer paroît avoir une forte tendance pour s'unir avec le grenat. Romé de Lisle a cité des grenats opaques qui rendoient depuis huit jusqu'à trente livres de fer par quintal (2). Aussi les exploite-t-on dans plusieurs endroits, comme mines de ce métal. Mais ce qu'il y a de plus surprenant, c'est l'abondance du fer dans certains grenats, où il ne paroitroit faire que la fonction de principe colorant, à en juger par la transparence et l'aspect homogène de ces corps. Dans les grenats trapézoïdaux analysés par Vauquelin, et qui jouissoient de ces qualités, le fer s'est trouvé dans la proportion de 41 pour 100, c'est-à-dire, qu'il formoit un peu plus des deux cinquièmes de la masse.

Cette quantité considérable de fer que les grenats s'approprient, renferme souvent des molécules à l'état métallique, ainsi qu'on peut en juger par l'action que ces corps exercent sur le barreau aimanté; et ce qui offre un nouveau sujet de surprise, c'est de voir les grenats qu'on appelle *orientaux*, c'est-à-dire, les plus diaphanes et les plus parfaits, manifester un magnétisme très-sensible (3).

5. Le diamètre des grenats varie entre des limites très-étendues. Il y en a depuis la grosseur d'une tête d'épingle, jusqu'à celle du poing fermé, et au-delà. Ces derniers ont ordinairement la forme du dodécaèdre primitif, et l'on en voit dans les collections

---

(1) Lehmann, traité de la formation des métaux.
(2) T. II, p. 3i8.
(3) Saussure, voyages dans les Alpes, N°. 84.

minéralogiques, qui ont été polis sur toutes leurs faces et dégagés de la croûte talqueuse qui les enveloppoit.

4. Hill conjecture, avec fondement, que notre grenat étoit l'escarboucle ou le *carbunculus* des anciens, ainsi nommé, parce que sa couleur, surtout aux rayons du soleil, tiroit sur le rouge de feu, ce qui donnoit à la pierre l'aspect d'un charbon ardent (1). Pline dit que les escarboucles répandoient une flamme tantôt plus claire, et tantôt plus obscure (2); qu'on estimoit surtout ceux dont l'éclat se terminoit en un violet d'amethyste : il ajoute qu'on faisoit avec ceux des Indes, des vases dont la capacité égaloit celle d'un septier (3). Ces détails et d'autres que nous omettons, pour abréger, paroissent convenir plutôt au grenat qu'à toute autre pierre.

5. Parmi les cristaux qui ont été regardés comme des grenats, ceux qu'on appeloit *grenats blancs* ou *grenats volcanisés*, forment aujourd'hui, d'après les analyses de Klaproth et de Vauquelin, une espèce distincte, à laquelle on a donné le nom de *leucite* (corps blanc), que j'ai changé en celui d'*amphigène*. J'ai cru devoir laisser ensemble, pour le moment, tous les autres cristaux reconnus anciennement comme grenats, c'est-à-dire, ceux qui ont une pesanteur spécifique d'environ 3,5, et une forme originaire du dodécaèdre rhomboïdal. Ils sont encore distingués par leur fusibilité au chalumeau. Je conviens néanmoins que la réunion de ces caractères ne détermine pas une espèce d'une manière assez précise. La forme primitive, en particulier, laisse subsister ici une cause d'ambiguité, en ce qu'elle est du nombre de celles qui, à raison de leur symétrie, sont communes à des minéraux de diverse nature.

D'une autre part, si l'on consulte les sept analyses citées plus

---

(1) Commentaire sur le traité des pierres de Théophraste, traduct., p. 61.
(2) Hist. nat., l. XXXVII, c. 7.
(3) Cette mesure revient à peu prés à 25 centilitres ou une chopine.

bant, faites par deux hommes qui jouissent, à cet égard, d'une grande célébrité, on trouvera des différences qui semblent en indiquer une dans la composition des substances elles-mêmes. Les seules dont les résultats ayent une ressemblance marquée, sont celle du grenat oriental par Klaproth, et celle du grenat trapézoïdal par Vauquelin ; seulement la première donne trois de chaux pour cent, tandis que ce principe est nul dans la seconde.

La mélanite ou le grenat noir mérite ici une attention particulière. M. Napione nous apprend (1) que Klaproth avoit séparé cette substance du grenat ; à la vérité il ne cite point l'analyse qui, sans doute, avoit donné lieu à cette séparation ; mais le résultat obtenu par Vauquelin sur des cristaux qui étoient bien décidément des grenats noirs de Frascati, semble suppléer à ce silence, et justifier l'opinion du célèbre chimiste de Berlin, par la différence notable qu'il offre entre les proportions des principes de cette pierre comparés à ceux du grenat trapézoïdal, traité par la même main, ou du grenat oriental, sur lequel Klaproth a opéré.

Je ne sais cependant si nous sommes au moment de faire, dans l'espèce du grenat, la réforme que sollicitent les analyses dont il s'agit. Il seroit peut-être à désirer que l'on les répétât, avant de rien innover. Je ne puis me défendre, à cet égard, d'un léger doute, fondé sur ce que ces analyses, au nombre de sept, ont donné des résultats dont deux seulement se rapprochent ; en sorte qu'elles pourroient paroître prouver trop, puisqu'il s'ensuivroit que sur les sept substances analysées, et qui ne forment qu'une partie des anciens grenats, il y en a déjà six qui constituent autant d'espèces particulières.

En un mot, quoiqu'on ne puisse guère douter, dès maintenant, que les naturalistes n'ayent placé trop légèrement certains

____

(1) Journ. de phys., mars, 1798, p. 209.

corps dans l'espèce du grenat, d'après la seule indication de
la forme extérieure, qui n'est pas décisive dans le cas présent; il
me semble que nos connoissances, sur cet objet, ne sont pas
assez avancées, pour qu'en essayant de rectifier des rapprochemens déjà faits, nous puissions nous promettre de ne tracer
aucune fausse ligne de séparation (1).

6. Au reste, quoique la forme du dodécaèdre rhomboïdal
ne soit pas, comme tant d'autres, représentative d'une espèce
déterminée, il ne faut pas en conclure qu'on ne puisse généralement en tirer aucun avantage pour la distinction des minéraux.
Cette forme, qui est primitive dans le grenat, devient secondaire dans la chaux fluatée, où elle a pour noyau un octaèdre
régulier, et dans un autre minéral qui sera cité à l'article des
substances d'une nature encore douteuse, où elle paroît dériver
du cube. D'une autre part, le solide à 24 trapézoïdes qui, dans
l'espèce dont il s'agit ici, est originaire du dodécaèdre, dépend
d'un cube dans l'analcime, d'un octaèdre dans le fer sulfuré, et
présente dans l'amphigène une structure mixte qui se rapporte
en même temps au cube et au dodécaèdre rhomboïdal. Ces
diverses transformations, déjà remarquables en théorie, peuvent
nous aider de plus, à débrouiller, au moins en partie, la
confusion apparente qui nait de la considération abstraite des
formes extérieures.

7. Le dodécaèdre rhomboïdal peut être considéré comme un
solide prismatique, ayant six rhombes latéraux, inclinés entre

(1) Une lettre de M. Eslinger au Cit. Lametherie, insérée dans le journal
de physique du mois ventôse, an 9, p. 222 et suivantes, nous apprend
que le célèbre Werner regarde aujourd'hui le grenat granuliforme de
Bohême, comme une espèce particulière, qu'il a nommée *pyrop*, et qui
diffère du grenat ordinaire, principalement *par la couleur, le défaut
de cristallisation, et par sa transparence*. Mais je ne sais si la distinction qu'établit ici M. Werner entre les deux grenats, est suffisamment
motivée d'après ces différences, qui ne me paroissent pas incompatibles
avec l'identité d'espèce.

eux,

eux, comme ceux d'un prisme hexaèdre régulier, avec deux sommets composés chacun de trois rhombes. Diverses autres substances, telles que l'amphibole, la dioptase, la chaux carbonatée, etc., présentent une forme analogue, avec des mesures d'angles différentes. Or, parmi une infinité de dodécaèdres possibles, qui rentreroient dans cette même forme, le dodécaèdre du grenat, dont les pans et les faces terminales sont des rhombes égaux et semblables, est celui qui, à capacité égale, donne le *minimum* de surface.

Cette observation nous conduit à un rapprochement qui m'a paru intéressant, entre la forme dont il s'agit ici et celle des alvéoles de cire que construisent les abeilles. Chacun de ces alvéoles a pour base un hexagone régulier $g'h'z'q'y'x'$ (*fig.* 60), sur les côtés duquel s'élèvent verticalement 6 trapèzes $tuz'q'$, $stq'y'$, etc., couronnés par trois rhombes $ostu$, $oupl$, $osrl$.

Ayant mené les diagonales ls, us, lu, concevons que les trois rhombes, en restant fixes par les points s, u, l, s'inclinent dans un sens ou dans l'autre, en se balançant sur les diagonales; de sorte que le sommet o s'élève ou s'abaisse, en même temps que les points t, p, r s'abaisseront ou s'éleveront par des mouvemens contraires.

Pendant tous ces changemens de position, la capacité de l'alvéole restera la même, c'est-à-dire, qu'autant elle diminuera dans la partie située entre les diagonales et le sommet o, par l'abaissement de ce même sommet, autant elle croîtra dans les parties situées vers les poins t, p, r par l'élévation de ces points, et réciproquement; mais la surface variera continuellement, et cela de manière qu'elle ira en diminuant jusqu'à une certaine limite, passé laquelle elle commencera à croître. Or, cette limite, qui donne le *minimum* de surface, a lieu lorsque les rhombes des sommets ont leurs angles de 109^d $28'$ $16''$, et de 70^d $31'$ $44''$, comme dans le grenat et dans l'alvéole des abeilles, ou, ce qui revient au même, lorsque toutes les inclinaisons des faces voisines sont de 120^d; il en résulte, dans le travail des

Tome II.   E e e

abeilles, une double économie, et de temps et de matière. Réaumur proposa autrefois ce problème à Kœnig, et fut flatté de voir que le géomètre eût été conduit, par ses calculs, au résultat des abeilles.

Nous avons supposé que les lignes sy', uz', lg' étoient d'une longueur donnée, puisque les points s, u, l sont censés immobiles. Mais si l'on conçoit que le solide varie à la fois dans toutes ses dimensions, en conservant toujours la même capacité, on trouve que le *minimum* de surface a lieu, lorsque les angles des sommets étant toujours de 109^d 28′ 16″, le solide est semblable à la moitié d'un dodécaèdre rhomboïdal, que l'on auroit coupé transversalement par un plan perpendiculaire à l'axe qui va de o en a (*fig.* 54). L'alvéole des abeilles a une hauteur beaucoup plus considérable, eu égard à son épaisseur. Mais cette dimension est assortie aux usages de ces alvéoles, qui ne sont pas seulement destinés à recevoir le miel, mais encore à servir de logement aux abeilles nouvellement écloses, jusqu'à ce que leur développement soit achevé (1).

8. Le grenat d'un rouge mêlé de violet, appelé *grenat syrien*, et celui qui est d'un beau rouge de coquelicot, sont les plus estimés dans le commerce. Le rouge des derniers est si intense, que si on les tailloit à facettes, ils en paroîtroient presque noirs. On les arrondit en dessus, et on les *chève*, c'est-à-dire, qu'on les creuse par dessous, afin que les reflets de leur riche couleur puissent se dégager, et s'étaler avec plus de liberté. En général, le rouge des grenats est sujet à être offusqué par une teinte sombre qui provient de la grande quantité de fer que renferme cette espèce de gemme. L'auteur de l'article diamantaire, *Encyclopédie méthodique* (2), dit qu'un beau

---

(1) Maraldi, observ. sur les abeilles, mém. de l'Académie des Sciences, 1712.

(2) Arts et Mét , t. II, Ire. part., p. 152.

grenat syrien est estimé au même prix que le saphir, qui est
notre télésie bleue.

* * *

X^e. ESPÉCE.

AMPHIGÈNE, c'est-à-dire, *qui a une double origine.*

Grenats d'un blanc cristallin, *de Lisle*, *t. II*, *p.* 330. Grenats
décolorés, *ibid.* Grenats du Vésuve, de Pompeia, etc., *Faujas*,
minéralogie des volcans, *p.* 205. Grenats d'un blanc mat,
demi-transparens, à 24 facettes, *de Born*, *t. I*, *p.* 436. Leucite
ou grenat blanc, *journ. des mines*, N°. 27, *p.* 177 *et suiv.* Leucit,
Emmerling, *t. I*, *p.* 53. Grenats blancs, Sciagr., *t. I*, *p.* 276.
Grenatite, leucite, *Daubenton*, *tabl.*, *p.* 8. La leucite, *Brochant*,
t. I, *p.* 188 (1).

Caractère essentiel Divisible parallélement aux faces d'un
cube, et en même temps à celles d'un dodécaèdre rhomboïdal (2).

Caract. phys. Pesant. spécif., 2,4684.

Dureté. Rayant difficilement le verre.

Réfraction, simple.

Caract. géom. Forme primitive. Le cube (*fig.* 61) *pl. XLVI*,
divisible diagonalement suivant des plans qui passent par les
arêtes et par le centre. Les joints naturels sont sensibles par le

---

(1) M. Kirwan indique le nom de *Vésuvian*, qui est celui que Werner
a donné à notre idocrase, comme synonyme de *white garnet* (grenat blanc).
La description qu'il fait de la substance à laquelle il applique ces deux dénominations, convient à l'amphigène, excepté que, selon lui, cette substance
se présente sous la forme de cristaux à 12, 18, 24, 36 ou même 56 faces.
J'ai observé une très-grande quantité d'amphigènes de différens pays, dont
aucun n'avoit ni plus ni moins de 24 faces. Kirwan, t. I, p. 285.

(2) C'est de cette double division mécanique qu'a été tiré le nom d'*amphigène.*

chatoyement, à une lumière un peu vive. Ceux qui ont lieu parallélement aux faces du cube s'aperçoivent plus aisément que les autres.

Molécule intégr. Tétraèdre irrégulier.

Molécule soustractive. Le cube.

Cassure, raboteuse, quelquefois légérement ondulée, avec un certain luisant.

Caract. chim. Infusible au chalumeau.

Analyse par Klaproth.

Silice . . . . · . . . . 53 à 54.
Alumine. . . . . 24 à 25.
Potasse. . . . . 20 à 22.

Caractères distinctifs. 1°. Entre l'amphigène et le grenat trapézoïdal. Celui-ci raye le quartz; l'amphigène raye à peine le verre. La pesanteur spécifique du grenat est plus grande, dans le rapport d'environ 3 à 2. Il est fusible au chalumeau, et non pas l'amphigène. Jusqu'ici, tous les grenats observés avoient des couleurs plus ou moins relevées. Les amphigènes n'ont qu'une teinte blanchâtre ou d'un jaune sale. 2°. Entre l'amphigène et l'analcime trapézoïdal. Celui-ci n'offre point de lames parallèles aux faces d'un dodécaèdre rhomboïdal, comme dans l'amphigène. Il est fusible, au chalumeau, en verre transparent; l'amphigène résiste à la fusion.

V A R I É T É S.

F O R M E S.

Déterminables.

1. Amphigène *trapézoïdal.* $\overset{\bullet}{\text{A}} \; g$ (*fig.* 62). Vingt-quatre trapézoïdes égaux et semblables. Incidence de g sur g, 131^d 48′ 36″; de g sur g', ou de g' sur g', 146^d 26′ 33″. Angles de l'un quelconque LuDm des trapézoïdes, L = 78^d 27′ 46″;

$D = 117^d\ 2'\ 8''$; m ou $u = 82^d\ 15'\ 3''$. On voit souvent à la surface du cristal des espèces de fêlures parallèles à la petite diagonale, ou à celle qui va de u en m, de m en r, etc.

L'examen de la structure de cette variété, la seule régulière que l'amphigène ait offerte jusqu'ici, m'a conduit à un résultat remarquable, qui exige un certain développement. J'ai trouvé que cette structure étoit du nombre de celles qui s'appliquent à deux formes primitives différentes, lesquelles sont, dans le cas présent, le dodécaèdre rhomboïdal et le cube.

A l'égard de la première, on l'extrait par les mêmes coupes que celles qui ont lieu dans le grenat trapézoïdal (*voyez ci-dessus* p. 393), c'est-à-dire, qu'il faut faire passer les plans coupans, l'un par les points D, L, O, E, un second par les points L, O, H, G, etc., qui répondent aux angles solides du dodécaèdre, ainsi qu'on s'en convaincra par la comparaison de la fig. 62 avec la fig. 64, *pl. XLVII*, qui représente le dodécaèdre dont il s'agit.

D'une autre part, l'amphigène trapézoïdal est divisible par des plans tels que $umrx$ (*fig.* 63), qui passent par les angles solides composés de quatre angles plans. C'est dans ce même sens que sont situées les fêlures dont nous avons parlé plus haut. Si l'on continue de soudiviser parallélement au plan $umrx$, qui est visiblement un carré, la face du noyau cubique, à laquelle ce plan correspond, sera mise à découvert lorsque la section passera par les points D, O, G, F, qui appartiennent aussi à un carré, mais situé en sens contraire du précédent $umrx$, la section ayant subi, dans l'espace intermédiaire entre $umrx$ et DOGF, des changemens de figure qui l'ont ramenée par degrés à celle dont elle étoit partie. Il est facile d'appliquer le même raisonnement aux autres sections.

Combinons maintenant les divisions parallèles aux faces du dodécaèdre avec celles qui sont dans le sens des faces du cube, et cherchons la molécule intégrante qui doit résulter de cette combinaison.

Lorsque l'on divise un dodécaèdre rhomboïdal parallélement à ses douze faces, en faisant passer, pour plus de simplicité, les plans coupans par le centre, on trouve qu'il se résoud en vingt-quatre tétraèdres, dont les faces sont des triangles égaux et semblables (1). L'un de ces tétraèdres a pour faces les triangles DEO, DCO, DCE, OCE (*fig.* 64). On voit le même tétraèdre représenté séparément (*fig.* 65). Un second, situé dans la partie inférieure, est indiqué par les triangles FCG, FPG, FPC, GPC (*fig.* 64); et ainsi des autres.

Maintenant, si l'on suppose que le même dodécaèdre soit de plus divisible parallélement aux faces d'un cube, il faudra, pour extraire ce cube, détacher les six pyramides quadrangulaires qui ont pour sommets les angles solides composés de quatre plans, et dont les bases coïncident avec les petites diagonales comprises entre les arêtes qui partent des mêmes angles solides. C'est ce qui est sensible par la seule inspection de la figure 66. Or, chacune de ces dernières coupes, passant à égale distance du sommet E de l'une des pyramides et du centre C, soudivise chaque tétraèdre en deux moitiés, qui sont elles-mêmes des tétraèdres, ayant pour faces deux triangles isocèles et deux triangles scalènes, égaux aux moitiés des précédens. La fig. 67 représente les deux pyramides dont les sommets sont en E et en P (*fig.* 66), séparées du reste du solide, et la fig. 68 les deux tétraèdres partiels qui résultent de la division du tétraèdre DEOC (*fig.* 65).

Le dodécaèdre se trouvera donc partagé, à l'aide de ces différentes sections, en quarante-huit tétraèdres tous égaux et semblables, appliqués les uns contre les autres par une de leurs faces.

Réciproquement, si l'on soudivise le cube renfermé dans le dodécaèdre, parallélement aux faces de ce dernier solide, en

---

(1) Voyez l'article du grenat, p. 545.

faisant passer aussi les sections par le centre, chacune de ces sections passera en même temps par les diagonales de deux faces opposées. Il en résultera six pyramides quadrangulaires, qui auront pour bases les faces du cube, et dont les sommets se confondront avec le centre de ce cube; et de plus, chacune de ces pyramides étant soudivisée dans le sens de deux plans qui passeroient par les diagonales de sa base et par son axe, donnera quatre tétraèdres semblables à ceux qui naissent de la division du dodécaèdre; en sorte que le cube sera un assemblage de 24 de ces tétraèdres.

Ainsi, cette espèce d'analyse géométrique, qui offre d'abord une complication de plans, en apparence très-difficile à débrouiller, conduit, en dernier résultat, à une forme très-simple de molécule intégrante, qui est la même, soit que l'on considère le dodécaèdre ou le cube comme étant la forme primitive.

Ici revient l'observation que j'ai déjà faite ailleurs (1), et qui consiste en ce que les molécules intégrantes sont toujours assorties dans l'intérieur des cristaux qui présentent ces structures à double sens, de manière qu'en les prenant par groupes, on a des parallélipipèdes qui donnent les molécules soustractives, c'est-à-dire, celles dont l'assemblage forme les rangées soustraites sur les lames décroissantes. Dans le cas présent, la molécule soustractive est, à volonté, le rhomboïde composé de 6 tétraèdres, ou le cube composé de 24 tétraèdres.

Quelle que soit celle des deux formes primitives que l'on adopte, on aura, de part et d'autre, des lois simples et régulières de décroissement, relativement aux formes secondaires. Mais il paroît plus naturel d'adopter la forme primitive, qui est elle-même la plus simple, ce qui fournit une raison de préférence en faveur du cube, dans l'application de la théorie aux cristaux d'amphigène.

---

(1) T. I, p. 93.

Indéterminables.

2. Amphigène *arrondi.* La variété précédente, dont les angles et les bords sont oblitérés.

3. Amphigène *amorphe.*

A C C I D E N S   D E   L U M I È R E.

Couleurs.

1. Amphigène *gris.*
2. Amphigène *blanchâtre.*
3. Amphigène *jaunâtre.*

Transparence.

1. Amphigène *transparent.*
2. Amphigène *translucide.*
3. Amphigène *opaque.*

A N N O T A T I O N S.

1. Les cristaux d'amphigène se trouvent principalement parmi les déjections volcaniques. Ils sont communs aux environs de Naples et dans diverses autres contrées d'Italie. On n'en a jamais observé ni en Sicile ni en France, où il y a une multitude de volcans éteints. Les amphigènes sont tantôt incorporés avec des laves très-dures et très-compactes, tantôt solitaires et dispersés parmi des débris de substances volcaniques: tantôt, enfin, associés, en proportion plus ou moins grande, avec le mica, l'amphibole, le feld-spath, etc., dans des blocs qui ont été lancés hors des cratères, quelquefois sans avoir subi l'action du feu. Les fragmens de roches de la Somma, au Vésuve, que l'on croit avoir été de même rejetés par la force des explosions, renferment, à plusieurs endroits, des cristaux d'amphigène très-bien conservés.

Cette

… te très-rarement,
… domieu cite un
… nel il servoit de
… petits cristaux
… osée de quartz,
… rtie de la mon-
… Gavarni, dans

… nques. M. Léo-
… ansparens, dont
… illant un de ces
… , à l'aide duquel
… étoit simple.
… xcède guére la
… varie au-dessous

… trapézoïdes que
… avec une variété
… au rapproche-
… x minéraux dans
… d, mieux pro-
… es arétes en sont
… i n'est pas ordi-
… multipliées. Ce
… de donner pour
… d, soit le cube,
… ie originaire de
… par trois ran-

… le célèbre Kla-

… mémoire sur la leu-
… et soie

FFf

proth dans l'amphigène (1), offre déjà un résultat digne d'attention, par rapport à ce minéral lui-même, en ce qu'on y voit une substance alkaline, qui, dans son état de liberté, réunit à un si haut degré la solubilité, la saveur et la fusibilité, passer dans une combinaison qui semble enchaîner ces mêmes propriétés, en donnant naissance à un corps insipide, insoluble et infusible. Mais le pas important est la découverte de la potasse dans le règne minéral, où elle avoit échappé, jusqu'ici, aux recherches des chimistes, qui la regardoient comme appartenant exclusivement aux végétaux. Le Cit. Vauquelin, dont les expériences ont confirmé celles du chimiste de Berlin, a trouvé de plus, que les laves qui accompagnent l'amphigène contenoient aussi une certaine portion de potasse ; et dans le mémoire où il rend compte de son travail (2), il jette les germes des idées dont le développement pourra offrir une application heureuse de ces nouvelles connoissances à la théorie de plusieurs phénomènes naturels.

5. Avant que la chimie eut mis en évidence la diversité de nature qui existe entre le grenat et l'amphigène, l'opinion la plus commune faisoit de celui-ci un grenat qui, originairement rouge, avoit été altéré et blanchi par les agens volcaniques (3).

---

(1) Voyez le mémoire de ce savant, journal des mines, N°. 27, p. 194 et suiv.

(2) Journal des mines, *ibid.*, p. 201 et suiv.

(3) Romé de Lisle dit que, parmi plusieurs cristaux de grenat blanc qu'il possède, il en est qui conservent des vestiges de leur couleur rouge (Cristal., t. II, p. 335); mais les cristaux de sa collection, qui appartient aujourd'hui au Cit. Gillet, ont seulement des taches superficielles d'un roux obscur, et qui paroissent provenir de la matière enveloppante. Le même savant suppose que l'on voit aussi, sur les grenats blancs, des stries semblables à celles qui sillonnent les faces du grenat à 24 trapézoïdes (*ibid.*, p. 333). Ce sont plutôt de simples fêlures, qui ont des directions différentes, et correspondent aux coupes, à l'aide desquelles on parviendroit à extraire du cristal son noyau cubique.

D'autres regardoient l'amphigène comme le résultat d'une sorte
de vitrification , qui se seroit cristallisée dans les courans des
laves fluides , ou qui auroit été produite dans la pâte de ces
laves , pendant que l'action des feux souterrains faisoit bouil-
lonner celle-ci dans l'intérieur des foyers volcaniques.

Dolomieu s'étoit déjà déclaré, depuis long-temps , contre ces
deux opinions (1), et, suivant ce célèbre naturaliste, les amphigènes , très-distingués des grenats rouges par leurs propriétés
et par leur constitution, ne se trouvoient dans les laves , ainsi
que les horn-blendes (amphiboles) , les pyroxènes , les feld-
spaths , que comme des produits adventifs , qui auroient été
seulement enveloppés par la lave encore à l'état de fluidité.

MM. Salmon et Léopold de Buch ont entrepris , récemment , de défendre le second sentiment , et de prouver que les
principes constituans de l'amphigène ou de la leucite , après
s'être dégagés de la lave , tandis que celle-ci couloit encore ,
s'étoient réunis , au sein de cette même lave , conformément
aux lois de l'affinité qui les sollicitoit (2). Une des raisons sur
lesquelles ils se fondent , est que les leucites que l'on trouve
à Borghetto , près du Tybre , renferment tantôt des grains de
basalte enveloppés de tous côtés par la matière du cristal dont
ils occupent le centre , tantôt des portions du même basalte
qui, d'un côté, pénètrent le cristal et, de l'autre, sont adhérentes à la lave voisine. On pourroit peut - être répondre ,
dans l'hypothèse contraire , que les leucites , lors de leur
formation , avoient entouré des grains ou des portions des
substances environnantes , qui cristallisoient en même temps ,

---

(1) Notes sur la dissert. de Bergmann , relative aux produits volcaniques.

(2) Voyez , pour le développement de cette opinion , le mémoire de
M. Salmon , journ. de phys. , prairial, an 7, p. 432 , et celui de M. de Buch ,
idem , vendémiaire , an 8 , p. 262 , où ce naturaliste a discuté la question
présente avec une grande sagacité , et a beaucoup ajouté aux preuves allé-
guées par M. Salmon.

comme cela est arrivé par rapport à différentes espèces de cristaux, et que, dans la suite, la même chaleur qui avoit converti en laves ces substances environnantes, avoit agi de la même manière sur les parties enchatonnées dans les leucites, sans altérer sensiblement ces dernières qui, étant plus susceptibles de résister à l'action du feu, auroient servi comme de creuset.

Mais M. Léopold de Buch insiste de plus sur ce que la lave qui renferme des leucites, étant criblée de petites cavités, dont les plus sensibles ont une figure alongée, les leucites qui avoisinent ces dernières sont elles-mêmes alongées, en conservant toujours leur forme polyédrique, dont les angles sont nets et les faces bien prononcées. Or, cet alongement qui a lieu dans le même sens que celui des cavités, indique que les leucites ont été produites au milieu de la lave même, dont le courant étoit dirigé parallélement à leur plus grand diamètre. M. de Buch parle d'une autre lave qu'il a observée au Vésuve, et qui est tellement empâtée d'une infinité de cristaux de leucite, dont la plupart ne peuvent être distingués qu'à l'aide de la loupe, qu'il est inconcevable que leur existence ait précédé l'époque à laquelle la lave a coulé.

Je me permettrai encore une réflexion, au sujet de l'alongement des cristaux de leucite : c'est qu'il n'est pas facile d'imaginer comment les molécules de cette substance auroient pu obéir en même temps à leur affinité mutuelle et au mouvement progressif de la lave, qui a produit l'alongement, sans que cette dernière cause n'altérât les incidences respectives des facettes du cristal. Car l'alongement s'est fait de manière que les différentes parties de la leucite avoient des vitesses inégales dans le sens du mouvement progressif, ce qui devoit troubler la marche des décroissemens, et occasionner des variations dans les angles qui en dépendent (1).

____

(1) Il n'est pas rare de rencontrer de véritables grenats trapézoïdaux, qui sont plus alongés dans un sens que dans l'autre. Mais cette différence,

M. Breislak, dans son bel ouvrage, qui a pour titre : *Voyage physique et lithologique dans la Campanie* (1), penche vers le sentiment de M. de Buch, avec lequel il a observé la lave de Borghetto dont nous avons parlé. Cependant il ne nie pas que le sentiment contraire ne puisse être vrai dans certains cas. Au reste, je n'ai pas prétendu opposer des difficultés réelles à des observations faites par des savans aussi éclairés et aussi exercés à bien voir : ce sont plutôt de simples doutes qui me paroîtroient mériter d'être éclaircis, pour qu'il ne restât aucun nuage sur les conséquences déduites de ces observations.

XIe. ESPÈCE.

IDOCRASE, *(f.)* c'est-à-dire, *figure mixte* (2).

Hyacinthe, var. 3, 4, 5, 6, 7, 8, *de Lisle*, *t. II*, *p.* 291 *et suiv.* Hyacinthine, Sciagr., *t. I*, *p.* 268. Vésuvian, *Emmerling*, *t. III*, *p.* 314. Idocrase, *Daubenton*, *tabl.*, *p.* 10. La vésuvienne, *Brochant*, *t. I*, *p.* 184. Hyacinthe volcanique ; hyacinthe brune des volcans, suivant plusieurs naturalistes.

Caractère essentiel. Divisible parallélement aux pans et aux diagonales d'un prisme droit à bases carrées ; fusible en verre jaunâtre.

Caract. phys. Pesant. spécif., 3,0882 .... 3,409.

Dureté. Rayant le verre.

Réfraction, double, à un degré assez sensible.

---

dont une multitude d'autres minéraux offrent pareillement des exemples, provient de ce que l'accroissement du cristal s'est fait d'une manière inégale sur des parties du noyau semblablement situées, ce qui n'a influé en rien sur les inclinaisons respectives des faces de la forme secondaire.

(1) T. II, p. 9 et suiv.

(2) Voyez la 3e. annotation.

Caract géom. Forme primitive. Prisme droit à bases carrées (*fig.* 69) *pl. XLVII*, peu différent d'un cube, et divisible dans le sens des diagonales de ses bases (1). Quelques cristaux seulement offrent des indices de joints naturels.

Molécule intégrante. Prisme triangulaire à bases rectangles isocèles.

Cassure, légérement luisante, raboteuse, quelquefois un peu ondulée.

Caract. chim. Fusible au chalumeau, en verre jaunâtre.

Analyse de l'idocrase du Vésuve, par Klaproth.

Silice	35,50.
Chaux	22,25.
Alumine	33,00.
Oxyde de fer	7,50.
Oxyde de manganèse	0,25.
Perte	1,50.
	100,00.

Analyse de l'idocrase de Sibérie, par le même.

Silice	42,00.
Chaux	34,00.
Alumine	16,25.
Oxyde de fer	5,50.
Oxyde de manganèse, un atome.	
Perte	2,25.
	100,00.

Caractères distinctifs 1°. Entre l'idocrase et le grenat. La pesanteur spécifique de celui-ci est plus grande, dans le rapport d'environ 6 à 5. Ses formes offrent le même aspect sous différentes positions; celles de l'idocrase, pour se présenter dans leur

____

(1) Le côté B est à la hauteur G dans le rapport de $\sqrt{7}$ à $\sqrt{8}$.

attitude naturelle, doivent être situées par rapport à un prisme
ordinairement octogone. 2°. Entre la même et la méïonite. Dans
la première, les faces qui se réunissent en pyramides quadrangulaires sont inclinées entre elles d'environ 136^d. L'incidence des
faces analogues dans l'idocrase n'est que de 129^d ½. La méïonite
se fond en verre spongieux, avec bouillonnement et boursouflement, et l'idocrase simplement en verre jaunâtre. 3°. Entre
l'idocrase unibinaire et le zircon amphioctaèdre. Outre que la
première a une facette terminale qui manque à l'autre, les faces
de ses sommets sont inclinées entre elles de 129^d ½, tandis que
celles du zircon ne le sont que de 124^d ½. L'idocrase ne se divise
point parallélement aux mêmes faces comme le zircon. Celui-ci
a d'ailleurs une pesanteur spécifique supérieure à celle de l'idocrase, dans le rapport d'environ 5 à 4 ; sa double réfraction
est sans comparaison plus forte. Ces derniers caractères peuvent
servir à faire distinguer certains morceaux taillés de zircon, de
ceux qui appartiennent à l'idocrase. 4°. Entre la même et le
péridot, lorsque l'un et l'autre sont taillés. Ces pierres ayant
la double réfraction à un degré marqué, avec une dureté et
une pesanteur spécifique à peu près égales ; il ne reste plus ,
au défaut de la forme cristalline et du caractère de fusion, que
la couleur, qui est d'un jaune-verdâtre plus clair dans le péridot
que dans l'idocrase , où elle est offusquée par une teinte de noirâtre. 5°. Entre la même et la tourmaline du Brésil taillée. Celle-ci
est électrique par la chaleur ; l'idocrase ne l'est qu'à l'aide du
frottement.

V A R I É T É S.

F O R M E S.

1. Idocrase *unibinaire.* $\overset{\scriptstyle M\ 'G'\ \overset{\text{å}}{A}\ P}{M\ \ d\ \ c\ \ P}$ (*fig.* 70). A huit pans ,
avec des sommets à quatre faces obliques et une horizontale.
De Lisle , *t. II* , *p.* 290 ; var. 3. *Ibid.* , *p.* 294 et 295 ; var. 6

et 7. Incidence de P sur M et de M sur M, 90^d; de d sur M, 135^d; de c sur d, 127^d 6'; de c sur P, 142^d 54'; de c sur c, 129^d 30'; de c sur M, 115^d 15'.

a. Les pans d, d, beaucoup plus larges que les pans M, M.

b. Même modification, dans laquelle les faces P ont pris aussi une largeur considérable, en sorte que le cristal ressemble à un cube émarginé. Ces changemens de dimensions respectives se retrouvent dans les variétés suivantes.

2. Idocrase *soustractive*. $\dfrac{M\ ^2G^2\ ^1G^1\ \overset{2}{A}\ P}{M\ \ h\ \ \ d\ \ \ c\ \ P}$ (*fig.* 71). La variété précédente émarginée verticalement. Incidence de h sur M, 153^d 27'; de h sur d, 161^d 33'.

3. Idocrase *sou-sextuple*. $\dfrac{M\ ^2G^1\ ^1G^1\ \overset{2}{A}\ \overset{2}{B}\ P}{M\ \ h\ \ \ d\ \ \ c\ \ o\ P}$ (*fig.* 72). La variété précédente émarginée à la jonction des faces c, c. *De Lisle*, p. 292; var. 4. Incidence de o sur c, 154^d 45'; de o sur M, 118^d 8'.

4. Idocrase *encadrée*. $\dfrac{M\ ^2G^2\ ^1G^1\ \overset{\frac{1}{2}}{A}\ \overset{2}{A}\ \overset{6}{A}\left(^{\frac{3}{2}}A^{\frac{3}{2}}B^2G^1\right)\overset{2}{B}\ P}{M\ \ h\ \ \ d\ \ r\ c\ n\ \left(\qquad s\qquad\right)\ o\ P}$ (*fig.* 73). La var. 2 émarginée. *De Lisle, t. II, p.* 293; var. 5. Incidence de r sur d, 161^d 42'; de r sur c, 145^d 24'; de s sur M, 144^d 44'; de n sur P, 165^d 51'; de n sur c, 157^d 3'.

Nota. Je ne donne que par conjecture les angles de cette variété, qui ne m'est guère connue que par la description et la figure de Romé de Lisle, et que je suppose comprise dans la suivante. Il faut en excepter les facettes n, n, que j'ai déterminées immédiatement, en me servant d'un fragment qui paroissoit avoir été détaché d'un cristal de cette variété.

5. Idocrase *ennéacontaèdre*. $\dfrac{M\ ^2G^2\ ^1G^1\ \overset{\frac{1}{2}}{A}\ \overset{2}{A}\left(^2A^2\ ^{\frac{3}{2}}A^{\frac{3}{2}}\ ^1A^1\ B^2\ G^1\right)}{M\ \ h\ \ \ d\ \ r\ c\ \left(\ x\quad s\quad z\qquad\qquad\right)}$

$\overset{2}{B}\ P$
$_o\ P$ (*fig.* 74). La variété précédente, dans laquelle les facettes

n, n (*fig.* 73) sont supprimées, et les facettes s comprises chacune entre deux nouvelles facettes. Incidence de x sur M, 152ᵈ 3' ; de x sur c, 143ᵈ 12' ; de z sur M, 133ᵈ 18' ; de z sur c, 161ᵈ 57'.

Nota. Les facettes z étoient si étroites sur le cristal que j'ai observé, que je n'ai pu les déterminer que par aperçu.

ACCIDENS DE LUMIÈRE.

1. Idocrase *brune.*
2. Idocrase *orangée.*
3. Idocrase *vert - foncé.*
4. Idocrase *vert - jaunâtre.* Chrysolite des lapidaires de Naples.

Transparence.

1. Idocrase *transparente.*
2. Idocrase *translucide.*
3. Id. *opaque.* Beaucoup d'idocrases brunes.

ANNOTATIONS.

1. On trouve, auprès du Vésuve, un grand nombre d'idocrases engagées dans des fragmens de roches primitives, qui ont été rejetées hors du volcan, et ne paroissent point avoir souffert, ou que très-peu, de l'action de la chaleur. Ces roches sont des mélanges de plusieurs des substances suivantes : quartz, mica, talc-stéatite, argile, chaux carbonatée, etc. Les idocrases y sont accompagnées de divers cristaux, tels que des grenats émarginés, des amphiboles dodécaèdres, des néphelines, des meïonites, etc.

La Sibérie fournit aussi des idocrases de la première variété, d'une couleur d'olive très-foncée, qui sont renfermées isolément dans une pierre d'un vert - blanchâtre, que Klaproth regarde comme une serpentine. Elles ont été découvertes par Laxmann, près le lac Achtaragda, qui communique avec le fleuve Wilvi.

J'ai une de ces idocrases solitaires, qui a 18 millimètres de longueur sur une épaisseur de 8 millimètres. Parmi celles du Vésuve, quelques-unes sont d'un volume beaucoup plus considérable.

2. Romé de Lisle avoit très-bien remarqué que les angles de l'idocrase différoient sensiblement de ceux de l'hyacinthe ordinaire (aujourd'hui le zircon), à laquelle on l'avoit réunie jusqu'alors. Ce célèbre naturaliste ne connoissoit que les cristaux du Vésuve, et c'est Pallas qui, le premier, a vu que ceux de Sibérie appartenoient à la même espèce.

3. Les cristaux d'idocrase ont plusieurs analogies avec ceux de différens minéraux, soit par leur aspect, soit par les valeurs de leurs angles. Le zircon, la meïonite et l'harmotome présentent des formes du même genre, qui les ont fait confondre d'abord avec la substance dont il s'agit ici. Le prisme octogonal de la variété unibinaire se retrouve, avec les mêmes angles, soit dans les minéraux que nous venons de citer, soit dans l'étain oxydé, où l'on rencontre aussi le prisme à 16 pans de la variété soustractive. L'incidence de 144$^\mathrm{d}$ 44', qui est celle de *s* sur M (*fig.* 73), est commune dans les modifications des formes primitives régulières, etc. Le nom d'*idocrase* exprime que les formes de cette substance sont, en quelque sorte, *mélangées* de celles des autres.

4. Si l'on calcule les lois de décroissement qui déterminent les formes secondaires de l'idocrase, en supposant que le noyau soit un cube, on parvient à des résultats qui ne diffèrent pas sensiblement des valeurs d'angles indiquées par Romé de Lisle : et j'étois moi-même parti de cette hypothèse, dans le temps où je n'avois à ma disposition que des cristaux qui ne comportoient que des mesures approximatives. Mais il n'étoit pas aisé de concevoir comment, parmi les six faces du cube, il s'en trouvoit deux qui faisoient constamment la fonction de bases, de manière que les décroissemens relatifs à ces bases, différoient de ceux qui naissoient sur les faces latérales ; et je cher-

chois en vain la raison de cette attitude constante que prenoit
ici le cube , tandis que dans d'autres minéraux , tels que l'analcime , le plomb sulfuré , le fer sulfuré , etc. , toutes les faces
subissoient les mêmes lois de décroissement , et pouvoient être
prises indifféremment pour bases. Des cristaux très - prononcés ,
dont je suis redevable à M. Léopold de Buch , m'ont mis à
portée de reconnoître , sans aucune équivoque , que la forme
primitive de l'idocrase avoit seulement deux faces carrées , et
que sa hauteur étoit un peu plus grande que le côté de la base ,
ce qui faisoit rentrer cette forme dans l'analogie des parallélipipèdes ordinaires.

5. Ceci nous conduit à examiner l'opinion de quelques naturalistes, qui ont pensé qu'il n'existoit point, en minéralogie, de
véritables cubes, ni d'octaèdres ou de tétraèdres réguliers ; mais
qu'il y avoit entre les cristaux que nous regardions comme tels ,
et les solides géométriques, de petites différences qui , jusqu'ici,
avoient échappé à nos instrumens, mais que l'on parviendroit
peut-être un jour à saisir, avec des moyens susceptibles d'une
plus grande précision (1). Il me paroît bien prouvé, au contraire, que la cristallisation, dans certains cas, atteint l'exactitude géométrique ; et voici le raisonnement sur lequel je me
fonde.

Nous connoissons des formes primitives qui diffèrent assez peu
d'un solide régulier, par exemple , du cube, pour que l'œil puisse
y être trompé ; mais assez cependant pour que la différence

---

(1) Cette opinion rentre dans celle qu'a énoncée le célèbre Buffon , lorsqu'il a dit : « les observations multipliées des cristallographes auroient dû les
rappeler à cette métaphysique si simple , qui nous démontre que dans la
nature il n'y a rien d'absolu, rien de parfaitement régulier. C'est par
abstraction que nous avons formé les figures géométriques et régulières , et
par conséquent nous ne devons pas les appliquer comme des propriétés réelles
aux productions de la nature, etc. *Hist. nat. des minéraux , édit. in-12,*
t. VI , p. 101.

devienne sensible à l'aide d'un instrument manié par une main exercée. Tel est le noyau de la chabasie ; tel est encore celui du fer de l'île d'Elbe , qui a été pris, pendant si long-temps, pour un véritable cube. Mais ces noyaux se comportent à la manière des rhomboïdes, c'est-à-dire, qu'il faut imaginer un axe qui passe par deux de leurs angles solides opposés, pris pour sommets ; et tantôt ces sommets restent intacts, tandis que les parties latérales subissent des décroissemens, tantôt c'est le contraire qui a lieu , et tantôt, enfin, il se fait des deux côtés des décroissemens suivant des lois différentes.

D'une autre part , il existe des solides primitifs dont tous les angles mesurés avec le plus grand soin, paroissent droits ; et dans les divers cristaux qui en dérivent, les lois de décroissemens produisent presque toujours de tous les côtés des effets semblables, d'où résultent des formes qui changent de position sans changer d'aspect.

Supposons maintenant que la différence soit encore plus petite entre les rhomboïdes dont j'ai parlé d'abord et le cube. Il n'y aura aucune raison pour que les lois de décroissemens ne continuent pas d'agir diversement par rapport aux sommets et aux parties latérales ; et tant que la différence avec le cube subsistera , quelque petite qu'elle soit, les décroissemens doivent participer de cette diversité. Donc lorsqu'il n'y en a plus aucune entre les décroissemens eux-mêmes, les parties qui les subissent deviennent semblables, c'est-à-dire, qu'elles se trouvent dans le cas où n'y ayant pas de raison pour que la loi du décroissement varie d'un côté plutôt que de l'autre, elle agira de la même manière de tous les côtés, ce qui suppose que le rhomboïde a disparu pour faire place à un véritable cube.

J'insiste en observant, que les décroissemens qui se font sur les différentes parties des rhomboïdes offrent des contrastes aussi marqués, dans ceux de ces solides qui se rapprochent beaucoup du cube, par leurs angles, que dans ceux qui s'en écartent le plus. Il n'y a là aucune gradation, à l'aide de

laquelle les formes secondaires soient plus voisines de la symétrie, à mesure que les angles du noyau diffèrent moins de
l'angle droit; en sorte que l'espèce de solide qui donne naissance à cette symétrie, occupe un rang à part dans les résultats
de la cristallisation; et cette sorte d'isolement annonce une forme
qui, considérée en elle - même, doit constituer une véritable
limite, laquelle ne soit pas susceptible de plus ou de moins.

J'observerai enfin, que parmi les rhomboïdes très-voisins du
cube, il en est d'obtus et d'autres qui sont aigus; en sorte que
la cristallisation, en produisant chacun d'eux, est tantôt un
peu au-delà, et tantôt un peu en-deçà de la limite donnée par
la forme cubique qui est, de tous les parallélipipèdes, le plus
régulier et le plus parfait. Or, n'est-ce pas calomnier la nature,
que de la réduire à passer toujours à côté de la perfection,
sans jamais y atteindre?

Ce que je dis ici du cube, s'applique également à l'octaèdre,
au tétraèdre et au dodécaèdre rhomboïdal qui, dans certaines
substances, offrent tous les caractères d'une régularité parfaite,
et ne doivent pas être regardés, non plus que le cube, comme
de simples approximations relativement à des limites qui n'exis-
teroient que dans nos conceptions.

6. Les artistes Napolitains taillent les idocrases transparentes,
et les montent en bagues. On les nomme, dans le pays, *gemmes
du Vésuve*, et on les met au rang des pierres précieuses. Le
Cit. Besson en a rapporté de ses voyages, qui sont d'une couleur verte offusquée par une forte nuance de noirâtre, comme
dans la tourmaline du Brésil, et il y en a dans la collection du
Cit. Lelièvre qui ont différentes teintes de vert, d'orangé, etc.
C'est à l'aide de celles que ces deux naturalistes ont bien voulu
me donner, que j'ai reconnu la propriété qu'a l'idocrase, de
doubler sensiblement les images des objets.

X I I^e. E S P È C E.

MEÏONITE, (*f.*) c'est-à-dire, *moindre ou inférieure.*

Hyacinthe blanche de la Somma. *De Lisle , t. II, p.* 290.

Caract. essentiel. Divisible parallélement aux pans d'un prisme à bases carrées. Très-aisément fusible en verre blanc spongieux.

Caract. phys. Dureté. Rayant le verre.

Caract. géométr. Forme primitive. Prisme droit (*fig.* 75) *pl. XLVIII,* à bases carrées. Les divisions latérales sont assez nettes, surtout lorsqu'on fait mouvoir les fragmens à une vive lumière. La position des bases n'est que présumée.

Molécule intégr. *Id.* (1).

Cassure, transversale, ondulée, éclatante.

Caract. chim. Très-aisément fusible en verre blanc spongieux , avec un bouillonnement considérable , accompagné de bruissement.

Caract. dist. 1°. Entre la meïonite et l'idocrase. Dans les cristaux de celle-ci, les faces du sommet qui tendent à se réunir en une pyramide quadrangulaire, font entre elles des angles de 129^d ½ ; les angles analogues dans la meïonite sont d'environ 136^d. L'idocrase se fond simplement en verre, sans bouillonnement ni boursouflement. 2°. Entre la même et le zircon. Celui-ci se divise parallélement à ses faces terminales, et non la meïonite ; les incidences des mêmes faces sont de 124^d 12' dans le zircon, et de 136^d dans la meïonite ; le zircon est infusible, et raye le quartz ; la meïonite est très-fusible, et ne raye que le verre. 3°. Entre la même et l'harmotome. La première n'a pas

---

(1) Le côté B de la base est à la hauteur G comme $\sqrt{21}$: 2. Ces dimensions ne doivent être regardées que comme approximatives, à cause de la petitesse des cristaux.

de joints parallèles aux faces de ses sommets, comme on en observe dans l'harmotome ; ces mêmes faces sont inclinées entre elles de 122^d dans l'harmotome, et de 136^d dans la meïonite. 4°. Entre la même et le wernerite. Celui-ci n'offre aucuns joints naturels bien sensibles, et ceux que l'on pourroit y présumer seroient plutôt parallèles aux faces situées comme s, s (*fig.* 76). La poussière de la meïonite n'est point phosphorescente, par le feu, comme celle du wernerite. 5°. Entre la même en grains irréguliers et la népheline amorphe. Celle-ci est difficile à fondre, et ne bouillonne ni ne se boursoufle.

VARIÉTÉS.

FORMES.

Déterminables.

1. Meïonite *dioctaèdre.* $\overset{\scriptstyle'}{G}{}^{\scriptscriptstyle 1} M \overset{\scriptstyle 1}{A} \atop s\ M\ i$ (*fig.* 76). Prisme octaèdre à sommets tétraèdres. Incidence de l sur l, 136^d 22′ ; de l sur M, 111^d 49′ ; de l sur s, 121^d 45′ ; de M sur M, 90^d ; de s sur M, 135^d.

2. Meïonite *soustractive.* $\overset{\scriptstyle'}{G}{}^{\scriptstyle'}\ \overset{\scriptstyle 2}{G}{}^{\scriptstyle 2}\ M\ A^3\ {}^3A\ \overset{\scriptstyle 1}{A} \atop s\quad x\quad M\quad z\quad\ l$ (*fig.* 77). La variété précédente émarginée verticalement et à la jonction des faces l, M. Incidence de x sur M, 153^d 26′ ; de x sur s, 161^d 34′ ; de z sur M, 140^d 11′ ; de z sur l, 151^d 38′.

Indéterminables.

3. Meïonite *amorphe.* En grains irréguliers.

ACCIDENS DE LUMIÈRE.

1. Meïonite *limpide.*
2. Meïonite *blanchâtre.*

Transparence.

Meïonite *translucide.*

A N N O T A T I O N S.

1. Les cristaux de meïonite se trouvent à la Somma, parmi les matières rejetées par le Vésuve. Ils n'ont guère que deux millimètres d'épaisseur, et sont ordinairement serrés les uns contre les autres. La gangue de ceux que j'ai observés étoit une chaux carbonatée lamellaire.

2. Romé de Lisle, qui, le premier, a parlé de la meïonite, rapportoit les cristaux dioctaèdres de cette substance à la seconde variété de l'hyacinthe, qui est notre zircon dioctaèdre, en ajoutant que les faces de ses pyramides étoient cependant inclinées comme dans l'hyacinthe du Vésuve (idocrase). Il est à présumer qu'il n'avoit pas entre les mains de cristaux assez prononcés, pour permettre de saisir une différence qui m'a paru évidente sur ceux dont j'ai mesuré les angles. Il en résulte que la pyramide du sommet est plus basse dans la substance dont il s'agit que dans l'idocrase, et même que dans les autres substances qui ont une cristallisation analogue, telles que l'harmotome et le zircon. C'est de cette forme surbaissée et du raccourcissement qui en résulte pour l'axe de la forme primitive, que j'ai emprunté le nom de *meïonite.*

Il n'existe, d'ailleurs, aucune loi ordinaire de décroissement qui puisse produire, autour du noyau de l'idocrase, des formes semblables à celles de la meïonite; et si l'on considère encore la différence marquée qui existe entre les deux substances, relativement à leur manière de se fondre, on ne pourra douter, ce me semble, qu'elles ne forment deux espèces nettement distinguées l'une de l'autre.

XIIIe. ESPÉCE.

FELD-SPATH, c'est-à-dire, *spath des champs.*

Spathum scintillans, *Waller*, *t. I, p.* 213. Feld-spath, *de Lisle*, *t. II, p.* 445. *Id.*, *de Born*, *t. I, p.* 136. Spath fusible, *d'Arcet*, *premier mém. sur l'action d'un feu égal, p.* 53, et *second mém., p.* 45. Spath fluor, *Guettard*, *minér. du Dauphiné, p.* 38. Feld-spath, Sciagr., *t. I, p.* 350. Feld-spath, *Emmerling*, *t. I, p.* 266. *Id.*, *Werner*, *catal.*, *t. I, p.* 282. Spath étincelant; feld-spath, *Daubenton*, *tableau, p.* 4. Felspar, *Kirwan*, *t. I, p.* 317. Petunzé des Chinois. Le feld-spath, ou spath des champs, *Brochant*, *t. I, p.* 361.

Caract. essent. Des joints naturels également nets, dans deux sens perpendiculaires l'un sur l'autre.

Caract. phys. Pesant. spécif., 2,4378... 2,7045.

Dureté. Rayant le verre ; étincelant sous le briquet.

Réfraction, double. Je ne puis dire dans quel sens elle a lieu, ne l'ayant observée qu'avec des morceaux qui avoient été taillés.

Electricité par le frottement; difficile à exciter, même lorsque le corps est diaphane.

Phosphorescence, sensible par le frottement mutuel de deux morceaux, dans l'obscurité.

Caract. géom. Forme primitive. Parallélipipède obliquangle irrégulier (*fig.* 78) *pl. XLVIII*. Incidence de M sur P, 90^d; de M sur T, 120^d; de T sur P, 111^d 28' 17". Les coupes parallèles à M, P sont très-nettes et faciles à obtenir; mais, le plus ordinairement, celle qui est parallèle à T se laisse seulement entrevoir par le chatoyement à une vive lumière.

Molécule intégr., *id.* (1). Le paraléllipipède qui la représente,

____

(1) Si l'on fait passer un plan coupant par la face M, perpendiculairement à cette face, et en même temps aux arêtes G, H, ce plan inter-

a cette propriété, que la diagonale menée de A en O, est perpendiculaire sur l'arête H, ou, ce qui revient au même, qu'elle est horizontale, en supposant les faces M, T situées verticalement. Il en résulte que, quand une facette produite par un décroissement ordinaire sur l'angle I se combine avec la face P, l'arête qui les réunit est elle-même horizontale. Cette observation est nécessaire pour bien concevoir la structure des variétés que présente la cristallisation du feld-spath.

Une seconde propriété du même parallélipipède consiste en ce que les deux faces M, P sont égales en étendue, et en ce que la face T est double de chacune d'elles.

Caract. chim. Fusible au chalumeau, en émail blanc.

Analyse du feld-spath limpide, dit *adulaire*, par Vauquelin.

Silice..	64.
Alumine..	20.
Chaux..	2.
Potasse..	14.
	100.

ceptera un rhombe alongé de 120^d et 60^d, dont le côté qui répond à **T** sera double de celui qui répond à **M**. Si l'on conçoit un second plan qui passe aussi par M, perpendiculairement à cette face, et en même temps aux arêtes D, C, ce plan interceptera un carré, en supposant la face P prolongée autant qu'il est nécessaire, pour que le plan rencontre l'arête C. Il y a une autre donnée qui dépend de ce que l'angle AEO est la moitié de l'angle OE*i*. Dans cette hypothèse, l'angle OE*i* est de 115^d 0′ 8″, après quoi il est facile d'avoir tout le reste, et de calculer les angles des formes secondaires. *Voyez* la partie géomét., à l'article du feld-spath, t. II, p. 46 et suiv.

Analyse du feld-spath vert de Sibérie, par le même (1).

Silice . . . . 62,83.
Alumine . . . . 17,02.
Chaux . . . . 3,00.
Oxyde de fer. . . . . 1,00.
Potasse . . . . 13,00.
   Perte . . . . 3,15.
                                                               ______
                                                               100,00.

Analyse du feld-spath laminaire blanchâtre, dit *petunzé* (2).

Silice. . . . . 74,0.
Alumine. . . . . 14,5.
Chaux. . . . . 5,5.
   Perte . . . . 6,0.
                                                               ______
                                                               100,0.

Caract. distinctifs. 1°. Entre le feld-spath et le corindon.
Celui-ci est divisible en rhomboïde un peu aigu, par des coupes
également nettes dans les trois sens : le feld-spath n'offre que
deux joints éclatans, perpendiculaires entre eux. Sa pesanteur
spécifique est plus petite, dans le rapport d'environ 7 à 10; le
corindon raye fortement le quartz, ce que ne fait pas le feld-
spath. 2°. Entre le feld-spath nacré (pierre de lune) et le quartz
chatoyant (œil de chat). Celui-ci a la cassure raboteuse, et ne
se divise pas nettement comme le feld-spath. 3°. Entre le même et
la cymophane. Le feld-spath est beaucoup moins dur. Sa pesanteur spécifique est moindre, dans le rapport d'environ 5 à 7; il
s'électrise difficilement par le frottement, et la cymophane avec
beaucoup de facilité. 4°. Entre le feld-spath vert et la diallage

------

(1) Bulletin des sciences de la soc. philom., ventôse, an 7, N°. 24,
p. 183.
(2) *id.*, floréal, an 7, N°. 26, p. 12.

                                        H h h 2

(smaragdite) verte. Celle-ci est rayée par le feld-spath; elle ne
se divise nettement que dans un sens : le feld-spath est susceptible de deux coupes perpendiculaires entre elles, d'un éclat
égal et plus vif que celui qui a lieu dans la diallage.

V A R I É T É S,

F O R M E S.

Déterminables.

1. Feld - spath *binaire.* $\frac{G^2\ T\ P}{l\ \ T\ P}$ (*fig.* 79). En prisme oblique,
dont la base est un rhombe dans lequel la diagonale qui aboutit
à l'arête *n* est perpendiculaire sur elle. Incidence de *l* sur T,
60ᵈ; de l'arête *a* sur P, 115ᵈ 0' 8"; de chacun des pans adjacens
à l'arête *a* sur P, 111ᵈ 28' 17"; de chacun des pans adjacens à
l'arête *k* sur P, 68ᵈ 31' 43".

2. Feld - spath *unitaire.* $\frac{M\ \overset{1}{I}\ P}{M\ y\ P}$ (*fig.* 80). En prisme oblique,
dont les faces P, *y* sont des rectangles, et la face M un paral-
lélogramme obliquangle. Incidence de P et de *y* sur M, 90ᵈ; de
y sur P, 99ᵈ 41' 8".

3. Feld-spath *prismatique.* $\frac{G^2\ M\ T\ P}{l\ \ M\ T\ P}$ (*fig.* 81). La var. 1
(*fig.* 79), dont les arêtes *n* sont remplacées par des facettes M
(*fig.* 81), qui font avec *l* et T des angles de 120ᵈ. *De Lisle,*
t. II, p. 461; var. 1.

4. Feld - spath *ditétraèdre.* $\frac{G^2\ T\ \overset{2}{I}\ P}{l\ \ T\ x\ P}$ (*fig.* 82). En prisme
quadrangulaire à sommets dièdres, dont les faces naissent sur les
arêtes longitudinales *a, k. De Lisle, t. II, p.* 466; var. 6. Incidence de *x* sur P, 128ᵈ 55' 40"; de l'arête *u* sur l'arête *n*, 90ᵈ;
de l'arête *k* sur *x*, 116ᵈ 4' 12", à peu près la même que celle de
l'arête *a* sur P.

5. Feld-spath *bibinaire.* $\frac{G^2 M T \overset{2}{\overset{.}{I}} P}{l\ M T x P}$ (*fig.* 83). En prisme hexaèdre à sommets dièdres. *De Lisle , t. II, p.* 462 *et suiv.;* var. 2,
3, 4, 5. Le pentagone x, produit par le décroissement, a presque
les mêmes angles que le pentagone P. Valeur de chacun des
angles c, i, 115^d $0'$ $8''$.

6. Feld-spath *quadridécimal.* $\frac{G^2\ G^4\ M\ ^2 H\ T\ \overset{2}{\overset{.}{I}}\ P}{l\ \ z\ \ M\ z'\ T\ x\ P}$ (*fig.* 84)
pl. XLIX. La variété précédente, dont le prisme est devenu
décagone. Incidence de z ou de z' sur M, 150^d; de z sur l, ou
de z' sur T, 150^d. C'est à cette variété qu'appartiennent les cristaux connus, pendant long-temps, sous le nom de *schorls
blancs* (*de Lisle, t. II, p.* 409; var. 12), et dont j'ai fait depuis
le rapprochement avec le feld-spath. Ils sont souvent accolés
deux à deux, ou en plus grand nombre, par leurs faces analogues à M.

7. Feld-spath *dihexaèdre.* $\frac{G^2 M T \overset{1}{I} \overset{2}{I} P}{l\ M T y x P}$ (*fig.* 85). La variété
bibinaire (*fig.* 83) augmentée à chaque sommet d'une facette
qui naît sur l'arête k. *De Lisle, t. II, p.* 468; var. 7. Incidence
de y sur P, 99^d $41'$ $8''$; de y sur x, 150^d $45'$ $28''$. L'arête u est
parallèle à l'arête f, et horizontale comme elle.

8. Feld-spath *sexdécimal.* $\frac{G^2\ M\ T\ P\ \overset{1}{I}\ \overset{2}{I}\ \overset{2}{F}\ \overset{\frac{1}{2}}{I}}{l\ \ M\ T\ P\ y\ x\ o\ o'}$ (*fig.* 86). La
variété précédente, dans laquelle les arêtes situées entre M et x
sont remplacées chacune par un trapèze étroit. *De Lisle , t. II,
p.* 472; var. 8. Incidence de o, ou de o' sur P, 124^d $15'$ $51''$;
de o sur M, ou de o' sur la face opposée à M, 116^d $21'$ $36''$.

Par une suite de la forme des molécules, les facettes o, o',
quoique produites par des lois différentes de décroissement, dont
les signes sont $\overset{\frac{1}{2}}{I}$ et $\overset{2}{F}$, ont des positions semblables. On pourra
remarquer, dans la série des variétés, d'autres analogies du
même genre. Le côté de chaque trapèze additionnel, tel que o,

qui passe sur la face P, est parallèle à l'arête *s*, d'où il suit que l'angle *r* est de 122^d 29' 56".

9. Feld-spath *didécaèdre.* $\overset{\ }{G}\,\overset{+}{G}\,M\,\overset{2}{H}\,P\,T\,\overset{2}{\overset{\ }{I}}\,\overset{2}{I}\,\overset{1}{F}\,\overset{1}{2}\!I$ / $l\quad z\quad M\quad z'\,P\,T\,y\,x\,o\,o'$ (*fig.* 87). La variété précédente, dont le prisme est décaèdre. *De Lisle, t. II, p.* 474 ; var. 9. J'ai observé cette variété sur un granite de Norwège, qui m'a été envoyé par M. Abildgaard.

10. Feld - spath *décidodécaèdre.* $\overset{2}{G}\,\overset{4}{G}\,\overset{2}{M}\,H\,T\,\overset{1}{I}\,P\,\overset{1}{D}\,\overset{1}{C}\,\overset{2}{F}\,\tfrac{1}{2}I$ / $l\quad z\quad M\quad z'\,T\,y\,P\,n\,n'\,o\,o'$ (*fig.* 88). La variété précédente, dans laquelle les faces *x* sont nulles, et les arêtes situées entre P, M, remplacées chacune par un trapèze. *De Lisle, t. IV, explic. de figures, p.* 64 *et suiv.*; var. 18, 19, 20. Incidence de *n* ou de *n'*, tant sur P que sur le plan adjacent M ou *m*, 135^d.

11. Feld-spath *apophane.* $\overset{\ }{G}\,\overset{+}{G}\,M\,\overset{2}{H}\,T\,\overset{2}{I}\,\overset{3}{I}\,P\,\overset{2}{F}\,\tfrac{1}{2}I$ / $l\quad z\quad M\quad z'\,T\,x\,q\,P\,o\,o'$ (*fig.* 89). La variété didécaèdre, dans laquelle les faces *y* sont nulles, et les arêtes situées entre P, *x*, interceptées chacune par un trapèze *q*. Cette dernière facette, par son inclinaison plus petite sur P que sur *x*, peut aider à reconnoître que le premier de ces pentagones appartient au noyau, ce qu'il seroit difficile d'apercevoir sans cela, à cause des inclinaisons presqu'égales de P et de *x*. Le prisme a ordinairement des dimensions différentes de celles qui ont lieu dans le cristal didécaèdre, les pans *l*, T étant ici les plus larges. Incidence de *q* sur P, 145^d 8' 56"; et sur *x*, 164^d 41' 8". Le côté de la facette *o*, qui est tourné vers l'arête *s*, lui est parallèle. Valeur de l'angle *e*, 63^d 55' 48".

12. Feld-spath *synoptique.* $\overset{2}{G}\,\overset{+}{G}\,M\,\overset{2}{H}\,T\,\overset{1}{I}\,\overset{2}{I}\,\overset{3}{I}\,P\,\overset{1}{D}\,\overset{2}{C}\,\overset{1}{F}\,\tfrac{1}{2}I$ / $l\quad z\quad M\quad z'\,T\,y\,x\,q\,P\,n\,n'\,o\,o'$ (*fig.* 90). La variété décidodécaèdre (*fig.* 88) augmentée à chaque sommet de deux facettes *q*, *x*, entre P et *y*. Il présente comme le tableau en raccourci de toutes les lois de décrois-

semens observées jusqu'ici dans les cristaux de cette espèce.

Nota. Dans plusieurs des variétés précédentes, les dimensions des faces sont sujettes à jouer, de manière que le cristal prend un aspect tout différent de celui auquel se rapportent les figures, c'est-à-dire, que les faces P, M et leurs opposées, qui font entre elles des angles droits, se présentent comme les pans d'un prisme rectangulaire. Par exemple, il arrive assez souvent que dans la variété décidodécaèdre (*fig.* 88), les faces M se rétrécissent entre les faces P, par le rapprochement de celles-ci, comme on le voit *fig.* 94, *pl. L* (1); et alors ces quatre faces ont l'air d'appartenir à un prisme qui est octogone, par l'addition des facettes *n*, *n'*, etc., et dont les sommets très-irréguliers sont formés, l'un des faces *y*, *o*, *o'*, T, *z'*, etc.; et l'autre, des faces situées dans la partie opposée. C'est sous ce point de vue que Romé de Lisle a considéré une partie des variétés qu'il a décrites fort au long dans son article du feld-spath.

13. Feld-spath *hémitrope*, c'est-à-dire, *dont une moitié est retournée. De Lisle, t. II, p.* 478 *et suiv.;* var. 10, 11, 12, 13, 14, 15 *et* 16.

a. Plan de jonction parallèle à la diagonale qui va de I en *a* (*fig.* 78), et à son opposée.

Cette hémitropie a lieu relativement à différentes formes cristallines qui rentrent dans les variétés précédentes. Mais les deux moitiés du noyau, auxquelles appartiennent celles du cristal secondaire, dont l'une est retournée, sont toujours censées provenir d'une coupe faite dans le même sens; en sorte que l'hémitropie rapportée à ce noyau ne souffre aucune variation. Un exemple fera concevoir le principe qui peut aider à débrouiller toutes ces modifications, dont le détail nous meneroit trop loin.

---

(1) Il faut faire ici abstraction des lignes *rs*, *rs'* *r's*, *r's'*, qui indiquent une coupe du cristal, laquelle nous sera bientôt nécessaire pour l'explication d'une autre variété.

Supposons que la fig. 91 représente un cristal secondaire ;
qui ait pour signe $\frac{M\ T\ \overset{1}{I}\ \overset{2}{I}\ \overset{1}{F}\ P.}{M\ T\ y\ x\ o\ P.}$ Ce cristal ne diffère de la
variété sexdécimale (*fig.* 86), que par l'absence de la facette
o', et par celle du pan *l* et de son opposé. De plus, il est
censé raccourci de manière que les faces P, M et leurs opposées se présentent sous l'aspect d'un prisme rectangulaire (1).
Imaginons maintenant un plan coupant qui passe par les arêtes
d u, *l k* (*fig.* 91), lesquelles répondent aux arêtes AI, *ai*
(*fig.* 78) de la forme primitive. Ce plan passera en même
temps par la diagonale qui va de I en *a*; et si l'on considère
sa section par rapport aux deux faces T, *y* (*fig.* 91), il est
visible qu'il coupera leur arête de jonction en quelque point
h, et l'arête opposée en quelque point *g*.

Les choses étant dans cet état, concevons que la moitié dans
laquelle sont comprises les faces P, M, T, restant fixe, l'autre
moitié se retourne, en restant toujours appliquée à la première,
jusqu'à ce qu'elle soit tout à fait renversée, comme on le voit
fig. 92. Les deux moitiés ainsi réunies formeront un angle saillant à l'endroit des lignes *sh*, *kh*, et un angle rentrant dans la
partie opposée, à l'endroit des arêtes *dg*, *fg*. Mais ordinairement les cristaux sont tellement engagés dans leur support,
qu'ils ne présentent que la partie sur laquelle est située l'angle
saillant.

Il résulte de ce qui précède, que l'angle formé par l'arête *v*
avec l'arête de jonction des faces M, T, doit être égal à celui que
forme l'arête H (*fig.* 78) avec la diagonale qui va de I en *a*.
La valeur de cet angle est de 40ᵈ 4′ 17″.

La jonction des deux moitiés se faisant, comme nous l'avons

---

(1) Ce prisme assorti aux dimensions de la forme primitive a ses pans M,
P égaux en largeur, en sorte que sa coupe transversale seroit un carré.
C'est une suite de ce qui a été dit plus haut, p. 425, note 1.

dit,

dit, dans le sens de la diagonale I a, on conçoit que le renversement des molécules d'une des moitiés du noyau, ne les empêche pas de s'engrener dans celles de l'autre moitié, à l'endroit de cette jonction ; en sorte que le mécanisme de la structure subsiste, à cet égard, comme dans les cristaux ordinaires. J'ai dans ma collection une hémitropie très-prononcée, provenant de Baveno, et semblable à celle qui vient d'être décrite.

b. Plan de jonction parallèle à la face M (*fig.* 78).

Soit $c\ c'$ (*fig.* 93) *pl. L*, un cristal secondaire qui ait pour

signe $\overset{1}{\underset{l}{G^2}}\ \overset{}{\underset{M}{M}}\ \overset{}{\underset{T}{T}}\ \overset{}{\underset{P}{P}}\ \overset{1}{\underset{n}{D}}\ \overset{2}{\underset{n'}{C}}\ \overset{2}{\underset{x}{I}}\ \overset{\frac{1}{2}}{\underset{o}{F}}\ \overset{1}{\underset{o'}{I}}$. Supposons un plan coupant, qui passe par les points a, a, a', a', et en même temps par les milieux des arêtes c, c', et concevons que l'une des deux moitiés qu'intercepte ce plan, par exemple, celle qui est située en avant, prenne une position renversée. Les deux faces P, x ayant des inclinaisons presqu'égales, leurs résidus, après le renversement dont nous venons de parler, se trouveront sensiblement sur les mêmes plans que les portions des faces inférieures analogues ; et il est facile de voir que chaque sommet de l'hémitropie présentera encore quatre facettes marginales, avec cette différence, qu'à la place de la facette n qui est inclinée de 135^d sur M, il y aura une facette située comme o, c'est-à-dire, inclinée de 116^d 21' 36'' sur M ; et réciproquement, la facette o se trouvera remplacée par une facette inclinée comme n. Quant au prisme, il n'aura subi aucun changement apparent, pourvu que le plan de jonction passe par les arêtes $a\ a'$; mais souvent il ne partage pas exactement le cristal en deux moitiés, et alors les pans qui appartiennent aux deux portions de cristal forment entre eux des angles rentrans de part et d'autre. Il est remarquable que dans le premier cas, où la jonction se fait symétriquement, elle ne donne lieu à aucun angle rentrant, ce qui est le contraire des hémitropies ordinaires ; en sorte que celle-ci se présente sous l'aspect d'un cristal où tout seroit à sa place naturelle. Mais la structure décèle le renversement d'une des moitiés du cristal, en offrant des joints parallèles seulement au résidu de la face P, et d'autres parallèles à la partie de la face *p*, qui s'est retournée, pour se réunir au résidu de la face *x*, au lieu que dans un cristal qui n'auroit subi aucun renversement, les joints seroient continus parallélement à P, et nuls parallélement à *x*. J'ai observé cette hémitropie sur des cristaux d'un rouge incarnat trouvés par le Cit. Lefevre, sur les bords du Rhin, près de Cologne, dans une montagne volcanique.

c. Plan de jonction parallèle à la face P (*fig.* 78).

Le Cit. Dré est le premier qui ait observé cette hémitropie dont le générateur est un cristal décidodécaèdre, alongé entre la face *y* et son opposée, comme le représente la fig. 94. La section *r s r' s'* qui détermine le plan de jonction, traverse la face M et son opposée, puis les faces *y*, *y'* parallélement à la face P. Si l'on imagine que la moitié qui s'est renversée soit celle de dessus, on concevra que le cristal hémitrope (*fig.* 95) doit avoir, sur le sommet situé à droite, un angle rentrant formé par la partie fixe de la face *y*, et par la partie mobile de la face opposée ; cet angle est de 160^d 37′ 44″. Les deux autres parties des mêmes faces forment, sur le sommet à gauche, un angle saillant égal au précédent. En suivant avec attention l'effet du renversement, on se fera une idée des positions relatives des diverses portions de faces, dont les unes sont censées être restées fixes, et les autres avoir suivi le mouvement de la partie qui a tourné. Les cristaux qui ont servi aux observations du Cit. Dré, avoient été recueillis par ce naturaliste, près de la Clayette, département de Saône et Loire, sur le territoire de la Chapelle.

Il n'est pas rare de voir des cristaux de feld - spath qui se croisent deux à deux, ou en plus grand nombre ; le Citoyen Dolomieu en a rapporté du Saint-Gothard, qui ont la forme de la variété ditétraèdre (*fig.* 82), et qui se joignent quatre

à quatre par un de leurs sommets, en se pénétrant mutuelle-
ment, de manière que l'assortiment représente une espèce de
croix composée de quatre triangles réunis autour d'un point
commun, et un peu rélevés les uns vers les autres.

Indéterminables.

14. Feld-spath *laminaire.*
15. Feld-spath *granuleux.*

A cassure granuleuse, quelquefois terreuse. On voit des morceaux qui offrent le passage du feld-spath laminaire à cette variété, qui paroît être l'effet d'un commencement d'altération,
dont le dernier terme est le feld-spath argiliforme ou le kaolin.
Voyez l'appendice.

ACCIDENS DE LUMIÈRE.

Couleurs.

1. Feld-spath *limpide.* Au Saint-Gothard.
2. Feld-spath *blanc.*
3. Feld-spath *blanc-verdâtre.* Au Saint-Gothard; la nuance de
vert est très-légère.
4. Feld-spath *rouge.* Tel est celui du granite, dit *oriental.*
5. Feld-spath *vert.* Pierre des amazones. Le Cit. Devarenne a
trouvé, en 1785, un filon de ce feld-spath, sur la frontière de la
Russie, dans la partie du mont Ouralske, la plus voisine de la
forteresse Troisque (Trinité). Les minéralogistes du pays le
nomment *krim-spath,* c'est-à-dire, spath vert. Il y en a de semblable en Sibérie.
6. Feld-spath *bleu?* Feld-spath bleu céleste, *de Born, t. I,
p.* 378. Dichter felds-spath, *Emmerling, t. I, p.* 271. *Id., Werner,
catal., t. I, p.* 285. Felsite, or compact feld-spath of Widenman,
Kirwan, t. I, p. 326. D'un bleu céleste, ordinairement compacte,
quelquefois lamelleux. Au chalumeau, il se fritte plutôt que de

se fondre. Il accompagne un quartz blanc, qui renferme aussi des lames minces d'un blanc argentin, onctueuses au toucher, que l'on a prises pour du mica, mais qui paroissent plutôt être du talc. Cet agrégat se trouve à Krieglach, en Stirie. Pour s'assurer si la substance dont il s'agit doit être placée ici, il faudroit savoir si les morceaux lamelleux ont la structure du feld-spath, ce que je n'ai point été à portée de vérifier.

7. Feld-spath *incarnat*. A Baveno.

8. Feld-spath *gris*.

Chatoyement.

1. Feld-spath *nacré*. Pierre de lune. *De Lisle, t. I, p.* 145, *note* 168. Adularia, girasole et pierre de lune, *de Born, t. I, p.* 142. \ II, A. *b.* 10, 11, 12. Adular, *Emmerling, t. I, p.* 177. Feld-spath gris de perle, œil de poisson, *Daubenton, tabl., p.* 4. Moon stone, *Kirwan, t. I, p.* 322. Pierre de lune du commerce. Des reflets blanchâtres, souvent avec une teinte légère de bleuâtre ou de verdâtre, qui partent d'un fond demi-transparent et légérement laiteux.

Le feld-spath transparent du Saint-Gothard présente cet aspect dans quelques-unes de ses parties. On a nommé, en général, ce feld-spath *adulaire* ou *adularia*, dérivé d'*Adula*, par lequel on désigne, en latin, le mont Saint-Gothard, où il a été trouvé par le père Pini. On n'a pas fait attention qu'aucune variété de feld-spath ne méritoit mieux d'en conserver le nom que celle qui offre cette substance dans son plus grand état de pureté.

Quelques lapidaires donnent le nom d'*argentine* à des morceaux de cette même variété, dont les reflets nacrés, au lieu de partir de l'intérieur, s'étendent sur la surface, comme dans les perles.

2. Feld-spath *opalin*. Pierre de Labrador, *de Lisle, t. II, p.* 497. *Id., de Born, t. I, p.* 143. Labrador-stein, *Emmerling, t. I, p.* 273. Feld-spath à reflets colorés en vert et en bleu :

pierre de Labrador, *Daubenton*, *tabl.*, *p.* 4. Labradore stone, *Kirwan*, *t. I*, *p.* 324. De beaux reflets ordinairement de deux couleurs, bleue et verte, et quelquefois jaune d'or. Le fond de la pierre est communément gris et marqué, dans certains morceaux, de veines blanchâtres, qui forment des rhombes en se croisant. Se trouve sur les côtes du Labrador, ainsi qu'en Russie et en Norwège.

3. Feld-spath *aventuriné*. Aventurine, *Daubenton*. Parsemé de points jaunâtres et brillans sur un fond incarnat, ou de points blanchâtres sur un fond vert. Se trouve sur les bords de la Mer Blanche.

Transparence.

1. Feld-spath *transparent*.
2. Feld-spath *translucide*.
3. Feld-spath *opaque*. Dans les granites ordinaires.

Substances étrangères à l'espèce du feld - spath , auxquelles on a donné son nom.

1. Feld-spath œil de chat. Le quartz chatoyant.
2. Feld-spath vert. La diallage verte.

ANNOTATIONS.

1. Le feld - spath est une des substances qui dominent dans les terrains primitifs. Il y forme la base d'une multitude de roches, et il entre au moins pour les deux tiers de la masse dans la plupart des pierres qui portent le nom de *granites*. C'est à lui que les roches porphyritiques doivent les taches distinctes qui relèvent le fond de leur couleur. Mais rarement ces diverses roches le présentent sous des formes régulières et complètes. Les beaux cristaux de feld-spath, soit opaques et colorés, soit transparens et blanchâtres, occupent des filons, ou des cavités renfermées dans les montagnes primitives : et, jusqu'ici, ce sont

les Alpes Lombardes qui nous ont fourni ce que nous connoissons de plus parfait dans ce genre.

Les feld-spaths que contiennent les produits volcaniques, ont été formés dans les roches qui ont servi de base aux laves (1).

2. Le nom de *feld-spath*, c'est-à-dire, *spath des champs*, a été donné à la substance dont il s'agit, parce qu'on en trouvoit fréquemment des fragmens dispersés sur la terre, parmi les débris des granites, tandis qu'il falloit aller chercher les autres pierres, qu'on a aussi appelées *spaths*, dans des fentes ou des cavités souterraines (2). Ce nom, considéré en lui-même, est très-vicieux ; 1°. parce qu'il est composé ; 2°. parce qu'il renferme le mot de *spath*, qui a été la source de tant d'erreurs ; 3°. parce qu'il ne désigne d'ailleurs la substance à laquelle on l'a appliqué, que par une situation qui lui est commune avec beaucoup d'autres minéraux, et où elle n'est même que comme étrangère. Mais, malgré les motifs qui devoient engager surtout les géologues à changer ce nom, contre lequel leurs observations semblent réclamer sans cesse, en leur offrant à chaque pas le prétendu spath des champs dans les montagnes primitives où il a pris naissance, ils l'ont adopté si unanimement, et l'ont consigné tant de fois dans des ouvrages très-répandus, que la nouveauté auroit lutté ici contre l'usage avec des forces trop inégales ; autrement j'aurois proposé d'y substituer celui d'*orthose*, dérivé d'un mot grec qui signifie *droit*, par allusion au résultat de la division mécanique, suivant deux coupes situées à angle droit l'une sur l'autre : caractère qui fait ressortir le feld-spath parmi tous les minéraux qui, comme lui, sont assez durs pour étinceler sous le briquet.

---

(1) Cet article a été rédigé d'après des notes communiquées par le Cit. Dolomieu.

(2) M. Kirwann (elements of mineralogy, t. I, p. 317) présume que le nom de la substance dont il s'agit dérive du mot *fels*, *roche*, et en conséquence il écrit *felspar*. Mais on ne trouve rien dans les auteurs Allemands qui confirme cette étymologie.

3. Les cristaux de feld-spath qui ont pour support des roches différentes de celles qu'on a appelées proprement *granitiques* ou *porphyritiques*, sont surtout ceux qui ont porté, pendant long-temps, le nom de *schorls blancs*. On trouve de ces derniers à Barège et à la bahne d'Auris, dans le ci-devant Dauphiné, sur une roche argileuse, où ils accompagnent, suivant les localités, l'amiante, l'épidote, l'axinite, etc. C'est apparemment cette différence de gisement avec le feld-spath des granites, qui en aura imposé aux naturalistes, sur la nature d'une substance qui présente si visiblement les caractères du feld-spath, relativement à sa structure, à ses formes extérieures et à sa fusibilité (1); et ce qui paroîtra singulier, c'est de voir qu'on ne séparoit le feld-spath de sa véritable espèce, que pour le confondre, sous un nom commun, avec ces cristaux d'épidote et d'axinite (schorl vert et schorl violet), dont l'association sur une même roche avec le schorl blanc, devoit rendre plus parlans les contrastes qui indiquoient leur séparation dans la méthode.

4. Les cristaux les plus volumineux de feld-spath qui ayent été encore observés, et dont quelques-uns ont douze centimètres, ou environ quatre pouces et demi de longueur, proviennent, les uns de Baveno, les autres du Mont Saint-Gothard. On en trouve aussi de très-petits, qui n'ont pas deux millimètres, ou $\frac{2}{9}$ de ligne de longueur, entre autres parmi ceux de la variété dite *schorl blanc*.

Les cristaux du Saint-Gothard sont quelquefois mélangés de chlorite, qui les colore en vert, et donne à leur surface un aspect micacé. Cette couleur ne doit pas être confondue avec celle du feld-spath de Sibérie, qui est répandue uniformément dans la masse, et paroît due au fer. J'ai reçu du Cit. Jurine, de Genève, un cristal de ce feld-spath chlorité, d'environ un

____

(1) Voyez les mém. de l'Acad. des Sc., an 1784, p. 270, et ma lettre au Cit. Lametherie, journal de phys., 1786, p. 63.

centimètre de hauteur, dont la forme, parfaitement régulière, appartient à la variété binaire.

5. Le feld-spath opalin renferme quelquefois des grains de fer attirables. Mais M. Inguersen, savant danois, a observé, au Hartz, près des rives du Barenberg, au couchant de Schirke, village du canton de Wernigerode, des granites dont le feld-spath, qui est d'une couleur rougeâtre et d'un tissu peu lamelleux, fait la fonction d'un véritable aimant (1). Si l'on détache une parcelle de ce feld-spath, et qu'on la fasse flotter sur l'eau, on la voit se porter vers l'extrémité d'un barreau aimanté qu'on lui présente, dans le cas où les deux pôles en regard sont de différens noms; mais dans le cas contraire, le fragment se retourne pour se mettre en prise à l'action du barreau par le pôle opposé. J'ai répété ces expériences sur des fragmens, où la présence du fer étoit tellement masquée, qu'on n'apercevoit à l'œil aucun indice de ce métal.

6. La molécule intégrante du feld - spath est remarquable par l'égalité des faces M , P (*fig.* 78), qui ont des angles différens. L'observation s'accorde ici avec le calcul, en ce que les joints parallèles à ces mêmes faces sont d'une netteté sensiblement égale, tandis que ceux qui répondent à la face T , dont l'étendue est double, sont ordinairement très-difficiles à apercevoir. Cependant, comme il y a des circonstances particulières qui peuvent faire varier le poli des coupes, on trouve des feld-spaths, surtout parmi ceux d'une couleur rougeâtre, qui se divisent assez facilement dans le sens parallèle à T , de manière que l'on peut en extraire complétement le parallélipipède qui représente la molécule.

7. Plusieurs variétés de feld-spath tiennent un rang distingué parmi les minéraux, qui, sans éblouir l'œil, comme les gemmes, par des reflets étincelans qui tiennent aux qualités intrinsèques de

---

(1) Bulletin de la société philomatique , vendémiaire , an 6 , (oct. 1797).

la

la substance, le flattent par des jeux particuliers de lumière, par
des couleurs changeantes, que la substance emprunte d'une cause
accidentelle. On taille le feld-spath nacré en cabochon, parce
que cette forme favorise le jeu des reflets qui semblent flotter dans
l'intérieur du petit globe, lorsqu'on le fait tourner. Mais ce que
je connois de plus beau en ce genre de pierre, est une tablette
d'environ douze centimètres de largeur, sur sept millimètres
d'épaisseur, qui m'a été donnée par le Cit. Jurine. Elle a été
prise dans un assortiment de quatre cristaux réunis en croix,
dont la jonction s'annonce par des lignes situées diagonalement,
qui partagent la surface de la tablette en quatre triangles; et en
variant les positions, on voit de riches reflets d'une lumière
nacrée se développer alternativement sur la surface de ces différens triangles. Le feld-spath aventuriné se travaille en plaques
et quelquefois en chatons de bague. Mais on fait cas surtout des
plaques de feld-spath opalin, pour le ton gracieux et élevé de ses
couleurs, comparables à celles qui décorent les ailes des plus
beaux papillons. Elles proviennent, comme dans l'opale, des
légères fissures qui interrompent le tissu de la pierre; mais
l'opale étant fendillée dans toutes sortes de directions, présente
des reflets qui se succèdent, à mesure qu'on la fait mouvoir, au
lieu que dans le feld-spath, dont les fissures coïncident avec les
joints naturels, les reflets s'étendent sur un seul plan; en sorte
qu'ils se montrent tout entiers, lorsque la lumière est réfléchie
par ce plan, sous l'angle favorable pour la renvoyer à l'œil, et
disparoissent, dès qu'on donne à la pierre une inclinaison différente. On pourroit les appeler *reflets à tout ou rien.* J'ai reconnu,
en observant un morceau de feld-spath opalin de Norwège, qui
m'a été envoyé par M. Esmark, que les plans d'où partoient les
reflets dont je viens de parler, étoient dans le sens des faces T
(*fig.* 79), qui sont les plus étendues.

8. Le feld-spath est d'un grand usage pour la fabrication de la
porcelaine. On a reconnu que parmi les deux substances qui sont
la matière de celle de la Chine, l'une, que l'on y appelle *petunzé*,

TOME II.K k k

étoit un feld-spath laminaire blanchâtre ; et l'autre, qui y porte
le nom de *kaolin*, ressembloit entièrement au feld-spath argiliforme (1). On emploie les mêmes substances dans diverses manufactures, et en particulier dans celle de Sèvres, près de Paris ; et
telle est la proportion que l'on observe, en mêlant ces deux principes, dont l'un est fusible et l'autre réfractaire, que le mélange
peut soutenir un degré de chaleur très-élevé, sans se vitrifier.
Il en résulte que la porcelaine acquiert, à l'aide d'une plus forte
cuisson, une liaison plus intime entre ses parties, et à la fois une
plus grande consistance : et que cependant elle reste en de-çà
du terme où, étant trop voisine de l'état vitreux, elle ne pourroit être exposée, sans se casser, à l'alternative du chaud et du
froid. La porcelaine présente dans sa fracture un tissu plus ou
moins granuleux, avec un léger luisant qui annonce qu'elle a
subi seulement un premier degré de vitrification. A ces qualités,
d'où dépend la bonté de la porcelaine, se joignent celles qui en
font la beauté, savoir, la blancheur et un aspect translucide.

Pour faire la porcelaine, on forme, avec le petunzé et le
kaolin pulvérisés, une pâte que l'on laisse sécher, avant de la
travailler au tour. On donne aux pièces ainsi façonnées, une
première cuisson, puis on les plonge dans une espèce de bouillie
légère, composée de sables et autres substances qui, par leur
mélange, sont susceptibles d'une vitrification complète ; et cet
enduit, qu'on nomme *couverte*, s'appliquant à la surface des
vases, au moyen d'une seconde cuisson, y forme une couche
d'émail. On peint ensuite ces vases, et on leur donne le dernier
degré de cuisson, qui fixe les couleurs.

9. Il existe une substance minérale, connue parmi nous sous
le nom de *pétrosilex*, appelée *palaiopètre* par Saussure (2), et
avec laquelle les minéralogistes Allemands paroissent avoir réuni
des variétés de silex, sous la dénomination commune de *horn-*

____

(1) Voyez l'appendice ci-après.
(2) Voyage dans les Alpes, N°. 1194.

stein. Elle a effectivement beaucoup d'analogie, par son aspect, avec le quartz-agathe ou silex ; mais elle en est distinguée par sa fusibilité en émail blanc. Elle n'est nulle part mieux caractérisée que dans les morceaux qui viennent de Sahlberg en Suède, et qui sont translucides, d'une couleur rougeâtre ou blanchâtre, et souvent accompagnés d'un minéral en aiguilles vertes, qui paroît être de l'épidote. Des minéralogistes d'un mérite très-distingué, regardent cette substance comme étant à peu près au feld-spath, ce qu'est le silex au quartz, et lui associent le jade ordinaire, dit *oriental,* et une autre pierre que Saussure a aussi appelée *jade* (1), et qui enveloppe la diallage verte (smaragdite), dans la roche connue sous le nom de *verde di Corsica.* Cette opinion ayant paru à d'autres naturalistes laisser quelques doutes à éclaircir, j'ai préféré de renvoyer, pour le moment, les trois substances dont il s'agit, à l'article des minéraux de nature non encore avérée, où j'entrerai dans un plus grand détail, tant sur leur description que sur leur histoire.

APPENDICE.

Feld-spath *argiliforme.* Argilla apyra, pura, macra; argilla porcellana. *Waller.*, *t. I, p.* 54. Argile de porcelaine, Sciagr., *t. I, p.* 230. Feld-spath qui a passé à l'état de kaolin, *de Lisle, t. II, p.* 451. Porcelain clay, kaolin, *Kirwan, t. 1, p.* 178. Kaolin des Chinois.

Très-friable, composé de particules qui n'ont presqu'aucun lien : se délayant dans l'eau, sans y faire pâte ; happant légérement à la langue ; d'une belle couleur blanche, dans l'état de pureté ; doux au toucher sans onctuosité ; infusible. Il contient assez souvent des parcelles de quartz et de mica.

L'observation de certains morceaux de granite indique visiblement le passage du feld - spath à l'état argileux, par la

---

(1) Voyages dans les Alpes, Nos. 112 et 1313.

décomposition. Il n'est pas rare d'en trouver des morceaux qui présentent encore des indices de forme cristalline. Dans ce nouvel état, le feld-spath est devenu réfractaire. On en trouve abondamment à Saint-Thyrié, près de Limoges. L'analyse d'un morceau de kaolin a donné au Cit. Vauquelin (1) :

Silice...................................	71,15.
Alumine................................	15,86.
Chaux	1,92.
Eau	6,73.
	95,66.
Perte.................	4,34.
	100,00.

(1) Bulletin des sciences de la société philomathique, floréal, an 7, p. 12.

Fin du Tome II.